詳細! SwiftUI

iPhoneアプリ開発入門ノート[2022]

大重美幸 著

未来は君が来るのを待っている！

本書は開発環境の Xcode を使い SwiftUI フレームワークで iPhone アプリを作るための入門解説書です。Xcode ではライブラリからボタンやテキストなどの部品をドロップするだけで SwiftUI のコードを入力でき、ライブプレビューやシミュレータを使えば実機さながらにタッチやスワイプアクションの動作確認が行えます。アプリを作り、コードに意味をもたせることができるのはプログラマの醍醐味です。

• 試しながら開発手法を習得する

本書では Xcode の使い方から、SwiftUI コードの便利な入力補完機能などをステップを追って説明します。重要ポイントにはマーカーを引き、長いコードも見てすぐわかるように枠囲みや補足説明を付けました。将来役立つ中級者向けの内容には「StepUp」アイコンが付いています。iOS 16 になって追加変更された新機能が満載です。

Chapter 1 では簡単な SwiftUI アプリを試しに 1 個作ります。Xcode の設定や基礎知識に加えてシミュレータや実機での試し方、Playground についても説明します。**Chapter 2** ではテキスト表示やレイアウト調整を通して SwiftUI の概要を学びます。**Chapter 3** は写真や図形の表示と画像効果、SF シンボルの新機能を説明します。**Chapter 4** ではリスト表示やナビゲーションリンクを SwiftUI で作り、リストから Web ブラウザを開く例も試します。**Chapter 5** はボタン、スイッチ、テキストフィールドなどの UI 部品を実装していきます。キーワードの @State が登場し、条件分岐、オプショナルバリュー、例外処理など、学ぶべき Swift シンタックスも多くなります。**Chapter 6** は確認ダイアログ、シート、スクロールビュー、ダブビュー、グリッドレイアウトなどを取り上げます。複数データの扱いも大事な課題です。**Chapter 7** はバインディングとオブジェクトの共有です。@Binding、@StateObject、@ObservedObject、@EnvironmentObject の使用例や違いを示します。**Chapter 8** は地図表示です。シミュレータや実機で試します。最終章の **Chapter 9** では AsyncImage を使う非同期のイメージ表示、async/await による並行処理、逐次処理を解説します。長い道のりですが、サンプルファイルを活用して着実に進めていきましょう。

• Swift 初心者のための基礎知識入門

SwiftUI を使うにはプログラミング言語 Swift の基礎力も欠かせません。そこで各セクションを補完するように**「Swift シンタックスの基礎知識」**を設けました。変数、タプル、演算子、制御構造、構造体、配列、関数定義、例外処理、オプショナル、クラス、継承など、欠かせない知識を図とコードで丁寧に説明しました。コラム形式なので読み飛ばしたり、まとめ読みしたりして繰り返し使ってください。

• 脱出の時は熟している！

もしあなたが閉塞感を感じているなら、脱出の時は熟しています。決断も勇気も決死の覚悟も要りません。最初の一歩を踏み出せばそれでよいのです。世界は未来へと続いています。未来を取り戻しに行きましょう！

2022 年 10 月 7 日（冷雨）冷たい嵐が手荒く清める
大重美幸

Contents

Swift シンタックスの基礎知識

本書の構成

本書は各 Section ごとに用意されたサンプルファイルを作成し、 Xcode の操作を覚えながら SwiftUI を使って iPhone アプリを完成させていきます。

Section 2-3

アトリビュートインスペクタを利用する

このセクションではテキストのフォントのサイズ、種類、色、位置揃えなどの属性(プロパティ)を設定する方法を紹介します。プロパティの設定には、インスペクタエリアにあるアトリビュートインスペクタを利用できます。プロパティを設定するための修飾コードをモディファイア(Modifier)と呼びます。

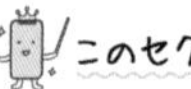

このセクションのトピック

1. アトリビュートインスペクタを使って属性を設定しよう
2. テキストのフォントや文字色などを設定しよう
3. padding() で余白、frame() で縦横サイズを調整しよう
4. コードの中のドット . の意味を理解しよう

重要キーワードはコレだ!

font()、fontWeight()、foregroundColor()、frame()、padding()

このセクションのトピック、重要キーワード

各 Section の最初のページには、「このセクションのトピック」が箇条書きされています。解説に出てくる重要なキーワードも最初のページでピックアップしています。

2-3 アトリビュートインスペクタを利用する

STEP インスペクタでテキスト属性を指定する

次に示すように VStack{} を使ってテキストが 2 個並んだプロジェクトを用意します。続くステップでは、このテキストのフォントをインスペクタを使って設定します。インスペクタは、インスペクタエリアのアトリビュートインスペクタを使うのがもっとも手軽です。インスペクタで属性を指定するとテキストの属性(プロパティ)を設定するモディファイアが追加されます。

Code 2 個のテキストが上下に並んでいる状態のコード　«FILE» TextInspector/ContentView.swift

```
struct ContentView: View {
    var body: some View {
        VStack {
            Text("Bicycle for the Mind")
            Text(" 知性の自転車 ")
        }
    }
}
```

この 2 個のテキストの属性を設定していきます

Chapter 2 基本操作とレイアウト調整

1 「Bicycle for the Mind」のインスペクタを表示　«SAMPLE» TextInspector.xcodeproj

STEP

プロジェクトをつくる方法を手順を追って説明していきます。

次ページで説明するダウンロード用サイトからサンプルファイルをダウンロードしてご使用ください。

ボタンの機能を定義する

ライブラリの Button では次のコードが挿入されます。{ } の中にボタンのタップで実行するコードを書きます。

書式 ボタンの書式 1

```
Button(" ボタン名 "){
    アクション
}
```

次のコードでは、"Hello World" と出力する「Tap」ボタンが作られます。buttonStyle(.bordered) を付けるとボタンの領域が表示され、ヒット領域がボタンの形と同じになります。

Code Tap ボタンを作る　«FILE» helloButton/ContentView.swift

```
struct ContentView: View {
    var body: some View {
        Button("Hello") {
            print("Hello World")
```

これがボタンで実行する機能です

解説

各 Section で登場するプロジェクトを作成するにあたり必要な Xcode のインターフェース、ツールの使い方、SwiftUI での開発方法、Swift シンタックスについて書式を明示し詳細に解説しています。コードにはコードタイトル、ファイル名、マーカー線、引き出しによる注釈があります。

少し進んだ中級者向けの内容には「StepUP」アイコンを付けています。

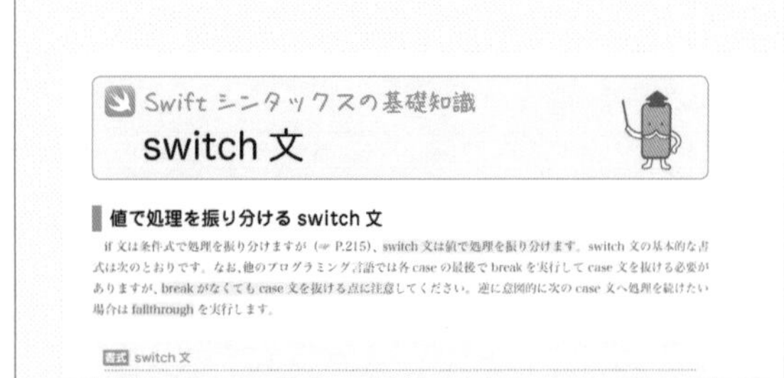

Swift シンタックスの基礎知識

switch 文

値で処理を振り分ける switch 文

if 文は条件式で処理を振り分けますが (☞ P.215)、switch 文は値で処理を振り分けます。switch 文の基本的な書式は次のとおりです。なお、他のプログラミング言語では各 case の最後で break を実行して case 文を抜ける必要がありますが、break がなくても case 文を抜ける点に注意してください。逆に意図的に次の case 文へ処理を続けたい場合は fallthrough を実行します。

書式 switch 文

Swift シンタックスの基礎知識

Section で出てくる Swift シンタックス、または関連する Swift シンタックスについて主に Playground を使って解説しています。

サンプルプログラムのダウンロード・サポートページ

本書で使用したサンプルは、下記のソーテック社 Web サイトのサポートページからダウンロードして使用することができます。サンプルプログラムダウンロードのほか、本書の補足説明、誤りの訂正などを掲載しています。

「詳細！ SwiftUI iPhone アプリ開発入門ノート［2022］iOS 16+Xcode 14 対応」

サンプルプログラムダウンロード・サポートページ URL

http://www.sotechsha.co.jp/sp/1312/

iPhone アプリを作ってみよう／Playground の活用

Xcode をインストールして、実際に簡単なアプリを作ってシミュレータや iPhone でさっそく試してみましょう。
どうしても欠かせない Swift シンタックスの基礎知識の学習も Playground で効率よくスタートです。

Section 1-1　Xcode のインストール

Section 1-2　SwiftUI を使うプロジェクトを作る

Section 1-3　エディタとキャンバスを使ってみよう

コメント文を利用しよう

Section 1-4　iPhone シミュレータを使う

Section 1-5　iPhone の実機でアプリを試そう

Section 1-6　Playground を活用して Swift を学ぼう

変数、タプル、型、繰り返し

Xcode のインストール

Xcode はアプリ開発に必要な複数のツールが集まった macOS 用の統合開発環境（IDE）です。このセクションでは Xcode のインストールに続いてアカウントの登録を行い、iPhone アプリ開発の準備を整えるところまでを行います。アカウントの登録は iPhone に接続して実機テストするときまで必要ありませんが、ここでやってしまいましょう。

このセクションのトピック

1. App Store から Xcode14 をダウンロードし、Mac にインストールしよう
2. Xcode に開発用のアカウント（Apple ID）を登録しよう
3. Apple Developer Program について知ろう

Key Words 重要キーワードはコレだ！

Xcode、AppleID アカウント、Apple Developer Program

❶ **Xcode をインストールします**

Xcode

❷ **開発用のアカウントを登録します**

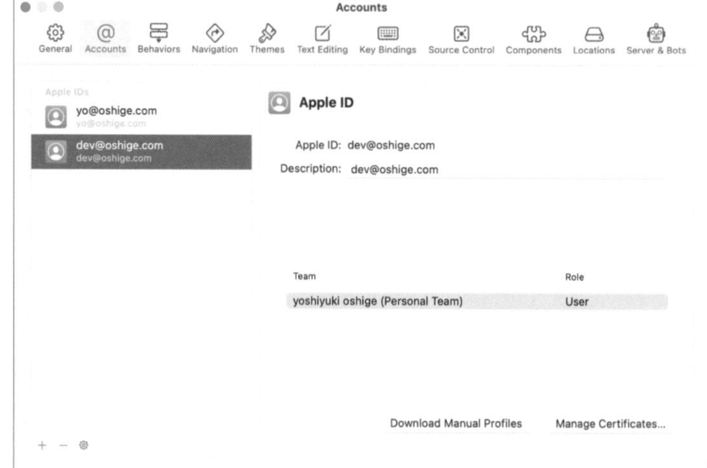

⚠ Xcode と macOS のバージョン

Xcode 14 を使うには、macOS Monterey 12.4 以降の環境が必要です。

STEP Xcode をダウンロードしてインストールする

Xcode を MacBook にインストールし、開発アカウントを追加するまでのステップを説明します。各ステップでサインインやアカウントとパスワードが求められます。次のように対応してください。

- App Store へのサインイン → 通常利用している Apple ID とパスワード
- MacBook へのインストール → MacBook ユーザーのアカウントとパスワード
- Xcode のアカウント → 開発用の Apple ID とパスワード（通常利用の Apple ID でも構いません）

1 App Store から Xcode をダウンロードする

MacBook の Apple メニューから App Store を開いて Xcode をダウンロードします。Xcode は「開発する」のカテゴリにあります。「xcode」でも検索できます。

「開発する」カテゴリにXcodeがあります

2 MacBook へのインストールを許可する

MacBook にインストールする際に MacBook のユーザーアカウントの許可が求められた場合は、MacBook のユーザーログインに使うアカウントとパスワードを入力してインストールを許可します。

3 開発用のアカウント（Apple ID）を登録する

Xcode を起動して、Xcode メニューの Preferences を選び、Accounts タブを開きます。+ ボタンをクリックして開発用の Apple ID を登録します。通常利用している Apple ID を登録しても問題ありません。

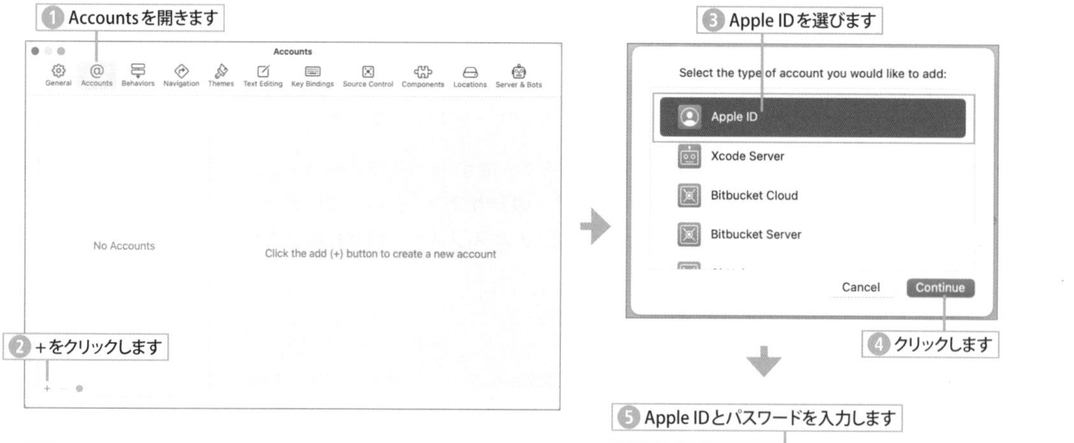

①Accountsを開きます

②＋をクリックします

③Apple IDを選びます

④クリックします

⑤Apple IDとパスワードを入力します

⑥クリックします

⑦Apple IDが追加されます

⑧無料アカウントの場合は、チーム名に(Personal Team)と付きます

NOTE

Xcodeのアンインストール

Xcodeをアンインストールしたいときは、通常のアプリを削除するようにXcodeアプリをゴミ箱に捨ててください。

Xcodeのアカウントで使うApple ID

開発中のアプリはSwiftUIのプレビュー機能やiPhoneシミュレータ（Simulatorアプリ）で動作を試すことができますが、iPhoneで実機テストするには、Xcodeにデベロッパ登録したアカウント（Apple ID）を入力する必要があります（実機テスト☞P.34）。

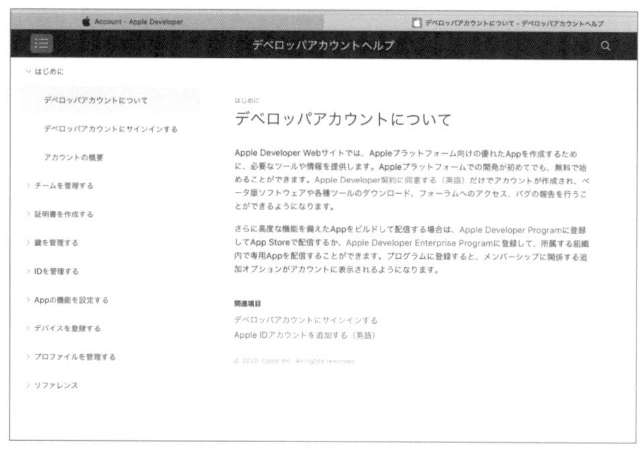

●デベロッパアカウントについて
https://help.apple.com/developer-account/

無料のアカウント

アプリを配布しないならば、Apple Developer 契約に同意しただけの無料のアカウントでも iPhone を使った実機テストを行えます。無料アカウントで作ったアプリの有効期間は、実機にインストールした日から 1 週間です。

有料のアカウント

開発中のアプリをテスターに配布してベータ版のテストを行ったり、完成したアプリを App Store から配布したりするには、有料メンバーシップの Apple Developer Program に登録した Apple ID で開発を行わなければなりません（年会費 12,800 円）。開発に使用するデバイスも登録します（☞ P.38）。

● Apple Developer Program
https://developer.apple.com/jp/programs/

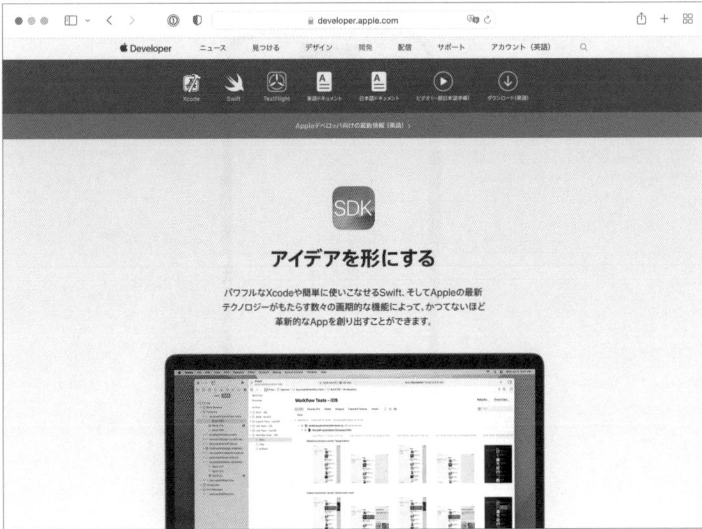

●日本語ドキュメントや開発ツール
https://developer.apple.com/jp/develop/

SwiftUI を使うプロジェクトを作る

Xcode のアプリ開発は、アプリの種類や利用したいテクノロジーに適したテンプレートからプロジェクトを作るところから始めます。このセクションでは、SwiftUI を使うプロジェクトを作り、Xcode の基本的な操作方法を学びます。

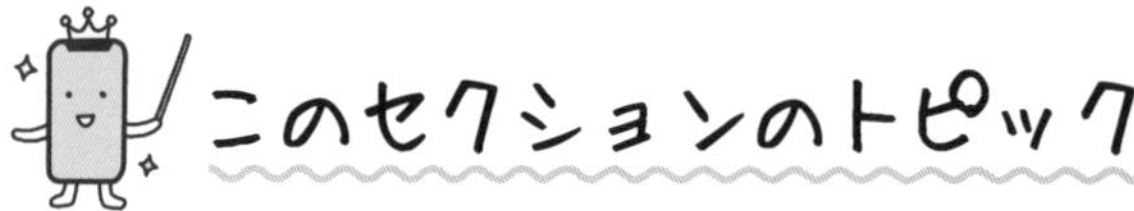

1. SwiftUI を利用するプロジェクト「HelloWorld」を作って保存しよう
2. Xcode の画面の各エリアの名前と概要を知ろう
3. 各エリアを表示／非表示して画面を広く使おう

重要キーワードはコレだ！

新規プロジェクト、App テンプレート、ナビゲータエリア

SwiftUI 対応の新規プロジェクトを作る

Xcode で新規に iOS アプリのプロジェクトを作るステップを説明します。アプリ開発には複数のプログラムファイル、ライブラリ、素材などが必要になるので、それらを１つのプロジェクトとして管理します。

1 新規プロジェクトを選ぶ

«SAMPLE» HelloWorld.xcodeproj

Xcode を起動すると表示される「Welcome to Xcode」パネルの「Create a new Xcode project」をクリックします。メニュー の File > New > Project... を選択して新規プロジェクトを作ることもできます。

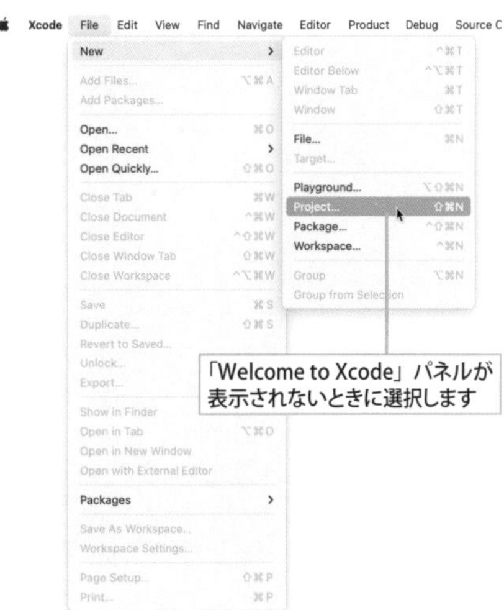

2 iOS の App テンプレートを選択する

テンプレートの種類を選ぶパネルが表示されたならば、iOS タブにある「App」を選択し、Next ボタンをクリックして次へ進みます。

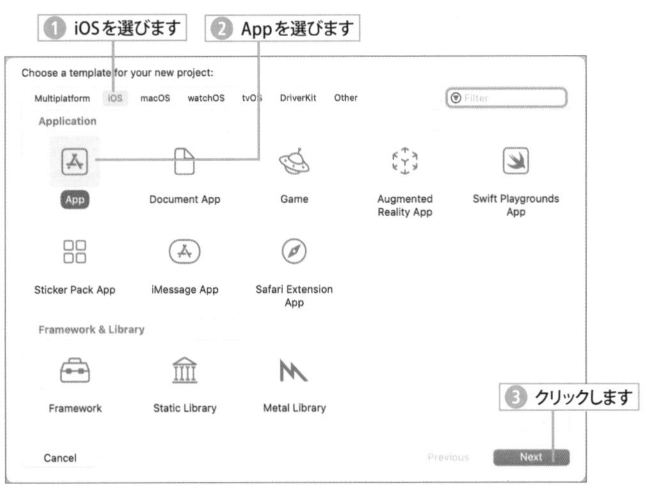

3 プロダクト名などを付け、SwiftUI を選択して保存する

プロダクト名などの項目を入力します。Team はアカウントで登録したチームから選択します（☞ P.12）。実機テストや配布を行わない場合は「None」のままでも構いません。Interface で「SwiftUI」、Language で「Swift」を選択します。Include Tests のチェックは上級者向けなので外しておきます。

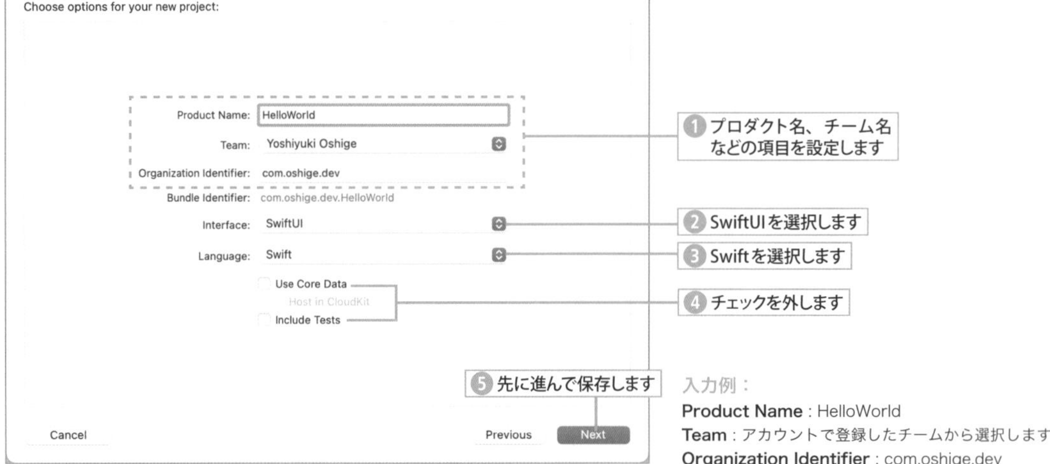

入力例：
Product Name：HelloWorld
Team：アカウントで登録したチームから選択します
Organization Identifier：com.oshige.dev

4 プロジェクトのワークスペースが表示される

プロジェクトを保存するとツールバーやエリアに区切られたワークスペースが表示されます。

```
//
//  ContentView.swift
//  HelloWorld
//
//  Created by yoshiyuki oshige on 2022/09/14.
//

import SwiftUI

struct ContentView: View {
    var body: some View {
        VStack {
            Image(systemName: "globe")
                .imageScale(.large)
                .foregroundColor(.accentColor)
            Text("Hello, world!")
        }
        .padding()
    }
}

struct ContentView_Previews: PreviewProvider {
    static var previews: some View {
        ContentView()
    }
}
```

プロジェクトフォルダと xcodeproj ファイル

プロジェクトを保存するとプロジェクトフォルダが作られます。フォルダの中には、xcodeproj ファイルと、Swift ファイルなどが入ったプロジェクト名のフォルダが作られます。既存のプロジェクトを開くときは xcodeproj を開きます。プロジェクトフォルダの名前は変更できますが、その中の xcodeproj ファイルと Swift ファイル等が入っているフォルダの名前をファインダ上で変更しないでください。

ワークスペースのエリアの名称と概要

ワークスペースを使って開発を進めるために、区切られている各エリアの名称や操作方法や機能の概要を知っておきましょう。

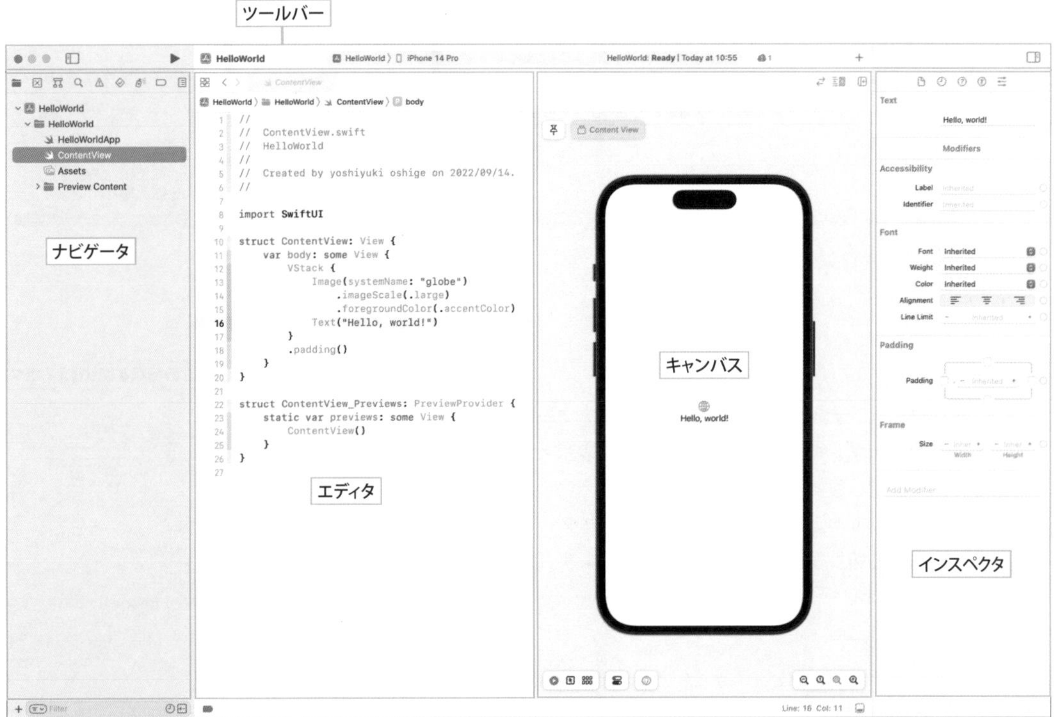

設定やコードを編集するファイルをナビゲータで選択する

ナビゲータにはプロジェクトに含まれているファイルがリスト表示されています。リストはフォルダ階層になっていますが、これは種類によるグループ分けであり、保存のファイル階層ではありません。

ナビゲータのリストをクリックすると、選択したファイルの編集設定画面が右のエリアに表示されます。たとえば、1行目のプロジェクト名を選択すると、右のエリアにはプロジェクトの各種設定画面が表示され、アイコンのSwiftファイルを選択すると、エディタにはプログラムコードの標準エディタとキャンバスのエリアが表示されます。キャンバスにはプログラムの実行結果のプレビューが表示されています。プレビュー表示は右下のZoomボタンで縮小／100%／フィット／拡大ができます。

❶ Swiftファイルを選択します

❷ プログラムコードの編集ができるようになります

❸ 選択しているファイル、コード、オブジェクトなどの属性が表示され、設定などができます

プレビュー表示を拡大縮小できます

インスペクタで属性の設定を確認変更する

インスペクタには、ナビゲータやエディタエリアで選択しているファイルやオブジェクトの属性の現在の設定値が表示されます。属性の値を変えて設定し直すこともできます。

インスペクタエリアの上部には、FileインスペクタやAttributesインスペクタなどを切り替えるボタンが並んでいます。

エリアを表示／非表示して使う

ツールバーには、ナビゲータエリア、インスペクタエリアの表示と非表示を切り替えるボタンがあります。使わないエリアを消すとエディタエリアが広くなり、編集しやすくなります。

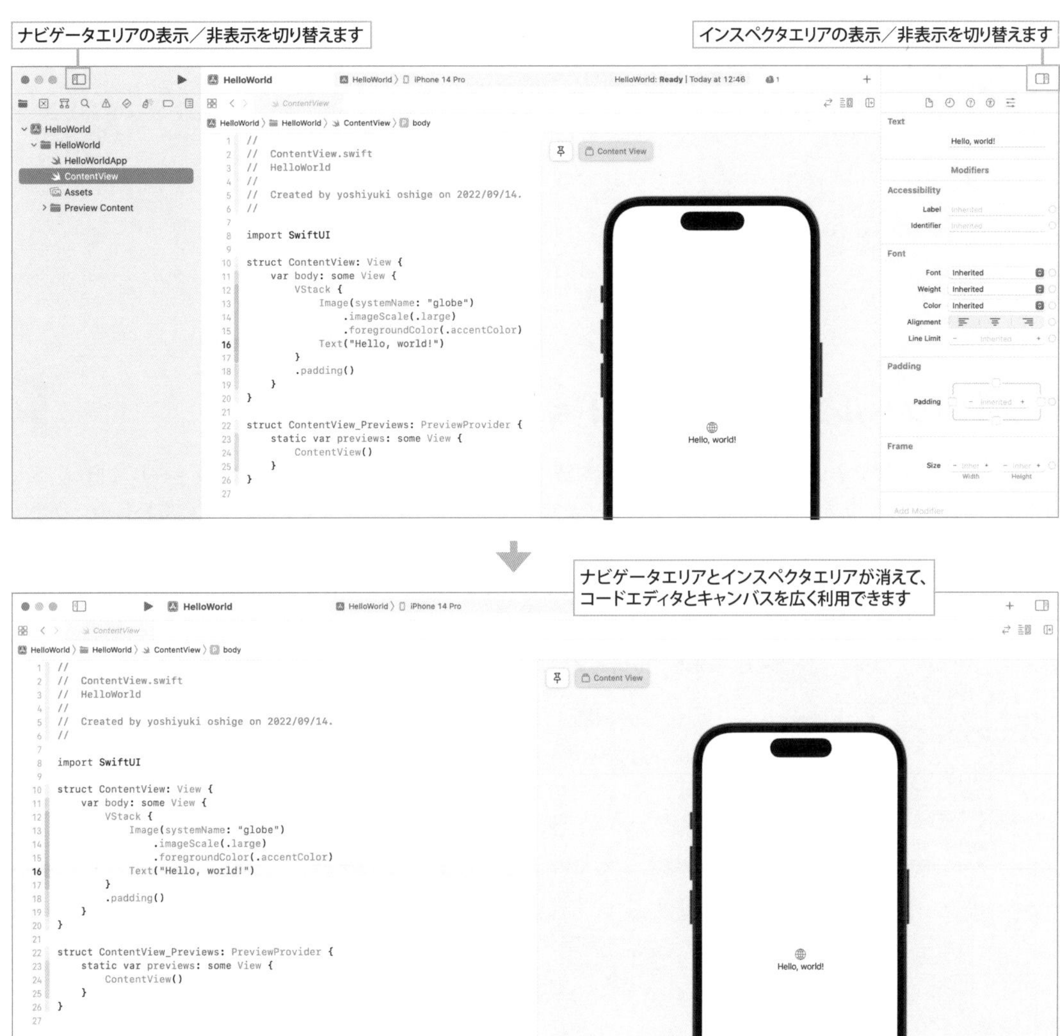

コードを折りたたむ

エディタに表示されているコードの左に縦のグレイのバーがあります。このバーをクリックすると対応する範囲のコードが { ... } のように折りたたまれて全体の行数が減り、長いコードの概要を把握しやすくなります。もう一度バーをクリックすると折りたたまれていたコードが展開します。

1 クリックします

```
import SwiftUI

struct ContentView: View {
    var body: some View {
        VStack {
            Image(systemName: "globe")
                .imageScale(.large)
                .foregroundColor(.accentColor)
            Text("Hello, world!")
        }
        .padding()
    }
}

struct ContentView_Previews: PreviewProvider {
    static var previews: some View {
        ContentView()
    }
}
```

```
import SwiftUI

struct ContentView: View {
    var body: some View {
        VStack {•••}
        .padding()
    }
}

struct ContentView_Previews: PreviewProvider {
    static var previews: some View {
        ContentView()
    }
}
```

2 1行になりました

クイックヘルプとデベロッパドキュメンテーション

コードで使われている命令や関数の書式や機能を調べたいときは、調べたいコードをクリックして指し、Show Quick Help Inspectorボタンをクリックしてクイックヘルプを開きます。クイックヘルプの最終行の「Open In Developer Documentation」をクリックするとデベロッパドキュメンテーションで該当ページが開き、さらに詳しく調べることができます。Helpメニューにはデベロッパドキュメンテーションをはじめ、さまざまなガイドブックを開くメニューがあります。

アプリが対応するiOSのバージョンを確認する

ナビゲータエリアの1行目を選択するとプロジェクトの設定を確認できます。GeneralパネルのMinimum Deploymentsで、作成するアプリが対応する最低iOSバージョンを選択できます。ナビゲータエリアのContentViewを選択すれば最初のワークスペースの画面に戻ります。

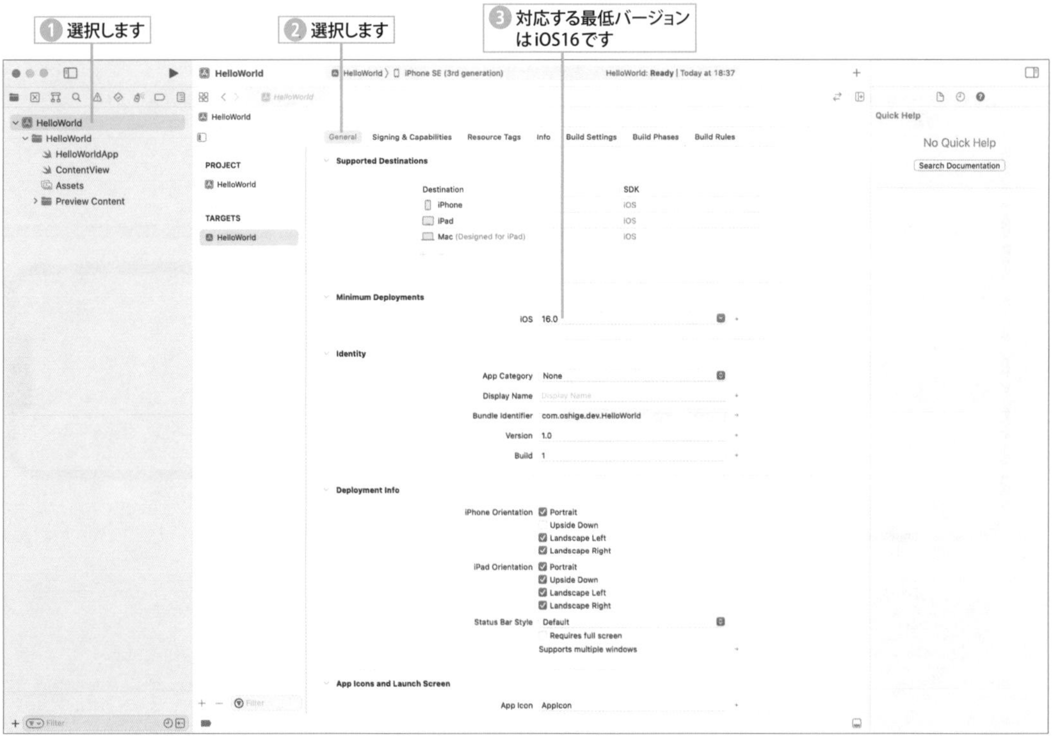

① 選択します

② 選択します

③ 対応する最低バージョンはiOS16です

エディタとキャンバスを使ってみよう

SwiftUIを使うプロジェクトを作ったならば、コードエディタに表示されているコードを変更してみましょう。コードを変更するとプレビューが即座に更新される様子を試しましょう。

1. キャンバスにプレビューを表示してみよう
2. コードを変更してプレビューを確かめよう
3. プレビューで使用するデバイスを変更しよう

重要キーワードはコレだ！
プレビュー表示、スキームメニュー、コメント文

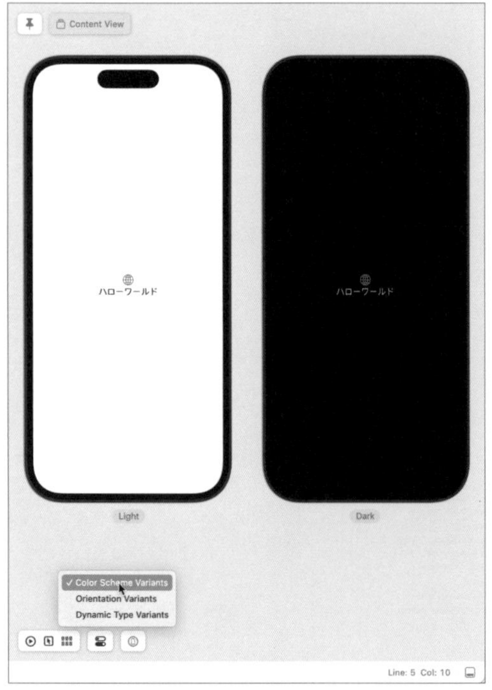

STEP プレビューを表示してコードを書き替える

SwiftUIのキャンバスにアプリのプレビュー画面を表示し、コードを書き替えるとプレビューが即座に更新される様子を確認してみましょう。

1 ContentView.swiftを選択する

«SAMPLE» HelloWorld2.xcodeproj

HelloWorld2プロジェクトを作るとContentViewが選択され、ContentViewのコードと実行結果のプレビューが表示されます。

2 コードのテキストを変更する

エディタに表示されているコードの"Hello, World!"を"ハローワールド"に書き替えます。するとプレビューに表示されている文字も即座に「ハローワールド」に更新されます。アトリビュートインスペクタには、選択されたTextオブジェクトの属性の情報が表示されます。

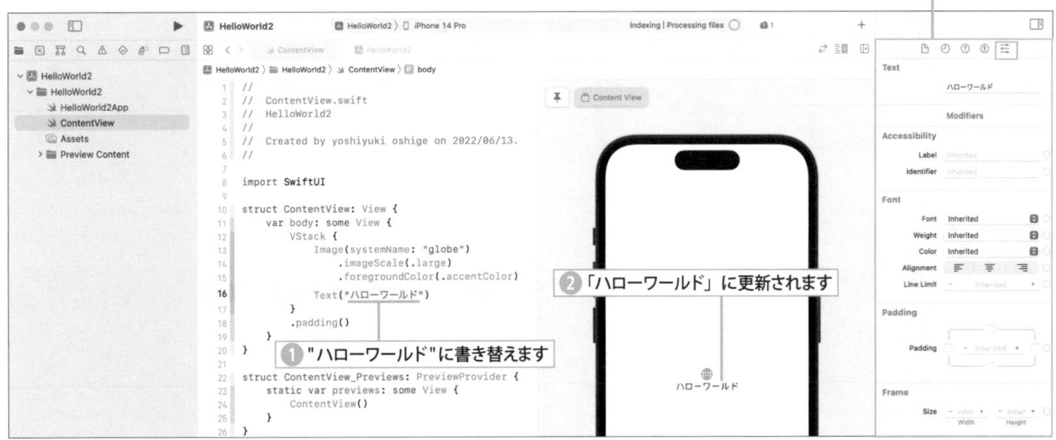

Code "ハローワールド"に書き替える «FILE» **HelloWorld2/ContentView.swif**

```
struct ContentView: View {
    var body: some View {
        VStack {
            Image(systemName: "globe")
                .imageScale(.large)
                .foregroundColor(.accentColor)
            Text("ハローワールド")  ——— テキストを書き替えます
        }
        .padding()
    }
}
```

プレビューのアイテムを選択して該当するコードを調べる

キャンバスの下に並んでいるツールボタンから左から2番目の Selectable ボタンをクリックして選択するとプレビューのアイテムを選択できるようになります。プレビューの地球の絵をクリックすると絵を表示するためのコードが選択され、コードと実行結果の対応を確認できます。キャンバスのツールボタンから Live ボタンを選択すると元のプレビュー表示に戻ります。

ダークモード表示を確認する

プレビューではダークモード表示を確認することもできます。キャンバスのツールボタンのVariantsボタン をクリックするとメニューが出て、Color Scheme Variantsを選択するとLightとDarkの2つのモードのプレビュー画面が並んで表示されます。

次に説明するOrientation Variantsと同じように画面をクリックすれば拡大表示で確認できます。

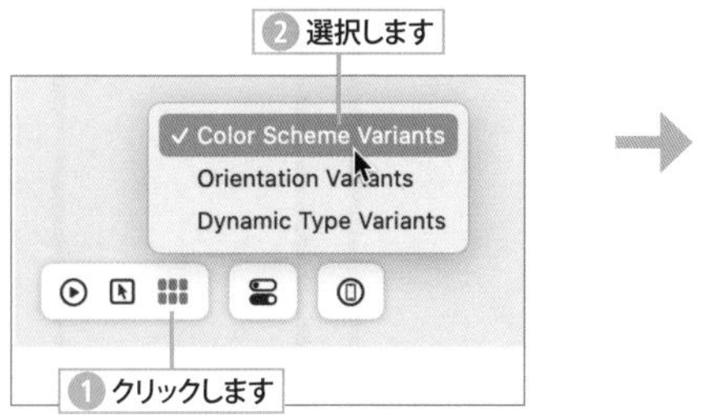

デバイスの向きを変える

デバイスの向きで画面が回転した場合のプレビュー画面を見ることもできます。Variantsボタン のメニューからOrientation Variantsを選択するとデバイスが縦向き（Portrait）、横向き（Landscape）の場合のプレビュー画面が表示されます。クリックすれば拡大表示で確認できます。

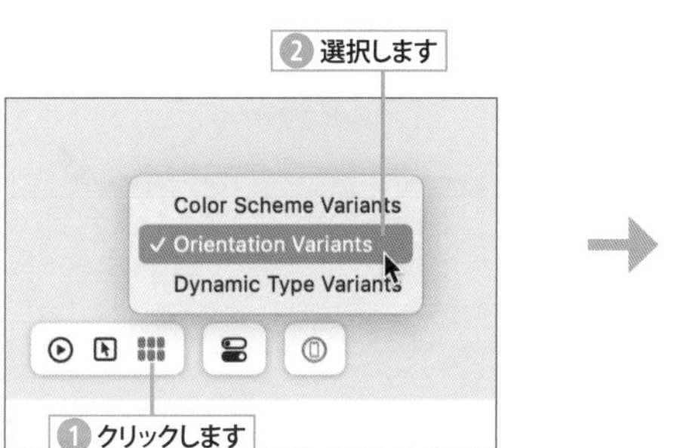

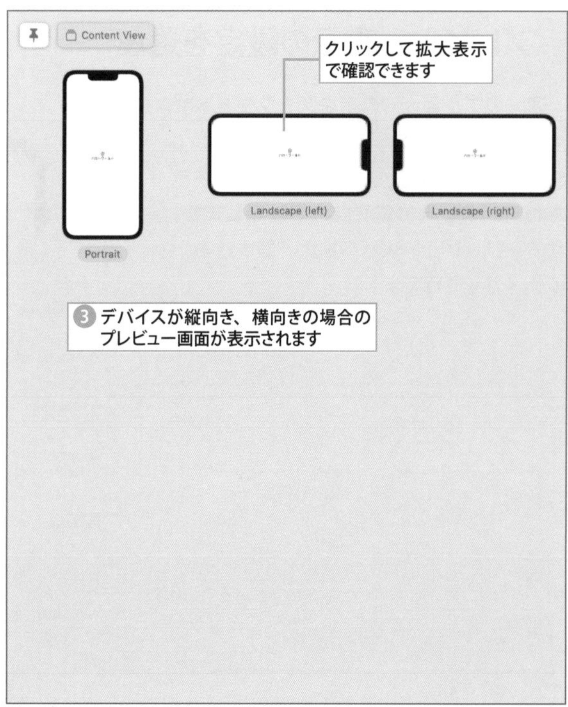

Dynamic Type の文字サイズを確認する

アクセシビリティのテキストサイズの設定で「さらに大きな文字」をオンにするとDynamic Type 機能に対応したフォントの文字サイズが変わります。Variants ボタン[icon]のメニューから Dynamic Type Variants を選択すると文字サイズの違いによる見え方を確認することができます。たくさんの並びから１つをクリックすれば拡大表示で確認できます。

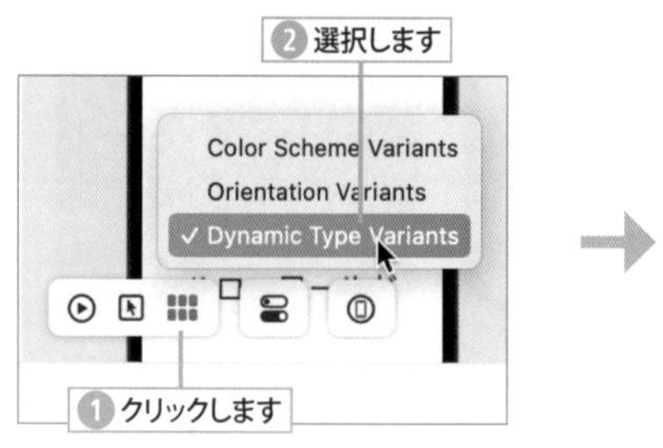

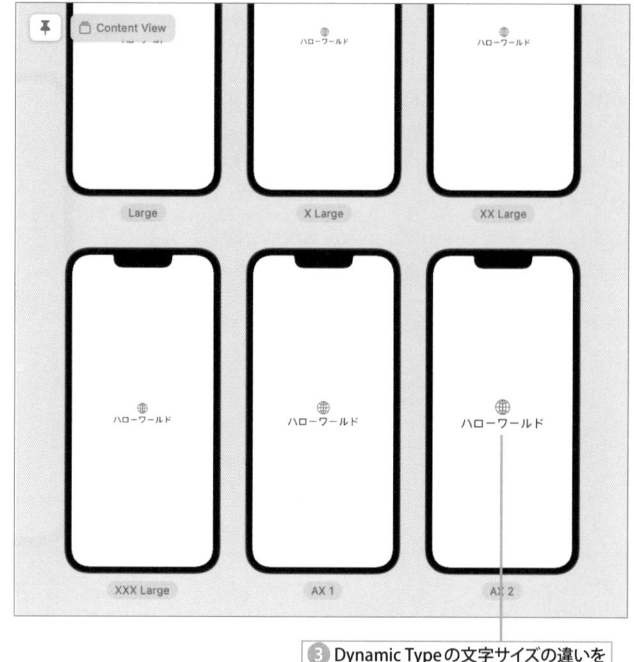

プレビュー表示の設定を選ぶ

通常のプレビュー表示をダークモードや横向きにして作業したい場合は、Device Settings ボタン[icon]をクリックすると表示されるメニューで色や向きを設定します。なお、プレビュー表示の拡大／縮小は右下の虫メガネで行えます。

Preview paused と表示されているとき

キャンバスにプレビューが表示されずに「Preview paused」と出ているときは、右端のResumeボタン↻をクリックするとプレビューが作成されます。

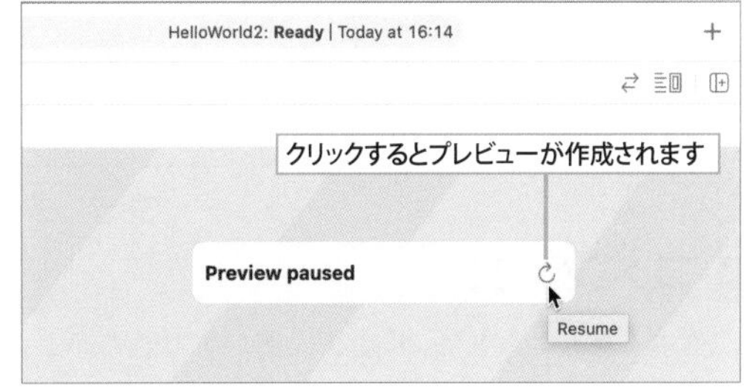

プレビューで使用するデバイスを変更する

プレビューで使用するデバイス（機種）の種類は、スキームメニューで選びます。デバイスが更新されない場合はResumeボタン↻をクリックしてください。

Swift シンタックスの基礎知識

コメント文を利用しよう

コメント文

プログラムコードに説明などを書いておきたいときコメントを利用します。コードを見ると // から始まる行がありますが、これがコメントです。コメントの機能は、特定のコードが実行されないように、コードを一時的にコメント文にする「コメントアウト」という手法でも利用されます。

«FILE» **Multi-Comment.xcodeproj**

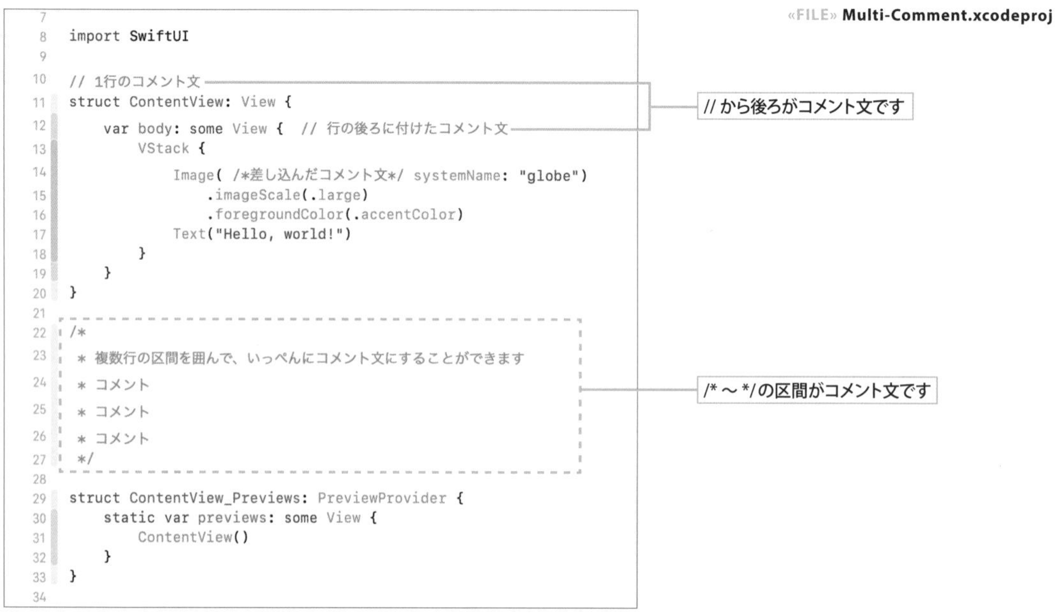

```
import SwiftUI

// 1行のコメント文
struct ContentView: View {
    var body: some View {  // 行の後ろに付けたコメント文
        VStack {
            Image( /*差し込んだコメント文*/ systemName: "globe")
                .imageScale(.large)
                .foregroundColor(.accentColor)
            Text("Hello, world!")
        }
    }
}

/*
 * 複数行の区間を囲んで、いっぺんにコメント文にすることができます
 * コメント
 * コメント
 * コメント
 */

struct ContentView_Previews: PreviewProvider {
    static var previews: some View {
        ContentView()
    }
}
```


複数行コメントとコメント文の挿入

複数行のコメントは /* と */ で囲んで作ることができます。すでに // でコメントになっている行や /* ～ */ でコメントになっている区間を含んだ複数行を /* ～ */ で囲んで全体をコメントにすることもできます。これをコメントのネスティングと呼びます。/* ～ */ を使えば行の途中にコメント文を挿入することもできます。

NOTE

コメントアウトのショートカット command + /

コメントアウトはショートカットを使うと便利です。コメントアウトしたい行を選択して command + / を押すと選択しておいた行の先頭に // が挿入されてコメントになり、逆にコメントアウトされている行を選択して command + / を押すと行の先頭の // が取り除かれます。

iPhone シミュレータを使う

Xcode には iPhone、iPad、Apple Watch、Apple TV のシミュレータ（Simulator アプリ）があります。シミュレータには iPhone の各機種ごとのアプリが用意されていて、キャンバスのプレビューよりもさらに実機の iPhone に近い状況でアプリをテストできます。

このセクションのトピック

1. iPhone シミュレータでアプリを実行しよう
2. iPhone シミュレータを回転してみよう
3. アプリを終了しよう
4. iPhone シミュレータを日本語にするには？

重要キーワードはコレだ！
iPhone シミュレータ、スキーム

作ったアプリをシミュレータで試します

シミュレータを日本語にします

iPhone シミュレータでアプリを実行する

プロジェクトをビルドしてアプリを作り、iPhone シミュレータでアプリの動作を確かめるステップを説明します。iPhone シミュレータは Simulator アプリで起動します。iPhone シミュレータの回転も試します。

1 機種を選んで、Start ボタンをクリックする

«SAMPLE» GoodMorning.xcodeproj

iPhone の機種をスキームメニューから選択し、▶（Start ボタン）をクリックします。プロジェクトがビルドされ、スキームで選んだ iPhone シミュレータにアプリがインストールされます。

2 Simulator アプリが起動する

アプリのインストールが完了すると Simulator アプリが起動して Xcode の画面の前にスキームで選んだ iPhone のシミュレータが表示されます。画面には「おはよう！」と表示されます。

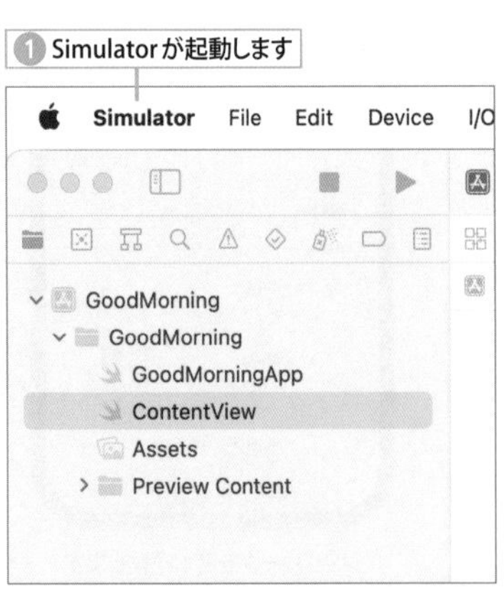

3 iPhone シミュレータを回転させる

表示された iPhone シミュレータの上に付いているツールバーにある Rotate ボタン をクリックすることで、シミュレータを回転させることができます。回転に合わせて「おはよう！」の文字が水平になるように画面も回転します。

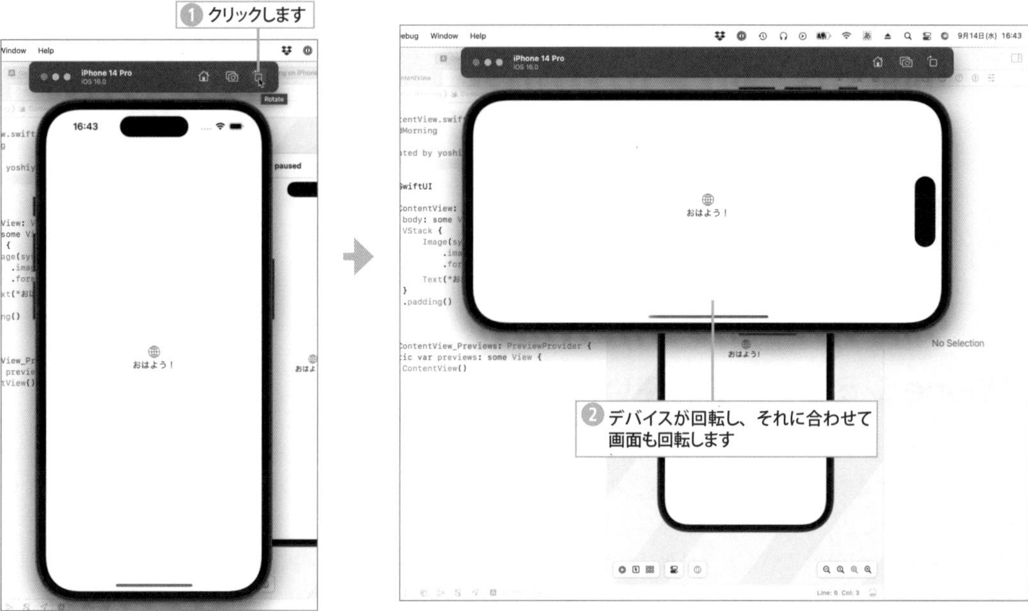

4 アプリを停止する

Xcode のツールバーにある Stop ボタン■をクリックするとシミュレータのアプリが停止します。

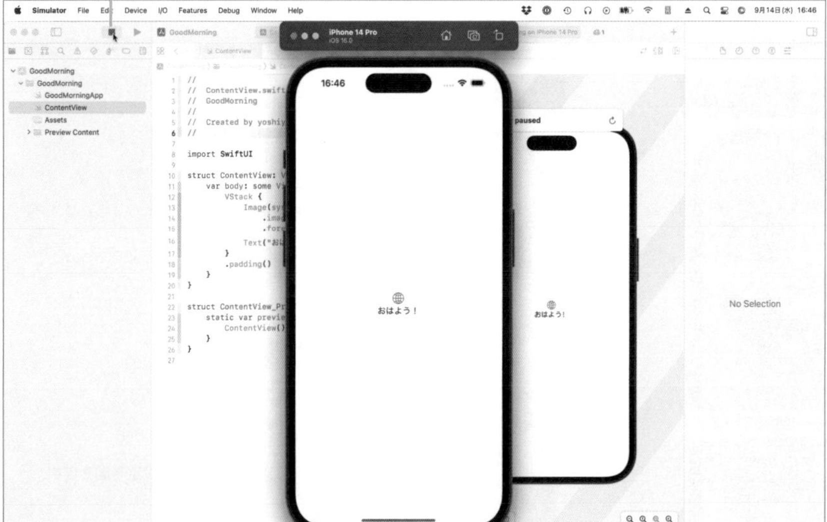

5 プレビューを再開する

Simulator から Xcode に戻るとプレビュー表示の上に「Preview paused」の表示が出ています。停止中のプレビューを再開したい場合は Resume ボタンをクリックします。

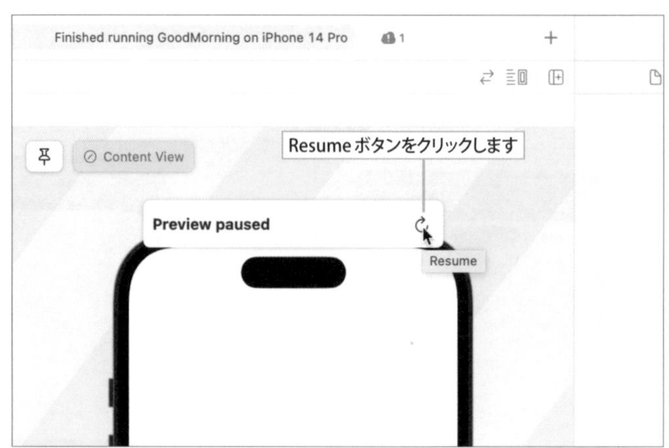

iPhone シミュレータの使い方

シミュレータの操作は基本的に実機の iPhone と同じです。Xcode でインストールしたアプリは、アイコンのクリック（iPhone でのタップ）で再起動でき、ホーム画面の長押しでアイコンが揺れる状態にして配置の移動や削除を行えます。

標準でインストールされているアプリをクリックすれば起動し、連携などを確認することができます。Simulator の File、Edit、Device、I/O、Features、Debug などのメニューにも開発で役立つ機能があります。

アプリをホームで確認する

シミュレータのツールバーには Home、Save Screen（画面のスナップショット）、Rotate のボタンが並んでいます。Home ボタンをクリックするか Device メニューの Home を選択すると、ホーム画面になります。ホーム画面には iOS の標準アプリに加えて、ビルドしてインストールしたアプリのアイコンも同じように並びます。ホーム画面のアプリをクリックすると起動します。

iPhoneシミュレータを日本語にする

ホーム画面でHomeボタンをクリックすると1ページ目に移動します。Settings（設定）アプリをクリックしてGeneral（一般）のLanguage & Region（言語と地域）をクリックします。

PREFERRED LANGUAGES（優先する言語）のAdd Language...（言語を追加）から「Japan（日本語）」を選び、優先順位の並びでドラッグして日本語を1番目にします。するとメニューなどの表示が日本語に変わります。再び設定アプリを開き、一般>言語と地域で地域を「日本」を選択すると日付や金額の表記が日本の書式になります。

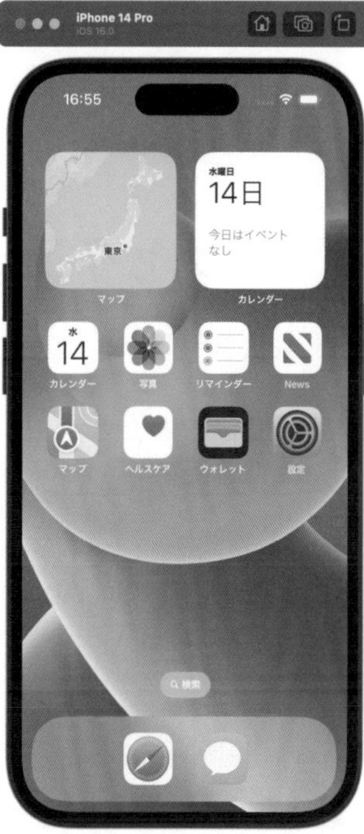

Section 1-5 iPhoneの実機でアプリを試そう

カメラや加速センサーなどを使うアプリは実機でなければテストできません。そして、実際に持ち歩いたり、現場で長時間操作したりすることで、プレビューやシミュレータではわからなかった不具合や改良点に気付く場合もあります。それになんと言っても、実際にiPhoneにアプリをインストールすると学習や開発のモチベーションも上がりますね。

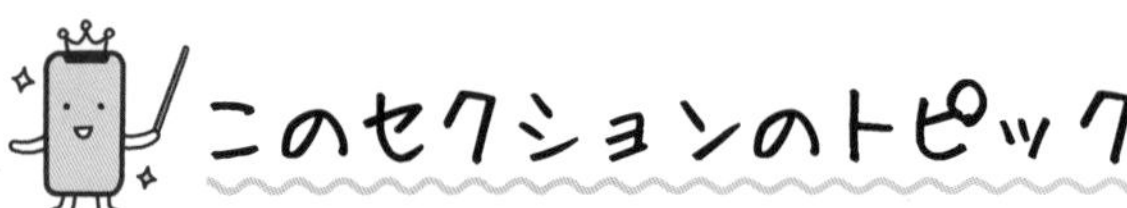

このセクションのトピック

1. 利用するアカウントと開発チームを確認しよう
2. iPhoneに自分で作ったアプリをインストールする方法は？
3. 自分で作ったアプリをiPhoneで試そう

重要キーワードはコレだ！

開発チーム、Apple MFi認証ケーブル、iPhoneでアプリを試す、デベロッパモード、実機の登録

①iPhoneにアプリをインストールします

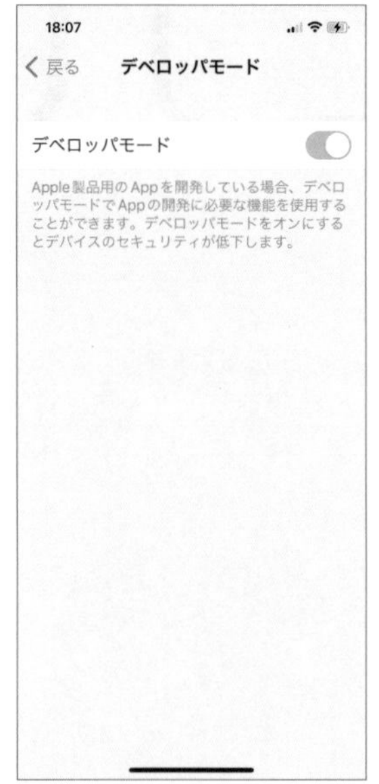

②アプリが起動します

STEP アプリを iPhone にインストールして実行する

プロジェクトのアカウントと Team を確認し、アプリをビルドして MacBook に接続した iPhone にインストールします（アカウントの登録 ☞ P.12）。なお、iPhone はインストールするアプリの iOS バージョンに合わせなければなりません。

1 開発チームを選ぶ

«SAMPLE» HelloWorld.xcodeproj

ナビゲータの 1 行目のプロジェクト名を選択し、右に表示された TARGETS の設定を選びます。そして Signing & Capabilities を開いて Signing に設定されている開発チーム（Team）を確認します。

2 iPhone を接続してロックを解除する

MacBook と iPhone をケーブルで接続し、iPhone のロックを解除してホームで待機状態にします。

必ず Apple MFi 認証のケーブルを
接続には必ず Apple MFi 認証のケーブルを使用します。

3 スキームで iPhone を選択し、Start ボタンをクリックする

接続した iPhone が Xcode のスキームに表示されるので、iPhone を選択して Start ボタン▶をクリックします。

NOTE

スキームに Developer Mode disabled と表示されているとき

スキームで選択した実機名に（Developer Mode disabled）の表示が出た場合は、接続する実機 iPhone で設定アプリを開き、プライバシーとセキュリティ＞デベロッパモードをオンにします。iPhone が再起動したならば Xcode でファイルを開き直し、あらためてスキームで実機を選択して確認してください。

4 実機でアプリを操作する

ビルドが成功すると iPhone にアプリがダウンロードされインストールされます。インストールが完了するとアプリが起動して開きます。

5 アプリを終了する

Xcode の Stop ボタン■をクリックするとアプリが終了してホーム画面に戻り、iPhone のアプリと Xcode のプロジェクトの連携が外れます。

6 アプリを起動して動作を確かめる

インストールしたアプリはケーブルを外しても通常のアプリと同様に使うことができます。ホームに戻ってアプリをタップすると起動します。

開発チームを選んでビルドする

実機にアプリをインストールするためには、Signing & Capabilities にアカウントで作った開発チーム（☞ P.12）を必ず Team に指定しなければなりません。Team が「None」だと警告が出てビルドできません。

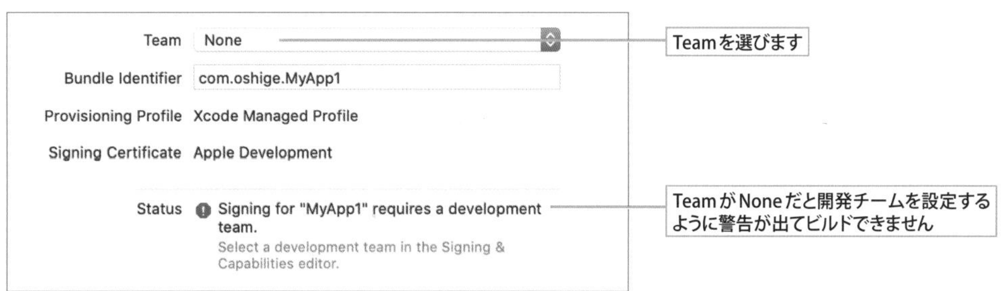

開発チームを選び直しても警告が消えない

開発チームを選び直しても警告が消えない場合はBundle Identifierを変更してみてください。異なる開発チームで同じバンドルIDを指定した場合にこのようなケースが発生することが考えられます。

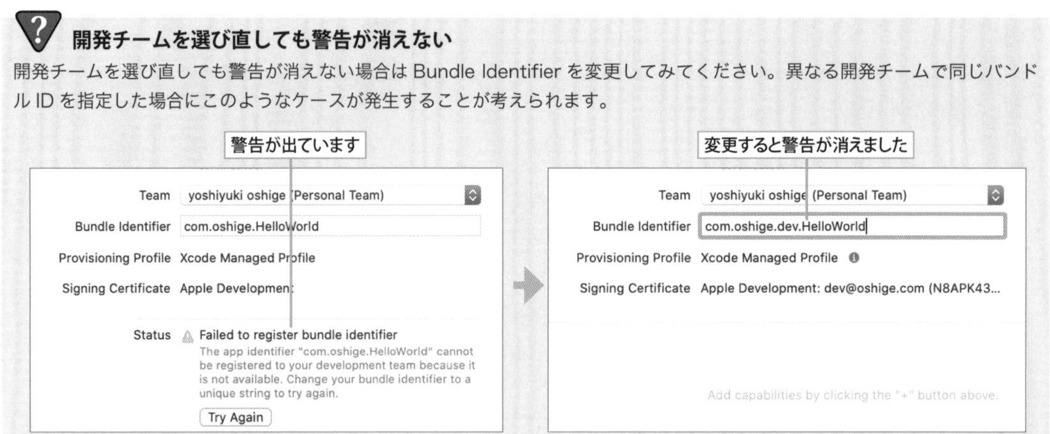

Apple Developer Programに登録したアカウントを使う場合

Apple Developer Programに登録したアカウントを使って開発する場合は、開発で使うデバイスをApple Developer ProgramのAccountから「Certificates, Identifiers & Profiles」を選んでDevicesに登録します。

Xcodeから実機を登録する

実機の登録は、未登録のiPhoneを接続してXcodeでビルドを試みる方法が簡単です。デベロッパアカウントにデバイスが登録してないという内容の確認ダイアログが出たならば「Register Device」をクリックしてください。続いてキーチェーンの許可を求められたならば、macOSユーザのログインパスワードで許可してください。

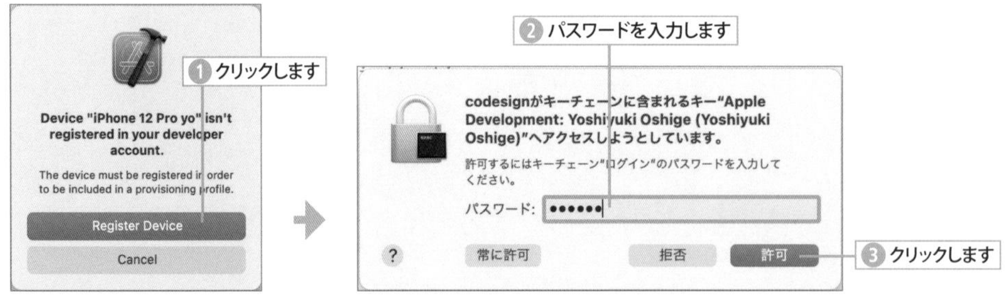

Playgroundを活用してSwiftを学ぼう

Playgroundを使うとSwiftのシンタックスを手軽に試すことができます。このセクションでは、PlaygroundでSwiftの基礎的なシンタックスを試しながら、Playgroundの使い方を学びます。Playgroundの使い方を覚えて、Swiftの学習を効率よく行いましょう。

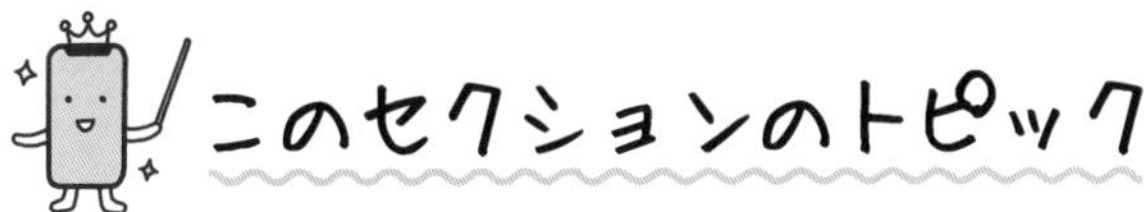

1. Playgroundを使ってSwiftのプログラムを試そう
2. 変数と代入についての大事な話
3. 数値や文字列などの型について知ろう
4. 繰り返しの処理を見てみよう
5. 値の変化をグラフで確認

重要キーワードはコレだ！

var、let、for-in、=、...、..<、変数、定数、代入、型推論、繰り返し、レンジ、タプル

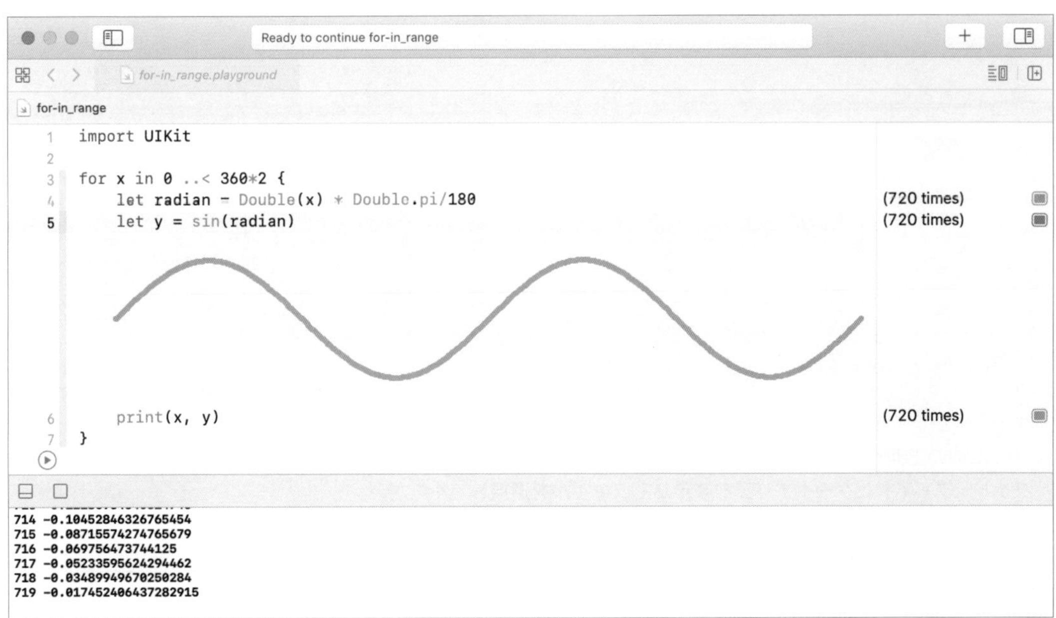

Playground で計算する

Playground のファイルを作り、変数を使った簡単な計算を行います。変数の値の確認、再計算が行われるタイミングの確認などを行います。

1 Playground ファイルを作る

Playground を始めるには、File メニューの New > Playground... を選択します。

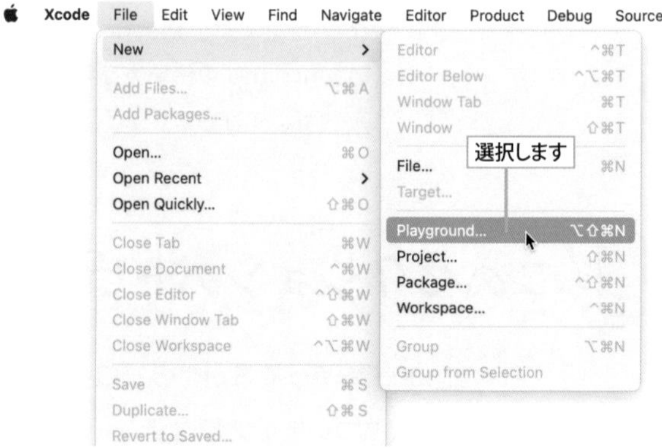

2 iOS のテンプレートを選択して保存する

テンプレートの種類を選ぶパネルが表示されたならば、iOS タブにある「Blank」を選択し、Next ボタンをクリックして次へ進み、ファイルを保存します。

3 Playground のワークスペースが表示される

エディタとライブビューが並んだワークスペースが表示されます。Playground ファイルを開いたときにエディタエリアに「No Editor」と表示されていることがあります。そのような場合は、ツールバーの Hide or show Navigator をクリックしてナビゲータエリアを表示してファイルを選択してください。

4 数式を入力して実行する

エディタに半角で「1 + 2」と入力して行の左にある⊙をクリックするとコードが実行されます。その結果、各行の右に式を実行した結果が表示されます。"Hello, playground" は変数 greeting の値、3 は「1 + 2」の計算結果です。

5 式を変更する

先の式を「1 + 5」に変更します。式を変更しても右の計算結果は「3」のままです。

6 式を再計算する

行の左にある⊙をクリックすると再計算されて式の結果が「6」になります。

式を実行しよう

エディタに書いた式は、行の左の⊙をクリックすると実行され、その結果は各行の右のライブビューに表示されます。

たとえば、「var a = 1」の式は変数 a に 1 を入れる（代入(だいにゅう)する）式です。右には結果として 1 が表示されます。同様に「var greeting = "Hello, playground"」の式は変数 greeting に "Hello, playground" を代入しています。式の結果として、greeting に入った "Hello, playground" が行の右に表示されます。

式を再計算する

ステップ５で試したように式を変更しただけでは再計算されません。再計算の様子をもう少し詳しく見てみましょう。

次のように４行の式を追加します。変数 a、b、c にそれぞれ 1、2、3 の値を入れて、３個の変数の値を足し算した結果を変数 ans に入れています。⊙をクリックして実行するとそれぞれの行の右に式の結果として各変数の値が表示されます。

Playground　変数 a、b、c の値を決め、合計を求める　«FILE» **MyPlayground.playground**

```
var a = 1
var b = 2
var c = 3
var ans = a + b + c
```

では、「b = 2」を「b = 20」に変更してみましょう。書き替えただけでは再計算されないので、⊙をクリックして再計算します。このとき、変更した「b = 20」の行の⊙をクリックしても変数 b の値の変更までしか実行されないので、ans の式の再計算を行うには ans の行の⊙をクリックします。⊙にマウスカーソルをロールオーバーすると、ボタンより上の範囲の再計算の対象となる行番号が青色になります。

再計算する範囲の行番号が青色になります

```
var a = 1
var b = 20
var c = 3
var ans = a + b + c
```

結果
1
20
3
24

❶ 式を書き替えます　❷ クリックして再計算します　❸ 式の結果が更新されます

Playground は上の行から順に実行される

続いて変数 c の値を 100 に変更する式と変数 ans を調べる 2 行を追加します。▶をクリックして式を実行すると c は 100 になりますが、ans は 24 から変化しません。c の値を変えても ans の値は更新されません。

Playground 式を 2 行追加する　«FILE» **MyPlayground.playground**

```
c = 100
ans
```

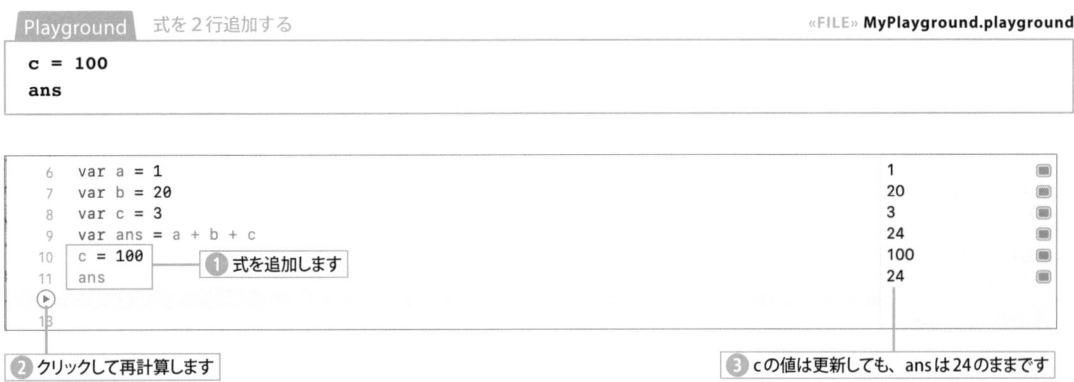

ans が再計算されない理由は、Playground は上の行から順に実行されるからです。ans の計算が終わってから c の値を変えても ans の値は変わりません。したがって、ans の計算結果を正しい結果にするには、もう一度計算式を入力して実行しなければなりません。

Playground c の値を変えた行の下に ans の式を再び入力する　«FILE» **MyPlayground.playground**

```
c = 100
ans
ans = a + b + c
```

```
var a = 1
var b = 20
var c = 3
var ans = a + b + c
c = 100
ans
ans = a + b + c
```

結果
1
20
3
24
100
24
121

❶ 式を入れ直します　❷ クリックして実行します　❸ ans が再計算されます

Swiftシンタックスの基礎知識

変数、タプル、型、繰り返し

変数を使って式を作る

プログラミングでは変数を利用して式を書きます。たとえば、「1200 * 3」では、この式が何を計算しているかわかりませんが、「tanka * kosu」と書くことで式の意味を読み取ることができるようになります。そして、変数を使えば定価や個数の値が決まっていなくても式を書くことができ、個数が10個以上ならば割引するといった条件分岐なども組み込むことができるようになります。つまり、変数を使うことでアルゴリズムを書けるようになるわけです。

変数に値を代入する：代入演算子

変数は変数名にvarを付けて宣言し、= を使って値を設定します。この操作を代入と呼び、= を代入演算子と言います。変数の宣言と同時に「3 + 2」や「tanka * ninzu」のように式を使って求めた結果を代入することもできます。= は数学の等号とは違うので、「120 = tanka」や「3 + 2 = ninzu」という式は間違いです。

書式 変数を宣言して値を代入する

```
var 変数名 = 値
```

男子3人、女子2人の分の単価120円のアイスキャンディを買ったときの金額は次のように計算できます。ここでtanka、ninzu、priceの変数を使って計算式を作っています。計算式では掛け算の × の代わりに * を使います。このような演算記号を総称して演算子という言い方をします。

Playground　変数を使った計算式　«FILE» variable.playground

```
var tanka = 120
var ninzu = 3 + 2
var price = tanka * ninzu
```

tankaにninzuを掛けた結果をpriceに代入します

```
var tanka = 120               120
var ninzu = 3 + 2             5
var price = tanka * ninzu     600
```

変数自身の値と置き換える：複合代入演算子

「a = a + 5」は変数aに5を足した結果をaに代入する式です。このように変数に対して操作した結果を変数自身の値と置き換える操作を「a += 5」の式で書くことができます。演算と代入を1個の演算子で行うので、+= を複合代入演算子と呼びます。複合代入演算子には、+=、-=、*=、/= などがあります。

Playground　kmに5ずつ加算する　«FILE» variable.playground

```
var km = 10
km += 5
km += 5
km += 5
```

```
var km = 10     10
km += 5         15
km += 5         20
km += 5         25
```

Playground　value に 2 を足す、5 を掛ける、2 で割る　«FILE» **variable.playground**

```
var value = 0
value += 2
value *= 5
value /= 2
```

```
var value = 0     0
value += 2        2
value *= 5        10
value /= 2        5
```

変数名の付け方

このセクションの例では a、b、c といった変数名を使いましたが、tanka や kosu といった具体的な名前の方がプログラミングには適しています。

変数名には、英数文字、かな漢字、絵文字などのユニコードを利用できますが、Swift では小文字の英文字を使い、単語の区切りを大文字にして複数の単語を組み合わせる名前が一般的です。

英文字の大文字と小文字は区別するので、myValue と myvalue は名前が似ている別の変数です。box_red のように _ を名前の途中で使うことはできますが、_ の 1 個だけは別の機能があるので変数名には使えません。

例：**userName、myCarNo、color1、color2**

利用できない名前

数字から始まる名前、演算子が含まれている名前は使えません。

例：**7eleven、red-1、cat+dog**

変数の型と値の型

Playground のファイルを作ると変数 greeting に "Hello, playground" を代入する式が書いてあるように、変数には数値だけでなくテキストを代入することもできます。変数の値は変更できるので " こんにちは " と変えることもできます。

しかし、greeting に 1234 を代入しようとするとエラーになります。エラー表示が出たまま実行するとデバッグエリアが開いてエラーメッセージが出ます。エラーメッセージには cannot assign value of type 'Int' to type 'String' と書いてあります。

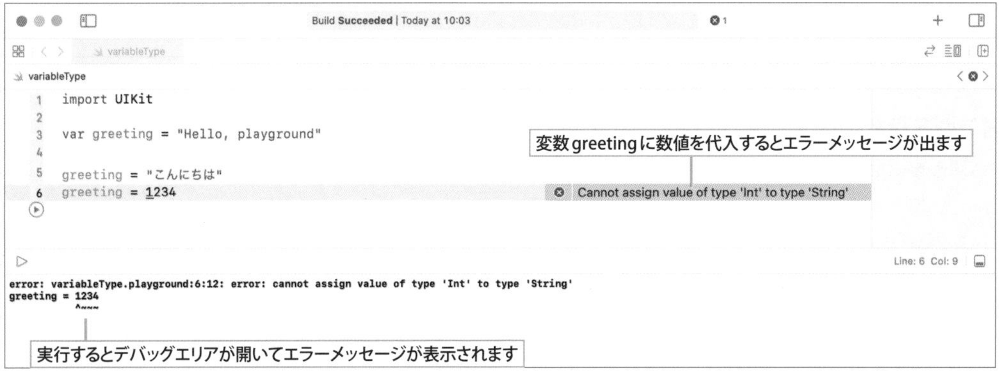

このエラーは、String 型の変数に Int 型の値を代入できないというエラーです。つまり、変数 greeting は String 型であり、"Hello, Playground" と " こんにちは " のテキスト（文字列といいます）は String 型の値なので greeting に代入することができましたが、エラーになった数値の 1234 は Int 型（Integer の略で整数の意味）なので代入できなかったのです。

変数の型はいつ決まるのか？：型推論

このように変数には型があり、同じ型の値でなければ代入することができません。では、変数の型はいつ、どのように決まるのでしょうか？

変数の型は、最初に代入された値の型で決まります。これを「型推論」と呼びます。たとえば、次のコードでは、title、dollar、rate の 3 つの変数を宣言し、宣言と同時に " 為替計算 "、250、108.5 を代入しています。 3 つの変数の型は型推論により、それぞれ String 型、Int 型、Double 型になります。

Playground　変数の型を型推論で決める　«FILE» **TypeInference.playground**

```
// 変数の宣言と同時に初期値を設定する
var title = " 為替計算 "  ——— String 型
var dollar = 250  ——— Int 型
var rate = 108.5  ——— Double 型
```

変数の型を知りたいときは、変数をエディタでクリックし、インスペクタエリアの Help インスペクタを開くことで調べることができます。

変数宣言で型を指定する

変数の初期値を指定しないで、名前の宣言だけを行うこともできます。その場合は名前と同時に型も指定しなければなりません。型と同時に初期値を設定することもできます。

書式 変数の宣言

```
var 変数名 : 型
var 変数名 : 型 = 初期値
```

先の3つの変数は次のように型を指定して宣言します。後から型に応じた値を代入して使います。

Playground 型を指定して変数を宣言する «FILE» variableType2.playground

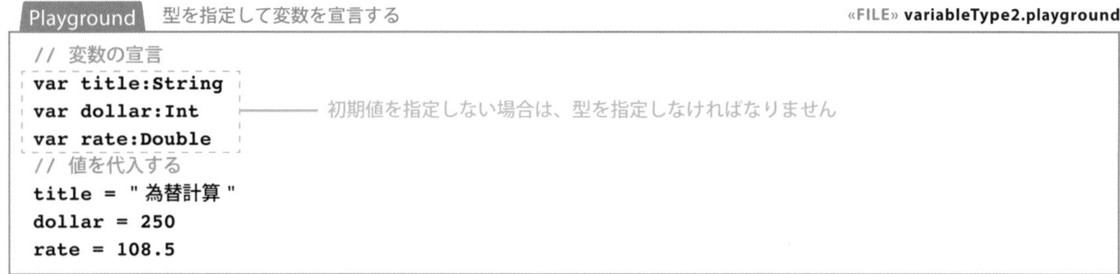

```
// 変数の宣言
var title:String
var dollar:Int
var rate:Double
// 値を代入する
title = " 為替計算 "
dollar = 250
rate = 108.5
```

初期値を指定しない場合は、型を指定しなければなりません

型が違う同士の計算

Swiftでは型を厳密に扱うので、計算式では注意が必要です。先のコードに続いて250ドルが何円になるかを計算してみましょう。

Playground 型が違うためにエラーになる式 «FILE» variableType2.playground

```
var yen = dollar * rate
```

計算式は間違っていないように見えますが、この式を実行するとエラーになります。エラーメッセージにあるように、*演算子ではInt型とDouble型の掛け算ができないのが原因です。

```
var yen = dollar * rate
```

Binary operator '*' cannot be applied to operands of type 'Int' and 'Double'

この為替計算が正しく行われるようにするには、変数dollarもDouble型で宣言します。初期値を指定する際にもDoubleを指定しておけば、整数の250を初期値にしてもDoubleになります。また、250.0にすることでもDoubleの値になります。(IntをDoubleに変換する方法☞P.53)

Playground 変数dollar、rateをDouble型で作る «FILE» variableType3.playground

```
var dollar:Double = 250
var rate:Double = 108.5
```

Double型を指定します

また、dollar * rateの計算結果は27125ですが、Double型同士の演算結果はDouble型になるので、変数yenは型推論によってDouble型になります。

値を変えられない変数（定数）：var と let の違い

変更できない固定の値を定数と言いますが、定数を使いたい場合は、var ではなく、let を使って変数（定数）を宣言します。

書式 値を変えられない変数（定数）を宣言する

```
let 変数名 = 初期値
let 変数名 : 型
```

実際のプログラムコードでは、値を代入した後から最後まで変更しない変数が多くあります。そこで Swift では、変数は基本的に let で宣言し、値を途中で変更する変数だけを var で宣言します。

Playground 値を変更しない変数を let で宣言する «FILE» **variable_let.playground**

```
// 変数の宣言
let title = "為替計算"
var dollar:Double
var rate:Double
// 値を代入する
dollar = 250
rate = 108.5
// 計算する
let yen = dollar * rate
```

title と yen は値を変更しないので let で宣言します

文字列（ストリング）の演算

プログラミングでは文字列（ストリング）を扱った演算も重要な操作の 1 つです。ここではその中からよく行う操作を紹介します。

文字列を作る

文字列は "ハロー" のようにダブルクォーテーションで囲むだけで作成できます。ダブルクォーテーションを 3 個を使って """ 改行 〜 改行 """ のように囲むことで、改行やダブルクォーテーションを文字列に含むことができます。このように直接書いてある文字列をストリングリテラルと呼びます。なお、文字列内の改行は特殊文字の \n で書くこともできます。

Playground ストリングリテラルを作る «FILE» **stringSample1.playground**

```
let hello = "ハロー"

let message = """

iOS アプリは Swift で作ります。
空を素早く飛び回る "アマツバメ" です。
"""
```

ここで改行が必要です

文字列の連結

文字列と文字列の連結は + 演算子で行うことができます。次の例では変数 name に入っている "高橋" と "さん" を連結して "高橋さん" を作っています。このように、+ 演算子は数値の足し算だけでなく、文字列の連結もできます。

Playground 文字列を連結する «FILE» stringSample2.playground

```
let name = "高橋"
let who = name + "さん"
```

結果

```
"高橋さん"
```

+ を文字列の連結で使えるように、+= の複合代入演算子も文字列の連結で使えます。+= を使う場合は、最初に文字列が入っている必要があります。次の例では最初は "" の空の文字列の変数から始めて、"★"、"☆"、"★" の順で連結して最後に "★☆★" になっています。

Playground += を使って文字列を連結していく «FILE» stringSample.playground

```
var stars = ""
stars += "★"
stars += "☆"
stars += "★"
```

結果

```
"★"
"★☆"
"★☆★"
```

数値から文字列を作る

文字列は、String("ハロー")、String(123) のようにして作ることもできます。String() を使うことで、数値を文字列に変換できます。

Playground 数値を文字列に変換する «FILE» stringSample3.playground

```
let tanka = 240
let kosu = 3
let kingaku = String(tanka * kosu) + "円です"
```

計算結果の数値を文字列に変換します

結果

```
"720円です"
```

文字列に変数や式を埋め込む

文字列の中で \(変数) のように書くことで、文字列に変数や数式を直接埋め込むことができます。

Playground 文字列に変数を埋め込む «FILE» stringSample4.playground

```
let time = 9.95
let result = "タイムは\(time)秒でした。"
```

変数の値が文字列に入ります

結果

```
"タイムは9.95秒でした。"
```

複数の値をいっぺんに扱えるタプル

タプル（tuple）を使うと複数の値を1個の変数で扱えるようになります。異なった型の値を組み合わせて1つの値にすることもできます。たとえば、次のような値がタプルです。greeting は値が2個の組み合わせ、guest と point は値が3個の組み合わせです。

Playground　タプルの例　«FILE» tuple.playground

```
var greeting = ("Hello", " こんにちは ")
var guest = (" 直鳥 ", " なおとり ", 24)
var point = (23.1, 51.2, 13.8)
```

タプルの型指定

タプルの型は、含まれている値（要素）の個数とそれぞれに対応する値の型で決まります。先の例のタプルの型を指定して書くと次のようになります。タプルの型が宣言してあれば、値の代入は後から行えます。

Playground　タプルの型指定　«FILE» tuple_type.playground

```
var greeting:(String, String) = ("Hello", " こんにちは ") ――― タプルの型に応じた値を代入しています
var guest:(String, String, Int)
guest = (" 直鳥 ", " なおとり ", 24)
var point:(Double, Double, Double) ――― タプルの型が宣言してあるので、後から値を代入できます
point = (23.1, 51.2, 13.8)
```

タプルの型推論と型エラー

タプルを型を宣言文をしていない場合でも、値を代入した時点で型推論で型が決まります。したがって、値を代入後に別の型の値を代入しようとすると型エラーになります。要素の個数が一致しない場合も型エラーです。

Playground　タプルの型推論と型エラー　«FILE» tuple_type_error.playground

```
var greeting = ("Hello", " こんにちは ") ――― 型推論で型が決まります
greeting = (" よろしく ", 4649)    // 2番目の要素の型が違うのでエラー
var guest = (" 直鳥 ", " なおとり ", 24)
guest = (" 金田一 ", " きんだいち ")    // 要素の個数が一致しないのでエラー
```

```
3  var greeting = ("Hello", "こんにちは")
4  greeting = ("よろしく", 4649)    ⊗ Cannot assign value of type '(String, Int)' to type '(String, String)'
5  var guest = ("直鳥", "なおとり", 24)
6  guest = ("金田一", "きんだいち")    ⊗ Cannot assign value of type '(String, String)' to type '(String, String, Int)'
```

タプルの要素を個別に取り出す

タプルの値を要素別に取り出す（展開、アンパック）するには、値を代入する変数を入れた、同じ要素数のタプルを利用します。アンパック後に使わない要素がある場合は、該当位置に変数の代わりに _ を書きます。次の例ならば、変数 name に " 桑原 "、age には 34 が代入されます。２番目の要素の " くわはら " は利用しないので _ で受けます。なお、文字列同士ならば + 演算子は文字列の連結します。

Playground タプルをアンパックする «FILE» tuple_unpack.playground

```
var guest = ("桑原", "くわはら", 34)
let (name, _, age) = guest ――― guest の値をアンパックします
let user =  name + "さん、" + "\(age)歳"
print(user)
```

結果

```
桑原さん、34歳
```

ラベルが付いているタプル

タプルの各要素にはラベルを付けることができます。ラベルがあれば、各要素を個別に「タプル名.ラベル」のようにドットを使って指し示めせます。これによりラベルで指した要素の値を取り出したり書き替えたりすることができるようになります。次の例では user タプルの 1 番目の要素は user.name、2 番目の要素は user.point で指し示せます。user.point += 5 の式では user.point の元の値に 5 を足した 35 で書き替えています。

Playground ラベル付きタプル «FILE» tuple_label.playground

```
var user = (name:"鈴木", point:30) ――― 要素にラベルが付いています
user.point += 5
print(user.name) ――― 値をラベルで指します
print(user.point)
```

結果

```
鈴木
35
```

ラベル付きタプルの型

ラベル付きタプルの型は(ラベル:型, ラベル:型)のように書くことで指定できます。ラベルを付けて宣言してあれば、代入でラベルが付いていなくてもラベルで要素を参照できます。

Playground ラベル付きタプルの型 «FILE» tuple_label.playground

```
var point:(x:Double, y:Double, z:Double) ――― ラベルと型を指定して宣言します
point = (4.2, 3.5, 6.1)
print(point.x) ――― 最初の要素をラベル x で取り出せます
```

結果

```
4.2
```

タプルの要素にインデックス番号でアクセスする

タプルの要素にはインデックス番号でもアクセスできます。インデックス番号は、要素を先頭から 0、1、2 のように数えた番号です。要素には「タプル.番号」のようにドットを使ってアクセスします。次の例は value.1 なので、value の先頭から 2 番目の要素 200 を取り出します。

Playground タプルのインデックス番号 «FILE» tuple_index.playground

```
var value = (100, 200, 300)
print(value.1)
```

結果

```
200
```

処理を繰り返す for-in 文

プログラミングでは同じ処理を繰り返す操作（ループ処理）をよく行います。Swift では for-in 文を使って処理を繰り返します。次の書式では { } の中に書いてある複数行のステートメントを繰り返し実行します。

書式 for-in

```
for 変数 in コレクション {
    ステートメント 1      ―― { } の中の複数行のステートメントを繰り返し実行します
    ステートメント 2
    ...
}
```

コレクションとは 1 個ずつ順に取り出すことができる複数の値の集まりのことで、整数のレンジ、文字列、配列（☞ P.161）などがあります。for-in 文ではコレクションから値を順に変数に取り出し、すべて取り出したならば処理を終了します。

配列から順に値を取り出す

次の例では配列 numList から順に数値を取り出して変数 num に入れ、変数 sum に加算することで値を合計しています。配列についてはあらためて説明しますが、荷物がコインロッカーに入っているような感じです。次の例の [4, 8, 15, 16, 23, 42] ならば、6 個の数値が numList という配列に並んで入っています。

print() は値をデバッグエリアに書き出すことができるデバッグ（開発のための試行）用の関数です。print(" こんにちは ") なら「こんにちは」が出力されます。例のように print(" 合計 \(sum)") ならば、変数 sum の値に置き換えた「合計 108」が出力されます。

Playground 配列から値を取り出して合計する «FILE» for-in_array.playground

```
let numList = [4, 8, 15, 16, 23, 42]  ―― 6 個の数値が入っている配列を作ります
var sum = 0
for num in numList {
    sum += num  ―― 配列の 6 個の数値が num に順に取り出されて sum に加算されていきます
}
print(" 合計 \(sum)")  ―― sumの値を出力します
```

結果

```
合計 108
```

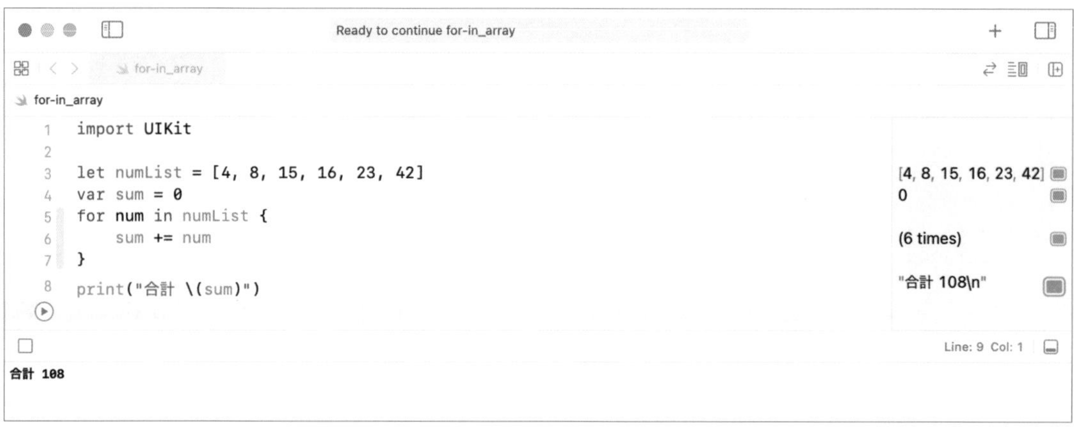

整数のレンジから数値を順に取り出して使う

次の例は0から720までの範囲（レンジ、range）から整数を0、1、2、3のように順に取り出して変数xに入れ、その数値を使ってサイン値を計算しています。なお、後述するように最終値の720は含みません。

Playground サインの計算式を繰り返す «FILE» **for-in_range.playground**

```
for x in 0 ..< 360*2 {
    let radian = Double(x) * Double.pi/180
    let y = sin(radian)
    print(x, y)
}
```

xの値を変更しながら、この3行を繰り返し実行します

整数の範囲を作るレンジ演算子

整数の範囲は レンジ演算子の ... または ..< で作ることができます。

書式 レンジ演算子

```
開始値 ... 終了値
開始値 ..< 終了値
```

..< と ... の違いは、終了値を含むか含まないかの違いです。1 ... 5ならば1から5までの整数で、1 ..< 5ならば5の手前までの1から4までの整数です。したがって、例のコードの0 ..< 360*2は、0から719の整数です。

サインを計算して結果を出力する

サインはsin(角度)で計算できますが、角度はラジアン角なのでxをラジアン単位に変換しています。ラジアンへの変換は「角度×円周率/180」で計算できます。円周率はDouble.piで定義されているので、これを利用します。この式でxはInt型なのでDouble(x)でDouble型に変換して型を揃えています。なお、このような型変換を「キャスト」と呼びます。xとyの値の変化はprint(x, y)でデバッグエリアに出力して確認しています。

値の変化をグラフで見る

コードの右のライブビューを見ると四角いボタンがあります。これをクリックすると、繰り返しで変化する値の変化が図で表示されます。先のコードでは、y の値の変化がサイン波になっています。

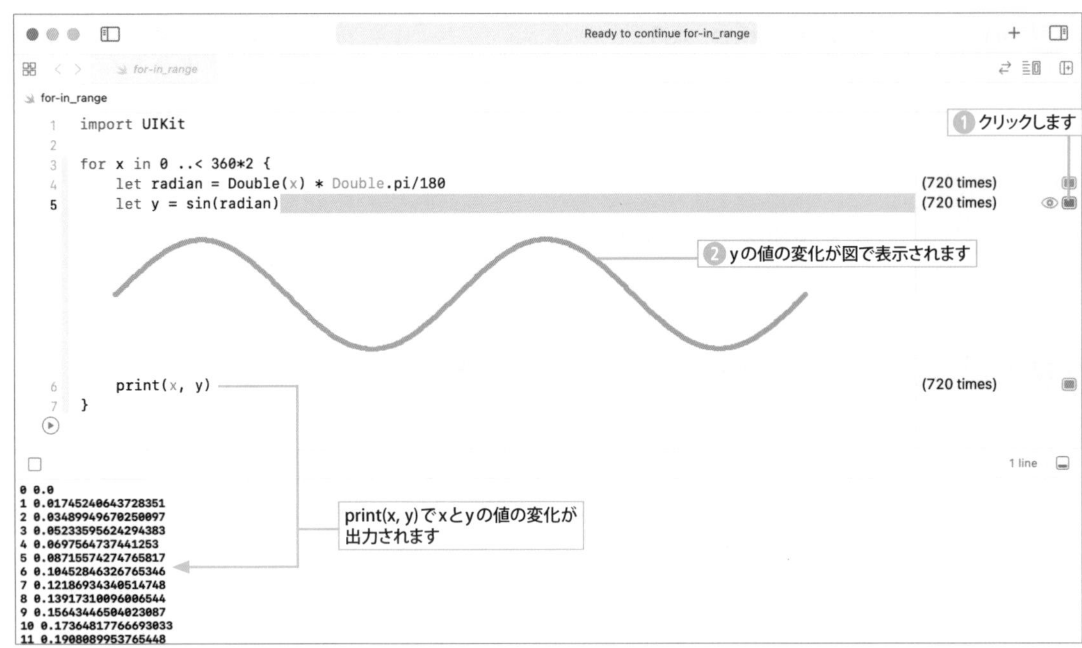

for-in を利用してループ処理を行う

次のコードは処理を５回数繰り返すためにfor-inを使った例です。先のサインの計算と違って、レンジから取り出した値を使わないので、値を受け取る変数の代わりに _ を指定します。このような _ の使い方は随所で出てくるので覚えておいてください。

Playground　処理を５回繰り返す　«FILE» **for-in_repeat.playground**

```
var stars = ""
for _ in 1 ... 5 {
    stars += "★"
    print(stars)
}
```

この区間の処理を５回繰り返します

結果

```
★
★★
★★★
★★★★
★★★★★
```

文字列 + 文字列は文字列の連結です。変数 stars の初期値は空の文字列 "" なので、stars += "★" の式を for-in で繰り返し実行することで、stars の値は "★"、"★★"、"★★★" のように "★" が１個ずつ連結されて増えていきます。

基本操作とレイアウト調整

SwiftUI ではライブラリから画面やコードエディタにテキストなどの部品をドロップするだけで表示でき、プログラムコードも入力されます。テキストの表示方法をステップを追って試しながら、表示結果とコードとの関係、効率的なコード入力の方法、レイアウトの調整などの基本的な要素を身につけましょう。

新しいテキストを追加する

このセクションではプロジェクトに新しいテキストを追加してみましょう。ここでは、手始めとしてライブラリからキャンバスのプレビュー画面にテキストをドロップする方法を試しましょう。Swift のシンタックスでは、少し不思議な書式をしている変数 body について取り上げます。

1. ライブラリからプレビューに Text を追加しよう
2. テキストを上下に並べよう
3. テキストを左右に並べよう
4. 式の値を返す変数（Computed プロパティ）を知ろう

重要キーワードはコレだ！

ライブラリパネル、Text、VStack、HStack、get/set

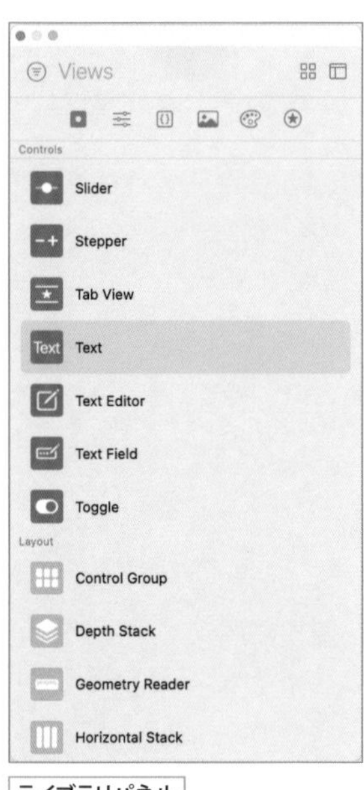

ライブラリパネル

STEP ライブラリにある部品をプレビュー画面に追加する

1 Selectable ボタンで選択モードにする

«SAMPLE» addText.xcodeproj

addText プロジェクトを作り、ContentView のプレビューを表示します。キャンバスの Selectable ボタンをクリックしてプレビューを選択モードにします。

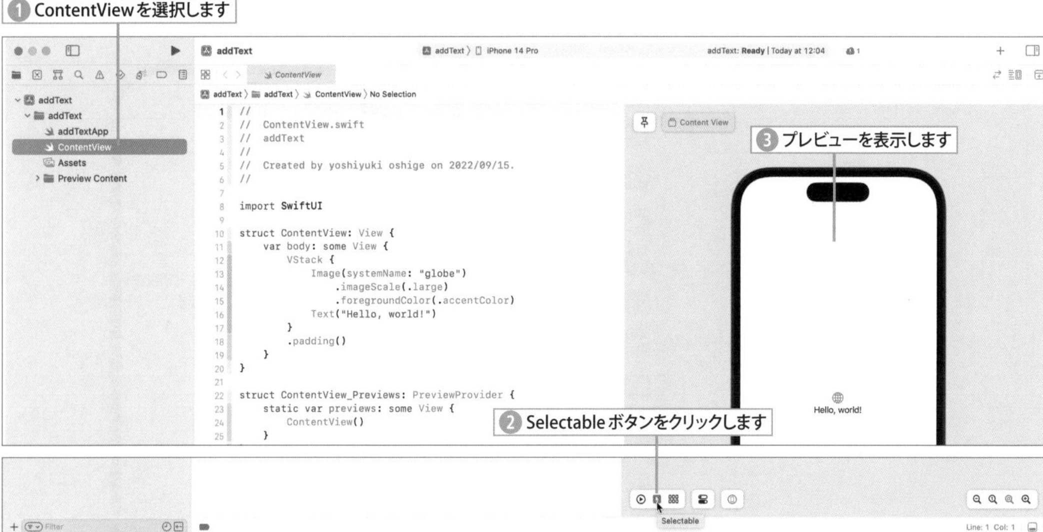

2 ライブラリを表示する

ツールバーの ＋ ボタンをクリックしてライブラリのパネルを表示します。

1 Library ボタンクリックします

2 ライブラリパネルが表示されます

3 ライブラリからTextをドラッグ＆ドロップする

ライブラリからTextをプレビューの画面にドラッグし、地球のイメージと「Hello, World!」の間にTextの挿入ポイントが表示される位置にドロップします。操作中は「Insert Text in Vertical Stack.」のようにガイドが表示されるので、挿入位置を確認しながらドロップしてください。

4 画面に「Placeholder」のテキストが追加される

Textをドロップすると画面に「Placeholder」のテキストが追加され、エディタのコードにも「Placeholder」を作って並べるためのコードが追加されます。ハイライトになっているPlaceholderはダブルクリックすると選択が解けます。

ライブラリから部品をドロップ

アプリの画面にテキストやボタンなどの部品を追加したいときは、キャンバスの Selectable ボタン をクリックしてプレビューを選択モードにしておき、ライブラリから部品を選んで画面にドラッグ&ドロップします。部品をドロップすると、エディタに表示されているコードも部品を表示するためのコードが追加更新されます。

ライブラリから部品をドロップするとパネルが消えてしまいますが、連続して部品をドロップしたいときは、option キーを押したままで + ボタンをクリックするとクローズボタンがあるパネルになって消えなくなります。

部品を縦に並べる VStack

最初から配置されている「Hello, World!」テキストの上にライブラリから新しい Text をドロップすると、画面では「Placeholder」が追加され、それに合わせてコードも変更されます。

修正されたコードを元のコードと見比べてみると、VStack{ } で囲まれた中の Image と Text の間に新しい Text のコードが入った構造になっています。VStack は Vertical Stack（垂直スタック）を意味しています。

Code　テキストを追加後のコード　«FILE» **addText/ContentView.swift**

```
struct ContentView: View {
    var body: some View {
        VStack {
            Image(systemName: "globe")
                .imageScale(.large)
                .foregroundColor(.accentColor)
            Text("Placeholder")
            Text("Hello, world!")
        }
        .padding()
    }
}
```

- Text("Placeholder") ―― Text のドロップで追加されたコード
- Image〜Text("Hello, world!") ―― VStack{ } の中に入ります

3個目のテキストを表示するコードを追加してみる

修正されたコードを見ると、VStack{} の中に Text() のコードを書けばテキストが作られて、下に並んでいくのではないか？と想像できます。試しに Text("Hello, world!") の下に Text("Placeholder 2") をキーボードでタイプして追加し、プレビューで確認してみましょう。すると期待通りに「Placeholder 2」のテキストがプレビューに追加されます。

Code テキストを追加後のコード «FILE» **addText/ContentView.swift**

```
struct ContentView: View {
    var body: some View {
        VStack {
            Image(systemName: "globe")
                .imageScale(.large)
                .foregroundColor(.accentColor)
            Text("Placeholder")
            Text("Hello, world!")
            Text("Placeholder2") ——— タイプして追加します
        }
        .padding()
    }
}
```

VStack 全体を選択

コードで Text() の行を選択すると該当するテキストがプレビューの画面で選択されます。では、コードの VStack を選択するとどうなるでしょうか。すると VStack{} に入っている領域全体が選択されます。

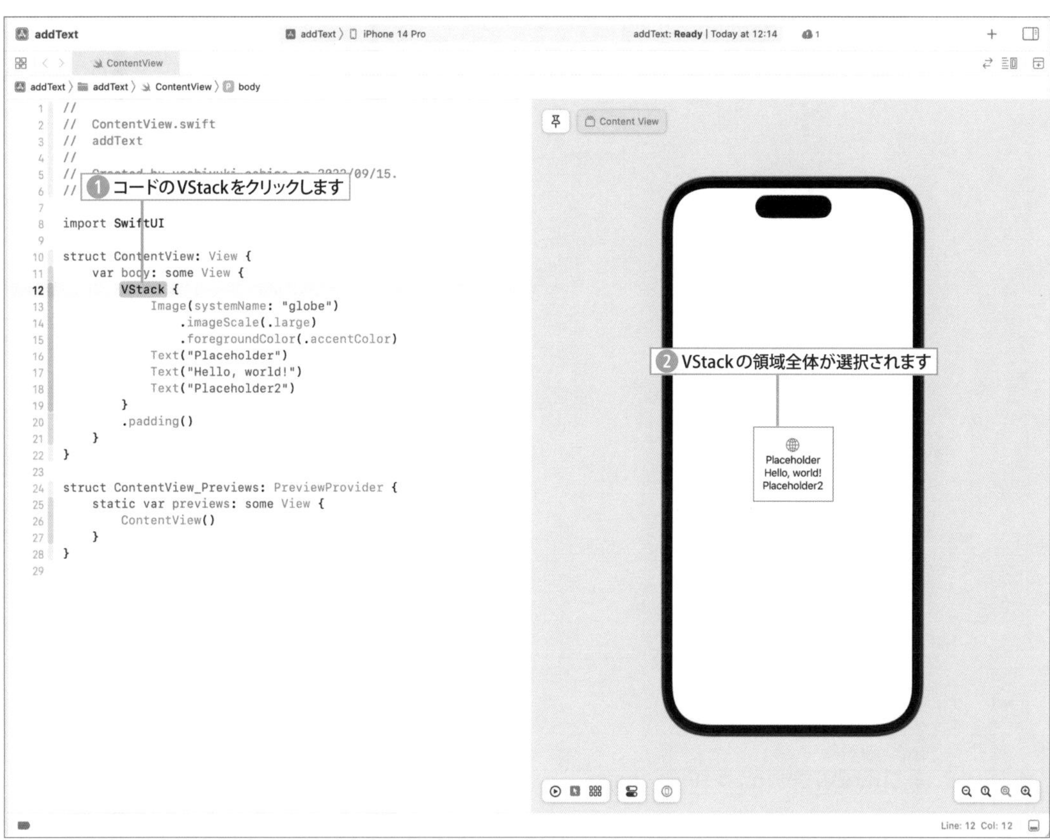

部品を横に並べる HStack

Selectable モードにしておき、ライブラリから Text をドラッグして「Hello, World!」の下ではなく横並びにドロップするとどうなるかを見てみましょう。

Text を右にドロップすると「Hello, World!」と並んで「Placeholder」のテキストが配置され、コードも書き換わります。コードをよく見ると Text() の 2 行が、HStack{} で囲まれたコードになっています。HStack は Horisontal Stack（水平スタック）を意味しています。

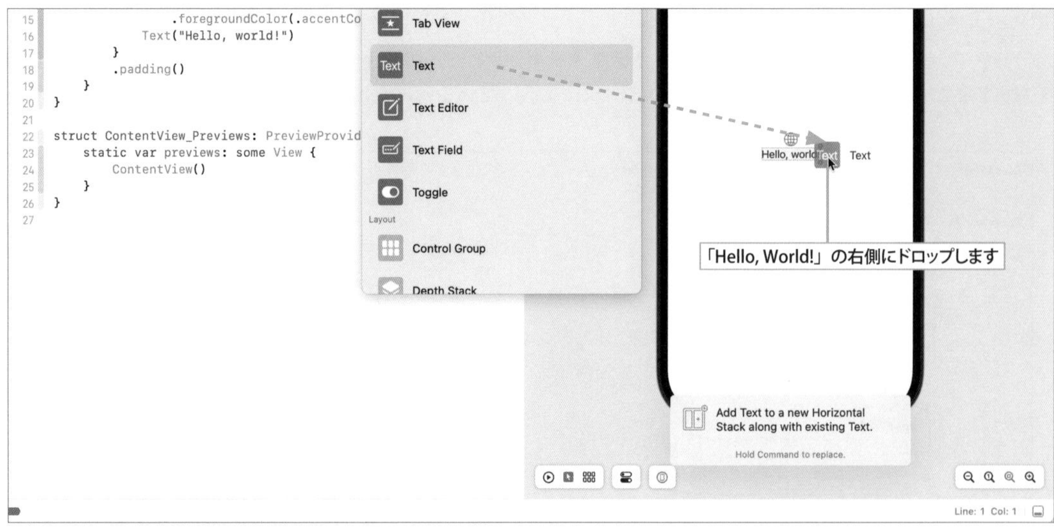

Code テキストを横に並べたときに作られるコード　«FILE» **addTextHStack/ContentView.swift**

```
struct ContentView: View {
    var body: some View {
        VStack {
            Image(systemName: "globe")
                .imageScale(.large)
                .foregroundColor(.accentColor)
            HStack {
                Text("Hello, world!")
                Text("Placeholder")
            }
        }
        .padding()
    }
}
```

HStack{ } の中に入ります

Swift シンタックスの基礎知識

リードオンリーの変数

変数 body は値を代入しないリードオンリーの変数

ContentView を見ると var body :some View {} というコードが書いてあります。var から始まる式なので、これは変数 body を定義しているコードです。前セクションで Playground を使って変数について説明しましたが、次に示す書式で変数が値を保持していました（変数 ☞ P.44）。

書式 変数の宣言

```
var 変数名 : 型
var 変数名 : 型 = 初期値
```

しかし、変数 body はこの書式には当てはまらず、値を代入して使いません。body は次に示す書式を使って書かれた変数です。

式の値を返す変数

次の変数はステートメントで求めた値を return で返します。return で返す値が変数の値になります。

書式 式の値を返す変数

```
var 変数名 : 型 {
    ステートメント
    return 値
}
```

たとえば、次のように変数 num を宣言すると、num の値は 10 になります。

Playground 式の結果を返す変数　　«FILE» var_return1.playground

```
var num:Int {
    let result = 2 * 5
    return result
}

print(num)
```

計算結果の result が num の値として返ってきます

結果

```
10
```

「return 値」を省略する

ステートメントの式の値が 1 個だけならば、「return 値」の式を省略できます。

書式 値を返す変数（return 値を省略）

```
var 変数名 : 型 {
    値
}
```

したがって、ステートメントが 1 行ならば return を省略して次のように書けます。

Playground　return を省略した変数　«FILE» var_return2.playground

```
var num:Int {
    2 * 5 ———— 式が 1 行で値が 1 個なので return を省略できます
}

print(num)
```

結果

```
10
```

テンプレートの変数 body は、次に示すように VStack{ } を body の値として返す retun が省略されているわけです。

Computed プロパティ

ここで、変数 num がリードオンリーの変数である点に注目してください。num の値を取り出すことはできますが、num = 5 のように式を書いて num に値を設定することはできません。実は num の定義で使った書式は次の get{} を省略した形です。この書式でわかるように、値の取得のみが可能なリードオンリーの変数を定義しています。

書式 リードオンリーの変数

```
var 変数名 : 型 {
    get {
      ステートメント
      return 値
    }
}
```

get 文だけならば、get{} は省略した中身だけでよい

get{} を省略せずに変数 num2 のコードを書くと次の num3 の式のようになります。式の値が 1 個なので return は省略できます。

Playground get{} を省略せずに書いた場合　«FILE» **var_return3.playground**

```
var num:Int {
    get {
        return 2 * 5
    }
}
```

get / set がある書式

リードオンリーだけでなく変数に値を設定できる書式もあります。それが次の書式で、set ブロックで値を設定します。先の書式は値を設定する set ブロックがなく、get ブロックだけの書式だったわけです。このような書式を Computed プロパティと呼びます。

書式 Computed プロパティ

```
var 変数名 : 型 {
    get {
        ステートメント
        return 値
    }
    set ( 引数 ) {
        ステートメント
    }
}
```

get：変数の値を返す

set：変数の値を設定する

set ブロックでは引数で受け取った値を保存しますが、その値をそのまま変数の値として保存せずに、別の形で保存します。たとえば、次の例では半径 radius は通常の変数ですが、直径 diameter と円周 around は半径の長さから計算して求めた値を返す変数です。逆に直径および円周の値を設定すると、その長さから逆算して半径 radius の値を設定します。直径 diameter と円周 around の値そのものは保存していないところに注目してください。円周率は Double.pi で定義してあるので、それを使います。

Playground 直径、円周の値を式で計算する «FILE» ComputedProperty.playground

```
// 半径
var radius = 10.0 ――― radiusの値だけが保存されています
// 直径
var diameter:Double { ――― 変数diameterは計算しているだけで、値をもっていません
    // 半径から直径を計算して返す
    get {
        radius * 2 ――― returnが省略されています
    }
    // 直径から半径を計算して変数radiusに保存する
    set (length){
        radius = length / 2
    }
}
// 円周の長さ
var around:Double { ――― 変数aroundは計算しているだけで、値をもっていません
    // 半径から円周を計算して返す
    get {
        let length = 2 * radius * Double.pi
        return length
    }
    // 円周から半径を計算して変数radiusに保存する
    set (length) {
        radius = length / (2 * Double.pi)
    }
}
```

では、実際に半径radiusと直径diameterの値を確かめてみます。最初はradiusが10.0なので、diameterは2倍の20.0になります。逆に直径diameterを30にすると半径radiusが逆算されて15.0に設定されます。同様に円周aroundを100にすると半径radiusは約15.9になります。

Playground 半径、直径、円周の値を調べてみる «FILE» ComputedProperty.playground

```
print("半径が \(radius) のとき直径の長さは、\(diameter)") ――― radiusは初期値の10.0
// 直径を30にする
diameter = 30
print("直径が \(diameter) の円の半径は、\(radius)")
// 円周を100にする
around = 100
print("円周の長さが \(around) の円の半径は、\(radius)")
```

結果

```
半径が 10.0 のとき直径の長さは、20.0
直径が 30.0 の円の半径は、15.0
円周の長さが 100.0 の円の半径は、15.915494309189533
```

このように、変数radiusとdiameterは、内部でget／setの式で値の取得や設定が処理されていることをまったく意識させることなく、普通の変数と同じように使うことができます。

コードを効率よく入力する

エディタに対してライブラリからコードをドロップしたり、コード補完やアクションメニューを活用したりすることで、コードを効率よく入力できます。入力するコードがわかっている場合はもちろんのこと、正しい書式やスペルがわからないときにも便利な機能です。

このセクションのトピック

1. ライブラリからエディタにコードをドロップしよう
2. 便利なコード補完を使ってみよう
3. 複数個の Content View があるプレビューって？
4. アクションメニューを使ってコードを入力しよう

重要キーワードはコレだ！

Symbols ライブラリ、Embed in VStack、Embed in HStack、Horizontal Stack

```
//
//  ContentView.swift
//  HStack
//
//  Created by yoshiyuki oshige on 2022/06/30.
//

import SwiftUI

struct ContentView: View {
    var body: some View {
        HStack {
            Image(systemName: "globe")
                .imageScale(.large)
                .foregroundColor(.)
        }
    }
}

struct ContentView_Previews: P
    static var previews: some
        ContentView()
    }
}
```

ドットをタイプするだけで候補が出てきます

red
blue
green
orange
gray
yellow
indigo
pink

red: Color
A context-dependent red color suitable for use in UI elements.

コードの説明もあります

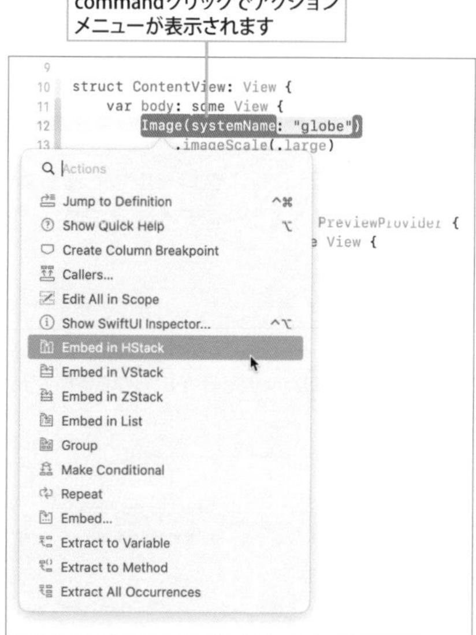

STEP イメージとテキストが左右に並んだビューを上下に並べる

テンプレートにはイメージとテキストが上下に並ぶコードが書かれていますが、ここでは左右に並ぶコードを書いていきます。まず先にHStackを入力し、その中にイメージとテキストを作るコードを挿入していく手順で作ります。続いてもう1組のHStackを追加し、最終的にVStackで囲むことでイメージとテキストが左右に並ぶ2組が上下に表示されるコードを完成させます。

1 bodyのコードを空にしてからライブラリを開く

«SAMPLE» HStack.xcodeproj

新規のプロジェクトを作りContentViewのvar body {}の中に書いてあるコードを削除します。変数bodyの値がなくなったのでエラー表示が出ますが、そのまま構わずにViewsライブラリを表示します。

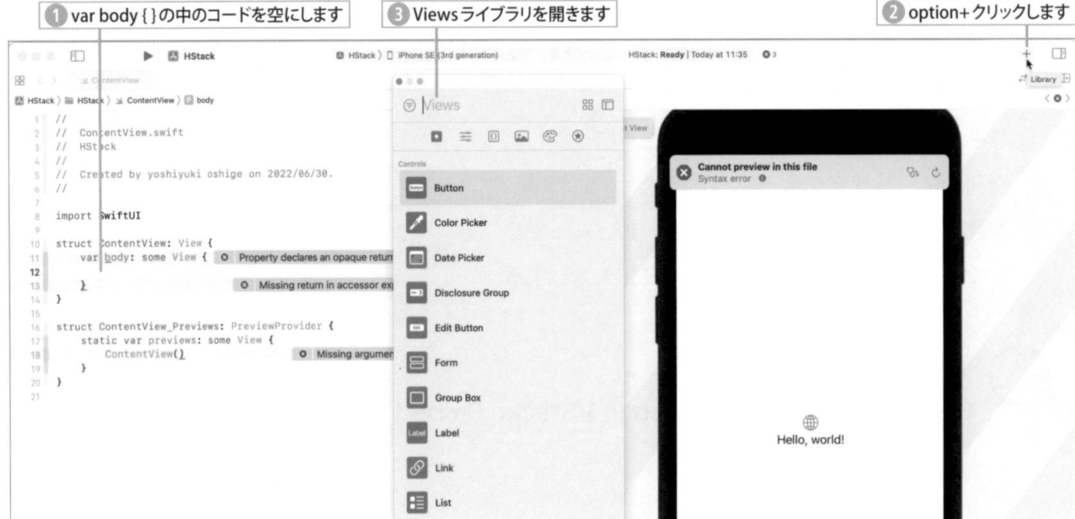

2 HStackのコードを挿入する

Viewsライブラリをスクロールして、Horizontal Stackをbody {}の中にドロップします。HStack { Content }のコードが挿入されてエラー表示も消えます。

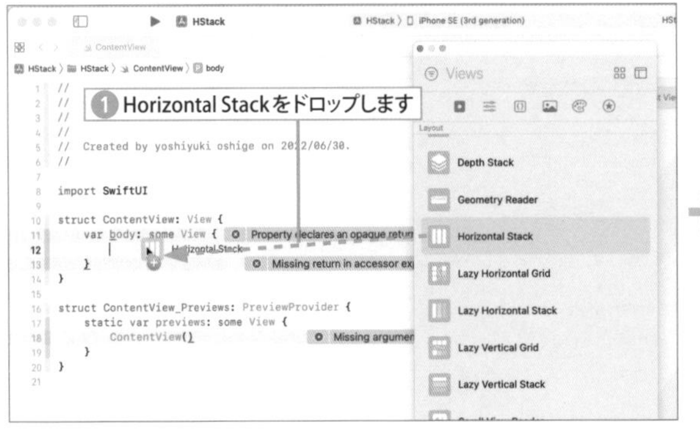

3　地球のイメージを表示するコードを入力する

HStack { Content } の Content を選択します。その状態で Symbols ライブラリを開き、スクロールして🌐 globe を表示してダブルクリックします。Content が Image(systemName:"globe") と置き換わり、キャンバスには地球のイメージがプレビュー表示されます。

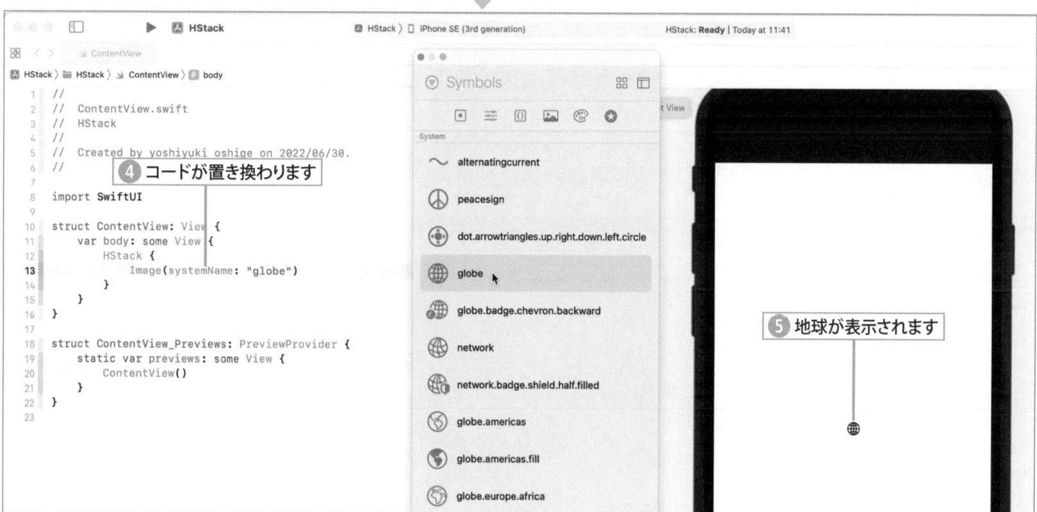

Code　先に HStack{ } を追加しておき、その中に Image を挿入した結果　«FILE» **HStack/ContentView.swift**

```
var body: some View {
    HStack {
        Image(systemName: "globe")    ―― 追加したコード
    }
}
```

4 イメージを拡大するコードを追加する

Image() の行を改行して .（ドット）をタイプします。するとコード補完メニューに候補が表示されるので、続けて .i までタイプします。.i からはじまる候補まで進むので imageScale(_ scale:) を選択し return キーを押してコードを入力します。続いて選択状態の imageScale() の引数 scale: Image.Scale を置き換える形で . をタイプします。すると引数として入力できる3つの候補がリストされるので large を選択して入力します。これで地球のイメージが少し大きくなります。

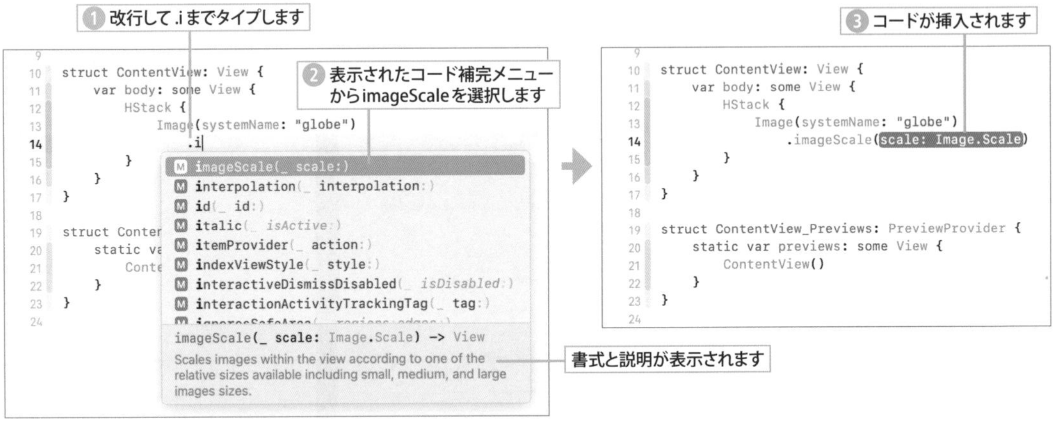

①改行して .i までタイプします

②表示されたコード補完メニューからimageScaleを選択します

```
struct ContentView: View {
    var body: some View {
        HStack {
            Image(systemName: "globe")
                .i
        }
    }
}

struct ContentView_Previews: PreviewProvider {
    static var previews: some View {
        ContentView()
    }
}
```

```
M imageScale(_ scale:)
M interpolation(_ interpolation:)
M id(_ id:)
M italic(_ isActive:)
M itemProvider(_ action:)
M indexViewStyle(_ style:)
M interactiveDismissDisabled(_ isDisabled:)
M interactionActivityTrackingTag(_ tag:)
imageScale(_ scale: Image.Scale) -> View
```

Scales images within the view according to one of the relative sizes available including small, medium, and large images sizes.

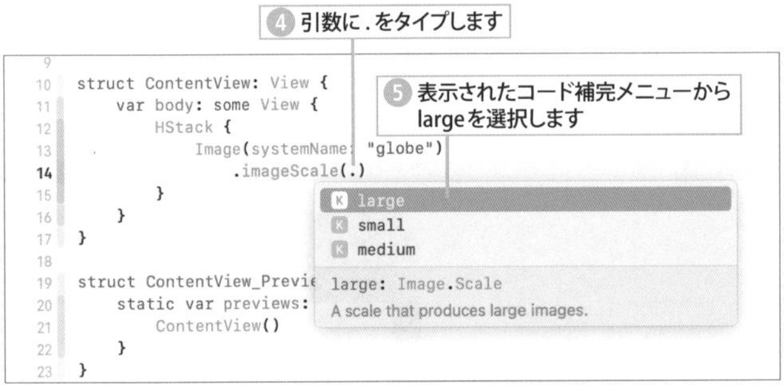

書式と説明が表示されます

③コードが挿入されます

```
struct ContentView: View {
    var body: some View {
        HStack {
            Image(systemName: "globe")
                .imageScale(scale: Image.Scale)
        }
    }
}

struct ContentView_Previews: PreviewProvider {
    static var previews: some View {
        ContentView()
    }
}
```

④引数に . をタイプします

⑤表示されたコード補完メニューからlargeを選択します

```
struct ContentView: View {
    var body: some View {
        HStack {
            Image(systemName: "globe")
                .imageScale(.)
        }
    }
}

struct ContentView_Previews: PreviewProvider {
    static var previews: some View {
        ContentView()
    }
}
```

```
K large
K small
K medium
large: Image.Scale
```

A scale that produces large images.

Code イメージのスケールを指定する «FILE» HStack/ContentView.swift

```
        HStack {
            Image(systemName: "globe")
                .imageScale(.large) ——— ドットで表示されるコード補完メニューを利用して入力します
        }
```

Chapter 2 基本操作とレイアウト調整

5 イメージの色を青色にする

続けて改行して . をタイプし、表示されたコード補完メニューから foregroundColor(_ color:) を選択して入力します。引数の color: Color? を置き換える形で . をタップすると色の候補が表示されるので blue を選びます。これで黒色だった地球が青色に変わります。

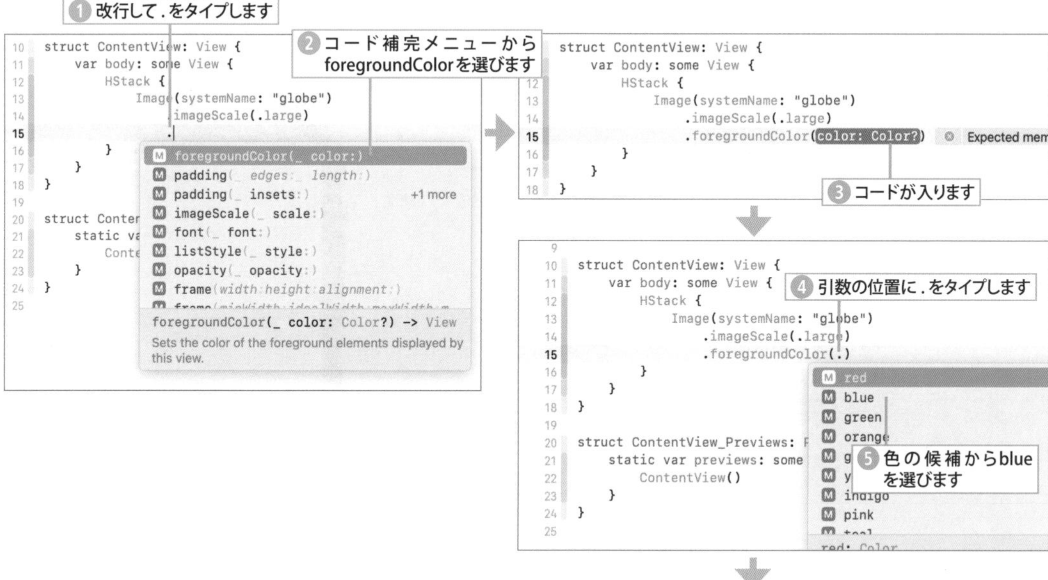

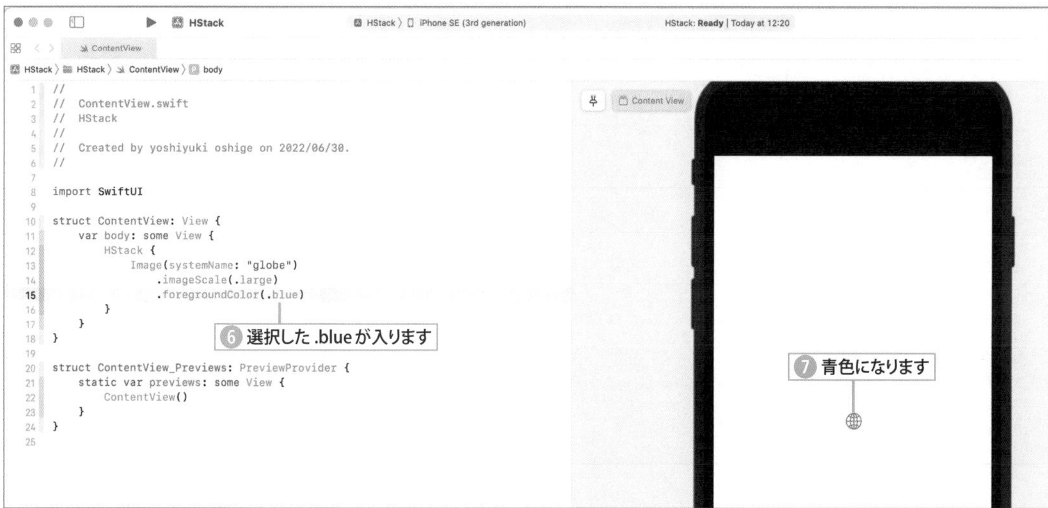

Code イメージの色を指定する «FILE» **HStack/ContentView.swift**

```
        HStack {
            Image(systemName: "globe")
                .imageScale(.large) ———— large スケールにする
                .foregroundColor(.blue) ———— 青色にする
        }
```

6 地球の右にテキストを並べて表示する

Views ライブラリを開き、Text を HStack{} の .foregroundColor(.blue) の次の行に挿入します。挿入行には Text("Placeholder") のコードが入るので Text("Hello, world!") に書き替えます。地球の右に「Hello, world!」が並んで表示されます。

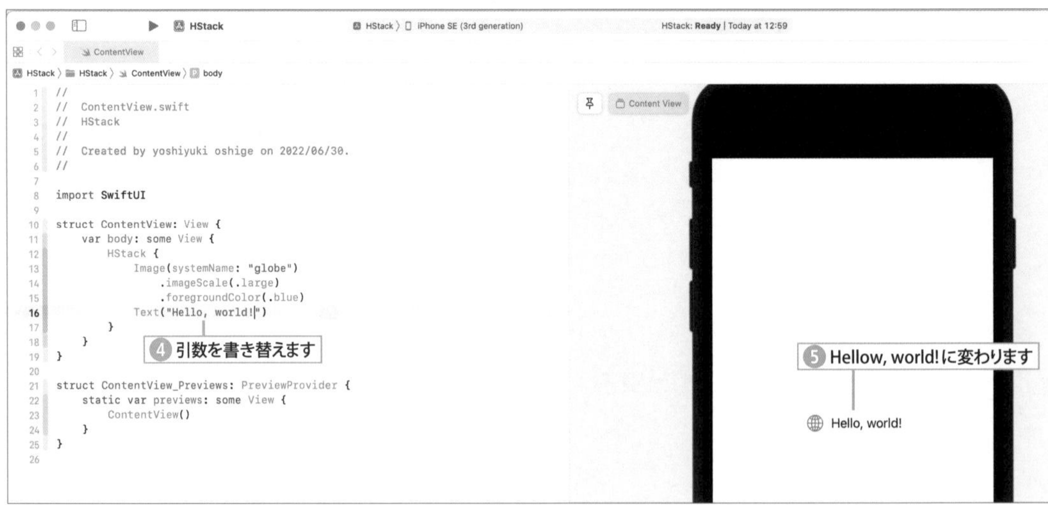

Code　イメージの右に並ぶテキストを追加する　«FILE» **HStack/ContentView.swift**

```
struct ContentView: View {
    var body: some View {
        HStack {
            Image(systemName: "globe")
                .imageScale(.large)
                .foregroundColor(.blue)
            Text("Hello, world!")
        }
    }
}
```

HStack の中に入れたので横に並びます

追加したコード

7 日の出イメージと「おはよう！」の並びを作るコードを追加する

挿入した HStack{ } のコードを複製し、元と区別するために Image の systemName を "sunrise"、foregroundColor を .red、そして Text を " おはよう！ " に書き替えました。

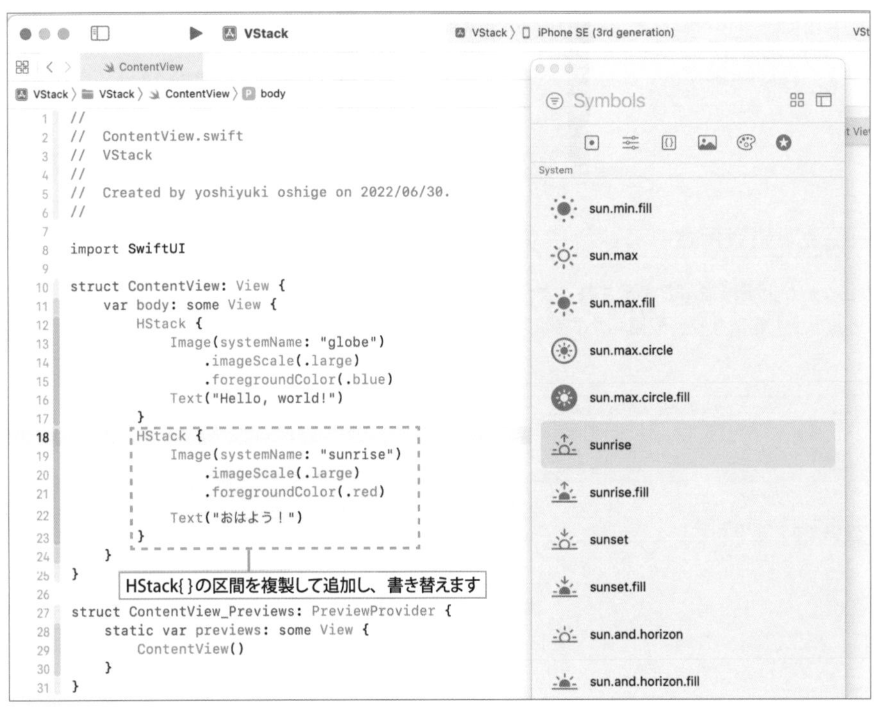

Code　追加するコード（イメージとテキストを左右に並べて表示する）　«FILE» **VStack_work/VStack/ContentView.swift**

```
        HStack {
            Image(systemName: "sunrise")
                .imageScale(.large)
                .foregroundColor(.red)
            Text(" おはよう！ ")
        }
```

8 2つのプレビューを確認する

キャンバスの上を見ると [Content View] が 2 個になっています。左の [Content View] が選択された状態では最初の HStack が作る地球と「Hello, world!」のビュー、右の [Content View] をクリックして選択すると追加した HStack が作る日の出と「おはよう！」のビューがプレビュー表示されます。

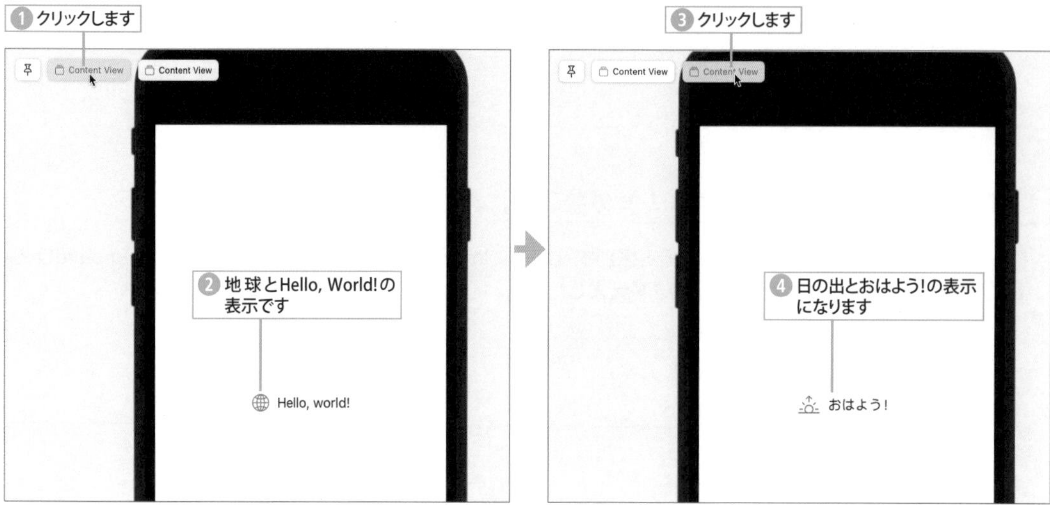

9 2つのビューが上下に表示されるようにする

2 つの HStack{ } のビューが上下に並んで表示されるように、2 個の HStack{ } 全体を VStack{ } で囲みます。こうすることで [Content View] が 1 個になり、配置したすべてのビューが並んだプレビュー表示になります。

Code VStack の中に 2 個の HStack{ } を入れることで上下に並べて表示する　«FILE» VStack/ContentView.swift

```
struct ContentView: View {
    var body: some View {
        VStack {                                      ―― VStack{ } で囲みます
            HStack {
                Image(systemName: "globe")
                    .imageScale(.large)
                    .foregroundColor(.blue)           ―― 地球と「Hello, World!」が横に並ぶビュー
                Text("Hello, world!")
            }
            HStack {
                Image(systemName: "sunrise")
                    .imageScale(.large)
                    .foregroundColor(.red)            ―― 日の出と「おはよう！」が横に並ぶビュー
                Text(" おはよう！ ")
            }
        }
    }
}
```

Views ライブラリからエディタにドロップする

前セクションではライブラリのアイテムを Selectable にしたプレビュー画面にドロップしましたが（☞ P.57）、ライブラリからエディタにドロップすることもできます。ライブラリは種類でグループ分けしてあり、ここで利用した Text、HStack、VStack のほかボタンなどの UI 部品は Views ライブラリに含まれています。ドロップして挿入したコードに引数の指定が必要な場合は、引数の位置が選択された状態になっています。

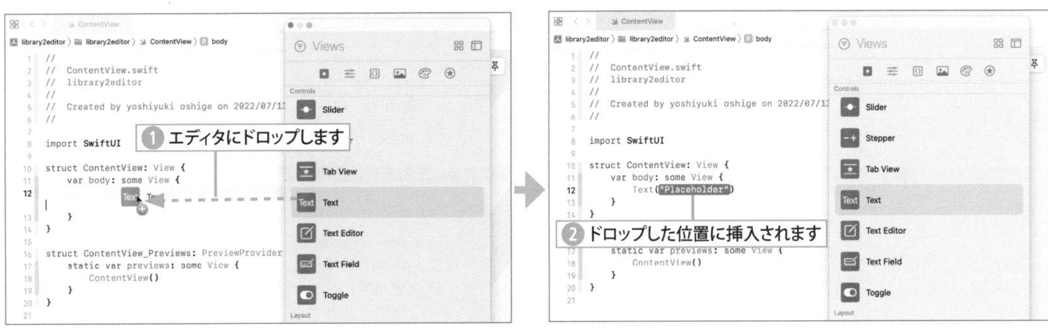

ダブルクリックで追加する

コードの挿入位置を先に指定しておき、ライブラリのアイテムをダブルクリックすればその位置にコードが挿入されます。このほうがドロップするよりも正確にコードを挿入できます。

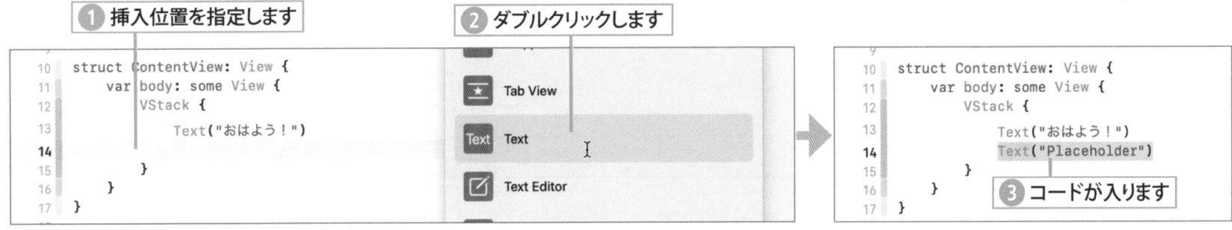

SF シンボルを挿入する Symbols ライブラリ

Symbols ライブラリには SF シンボルを表示するコードを挿入するアイテムが並んでいます。SF シンボルは iOS で用意されているイメージなので、名前（systemName）を指定するだけで表示できます。Symbols ライブラリからドロップすると Image(systemName: "car") のようにコードが入りますが、アイテムをダブルクリックするとシンボル名だけが挿入されます。そこで、シンボル名の car を選択してダブルクリックすることで表示するシンボルを Image(systemName: "bicycle") のように差し替えることができます。

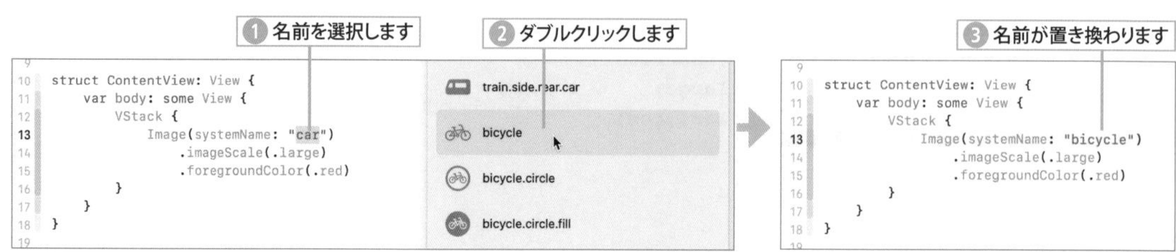

テンプレートでは imageScale や foregroundColor といった Image のアトリビュートの設定で SF シンボルの表示サイズと色を決めていますが、SF シンボルは複数の色で塗り分けたマルチカラーでも表示でき、表示サイズも数値で指定できます。詳しくは「Section 3-4　SF シンボルを活用する」で説明します。

アクションメニューを活用する

コードを command クリックするとコードを入力したり、ヘルプを表示したりできるアクションメニューが表示されます。たとえば、Embed in HStack を選択すると、HStack{ } が挿入されてクリックしたステートメントが中に入ります。同様に Embed in VStack を選択した場合は VStack{ } の中に入ります。

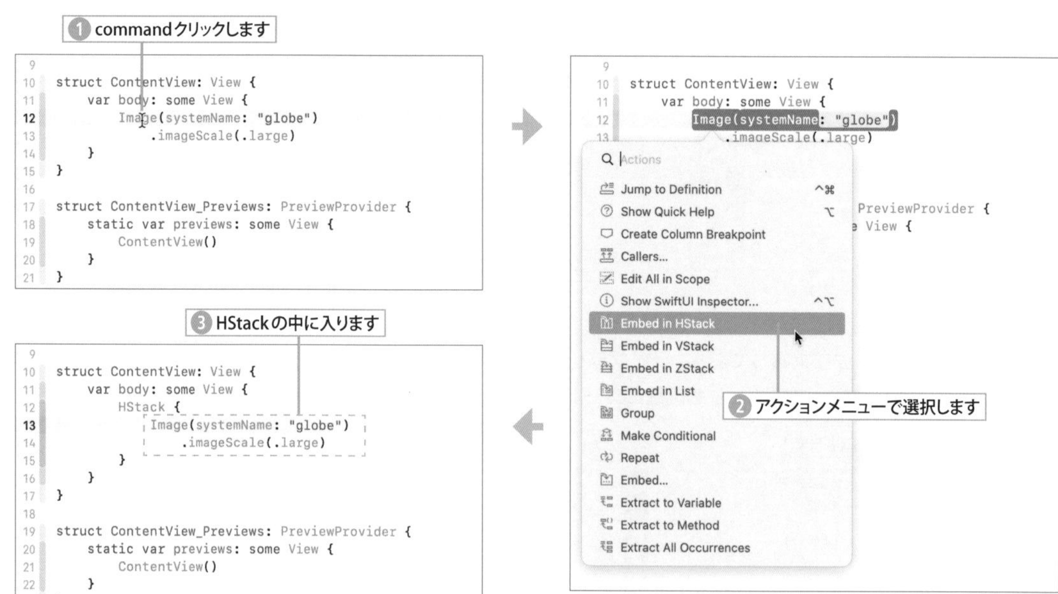

なお、コードをcontrolクリックすることでもアクションメニューが表示されます。このメニューにはクリックしたコードを検索置換したり、別のエディタで開いたりする操作があります。

プレビューでアクションメニューを使う

Selectableボタン をクリックしてプレビューを選択モードにしておき、画面のアイテムをcommandクリックするとアクションメニューが表示されます。

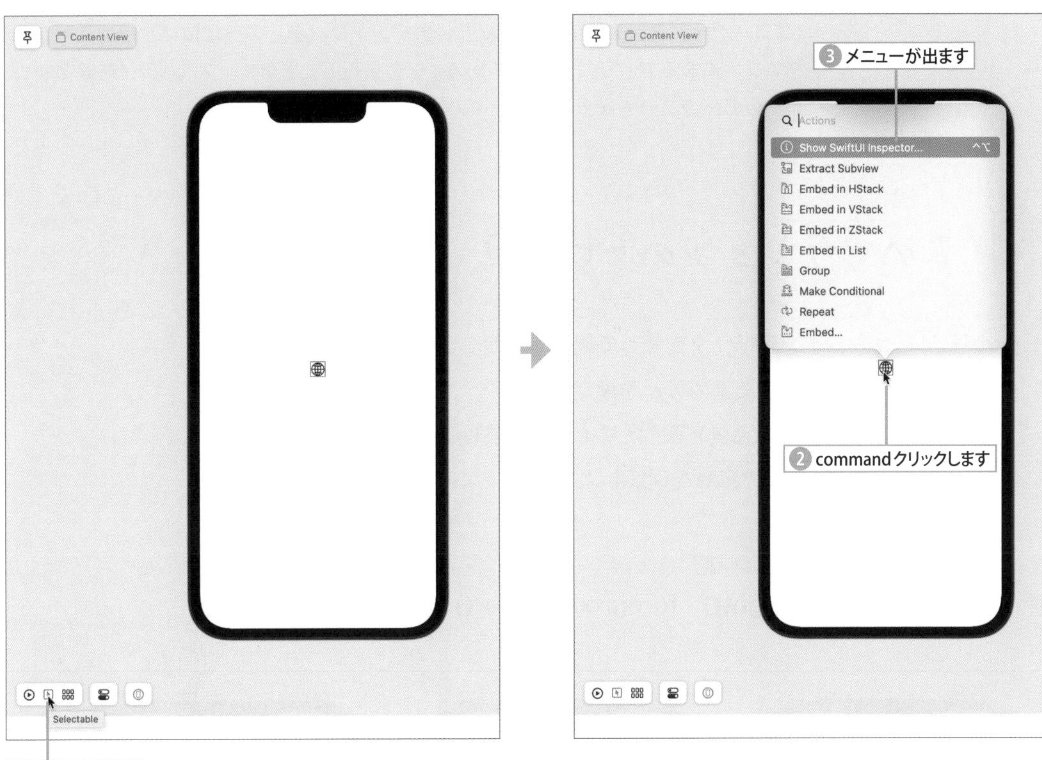

アトリビュートインスペクタを利用する

このセクションではテキストのフォントのサイズ、種類、色、位置揃えなどの属性（プロパティ）を設定する方法を紹介します。プロパティの設定には、インスペクタエリアにあるアトリビュートインスペクタを利用できます。プロパティを設定するための修飾コードをモディファイア（Modifier）と呼びます。

1. アトリビュートインスペクタを使って属性を設定しよう
2. テキストのフォントや文字色などを設定しよう
3. padding() で余白、frame() で縦横サイズを調整しよう
4. コードの中のドット . の意味を理解しよう

重要キーワードはコレだ！

font()、fontWeight()、foregroundColor()、frame()、padding()

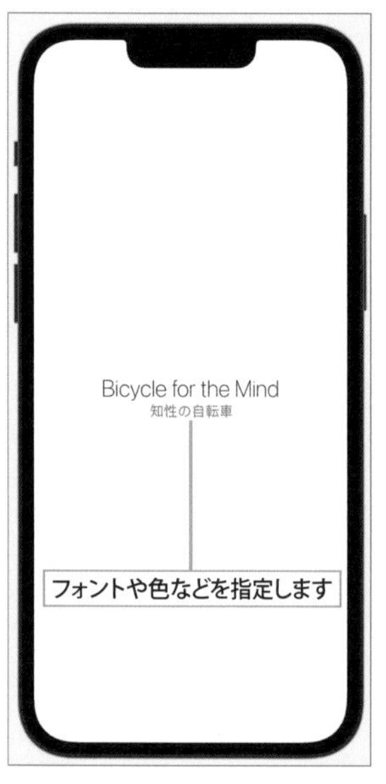

STEP インスペクタでテキスト属性を指定する

次に示すように VStack{} を使ってテキストが 2 個並んだプロジェクトを用意します。続くステップでは、このテキストのフォントをインスペクタを使って設定します。インスペクタは、インスペクタエリアのアトリビュートインスペクタを使うのがもっとも手軽です。インスペクタで属性を指定するとテキストの属性（プロパティ）を設定するモディファイアが追加されます。

Code 2 個のテキストが上下に並んでいる状態のコード　«FILE» **TextInspector/ContentView.swift**

```
struct ContentView: View {
    var body: some View {
        VStack {
            Text("Bicycle for the Mind")
            Text(" 知性の自転車 ")
        }
    }
}
```

この 2 個のテキストの属性を設定していきます

1 「Bicycle for the Mind」のインスペクタを表示　«SAMPLE» TextInspector.xcodeproj

プレビュー表示を Selectable にしておき、プレビューの「Bicycle for the Mind」をクリックすることで該当コードが選択されます。直接、エディタの Text のコードをクリックして選択しても構いません。アトリビュートインスペクタを表示すると、選択したテキストのアトリビュートの設定が表示されます。インスペクタが表示されないときは、ナビゲータエリアで ContentView を選択し直してみてください。

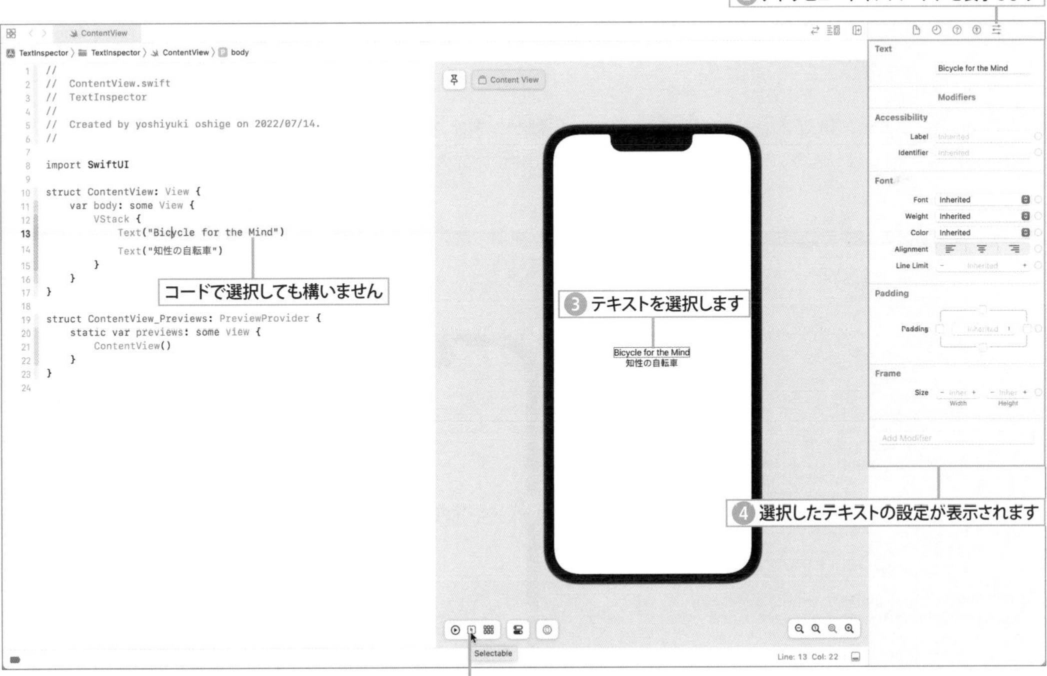

2 アトリビュートインスペクタでフォントの書体を選ぶ

アトリビュートインスペクタのFontのメニューには目的別の書体が表示されます。この中から「Title」を選ぶとタイトル表記に適した少し大きいサイズの書体になります。コードには.font(.title)が挿入されます。

3 フォントの線の太さを選ぶ

Weightのメニューにはフォントの線の強さ（太さ）の種類が表示されます。この中から「Thin」を選択します。「Thin」を選ぶと線が細くなります。コードには.fontWeight(.thin)が挿入されます。

4 変更されたコードを確認する

アトリビュートインスペクタで属性を設定すると即座にコードも更新されます。変更後のコードには .font(.title) と .fontWeight(.thin) が挿入追加されています。

Code テキストの書体と太さが設定されている «FILE» **TextInspector/ContentView.swift**

```
struct ContentView: View {
    var body: some View {
        VStack {
            Text("Bicycle for the Mind")
                .font(.title)
                .fontWeight(.thin)
            Text(" 知性の自転車 ")
        }
    }
}
```

フォントの種類と太さが設定されます

5 「知性の自転車」のテキストの文字色を変える

「知性の自転車」を選択するとアトリビュートインスペクタが「知性の自転車」のテキストの属性表示に変わります。Color のメニューから「Red」を選択するとテキストの文字が赤になります。

6 追加されたコードを確認する

コードを確認すると色指定の .foregroundColor(Color.red) が追加されています。２つのテキストを表示するコードは最終的に次のようになります。

Code テキストにサイズ、太さ、色を指定したコード «FILE» **TextInspector/ContentView.swift**

```
struct ContentView: View {
    var body: some View {
        VStack {
            Text("Bicycle for the Mind")
                .font(.title)
                .fontWeight(.thin)
            Text(" 知性の自転車 ")
                .foregroundColor(Color.red) ——— 文字の色を指定します
        }
    }
}
```

テキストの縦横サイズと文字の位置揃え

テキストのインスペクタの Alignment と Line Limit は文字の位置揃えと行数制限の設定項目です。テキストの縦横サイズは文字数に合わせて自動調整されるので、文字数が少ないとその効果がよくわかりません。そこで、少し長めの文章を使って確認してみましょう。

長い文章を表示してみる

次のように長い文章をテキストに表示します。すると、テキストの横幅が画面いっぱいまで広がり、それでも入りきれないので２行で表示されます。

Code テキストに長文を表示してみる «FILE» **TextInspector2/ContentView.swift**

```
struct ContentView: View {
    var body: some View {
        Text(" 春はあけぼの。やうやう白くなり行く、山ぎは少しあかりて、紫だちたる雲の細くたなびきたる。")
    }
}
```

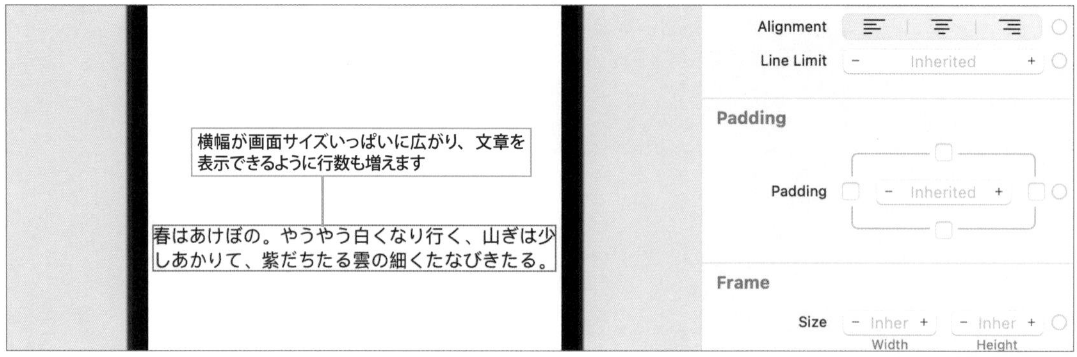

テキストの縦横サイズを指定する

このようにテキストのサイズは表示する文章の量で自動調整されますが、インスペクタの下の方にある Frame の Width、Height でテキストのサイズを固定できます。このとき、Width だけ設定すると横幅だけが固定され、高さは文章の量に合わせて調整されます。

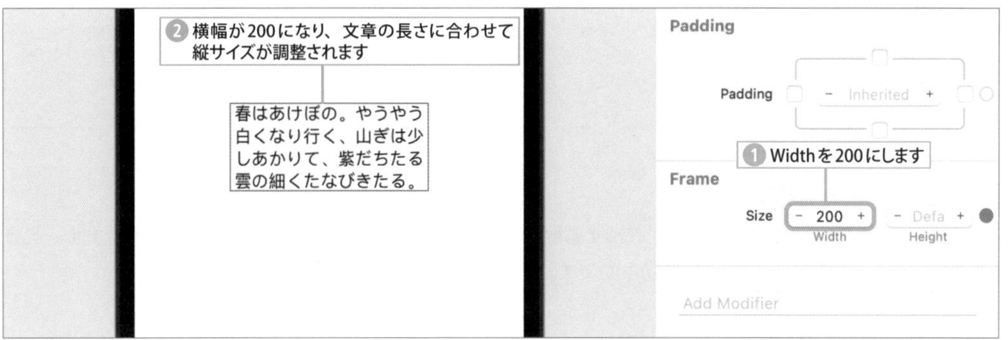

コードでの縦横サイズの指定は、横幅だけ指定するならば .frame(width: 200)、高さだけ指定するならば .frame(height: 100)、縦横サイズ両方ならば .frame(width: 200, height: 100) のように書きます。

Code テキストの横幅は frame(width:) で指定する «FILE» **TextInspector2/ContentView.swift**

```
struct ContentView: View {
    var body: some View {
        Text("春はあけぼの。やうやう白くなり行く、山ぎは少しあかりて、紫だちたる雲の細くたなびきたる。")
            .frame(width: 200.0) ——— 横幅だけ指定します
    }
}
```

行数制限をする

インスペクタの Line Limit は行数制限の設定です。2 にすると表示行数が最大 2 行に制限され、表示しきれなかった文が残っている場合は最終行の末尾が ... になります。

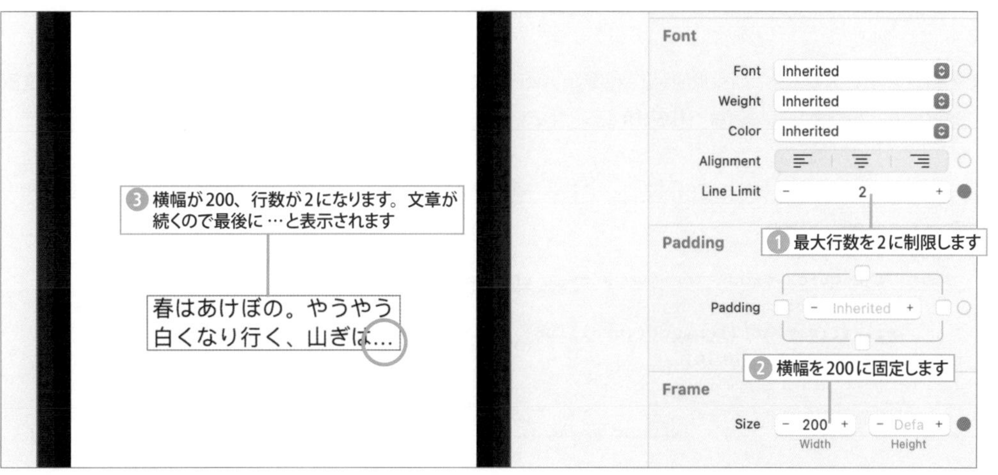

行数制限のメソッドは lineLimit(行数) です。例では lineLimit(2) で 2 行に制限しています。

Code テキストの横幅を 200 にし、表示行数を 2 行に制限する «FILE» **TextInspector2/ContentView.swift**

```
struct ContentView: View {
    var body: some View {
        Text(" 春はあけぼの。やうやう白くなり行く、山ぎは少しあかりて、紫だちたる雲の細くたなびきたる。")
            .lineLimit(2) ——— 最大行数を 2 行にします
            .frame(width: 200.0)
    }
}
```

複数行の文字の位置揃えを指定する

テキストの横幅を指定して、複数行の長文を表示する際の文字の位置揃えは、Alignment の設定で行います。改行がある文や英文などの空白区切りがある文で効果的です。

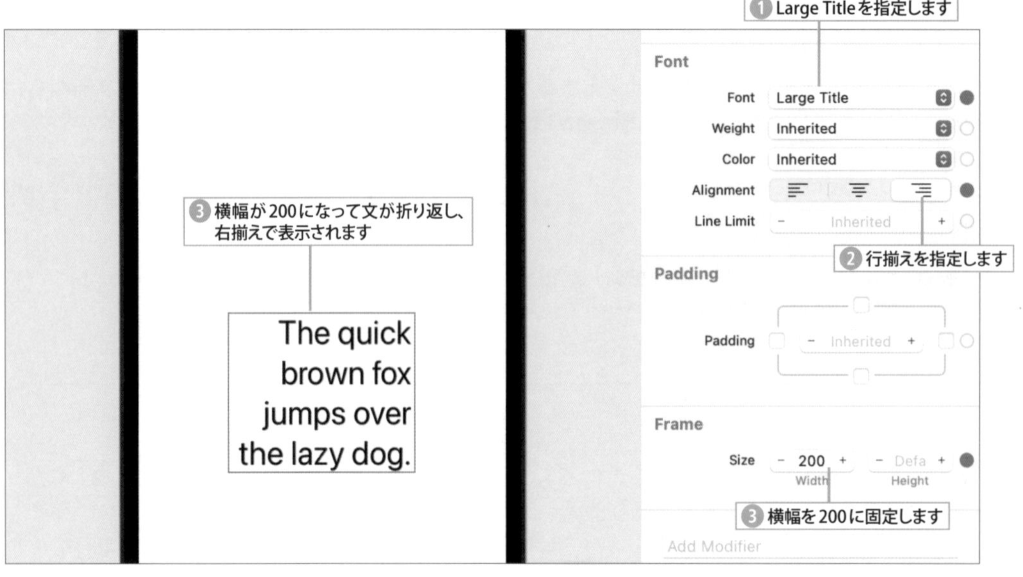

位置揃えを指定するとメソッドは multilineTextAlignment (揃える位置) が入力され、インスペクタで選んだ位置に応じて、.leading（左揃え）、.center（中央揃え）、.trailing（右揃え）が指定されます。

Code テキストの書体を Large Title、文字の表示を右揃え、横幅を 200 に «FILE» **TextInspector3/ContentView.swift**

```
struct ContentView: View {
    var body: some View {
        Text("The quick brown fox jumps over the lazy dog.")
            .font(.largeTitle)
            .multilineTextAlignment(.trailing) ——— 複数行表示では右揃えになります
            .frame(width: 200.0)
    }
}
```

インスペクタでは設定できない属性

インスペクタを使うとテキストの属性を簡単に設定できますが、インスペクタでは設定できない属性もたくさんあります。インスペクタにない属性はコードを直接書いて設定します。コードで属性を追加するとインスペクタにも設定項目が追加されます。

枠線を表示する

テキストの属性の設定にどんなコードを書くことができるかは、エディタに . をタイプすると表示される書式の候補（コード補完機能）から知ることができます。.bo までタイプすると枠線を表示する border の書式が表示されるので選択します。そのまま確定すると引数が 1 個の書式が入りますが、option + return ですべての引数が入った書式が挿入されます。

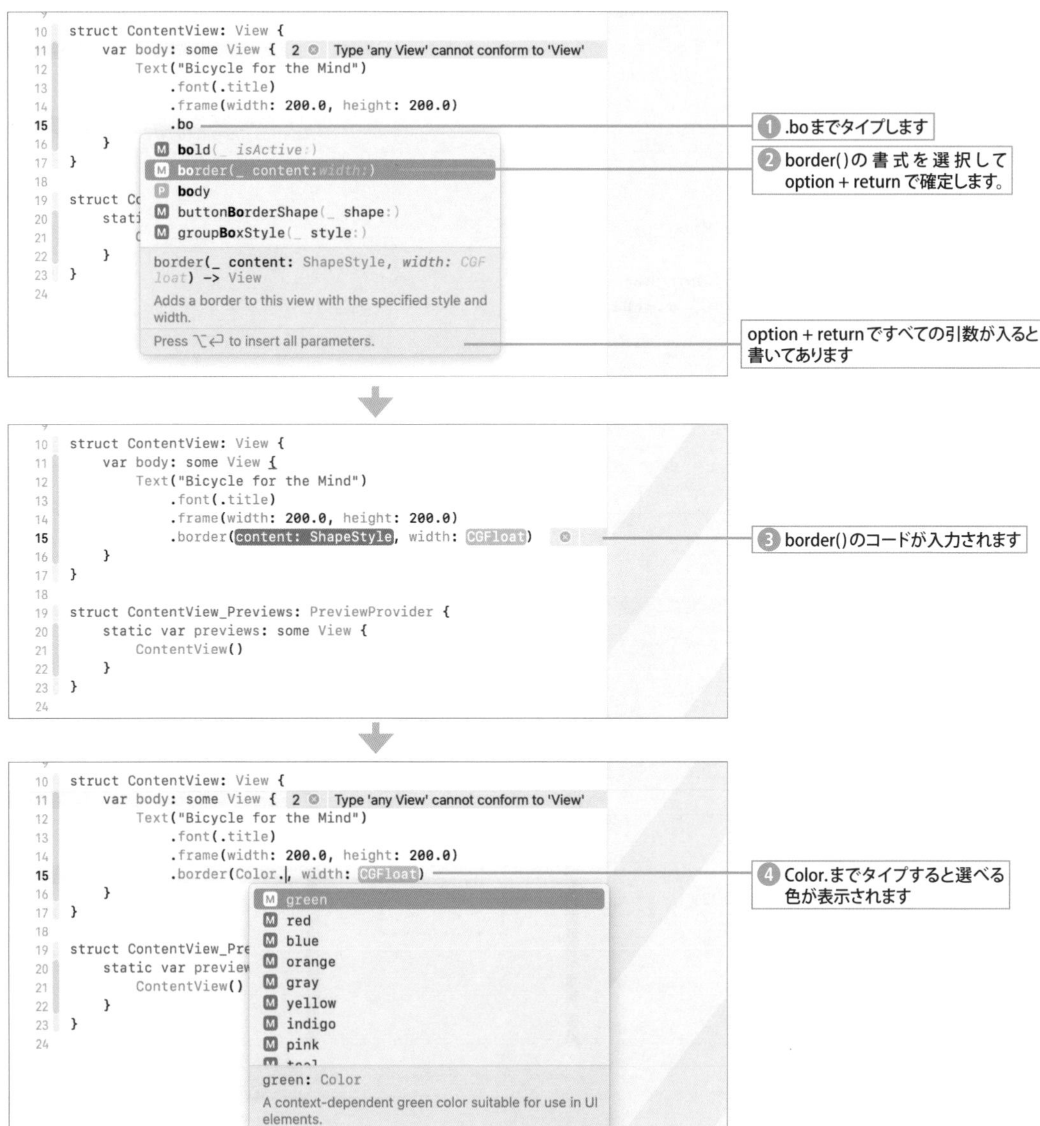

```
struct ContentView: View {
    var body: some View {
        Text("Bicycle for the Mind")
            .font(.title)
            .frame(width: 200.0, height: 200.0)
            .border(Color.green, width: 5)
    }
}
```

⑤ 色と線幅を指定します

border(content: ShapeStyle, width:CGFloat) のように入るので、border(Color.green, widht:5) に変更します。Color.green の入力では、Color. までタイプすると選べる色が表示されます。

コードを確定するとプレビューが再描画されて、frame() で指定した 200、200 の領域が緑色の線幅 5 の枠線で囲まれて表示されます。そして、アトリビュートインスペクタには、board を指定するまではなかった枠線の色と線幅を設定する Border 項目が追加されます。

Code テキストの枠線を表示する «FILE» **TextInspector4/ContentView.swift**

```
struct ContentView: View {
    var body: some View {
        Text("Bicycle for the Mind")
            .font(.title)
            .frame(width: 200, height: 200)
            .border(Color.green, width: 5) ——— 入力された border のコードを完成させます
    }
}
```

文字サイズを数値で指定する

インスペクタではあらかじめ設定されている文字サイズを font リストから選択しますが、コードを書けば文字のサイズを数値で指定できます。フォントサイズは、font(.system(size: 100)) のように指定します。

Code 文字サイズを数値で指定する «FILE» **TextInspector5/ContentView.swift**

```
struct ContentView: View {
    var body: some View {
        Text("Hello, world!")
            .font(.system(size: 100))  ——— 文字サイズを数値で指定します
    }
}
```

```
//
//  Created by yoshiyuki oshige on 2022/07/15.
//

import SwiftUI

struct ContentView: View {
    var body: some View {
        Text("Hello, world!")
            .font(.system(size: 100))
    }
}

struct ContentView_Previews: PreviewProvider {
    static var previews: some View {
        ContentView()
    }
}
```

フォントサイズを指定します

frame の中での位置指定

テキストの縦横サイズはインスペクタでも設定できて、幅、高さを指定すると frame(width: height:) のコードが入力されますが、この frame() には alignment オプションがあります。

alignment オプションは領域内での表示位置を、bottom、bottomLeading、bottomTrailing、center、leading、top、topLeading、topTrailing で指定します。

たとえば、bottomTrailing を指定すると領域の右下に表示されます。

frame() で alignment オプションを追加するとインスペクタにも Alinment 項目がある Frame モディファイアが追加されます。

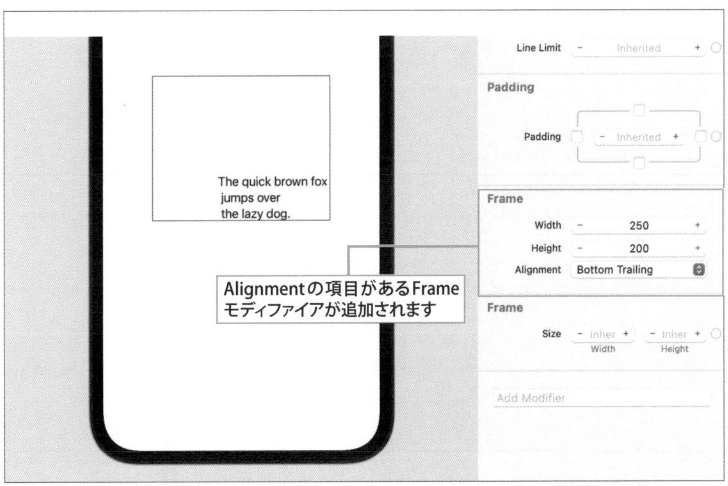

Code 領域の右下に表示する　«FILE» TextInspector6/ContentView.swift

```
struct ContentView: View {
    var body: some View {
        Text("The quick brown fox \n jumps over \n the lazy dog.")
            .frame(width: 250, height: 200, alignment: .bottomTrailing)
    }
}
```

NOTE

文の途中で改行する

テキストに表示する文を途中で改行したいときは、改行位置に特殊文字（エスケープシーケンス）の \n を入力します。

ドット . で省略されているコード

コードには .font(.title) のようにワードの前にドット . が付いているものがたくさんあります。このドットは何でしょうか？

Code コードの中にあるドットは？　«FILE» DotSyntax1/ContentView.swift

```
struct ContentView: View {
    var body: some View {
        Text("Hello, world!")
            .font(.title)
            .fontWeight(.heavy)
    }
}
```

結論から言うと .title は Font.title を省略して書いたものです。font() のカッコの中に入れる値（引数）は Font 型の値に限られているので、Font を省略して . から書くことができます。Font を省略して . をタイプするだけで候補が表示されることから、引数として指定できる値や書式を知ることができ、入力も効率化されます。同様に .heavy は Font.Weight.heavy の省略ですが、この場合も . をタイプするだけで Font.Weight 型の中から値の候補が表示されます。「Font の Weight の heavy」のように . を「の」に読み替えることができます。このようにドットを使った記述式をドットシンタックスといいます。

ドット.でつながっているコード

では、改行された .font() のドットで省略されているものは何でしょうか？ 実は何も省略されておらず、単に改行されているだけです。つまり、Text() に続く複数行はつながっている 1 行のコードです。先のコードをドットで改行せずに書くと、次のように 1 行で書くことができます。ここでは引数の中も省略せずに書いています。

Code 改行せずに 1 行で書いた場合 «FILE» **DotSyntax2/ContentView.swift**

```
struct ContentView: View {
    var body: some View {
        Text("Hello, world!").font(Font.title).fontWeight(Font.Weight.heavy)
    }
}
```

実際には 1 行のステートメント

上位の設定を受け継ぐ Inherited の設定

インスペクタの Font、Weight、Color などの設定値には Inherited という選択値があります。Inherited を選択すると font(.inherited) のようなコードが入るわけではなく、属性を設定するコードが挿入されません。

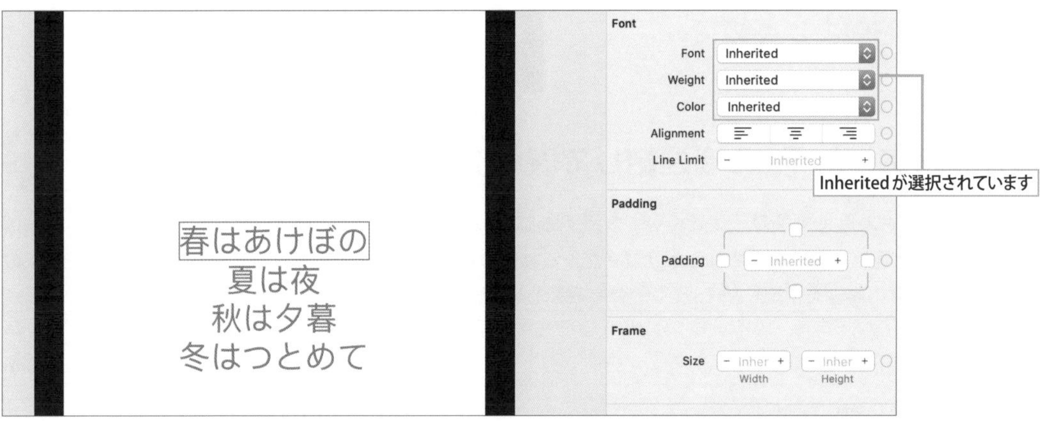

属性を設定するコードがないので初期値が採用されるのかと言えば、実際にはそうではありません。「Inherited」は「受け継ぐ」といった意味で、上位の階層の設定値に従います。

たとえば、次のように VStack に font と foregroundColor を指定することで、すべてのテキストの書体と文字色を指定できます。そして、2 番目のテキストだけ個別に foregroundColor(.red) に指定すれば、2 番目のテキストだけが赤になります。

Code 上位の VStack の設定でテキストの書体と色を表示する «FILE» **Inherited/ContentView.swift**

```
struct ContentView: View {
    var body: some View {
        VStack {
            Text(" 春はあけぼの ")
            Text(" 夏は夜 ")
                .foregroundColor(.red)
            Text(" 秋は夕暮 ")
            Text(" 冬はつとめて ")
        }
        .font(.title)
        .foregroundColor(.blue)
    }
}
```

このテキストは red の指定に従います

この指定が VStack 内の Text に受け継がれます

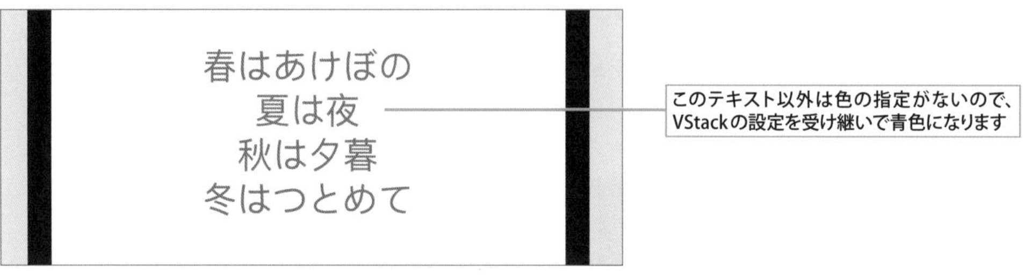

このテキスト以外は色の指定がないので、VStackの設定を受け継いで青色になります

属性を指定した Text を連結して表示する

Text() で作るテキストは + 演算子で連結して表示することができます。Text("Hello,") + Text("World!") ならば「Hello, World!」と連結されて表示されるわけですが、これは単純に文字列が連結されるということではなく、次の例に示すように個々に属性を指定した Text を続けて表示します。（文字列の連結 ☞ P.48）

Code 属性が設定されている Text を連結して表示する «FILE» **TextPlusText/ContentView.swift**

```
struct ContentView: View {
    var body: some View {
        Text("No.").bold() + Text("123").font(.largeTitle).foregroundColor(.red)
    }
}
```

2 個の Text を連結して表示します

パディングで余白を調整する

パディングを使うことでイメージやテキストの上下左右の余白を指定できます。パディングはアトリビュートインスペクタで手軽に細かく設定できますが、コードでの指定もできるようになりましょう。パディングの余白と frame の領域についても考えます。

1. パディングで余白を空けよう
2. 余白の幅を数値で指定したい
3. 上と下の余白の幅が違うときはどうする？
4. 余白と frame の領域

重要キーワードはコレだ！

padding()、.top、.bottom、.leading、.trailing、.vertical、.horizontal、.all

アトリビュートインスペクタでPaddingを指定する

テキスト周りの上下左右の余白をアトリビュートインスペクタのPaddingで指定してみましょう。Paddingのチェックに対応するコードも確認します。なお、VStackやHStackにパディングを設定した例は次のセクションで扱っています。

1 プレビュー表示をSelectableにしてテキストを選択する

«SAMPLE» **paddingSample.xcodeproj**

余白の範囲がわかるようにプレビュー表示をSelectableにしてテキストを選択します。テキストの領域を示す枠が表示され、周りに余白がほとんどないことがわかります。アトリビュートインスペクタのPaddingを確認すると何も指定していない状態です。

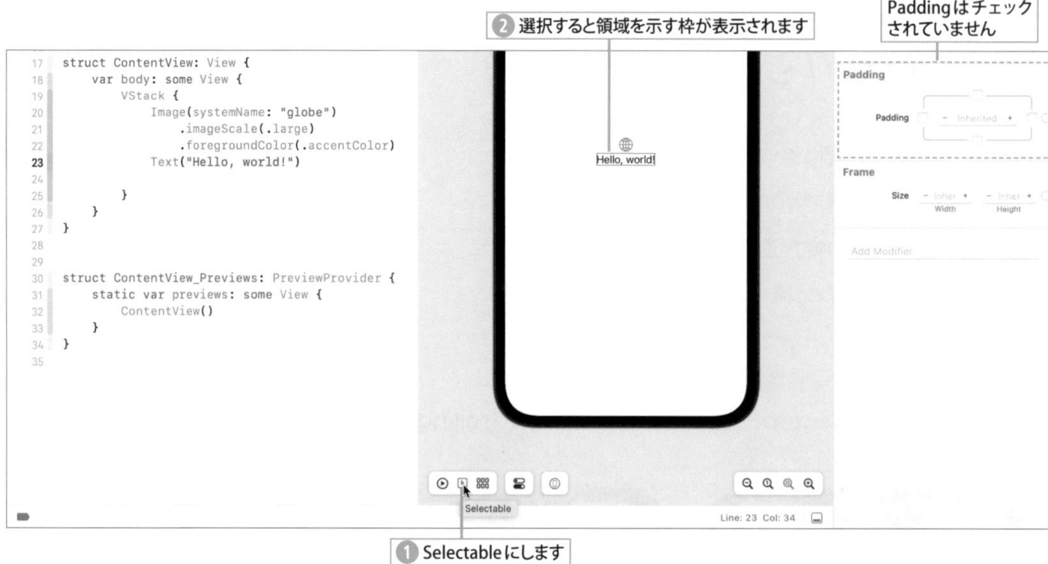

2 Paddingの上のチェックボックスをチェックする

Paddingの設定を見ると上下左右にチェックボックスがあります。上のチェックボックスをチェックすると上の余白が広がり、上にあるイメージとの幅が広がります。コードではText("Hello, world!")に.padding(.top)が追加されます。

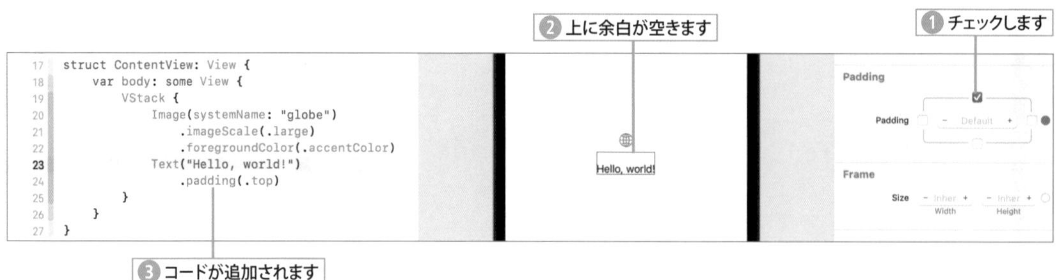

Code テキストの上に余白を空ける «FILE» paddingSample/ContentView.swift

```
Text("Hello, world!")
    .padding(.top)
```


3 Paddingの上下のチェックボックスをチェックする

続けて下のチェックボックスもチェックすると下の余白が広がります。上下に余白を作るとコードは .padding(.vertical) になります。

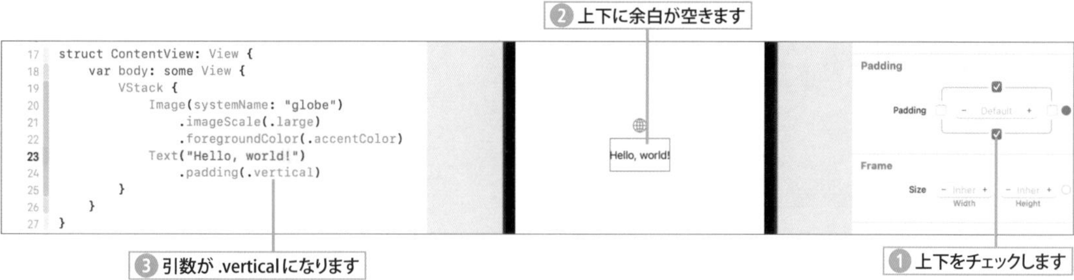

Code テキストの上下に余白を空ける «FILE» paddingSample/ContentView.swift

```
Text("Hello, world!")
    .padding(.vertical)
```

余白をpadding()の引数で指定する

padding()はテキストなどビューの回りの余白を指定します。上下左右（前後）のどこに余白を作るかは引数で指定します。アトリビュートインスペクタで試すとわかるように、上下左右はそれぞれ .top、.bottom、.leading、.trailingで指定します。

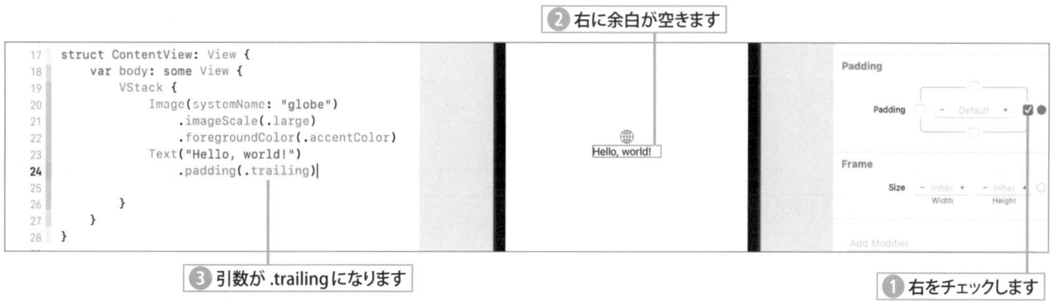

Code テキストの右に余白を空ける «FILE» paddingSample/ContentView.swift

```
Text("Hello, world!")
    .padding(.trailing)
```

複数の余白を指定する

複数の余白を指定したい場合は .padding([.top, .leading]) のように方向をカンマで区切って [ ] で囲んで指定します。この形式は配列に似ていますが（配列☞ P.161）、ここで使われているものは要素の重複や順番がない Set という型です。

なお、ステップ3で見たように上下の余白指定は [.top, .bottom] の代わりに .vertical、同様に左右の余白指定は [.leading, .trailing] の代わりに .horizontal を使えます。

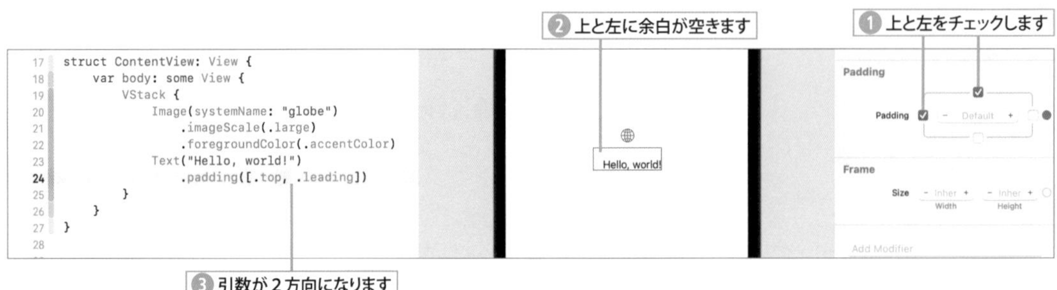

Code 上と左の空白は [.top, .leading] で指定する　　«FILE» **paddingSample/ContentView.swift**

```
        Text("Hello, world!")
            .padding([.top, .leading])
```

上下左右の全方向に余白を入れる

上下左右の全方向に余白のチェックを付けるには .padding([.top, .bottom, .leading, .trailing]) の代わりに padding(.all) で指定できます。これは引数を省略した padding() と同じで、padding() でも上下左右の全方向に余白が空きます。

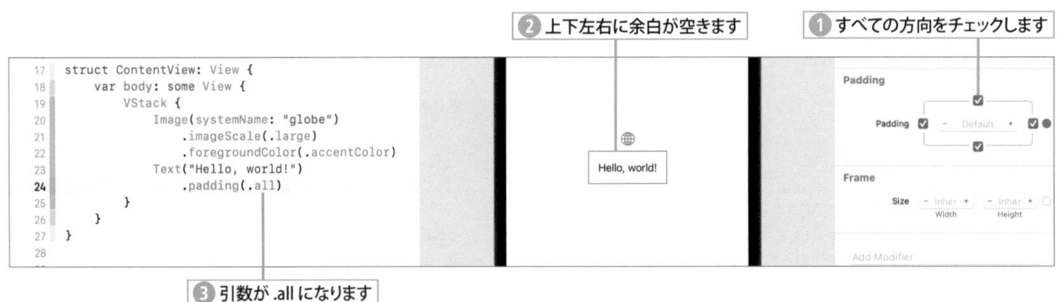

Code 上下左右の [.top, .bottom, .leading, .trailing] は .all で指定できる　　«FILE» **paddingSample/ContentView.swift**

```
        Text("Hello, world!")
            .padding(.all)
```

余白の幅を数値指定する

インスペクタの Padding の設定の中央には余白の幅を数値で指定できるフィールドがあります。数値を省略した Default の状態の幅は 20 です。たとえば、上をチェックしてフィールドに 30 と入力すると上の幅が 30 になります。コードでは .padding(.top, 30.0) で指定します。

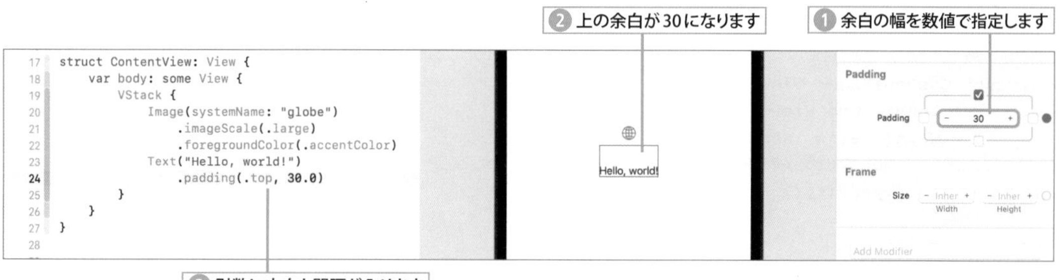

Code 上の余白の幅を 30 にする場合　«FILE» paddingSample/ContentView.swift

```
Text("Hello, world!")
    .padding(.top, 30.0)
```

上下左右の余白を 30 にしたい場合、コードでは .padding(.all, 30.0) または padding(30.0) だけで指定できます。

Code 上下左右の余白を 30 にする場合　«FILE» paddingSample/ContentView.swift

```
Text("Hello, world!")
    .padding(.all, 30.0)
```

複数個のパディングで余白を指定する

余白の幅が上下が 50、左右が 80 にしたい場合は、.padding(.vertical, 50.0) と .padding(.horizontal, 80.0) の2つの指定を重ねて行います。2つの padding() を追加するとアトリビュートインスペクタの Padding 設定も2個になります。

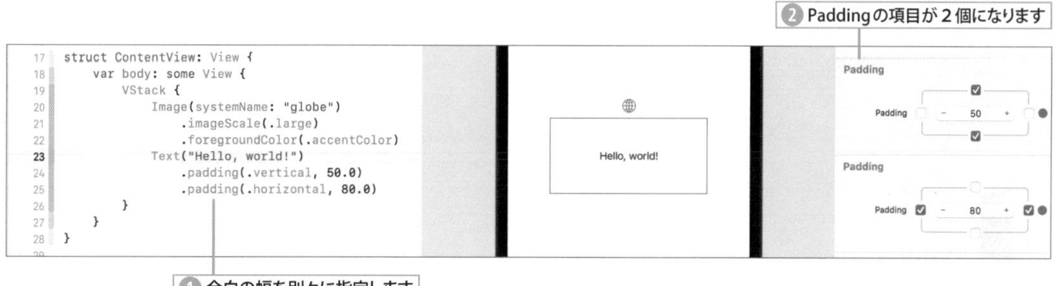

Code 上下が 50、左右が 80 の余白指定を重ねて指定する　«FILE» paddingSample2/ContentView.swift

```
Text("Hello, world!")
    .padding(.vertical, 50.0)
    .padding(.horizontal, 80.0)
```

余白を含んだ領域に背景色を付ける

テキストの文字色はforegroundColorモディファイアで指定できますが(☞ P.82)、文字の背景色はbackgroundモディファイアで指定します。たとえば、background(Color.yellow) を指定すればテキストの背景が黄色になります。backgroundColor ではないので注意してください。

Code テキストに背景色を付ける　«FILE» **Text_background/ContentView.swift**

```
struct ContentView: View {
    var body: some View {
        Text("Hello, world!")
            .background(Color.yellow) ―――― Text の背景に色を付けます
            .padding() ―――― padding(.all) と同じです
    }
}
```

コードの順番を変えて Text() ではなく padding() に background(Color.yellow) を指定することで余白までを含んで背景色が付きます（テキストの背景色は指定無しの状態）。

Code 余白に背景色を付ける　«FILE» **Text_background2/ContentView.swift**

```
struct ContentView: View {
    var body: some View {
        Text("Hello, world!")
            .padding()
            .background(Color.yellow) ―――― padding の背景
    }
}
```

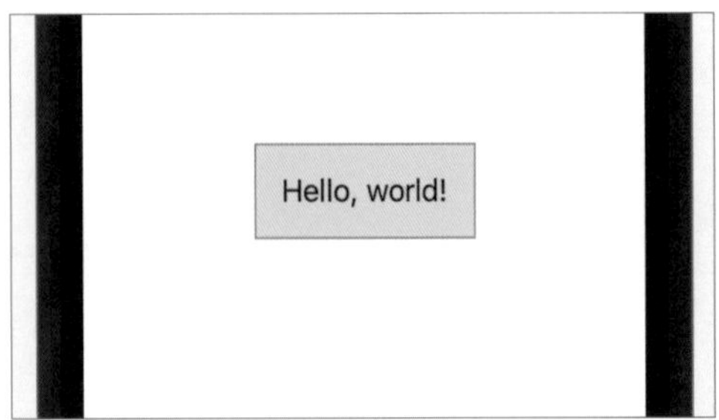

スペーサーで余白を調整する

スペーサーは、前セクションのパディングと合わせてレイアウトの余白を調整する方法として欠かせません。スタック内での位置揃えやオフセットなども活用します。

1. スタック内の位置揃えとスペーシングを知ろう
2. スペーサーを使って余白を調整しよう
3. 画面の端からの余白をパディングで作る
4. オフセットを使って位置を微調整しよう

重要キーワードはコレだ！

VStack(alignment: spacing:)、italic()、Spacer、offset()

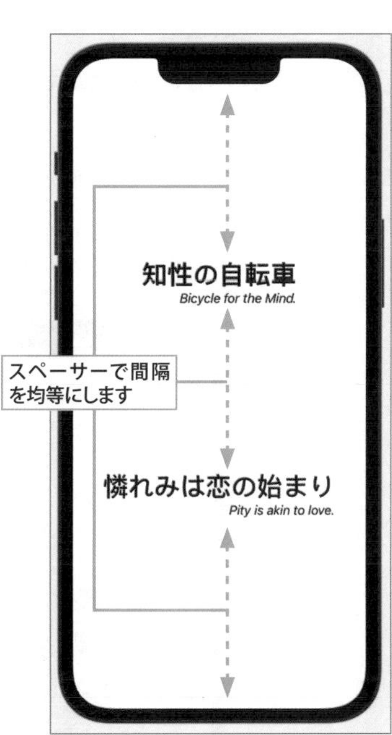

複数のテキストを整列させる

複数のテキストをVStackを使って並べると画面の真ん中に左右中央揃えで並びます。個々のテキストの文字の表示位置を設定してもこれは変わりません。複数のテキストを左揃えで並べたい場合は、VStackの属性を設定します。

Code　VStackで並べたテキストは中央揃えで表示される　«FILE» StackAlignment/ContentView.swift

```
struct ContentView: View {
    var body: some View {
        VStack {
            Text("春はあけぼの")
            Text("夏は夜")
            Text("秋は夕暮")
            Text("冬はつとめて")
        }
        .font(.largeTitle)
    }
}
```

VStackの中の4行は中央揃えになります

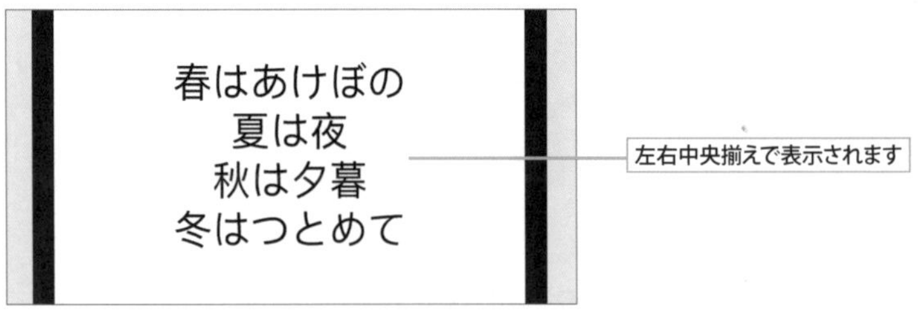

1 プレビューでスタックのインスペクタを表示する

«SAMPLE» StackAlignment.xcodeproj

アトリビュートインスペクタを表示してスタックを選択します。プレビューをSelectableにしてスタックを選択してもよいですが、コードのVStackをクリックして選択する方法が簡単です。

2 スタック内の行間と文字揃え

スタック内の複数のテキストを左揃えで並べるには、スタックを選択してアトリビュートインスペクタの Alignment で左揃えを指定します。Spacing を 15 にすれば、テキストとテキストの間隔が 15 に広がります。

3 変更されたコードを確認する

VStack のコードには VStack(alignment: .leading, spacing: 15.0) のように左揃えと複数のテキストの間隔を指定する引数が入ります。

Code 複数のテキストを整列する　«FILE» StackAlignment/ContentView.swift

```
struct ContentView: View {
    var body: some View {
        VStack(alignment: .leading, spacing: 15.0)  {
            Text(" 春はあけぼの ")
            Text(" 夏は夜 ")
            Text(" 秋は夕暮 ")
            Text(" 冬はつとめて ")
        }
        .font(.largeTitle)
    }
}
```

スタックの中のテキストが左揃えになり、間隔も広がります

スペーサーを使って位置を調整する

次のコードではスタックの中に２つのスタックがあり、合計４個のテキストが入っています。各テキストには書体や太さが指定してあります。英文テキストは italic() の実行でイタリック体で表示されます。

Code　４個のテキストを中央に表示する　«FILE» layoutSpacer0/ContentView.swift

```
struct ContentView: View {
    var body: some View {
        VStack {
            VStack(alignment: .trailing) {
                Text(" 知性の自転車 ")
                    .font(.largeTitle)
                    .fontWeight(.black)
                Text("Bicycle for the Mind.")
                    .italic()
            }
            VStack(alignment: .trailing) {
                Text(" 憐れみは恋の始まり ")
                    .font(.largeTitle)
                    .fontWeight(.medium)
                Text("Pity is akin to love.")
                    .italic()
            }
        }
    }
}
```

２行ずつ入ったスタックです

このコードをプレビューすると４行のテキストはスタック内で右揃えですが、２個のスタックは画面中央にセンター揃えで並びます。

スペーサーで上の余白を埋める

先のコードのテキストが入った 2 個のスタックの上に Spacer() を入れると上の余白がスペーサーで埋まり、結果としてテキストが画面の下に詰まって表示されます。

Code　スペーサーを上に載せてテキストを下詰めで表示する　«FILE» **layoutSpacer1/ContentView.swift**

```
struct ContentView: View {
    var body: some View {
        VStack {
            Spacer() ――― 上の余白をスペーサーで埋めます
            VStack(alignment: .trailing) {
                Text("知性の自転車")
                    .font(.largeTitle)
                    .fontWeight(.black)
                Text("Bicycle for the Mind.")
                    .italic()
            }
            VStack(alignment: .trailing) {
                Text("憐れみは恋の始まり")
                    .font(.largeTitle)
                    .fontWeight(.medium)
                Text("Pity is akin to love.")
                    .italic()
            }
        }
    }
}
```

スペーサーで下の余白を埋める

テキストが入った２個のスタックの下に Spacer() を入れると下の余白がスペーサーで埋まり、結果としてテキストが画面の上に詰まって表示されます。

Code スペーサーをテキストの下に入れて上詰めで表示する «FILE» **layoutSpacer2/ContentView.swift**

```
struct ContentView: View {
    var body: some View {
        VStack {
            VStack(alignment: .trailing) {
                Text(" 知性の自転車 ")
                    .font(.largeTitle)
                    .fontWeight(.black)
                Text("Bicycle for the Mind.")
                    .italic()
            }
            VStack(alignment: .trailing) {
                Text(" 憐れみは恋の始まり ")
                    .font(.largeTitle)
                    .fontWeight(.medium)
                Text("Pity is akin to love.")
                    .italic()
            }
            Spacer() ——— 下の余白をスペーサーで埋めます
        }
    }
}
```

スペーサーを間に入れて等間隔にする

テキストが入った２個のスタックの上、間、下に Spacer() を入れると３個のスペーサーで余白を均等に埋めるので、２つのスタックが等間隔で表示されます。

Code　スペーサーを２個のスタックの間に挟んで等間隔に表示する　«FILE» layoutSpacer3/ContentView.swift

```
struct ContentView: View {
    var body: some View {
        VStack {
            Spacer()
            VStack(alignment: .trailing) {
                Text("知性の自転車")
                    .font(.largeTitle)
                    .fontWeight(.black)
                Text("Bicycle for the Mind.")
                    .italic()
            }
            Spacer()
            VStack(alignment: .trailing) {
                Text("憐れみは恋の始まり")
                    .font(.largeTitle)
                    .fontWeight(.medium)
                Text("Pity is akin to love.")
                    .italic()
            }
            Spacer()
        }
    }
}
```

３個のスーペーサーで余白を均等に埋めます

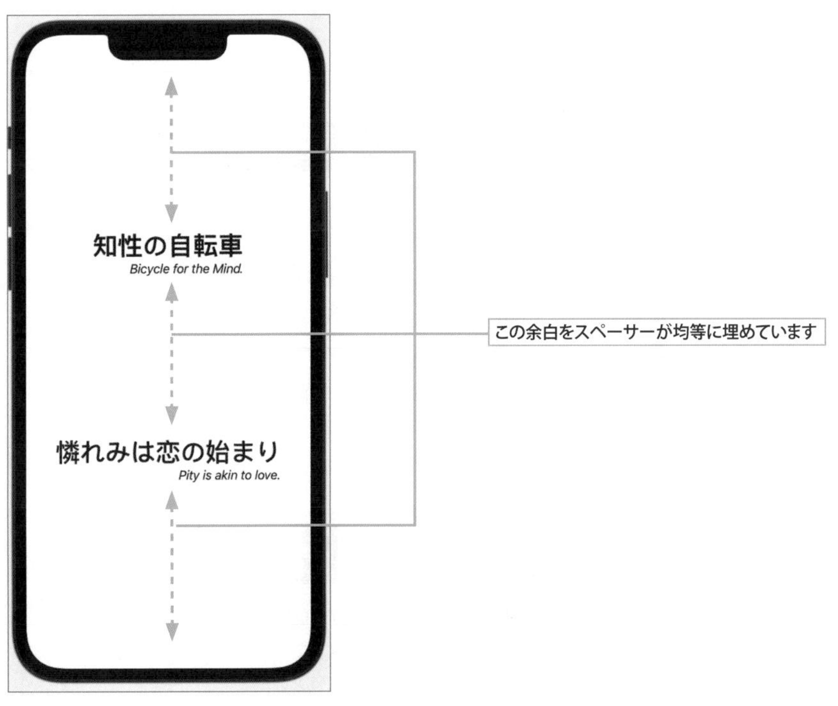

画面の端からの余白をパディングで調整する

パディングはテキストやイメージだけでなく、スタックにも指定できます。

次の例では上のスタックは padding(.top, 80)、下のスタックには padding(.top, 20) を実行して画面の端からの余白とテキスト間の間隔を広げています。

Code　Padding を使って上との余白をとる　«FILE» **layoutPadding/ContentView.swift**

```
struct ContentView: View {
    var body: some View {
        VStack{
            VStack(alignment: .trailing) {
                Text(" 知性の自転車 ")
                .font(.largeTitle)
                    .fontWeight(.black)
                Text("Bicycle for the Mind.")
                    .italic()
                    .offset(x: -10, y: 0) ——— 表示を左に 10 ずらします
             }
             .padding(.top, 80)——— 領域の上の余白を 80 とります
             VStack(alignment: .trailing){
                Text(" 憐れみは恋の始まり ")
                    .font(.largeTitle)
                    .fontWeight(.medium)
                Text("Pity is akin to love.")
                    .italic()
                    .offset(x: -10, y: 0) ——— 表示を左に 10 ずらします
            }
            .padding(.top, 20) ——— 領域の上の余白を 20 取ります
            Spacer() ——— 下の余白を埋めるので、全体が上に詰まります
        }
    }
}
```

オフセットでずらす

英文のテキストには offset(x: -10, y: 0) が実行してあります。これは表示座標をずらすメソッドで、x 座標を左に 10 ずらすことで、右に少し余白を作っています。

知性の自転車
Bicycle for the Mind.
文字表示が領域より少しだけ左にずれて、右に余白ができます

イメージと図形の表示

写真や絵などのイメージの取り込み方と表示方法、円や四角形などの図形の作成と表示方法、シンボルイメージの利用について取り上げます。イメージの伸縮やサイズ指定、イメージを図形で切り抜く、影を付ける、回転するといったこともできます。

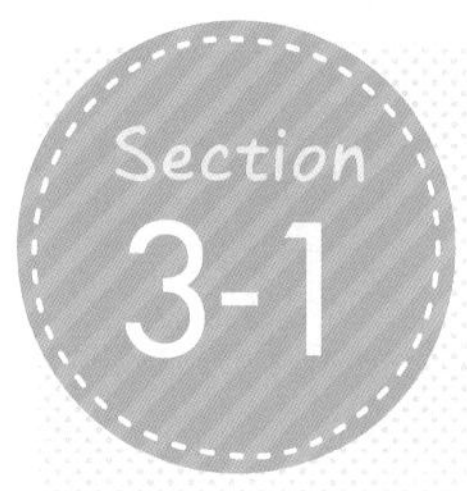

イメージを表示する

これまでテキストを表示する方法をいろいろ見てきましたが、このセクションでは写真などのイメージを表示する方法を説明します。インスペクタでモディファイアを設定するとコードが追加され、コードを追加修正するとインスペクタが設定されるようすも確認しましょう。

このセクションのトピック

1. イメージを表示しよう
2. イメージサイズと伸縮モードを使いこなそう
3. はみ出た部分をクリッピングしよう

重要キーワードはコレだ！

Image、resizable()、aspectRatio()、clipped()、scaleEffect()、offset()

写真を表示

サイズと伸縮モードの設定

拡大してクリッピング

STEP 写真を表示する

写真をプロジェクトに取り込んで表示する方法を説明します。写真の縦横サイズや表示の伸縮モードについては改めて詳しく解説します。

1 写真をプロジェクトに取り込む

«SAMPLE» addImage.xcodeproj

ナビゲータエリアでAssetsを選択して開き、ファインダから写真の画像をドロップします。

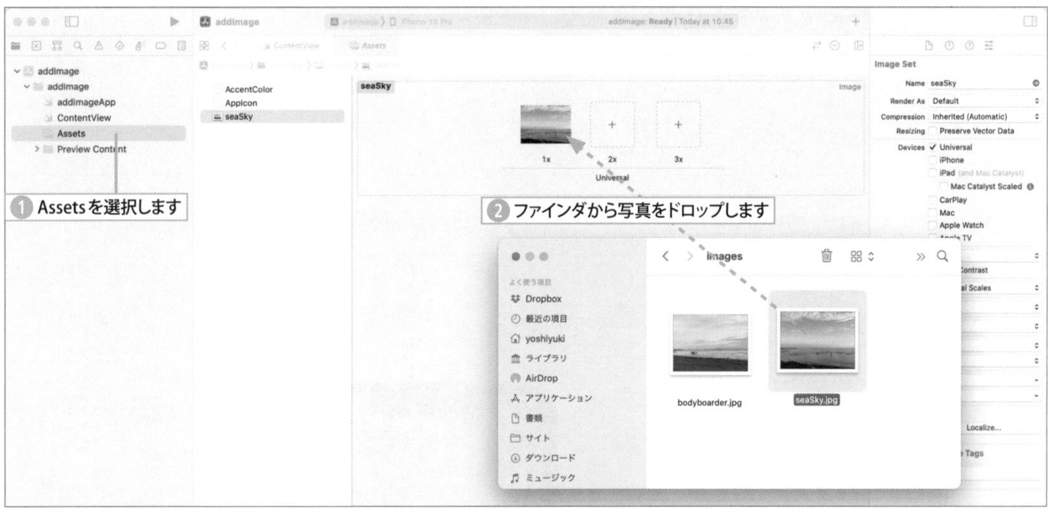

2 イメージライブラリからプレビューにドロップする

ナビゲータエリアでContentViewを選択し、プレビューのSelectableボタンをクリックします。ライブラリパネルを表示し、メディアライブラリからイメージのアイコンをプレビューにドロップします。

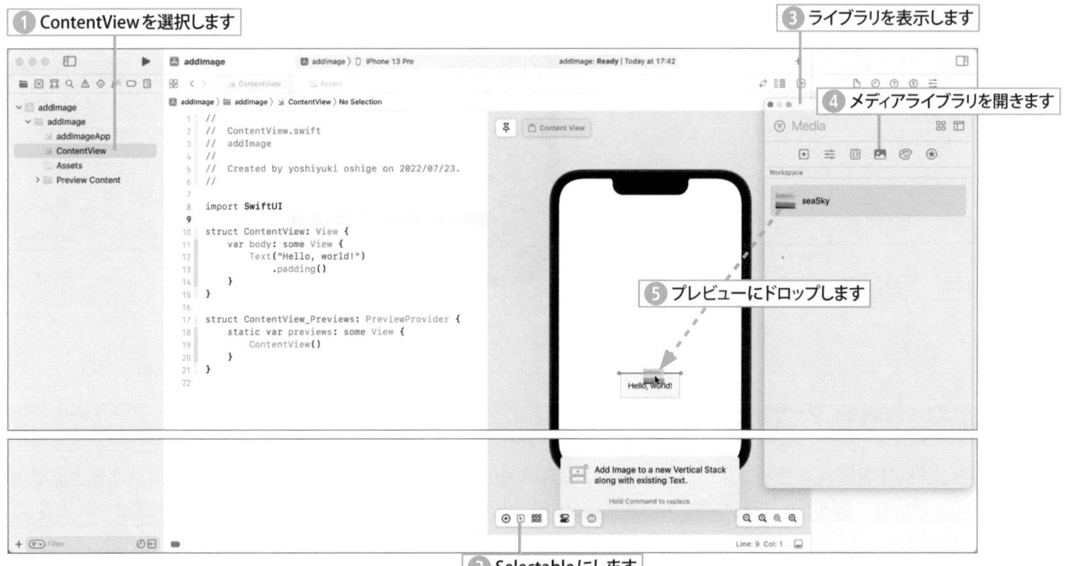

3 プレビューに写真が表示される

プレビューのiPhone画面いっぱいに写真が広がって表示されます。コードはVStackの構造になってImage("seaSky")が追加されます。

Code 写真を表示するコードが追加される «FILE» **addImage/ContentView.swift**

```
struct ContentView: View {
    var body: some View {
        VStack {
            Image("seaSky") ——— イメージを表示するコードが追加されます
            Text("Hello, World!")
                .padding()
        }
    }
}
```

4 イメージをリサイズ可能にする

Image("seaSky")を選択してインスペクタを表示し、ResizingのModeからStretchを選択します。すると写真が画面サイズに合わせて縦長に伸縮します。Image("seaSky")には.resizable(resizingMode: .stretch)が追加されます。

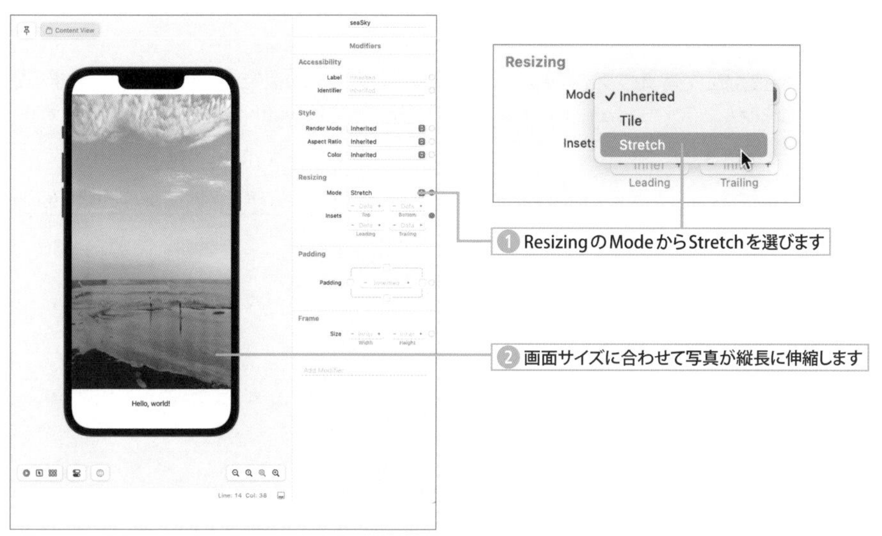

Code イメージをリサイズするコードが追加される «FILE» addImage/ContentView.swift

```
Image("seaSky")
    .resizable(resizingMode: .stretch) ——— 画面サイズに合わせて伸縮します
```

5 写真の縦横比が保たれるように伸縮モードを設定する

続いて、インスペクタのStyleのAspect RatioからFitを選択します。すると縦長に伸びていた写真が縦横比が保たれるように伸縮します。コードには.aspectRatio(contentMode: .fit)が追加されます。

Code イメージの伸縮モードを指定する «FILE» addImage/ContentView.swift

```
Image("seaSky")
    .resizable(resizingMode: .stretch)
    .aspectRatio(contentMode: .fit) —— 縦横比が保たれるように画面サイズにフィットします
```

6 横サイズを指定する

コードに .frame(width: 300) を追加して写真のサイズを横 300 に指定します。元の縦横比を保つモードに指定しているので高さ(height)は指定しません。アトリビュートインスペクタの Frame でも width だけに 300 が設定されます。以上で body のコードは次のようになります。

Code 写真を横幅 300 で表示する «FILE» addImage/ContentView.swift

```
struct ContentView: View {
    var body: some View {
        VStack {
            Image("seaSky")
                .resizable(resizingMode: .stretch)
                .aspectRatio(contentMode: .fit)
                .frame(width: 300.0)   ——— 横幅 300 にフィットするように伸縮します
            Text("Hello, world!")
                .padding()
        }
    }
}
```

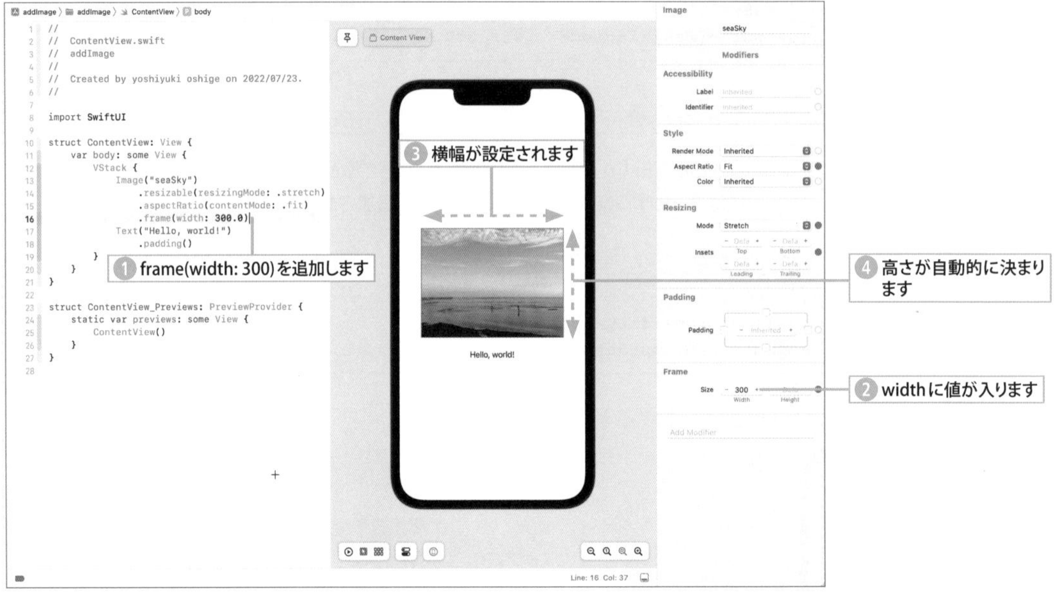

イメージの表示サイズと伸縮モード

イメージは Image(" 画像名 ") で表示できます。これだけでは画面一杯に広がってしまいますが、.resizable(resizingMode: .stretch) を付ければ、ステップ 4 で見たようにイメージは表示サイズにピッタリ合うように縦横が伸縮します。なお、resizingMode の .stretch は初期値なので省略でき resizable() だけでも伸縮されるようになります。

写真の縦横サイズの比率を保って伸縮させたいときは aspectRatio(contentMode:) を使います。伸縮モードを指定する contentMode の値は .fill と .fit の 2 種類です。ステップ 5 のように .fit を指定すると表示の縦横サイズに全体が納まるように比率を保ったまま伸縮します。.fill は余白が出ないように領域を埋めるように伸縮します。

なお、アトリビュートインスペクタのStyleのAspect RatioメニューでFillまたはFilの設定を選び直すには、いったんInheritedを選択する必要があります。

NOTE

aspectRatio()の代わりのメソッド

aspectRatio(contentMode: .fill)の代わりにscaledToFill()、aspectRatio(contentMode: .fit)の代わりにscaledToFit()を使うこともできます。

比率を保って伸縮する.fillと.fitの違い

aspectRatio(contentMode:)の.fitと.fillの伸縮モードの違いを具体的な例で見てみましょう。

次の例ではframe(width: 200, height:300)を指定して、このサイズより大きいイメージを表示しています。図では左が.fitで表示した場合、右が.fillで表示した場合です。.fitの場合はframeで指定した領域内に納まるようにイメージが伸縮していますが、.fillを指定すると領域を埋めるように縦横サイズの長い辺に合わせて伸縮します。この例では縦サイズに合わせて伸縮するので、領域より大きな写真になっています。

.fillで表示した場合

Hello, World!

領域を埋めるように伸縮します

領域からはみ出た部分を隠す

.fill で表示すると領域より大きく表示されますが、はみ出た部分は clipped() で切り取ることができます。

Code .fill の伸縮モードで写真を表示する　«FILE» **imageAspectRatioFill/ContentView.swift**

```
struct ContentView: View {
    var body: some View {
        VStack {
            Image("seaSky")
                .resizable(resizingMode: .stretch)
                .aspectRatio(contentMode: .fill) ——— .fit だと frame 領域に納まるように、
                .frame(width: 200, height: 300)       .fill だと埋めるように表示します
                .clipped() ——— はみ出た部分をクリッピングします
            Text("Hello, world!")
                .padding()
        }
    }
}
```

領域からはみ出た部分が消えます

伸縮率と位置の調整

.fill モードで表示すると中央が切り取られたように表示されますが、伸縮率を scaleEffect() で指定し、offset() で画像をずらすことで見たい部分を表示できます。領域内で表示する画像がずれるだけで、画像領域全体の位置が移動するわけではありません。例のコードの scaleEffect(1.8) はイメージを 1.8 倍に拡大します。画像を切り取る clipped() は最後で実行します。

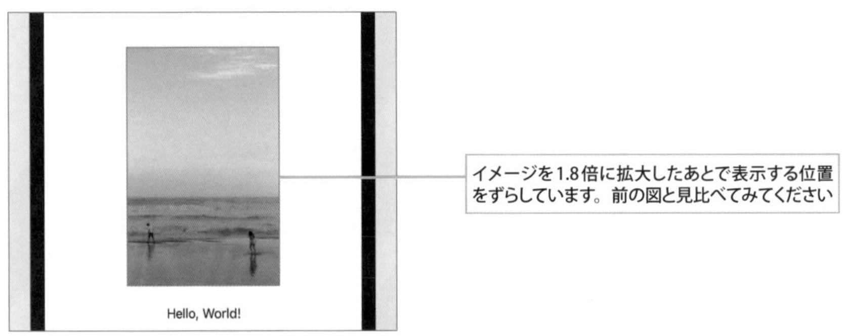

Code 写真の一部分を拡大して表示する «FILE» **imagescaleEffect/ContentView.swift**

```
struct ContentView: View {
    var body: some View {
        VStack {
            Image("seaSky")
                .resizable(resizingMode: .stretch)
                .aspectRatio(contentMode: .fill)
                .scaleEffect(1.8) ―――― 画像を 1.8 倍に拡大します
                .offset(x: -70, y: -30) ―――― 表示する画像をずらします
                .frame(width: 200, height: 300)
                .clipped() ―――― 最後に実行して切り取ります
            Text("Hello, world!")
                .padding()
        }
    }
}
```

図形の作成と配置

このセクションでは円や四角形などの図形を作ります。図形の回転、塗り色、グラデーション、座標指定、ZStack を利用したビューの重ね合わせなどの基本的なテクニックはテキストやイメージの表示にも応用できます。

1. いろんな形と色の図形を作ろう
2. カスタムカラーを作ろう
3. グラデーションで塗ろう
4. ZStack を使って図形を重ね合わせてみよう
5. 表示位置を座標で指定するには？

重要キーワードはコレだ！

Circle、Ellipse、Rectangle、RoundedRectangle、Capsule、rotationEffect()、stroke()、foregroundStyle() 、gradient、LinearGradient、AngularGradient、RadialGradient、ZStack、position()

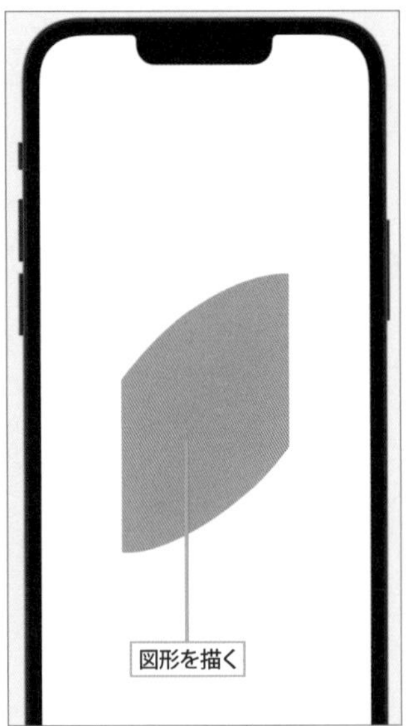

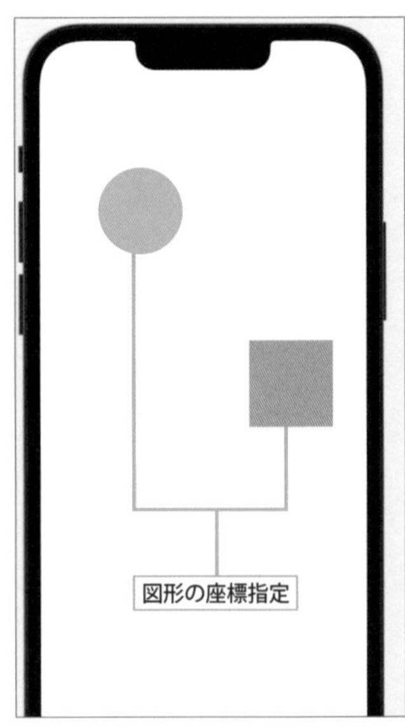

STEP 図形を表示する

円、楕円、四角形、角丸四角形といった基本的な図形を簡単に作って表示することができます。円の図形を作って表示する手順を追ってみましょう。コードはライブラリパネルの Views ライブラリ、Effect Modifires ライブラリからドロップ、またはダブルクリックで挿入できます。

1 円を作る Circle() を追加する

«SAMPLE» drawCircle.xcodeproj

テンプレートに最初から追加されている Text("Hello, world!").padding() を削除して、代わりに Circle() を追加します。コードは Views ライブラリから Circle をドロップ、またはダブルクリックで挿入もできます。プレビューの画面中央に黒色の円が表示されます。

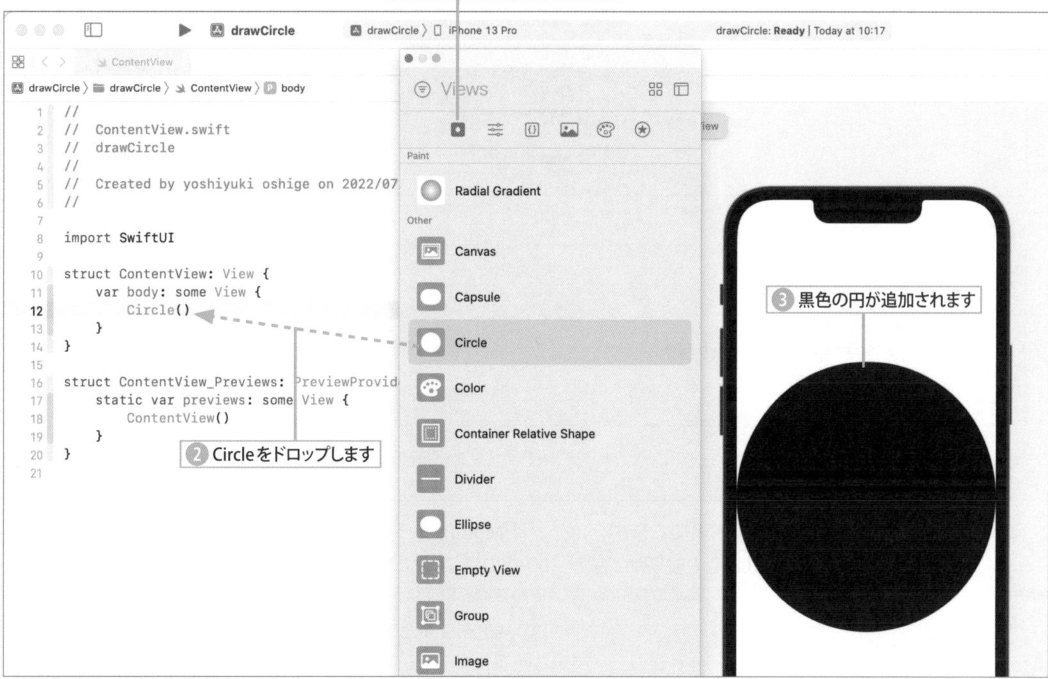

Code 円を作る　«FILE» drawCircle/ContentView.swift

```
struct ContentView: View {
    var body: some View {
        Circle() ——— 円が表示されます
    }
}
```

2 塗り色を青色にする

.foregroundColor(.blue) を追加します。コードはライブラリパネルの２番目のタブの Modifires ライブラリから Foreground Color をドロップまたはダブルクリックして挿入できます。円が黒色から青色に変わります。初期値として入っている .blue はダブルクリックして確定します。

Code 塗り色を青色に設定する «FILE» **drawCircle/ContentView.swift**

```
struct ContentView: View {
    var body: some View {
        Circle()
        .foregroundColor(.blue) ——— 円が青色になります
    }
}
```

3 円の縦横サイズを指定する

.frame(width: 200, height: 200) を追加します。コードは Modifires ライブラリから Frame をドロップまたはダブルクリックで挿入できますが、初期値の縦横サイズが 100 なので 200 に変更します。

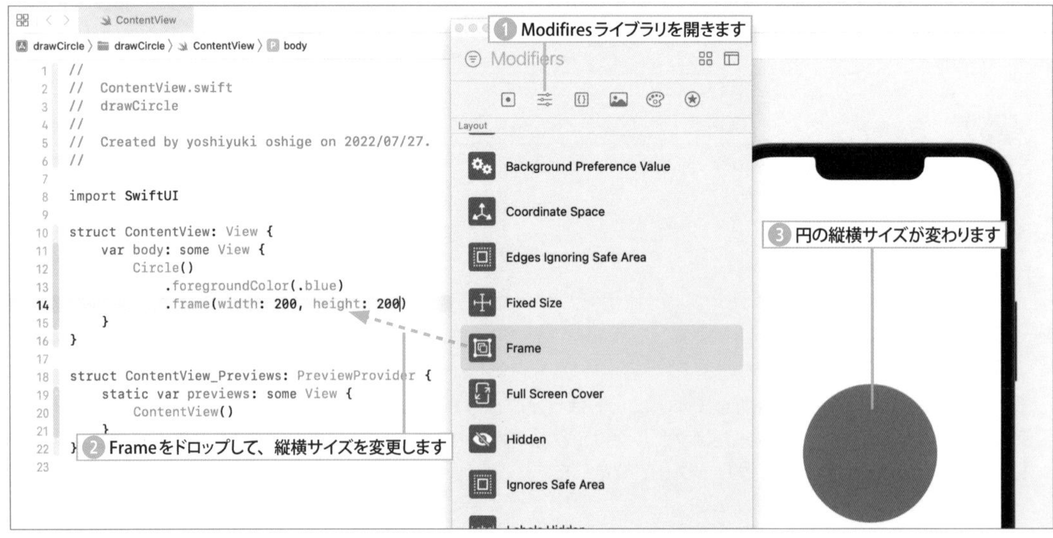

Code 図形の縦横サイズを設定する «FILE» drawCircle/ContentView.swift

```
struct ContentView: View {
    var body: some View {
        Circle()
        .foregroundColor(.blue)
        .frame(width: 200, height: 200) ——— 領域サイズに内接する大きさの正円が描かれます
    }
}
```


図形を作る

円は Circle() を実行するだけで作ることができます。塗り色は foregroundColor()、大きさは frame() で指定します。領域サイズに内接する正円を描くので、縦横の短い方の辺に合わせた大きさになります。

同様にして楕円形、四角形、角丸四角形、カプセル形といった基本的な図形を簡単に作って表示することができます。

楕円形

楕円形は Ellipse() で作ります。縦と横の辺に内接する楕円になります。

Code 楕円を作る «FILE» drawEllipse/ContentView.swift

```
struct ContentView: View {
    var body: some View {
        Ellipse() ——— 楕円形が作られます
        .foregroundColor(.blue)
        .frame(width: 200, height: 400)
    }
}
```

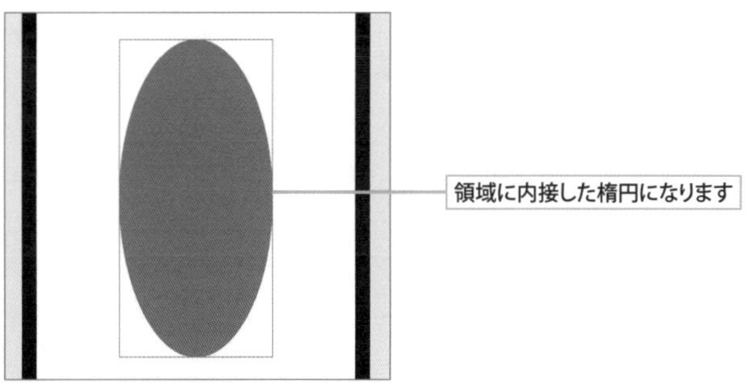

領域に内接した楕円になります

四角形

四角形（矩形）は Rectangle() で作ります。四角形の縦横サイズは、frame() で指定した縦横サイズになります。

Code 四角形を作る «FILE» drawRectangle/ContentView.swift

```
struct ContentView: View {
    var body: some View {
        Rectangle() ——— 四角形が作られます
            .foregroundColor(.blue)
            .frame(width: 200, height: 400)
    }
}
```

角丸四角形

RoundedRectangle(cornerRadius:) は角が丸い四角形を作るメソッドです。引数に角の半径を指定します。

Code 角丸四角形を作る «FILE» **drawRoundedRectangle/ContentView.swift**

```
struct ContentView: View {
    var body: some View {
        RoundedRectangle(cornerRadius: 50) ——— 角丸四角形が作られます
            .foregroundColor(.blue)
            .frame(width: 200, height: 400)
    }
}
```

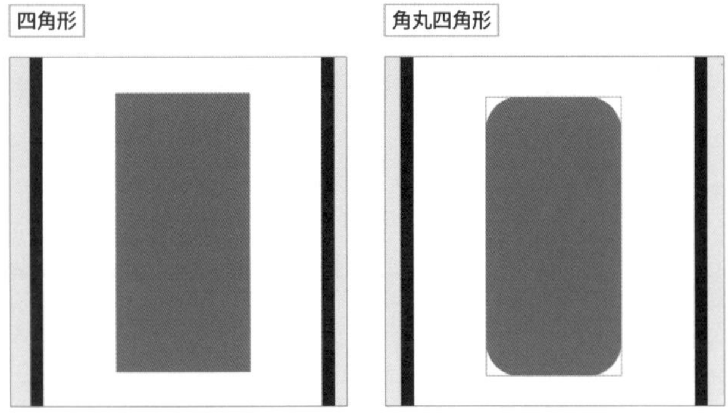

カプセル形

カプセル形は Capsule() で作ります。縦横で短い方の辺が丸く曲がります。

Code カプセル形を作る «FILE» **drawCapsule/ContentView.swift**

```
struct ContentView: View {
    var body: some View {
        Capsule() ——— カプセル形が作られます
            .foregroundColor(.blue)
            .frame(width: 250, height: 100)
    }                                    └—— 短い辺が丸まります
}
```

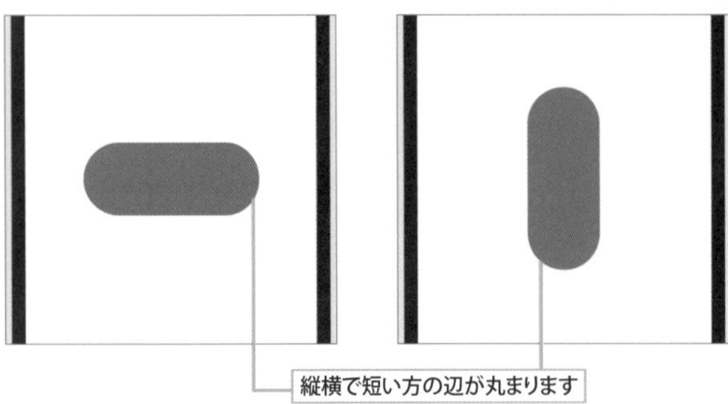

図形の塗り色

図形の色は fourgroundColor() で塗ることができます。塗り色は Color.blue、Color.red のように Color 型で指定してある色から選びます。Color は省略でき .をタイプするだけで色の候補が表示され、例で示したように fourgroundColor(.blue) で図形は青色で塗られます。

さらに fill() でも同様に塗り色を指定できます。fill() を使う場合は fill(Color.pink) のように Color を省略せずに色を指定します。

Code fill() を使って図形の色を塗る　«FILE» fill_color/ContentView.swift

```
struct ContentView: View {
    var body: some View {
        Circle()
            .fill(Color.pink)
            .padding(50)
    }
}
```

STEP カスタムカラーをアセットに登録して使う

fourgroundColor() と fill() では塗り色を Color 型に登録してある色から選択できますが、登録されていない色を使いたい場合には色を作ることができます。色の RGB 値あるいは色相・彩度・明度をコードで指定する書式もありますが（☞ P.247）、ここでは色をアセットに登録する方法を紹介します。

1 Assets に Color Set を作る

まず、ナビゲータエリアで Assets を選択してアセットの登録画面を表示します。次にエディタエリアの左下にある + ボタンをクリックして表示されたメニューから Color Set を選択します。

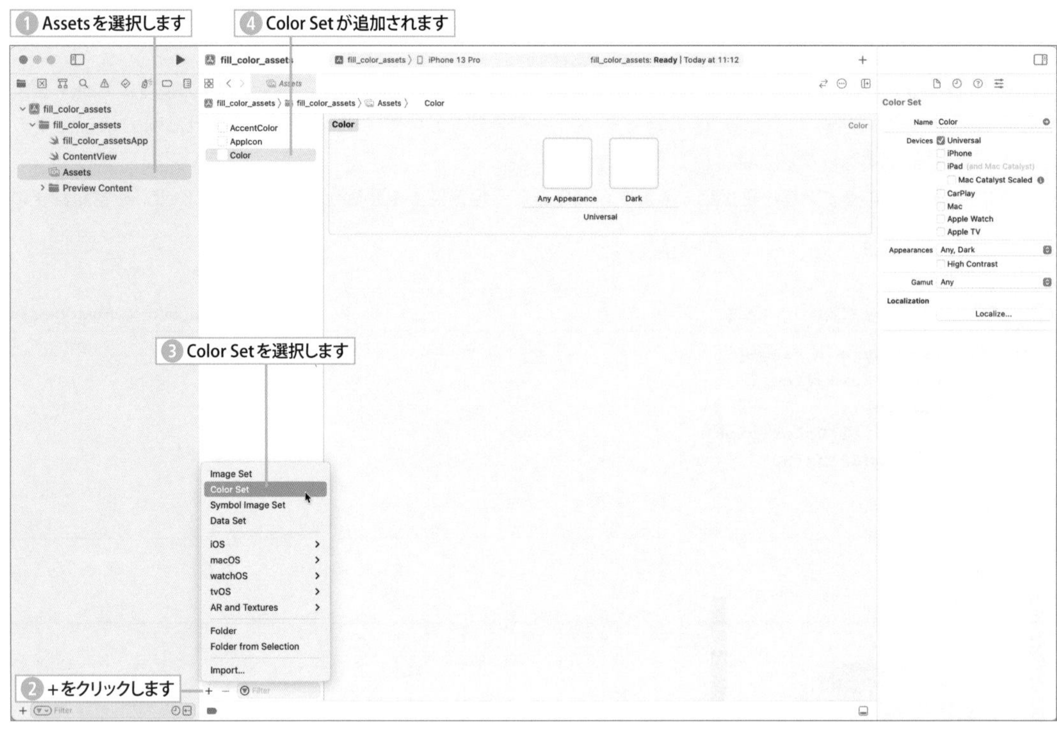

2 Color Setに名前を付けて色を決める

追加されたColor Setの名前を「Wakakusa」に書き替え、Any Appearanceを選択します。右のインスペクタのColorで色を作ります。ここではRed 0.765、Green 0.847、Blue 0.145に設定して若草色を作りました。

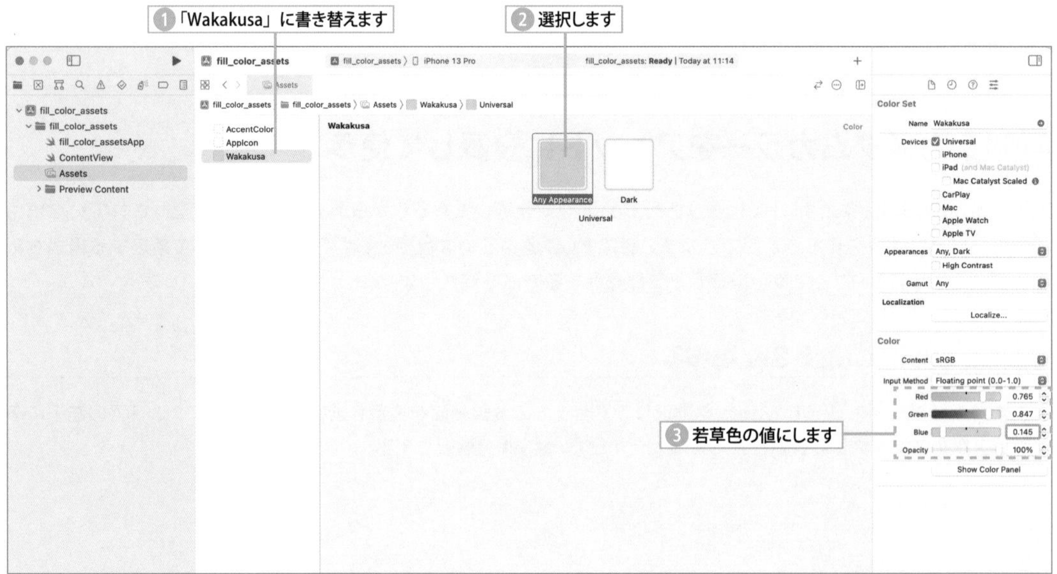

3 Color ライブラリから色を選んで使う

ナビゲータエリアでContentViewを選択してコードエディタを開き、Circle()で円を作ります。ライブラリパネルのColorライブラリを開くと先ほどAssetsに登録した「Wakakusa」色があるので、色を塗るforegroundColor()の引数にドロップします。するとColor("Wakakusa")が入ります。

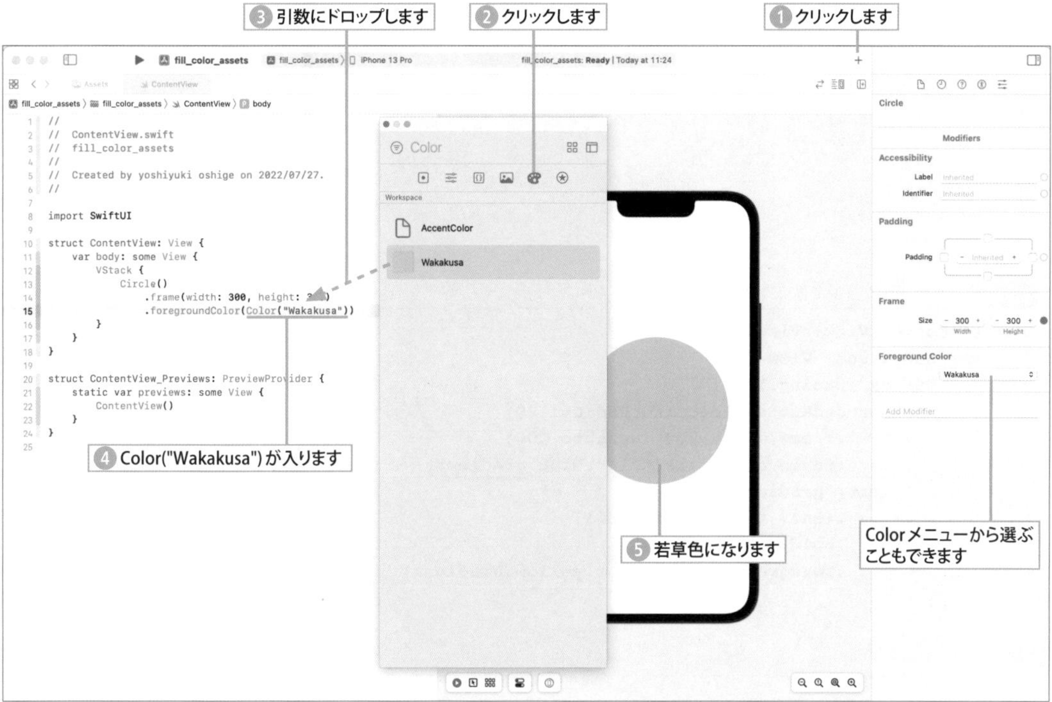

Code　Assetsに登録したColorの「Wakakusa」で図形を塗る　«FILE» fill_color_assets/ContentView.swift

```
struct ContentView: View {
    var body: some View {
        Circle()
            .frame(width: 300, height: 300)
            .foregroundColor(Color("Wakakusa"))
    }
}
```

グラデーションで塗る

Color.blue.gradient のように Color に gradient を指定することで、図形やテキストの色がグラデーションになります。次の例では角丸四角形とテキストをグラデーションで塗っています。塗りには foregroundStyle() を使います。グラデーションで塗るとベタッとした面が自然で上品な感じになります。

Code　グラデーションで塗った角丸四角形とテキスト　«FILE» gradientColor/ContentView.swift

```
struct ContentView: View {
    var body: some View {
        VStack(spacing:10) {
            RoundedRectangle(cornerRadius: 20)
                .frame(width:200, height: 200)
                .foregroundStyle(Color.blue.gradient)
            Text("gradient")
                .font(.system(size: 80))
                .bold()
                .foregroundStyle(Color.yellow.gradient)
        }
    }
}
```

影を付ける

グラデーションと似たような効果を出せるものに shadow() があります。shadow() には影を外側に付ける drop(radius:) と内側に付ける inner(radius:) の２種類の ShadowStyle を選ぶことができます。

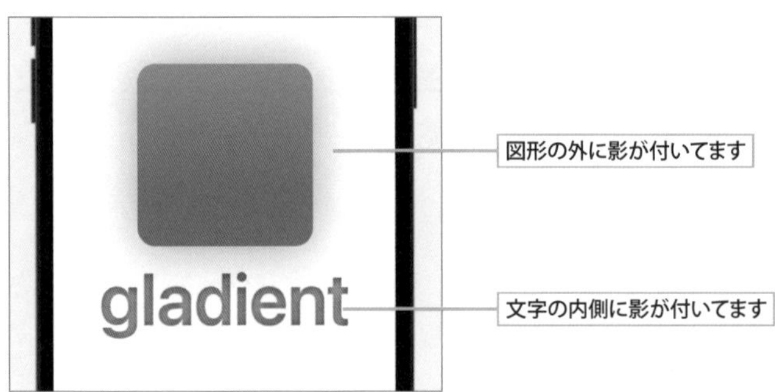

Code　Color にシャドウを付ける　«FILE» gradientColor/ContentView.swift

```
struct ContentView: View {
    var body: some View {
        VStack(spacing:10) {
            RoundedRectangle(cornerRadius: 20)
                .frame(width:200, height: 200)
                .foregroundStyle(Color.blue
                    .gradient
                    .shadow(.drop(radius: 30)))        外側に影を付けます
            Text("gladient")
                .font(.system(size: 80))
                .bold()
                .foregroundStyle(Color.yellow
                    .shadow(.inner(radius: 5)))        内側に影を付けます
        }
    }
}
```


カスタムグラデーションを作る

色の組み合わせなどをカスタム化したグラデーションを作ることができます。グラデーションには LinearGradient、AngularGradient、RadialGradient の３種類があります。

線形のグラデーション　LinearGradient

LinearGradient で作る線形のグラデーションは、引数 gradient で色を Gradient(colors: [.green,.yellow,.red]) のように指定します。ここでは３色ですがカンマで区切って何色でも指定できます。

グラデーションの開始位置と終了位置は startPoint と endPoint で決めます。.top と .bottom ならば上から下、.leading と .trailing ならば左から右へのグラデーションになります。例のように startPoint: .topLeading, endPoint: .bottomTrailing にすると左上から右下への斜めのグラデーションになります。

Code　３色の線形グラデーション　«FILE» gradientLinear1/ContentView.swift

```
struct ContentView: View {
    var body: some View {
        RoundedRectangle(cornerRadius: 20)
            .frame(width:300, height: 200)
            .foregroundStyle(
                LinearGradient(        線形グラデーション
                    gradient: Gradient(colors: [.green,.yellow,.red]),    ３色のグラデーション
                    startPoint: .topLeading,        左上から開始して
                    endPoint: .bottomTrailing)      右下まで斜めに
            )
    }
}
```

なお、色を指定する引数 gradient の代わりに引数 colors で colors: [.blue,.yellow] のように簡素に書くこともできます。また、startPoint と endPoint の2点を .init(x:,y:) を使って示すことで、グラデーションの傾きと範囲を指定できます。座標はビューの左上が (x: 0.0, y: 0.0)、右下が (x: 1.0, y: 1.0) になります。

次の例のように startPoint: .init(x: 0, y: 0.3), endPoint: .init(x: 0, y: 0.7) ならば、上から下への垂直のグラデーションで、上から 30% ~ 70% の範囲で青色から黄色へとグラデーションで移行する塗りになります。

Code 上から 30% ~ 70% の範囲で色がグラデーションで移行する　«FILE» gradientLinear2/ContentView.swift

```
struct ContentView: View {
    var body: some View {
        RoundedRectangle(cornerRadius: 20)
            .frame(width:300, height: 200)
            .foregroundStyle(
                LinearGradient(
                    colors: [.blue,.yellow],  ―― 青から黄色へのグラデーション
                    startPoint: .init(x: 0, y: 0.3),  ―― 上から 30% の高さから開始して
                    endPoint: .init(x: 0, y: 0.7))  ―― 上から 70% の高さまで
            )
    }
}
```

円すい状のグラデーション　AngularGradient

AngularGradient は円すい状のグラデーションを描きます。引数の gradient でグラデーションの色、center に塗りの中心位置、startAngle と endAngle でグラデーションで色が遷移する開始角度と終了角度を指定します。角度は時計の3時が0度で時計回りに進みます。複数の色を指定する場合は最初と最後を同じ色にすると切れ目が見えなくなります。

Code 0 ~ 180 度の範囲で色がグラデーションで移行する　«FILE» gradientAngular/ContentView.swift

```
struct ContentView: View {
    var body: some View {
        Rectangle()
            .frame(width:300, height: 300)      開始と終了を同じ色にすると境目が見えません
            .foregroundStyle(
                AngularGradient(
                    gradient: Gradient(colors: [.yellow, .red, .blue, .yellow]),
                    center: .init(x: 0.5, y: 0.2),
                    startAngle: .degrees(0),  ―― 3 時の角度から開始して
                    endAngle: .degrees(180))  ―― 9 時の角度まで
            )
    }
}
```

放射状のグラデーション　RadialGradient

RadialGradient は放射状のグラデーションを描きます。引数の gradient でグラデーションの色、center に塗りの中心位置、startRadius と endRadius で色が遷移する開始半径と終了半径を指定します。

Code 図形の底辺の中心から半径 250 の円で色がグラデーションで移行する　«FILE» gradientRadial/ContentView.swift

```
struct ContentView: View {
    var body: some View {
        Rectangle()
            .frame(width:300, height: 300)
            .foregroundStyle(
                RadialGradient(
                    gradient: Gradient(colors: [.yellow, .red, .blue]),
                    center: .bottom,
                    startRadius:0, ──── 中心点から開始して
                    endRadius:250 ──── 半径 250 の範囲まで
                )
            )
    }
}
```

図形の回転

図形は rotationEffect() で回転できます。たとえば、45 度傾けるには rotationEffect(.degrees(45)) を実行します。

プレビューで見るとわかるように、領域全体が傾くのではなく、領域に描かれている楕円形が傾いています。そこで、clipped() を実行して領域サイズでクリッピングすると領域からはみ出た部分が消えます。

Code 楕円形を傾けて領域サイズでクリッピングする　«FILE» rotationEffectClipped/ContentView.swift

```
struct ContentView: View {
    var body: some View {
        Ellipse() ──── 楕円を描きます
            .foregroundColor(.orange)
            .frame(width: 200, height: 400)
            .rotationEffect(.degrees(45)) ──── 45 度傾けます
            .clipped() ──── 傾いて領域からはみ出た部分をクリッピングします
    }
}
```

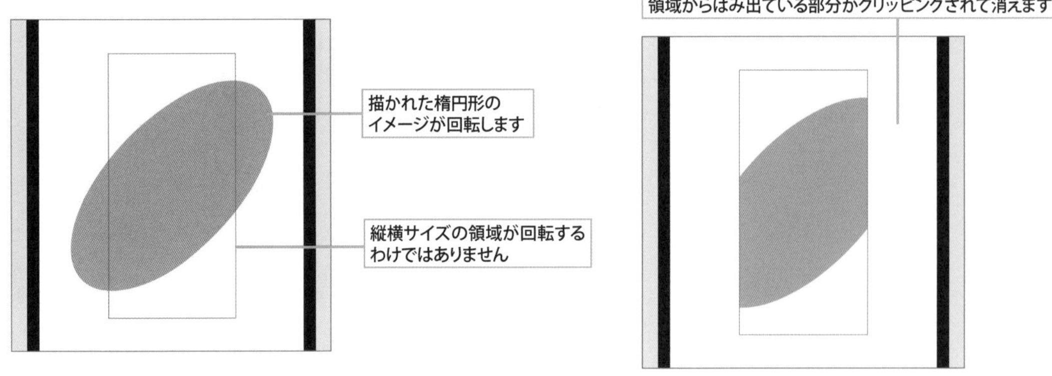

図形を重ねて表示する

HStack（Horizontal Stack）はビューを横に並べる、VStack（Vertical Stack）はビューを縦に並べますが、ZStack（Depth Stack）はビューを同じ位置に上に重ねます。ZStackでの図形やイメージの重なり順は、コードで先に表示したものの上に順に重ねていきますが、作成順に関係なくビュー.zIndex(順番)で指定することもできます。

次のコードでは、線で描いた3個の楕円形をZStackを使って重ねて表示しています。2個の楕円形はrotationEffect()を実行して30度、-30度に傾けます。このときの回転の中心をanchor: .bottomで底辺の中央に指定しているので、扇を開いたように楕円形が広がります。

線で描いた図形

図形を塗りつぶさずに線で描くには、図形に対してstroke()を実行します。楕円形を線で描くならば、Ellipse().stroke(lineWidth: 4)のように必ずEllipse()に続いて実行します。foregroundColor(.pink)はピンクの線になります。

Code 線で描いた3個の楕円形を重ねて表示する　«FILE» drawStroke/ContentView.swift

```
struct ContentView: View {
    var body: some View {
        ZStack {  ―― 3個の図形を重ねて表示します
            Ellipse()
                .stroke(lineWidth: 4)  ―― 線で描きます
                .foregroundColor(.pink)  ―― 線の色を指定します
                .frame(width: 100, height: 300)
            Ellipse()
                .stroke(lineWidth: 4)
                .foregroundColor(.purple)
                .frame(width: 100, height: 300)
                .rotationEffect(.degrees(30), anchor: .bottom)  ―― 回転させます
                                              (anchor: .bottom：回転の中心)
            Ellipse()
                .stroke(lineWidth: 4)
                .foregroundColor(.green)
                .frame(width: 100, height: 300)
                .rotationEffect(.degrees(-30), anchor: .bottom)  ―― 回転させます
                                              (anchor: .bottom：回転の中心)
        }
    }
}
```

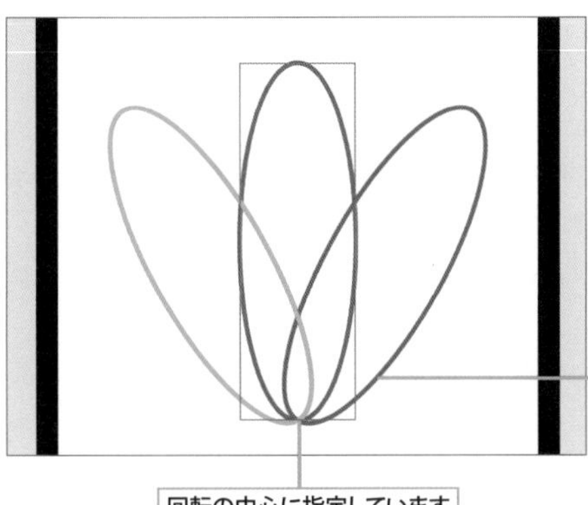

NOTE

アトリビュートインスペクタの Add Modifier メニューを使う

オブジェクトを選択してアトリビュートインスペクタを開くとパネルの一番下に Add Modifier メニューが表示されます。
Add Modifier メニューには、ライブラリパネルと同じようにオブジェクトに設定できるさまざまなモディファイアがあります。オブジェクトを選んで Add Modifier メニューのモディファイアを選択するとコードが挿入されます。

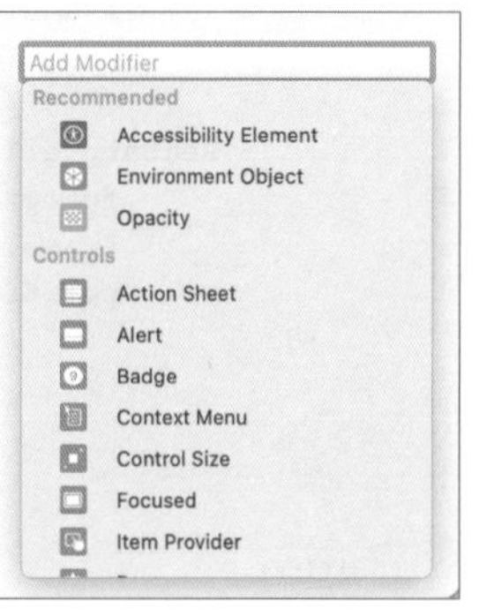

表示座標を position() で指定する

図形を作ると画面の中央に表示されますが、好きな位置に表示するにはどうすればよいのでしょうか？

これまでに padding()、Spacer()、offset() を使ってテキストやイメージの表示位置を調整する方法を紹介しましたが（☞ P.91、☞ P.97、☞ P.104）、表示座標を position() で指定する方法があります。

座標はビューに対して position(x: 120, y: 150) のように実行します。複数のビューを同じ座標系で配置するには、表示するビューを ZStack の中に作って表示します。

次のコードでは、Circle() を座標 (x: 120, y: 150)、Rectangle() を座標 (x: 300, y: 350) に表示しています。このとき、図形の中心が座標の位置になることにも注目してください。

Code 円と四角形を座標を指定して表示する　«FILE» **layoutPosition/ContentView.swift**

```
struct ContentView: View {
    var body: some View {
        ZStack { ——— Circle と Rectangle のビューを同じ座標系で重ねて表示します
            Circle()
                .foregroundColor(.green)
                .frame(width: 100, height: 100)
                .position(x: 120, y: 150)

            Rectangle()
                .foregroundColor(.orange)
                .frame(width: 100, height: 100)
                .position(x: 300, y: 350)
        }
    }
}
```

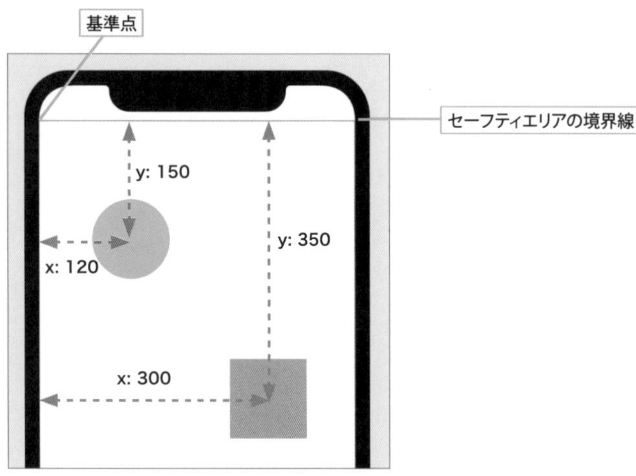

NOTE

セーフティエリアを無視する

y 座標の原点を画面の端にしたい場合は、セーフティエリアを無視する edgesIgnoringSafeArea(.top) を実行します。Circle() に実行すれば円の座標だけ、ZStack に実行すれば円と四角形の両方の座標に反映されます。

ビューの画像効果

テキスト、図形、イメージなどの作成と表示についてだいぶ詳しくなってきたところかと思いますが、さらにこのセクションではこれらのビュー（View）に共通した映像効果の処理について見ていきます。

このセクションのトピック

1. 写真を図形で切り抜いてみよう
2. ビューに映像効果をかけよう
3. ビューを回転する
4. オリジナルのビューを定義して使おう

Key Words 重要キーワードはコレだ！

clipShape()、shadow()、rotation3DEffect()、grayscale()、blur()、ZStack

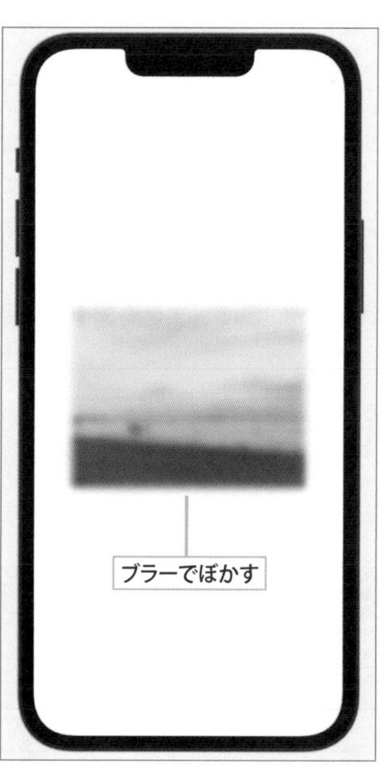

イメージを図形で切り抜く

写真を表示して円の形にクリッピングするところまでをやってみましょう。写真を表示する方法については「Section 3-1 イメージを表示する」も参考にしてください（☞ P.106）。

1 写真をプロジェクトに取り込む

«SAMPLE» ClipShapeImage.xcodeproj

ナビゲータエリアでAssetsを選択し、写真をファインダからドロップして取り込みます。

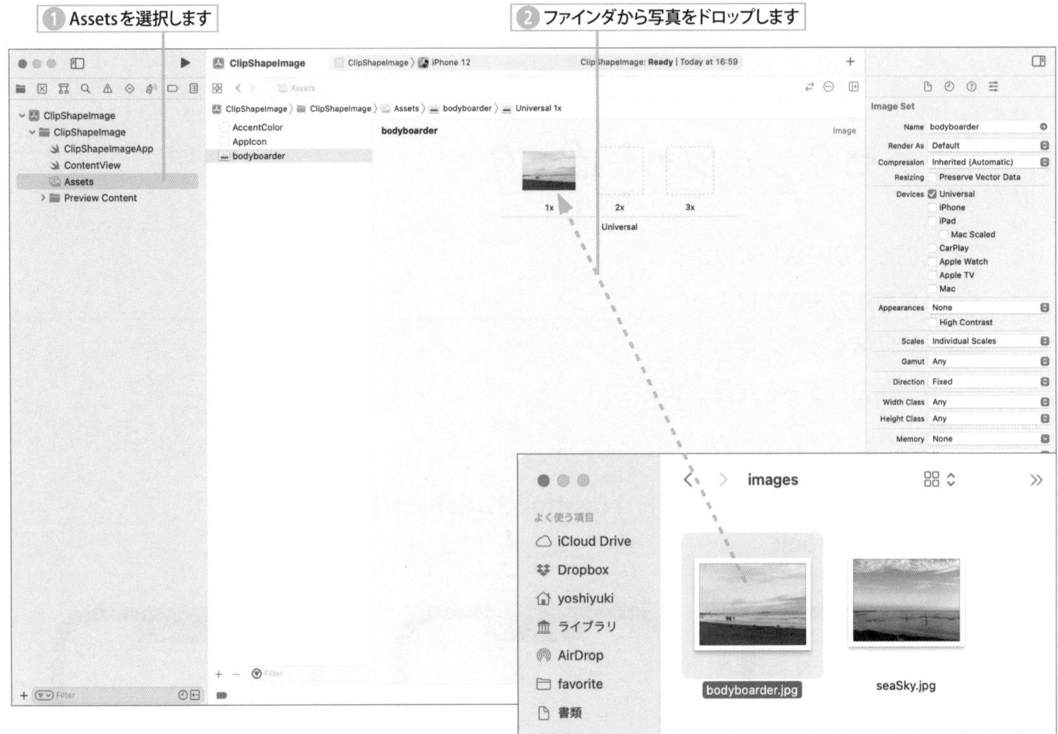

2 写真を表示して円の形にクリッピングする

写真を表示するコードを追加し、最後に.clipShape(Circle())を追加することで円の形で写真が切り取られます。

Code イメージを円形にクリッピングする　«FILE» ClipShapeImage/ContentView.swift

```
struct ContentView: View {
    var body: some View {
        Image("bodyboarder")
            .resizable()
            .aspectRatio(contentMode: .fill)
            .frame(width: 300, height: 300)
            .clipShape(Circle())  ——— 画像を円でクリッピングします
    }
}
```

ビューを切り抜く

clipShape() を使うとイメージやテキストなどのビュー（View）を図形の形で切り抜くことができます。clipped() ならばフレームの領域でイメージをトリミングするように切り取ります。

Code　フレームの領域でクリッピングする　«FILE» ClippedImage/ContentView.swift

```
struct ContentView: View {
    var body: some View {
        Image("bodyboarder")
            .resizable()
            .aspectRatio(contentMode: .fill)
            .frame(width: 300, height: 300)
            .clipped() ——— フレームの領域でクリッピングします
    }
}
```

ビューに影を付ける

shadow() はビューに影を付けるメソッドです。影の色を指定することもでき、shadow(color: .red, radius: 30) ならば赤色の影になります。引数の radius の値が大きいほど影が薄く広がります。

Code イメージに影を付ける «FILE» **shadowImage/ContentView.swift**

```
struct ContentView: View {
    var body: some View {
        Image("bodyboarder")
            .resizable()
            .aspectRatio(contentMode: .fill)
            .frame(width: 300, height: 300)
           .clipShape(RoundedRectangle(cornerRadius: 20)) ——— 角丸四角形でクリッピングします
           .shadow(color: .red, radius: 30) ——— 赤色の影を付けます
    }
}
```

角丸四角形でクリッピングした画像に影を付けて表示します

グレイスケールにする

grayscale() はビューをグレイスケールで表示します。引数は 0.0 ～ 1.0 でグレイスケールの度合いを指定できます。

Code グレイスケールで表示する «FILE» **grayscaleImage/ContentView.swift**

```
struct ContentView: View {
    var body: some View {
        Image("bodyboarder")
            .resizable()
            .aspectRatio(contentMode: .fill)
            .frame(width: 300, height: 300)
            .clipShape(RoundedRectangle(cornerRadius: 20))
            .shadow(color: .red, radius: 30)
            .grayscale(1.0)
    }
}
```

ブラー効果でぼかす

blur() はビューにブラー効果でビューをぼかして表示します。引数 radius でぼかし具合を指定し、数値が大きいほどぼやけます。

Code　ブラー効果でぼかして表示する　«FILE» blurImage/ContentView.swift

```
struct ContentView: View {
    var body: some View {
        Image("bodyboarder")
            .resizable()
            .aspectRatio(contentMode: .fill)
            .frame(width: 220, height: 220)
            .blur(radius: 5)
    }
}
```

blur() には第２引数に opaque があり、省略すると境界線がボケますが、blur(radius: 5, opaque: true) のように opaque に true を指定するとビューの境界はボケません。

Code　境界がボケないようにブラーをかける　«FILE» blurImage2/ContentView.swifts

```
struct ContentView: View {
    var body: some View {
        Image("bodyboarder")
            .resizable()
            .aspectRatio(contentMode: .fill)
            .frame(width: 220, height: 220)
            .blur(radius: 5, opaque: true)
    }
}
```

ブラー効果でボケます

opaqueをtrueにすると領域の境界がボケません

ビューの角を丸める

cornerRadius モディファイアでビューの角を丸めることができます。次の例ではテキストの背景の角を丸く切り落としています。背景は bakground モディファイアで指定し、引数で背景にしたいビューを指定します。ここでは Rectangle() で作った 2 個の四角形が交差する ShapeView ビューを定義して background(ShapeView()) のように指定しています。

Code テキストの背景の角を丸める «FILE» cornerRadius_background/ContentView.swift

```
struct ContentView: View {
    var body: some View {
        Text("Hello, world!")
            .font(.largeTitle)
            .padding(15)
            .foregroundColor(.white)
            .background(ShapeView()) ――― ShapeView ビューを背景にします
            .cornerRadius(50) ――― 背景の角を丸めます
            .frame(width: 150, height: 150)
    }
}

// 背景にするビューを作る
struct ShapeView: View {
    var body: some View {
        ZStack {
            Rectangle().rotationEffect(.degrees(45)) ――― 回転させた２個の長方形を重ねます
            Rectangle().rotationEffect(.degrees(-45))
        }
        .foregroundColor(.green)
        .frame(width: 50, height: 150)
    }
}
```

ビューを回転する

図形を回転する例を示しましたが、rotationEffect() はビューに対して実行するメソッドなので、イメージやテキスト、スタック全体を回転して傾けることができます。

写真を傾ける

それでは写真のイメージを傾けて表示してみましょう。ここでの注意点は clipped() を実行するタイミングです。この例では写真のイメージをクリッピングした後で rotationEffect() を実行していますが、順番を逆にして clipped() を最後に実行すると、領域からはみ出た部分が切り取られてしまいます。

Code イメージを回転させる «FILE» rotationEffectImage/ContentView.swift

```
struct ContentView: View {
    var body: some View {
        Image("seaSky")
            .resizable()
            .aspectRatio(contentMode: .fill)
            .frame(width: 300, height: 400)
            .clipped() ―――― 先にクリッピングしてから回転させます
            .rotationEffect(.degrees(10), anchor: .center)
    }
}
```

イメージをクリッピングした後で回転させます

ビューを 3D 回転する

rotation3DEffect() を使うとビューを 3D 回転できます。3D の XYZ 軸での回転では、X 軸回転で縦回り、Y 軸回転で横回りになります。Z 軸は XY 平面に対して垂直な軸で回転します。

次の例ではテキストを Y 軸で 45 度回転しています。rotation3DEffect() で axis: (x:0, y:1, z:0) と指定することで Y 軸回りの横回転になります。

Code テキストを Y 軸回りで 45 度回転させる　«FILE» **rotation3DEffect_Text/ContentView.swift**

```
struct ContentView: View {
    var body: some View {
        Text("春はあけぼの。やうやう白くなり行く、山ぎは少しあかりて、紫だちたる雲の細くたなびきたる。")
            .fontWeight(.light)
            .font(.title)
            .frame(width: 250)
            .rotation3DEffect(.degrees(45), axis: (x:0, y:1, z:0))
    }
}
```

（.rotation3DEffect の行）テキストが Y 軸回りで横回転します

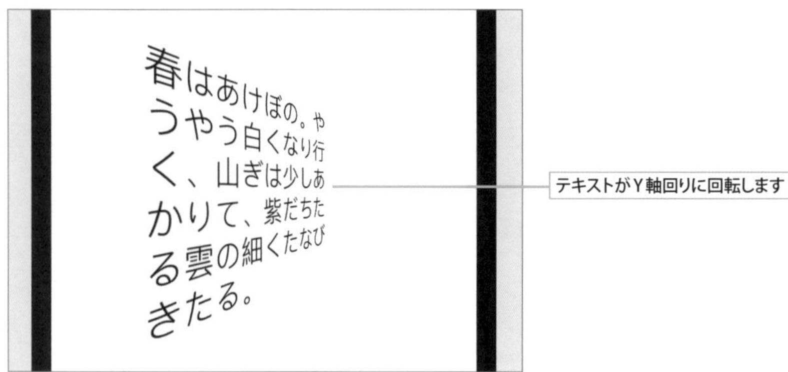

スタック全体を 3D 回転する

次の例では ZStack を使って写真のイメージとテキストを重ね合わせて表示しています。ZStack 全体を X 軸回りで 3D 回転しているので、写真とテキストが同じ空間で回転して見えます。

Code　ZStack を X 軸回りで 45 度回転させる　«FILE» **rotation3DEffect_ZStack/ContentView.swift**

```
struct ContentView: View {
    var body: some View {
        ZStack() { ―――― 画像にテキストを重ねて表示します
            Image("seaSky")
                .resizable()
                .aspectRatio(contentMode: .fill)
                .offset(x: -70, y: 0)
                .frame(width: 250, height:400)
                .clipped()

            Text("ほととぎす\n鳴きつる方をながむれば\nただ有明の月ぞ残れる\n")
                .fontWeight(.light)                ―― 改行します
                .font(.title)
                .foregroundColor(.white)
                .padding()
                .offset(x: 0, y: -5)
                .frame(width: 250, height:400)
        }
        .rotation3DEffect(.degrees(45), axis: (x:1, y:0, z:0))
    }              └―― 全体が X 軸回りに縦回転します
}
```

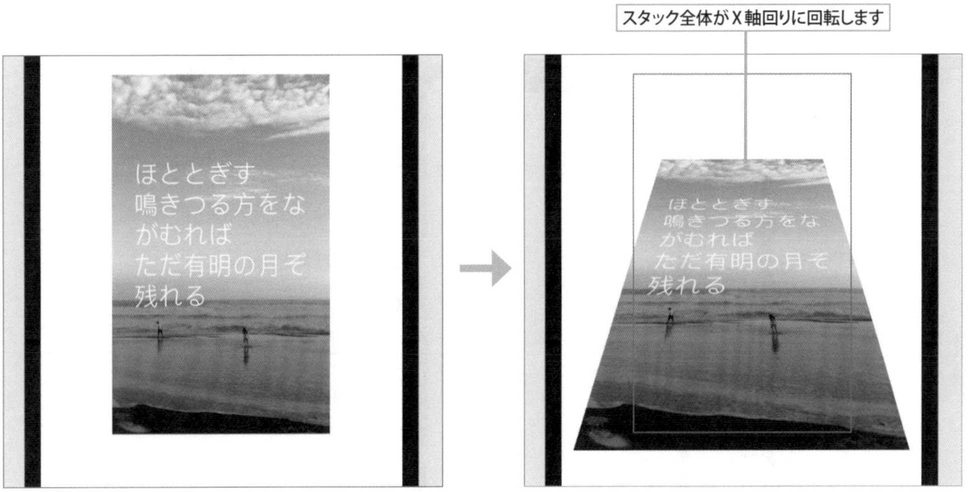

SF シンボルを活用する

Symbols ライブラリから挿入できるシンボルの中には、複数レイヤーで色分けされているものや変数の値に対応したデザインに変化するものなどがあります。Symbolsのシンボルの検索や機能確認ができるSF Symbolsアプリも紹介します。

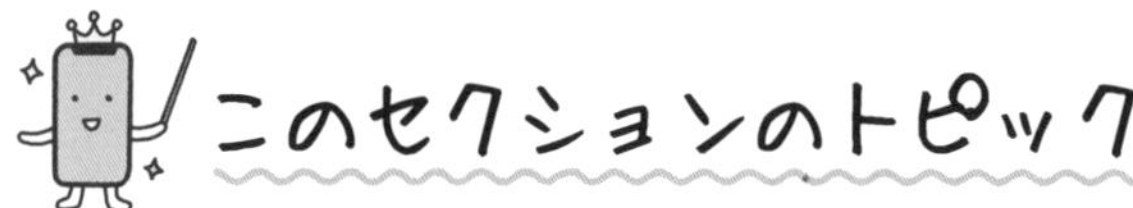

1. シンボルを表示する
2. SF Symbols 4 を活用しよう
3. シンボルの４種類のレンダリングモード
4. タイトル付きのシンボルを表示する

重要キーワードはコレだ！

SF Symbols 4、Image、symbolRenderingMode、可変カラー、Label

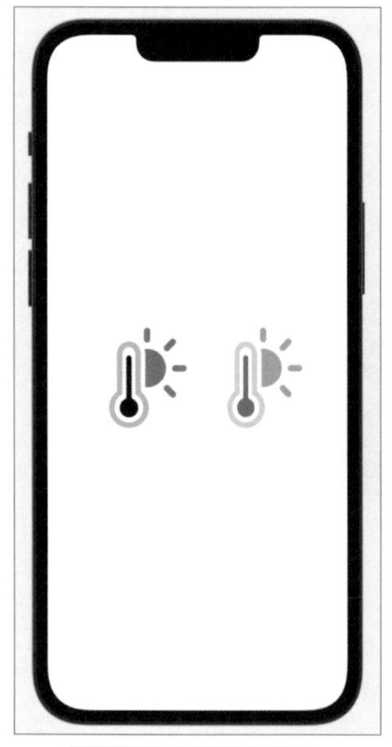

モノクロレンダリングモード

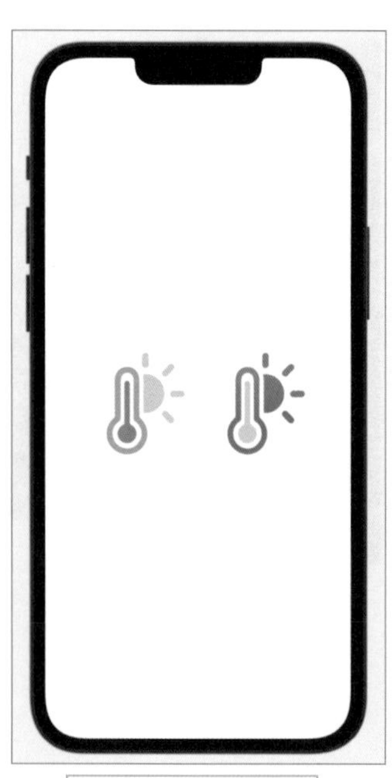

パレットレンダリングモード

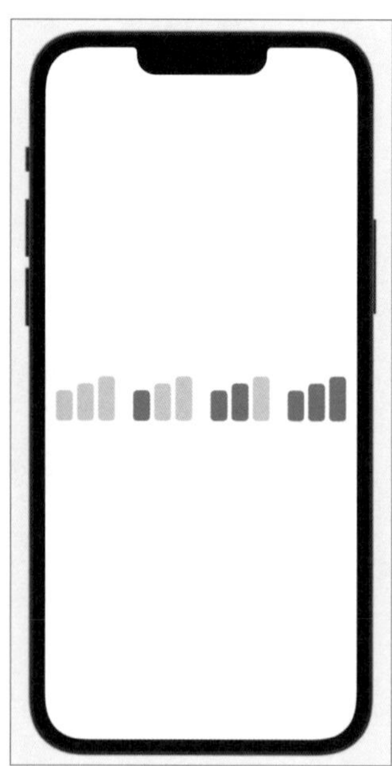

可変カラーシンボル

SF Symbols 4 をダウンロード

Symbols ライブラリから挿入できるシンボルにどのようなものがあるかは、SF Symbols アプリを使うと簡単に検索と確認ができます。SF Symbols アプリは Apple の Developer サイトからダウンロードできます。

● SF Symbols 4
https://developer.apple.com/sf-symbols/

SF Symbols 4 アプリでシンボルを選ぶ

SF Symbols アプリではシンボルを名前で検索したり、コミュニケーション、天気、交通、マルチカラー、可変カラーなどのカテゴリで絞ることができ、インフォインスペクタで対応 OS を確認できたりします。選択したシンボルの名前は編集メニューでコピーできますが、インスペクタでも名前を選択してコピーできます。

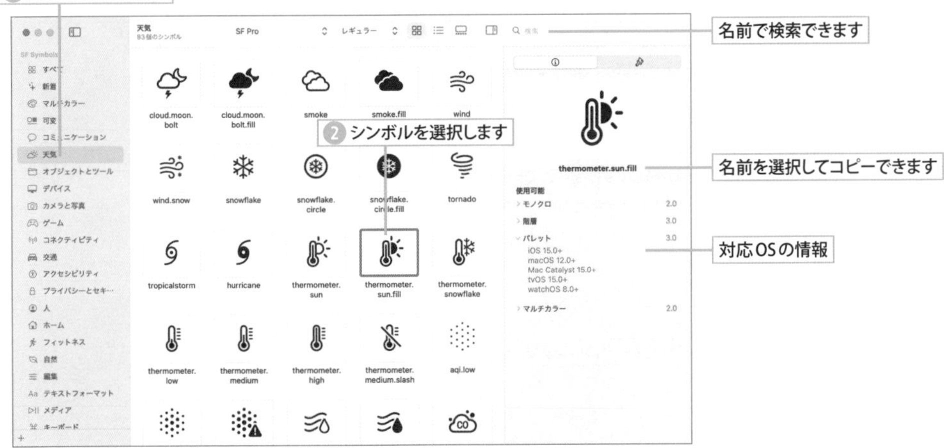

シンボルのレンダリングモード

シンボルの表示には、モノクロ（Monochrome）、階層（Hierarchial）、パレット（Palette）、マルチカラー（Multicolor）の４種類のレンダリングモードがあります。カラーインスペクタでレンダリングモードを選び直すとシンボルが再描画されます。

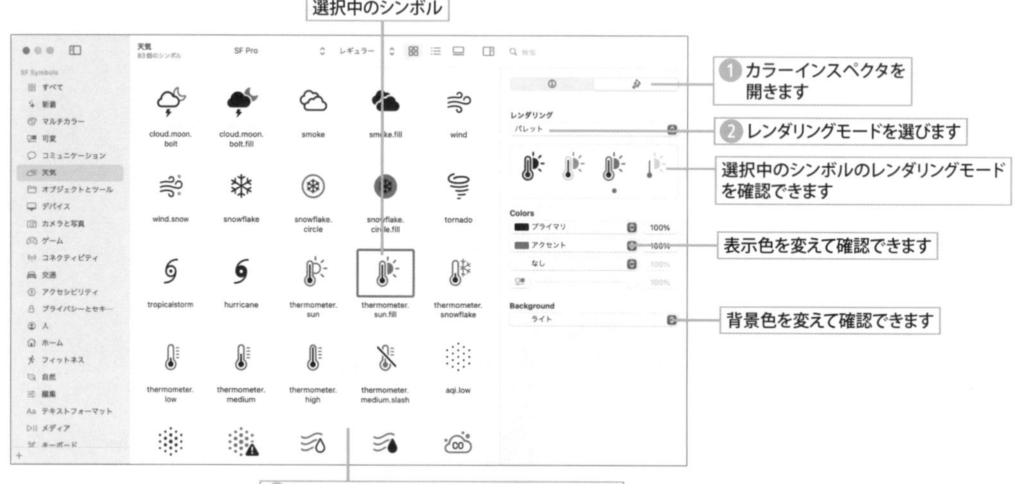

モノクロレンダリングモード

シンボルは Image(systemName:) で表示し、モノクロレンダリングモードは symbolRenderingMode(.monochrome) で指定します。モノクロレンダリングモードでは１色で表示されます。色は foregroundStyle や foregroundColor で指定し、省略すると黒で表示されます。

Code　モノクロレンダリングモードで表示する　«FILE» symbolRenderingMode_monochrome/ContentView.swift

```
struct ContentView: View {
    var body: some View {
        HStack(spacing: 50) {
            Image(systemName: "thermometer.sun.fill")
                .font(.system(size: 100))
                .symbolRenderingMode(.monochrome)

            Image(systemName: "thermometer.sun.fill")
                .font(.system(size: 100))
                .symbolRenderingMode(.monochrome)
                .foregroundStyle(.red.gradient) ——— 色指定
        }
    }
}
```

１色で表示するモノクロレンダリングモード

階層レンダリングモード

階層（Hierarchial）レンダリングモードは symbolRenderingMode(.hierarchical) で指定します。階層レンダリングモードは単色ですが、複数レイヤーで塗り分けられます。基調になる色は foregroundStyle や foregroundColor で指定し、省略すると黒で表示されます。

Code 階層レンダリングモードで表示する «FILE» symbolRenderingMode_hierarchial/ContentView.swift

```
struct ContentView: View {
    var body: some View {
        HStack(spacing: 50) {
            Image(systemName: "thermometer.sun.fill")
                .font(.system(size: 100))
                .symbolRenderingMode(.hierarchical)

            Image(systemName: "thermometer.sun.fill")
                .font(.system(size: 100))
                .symbolRenderingMode(.hierarchical)
                .foregroundStyle(.red)  ――― 基調になる色
        }
    }
}
```

複数レイヤーで塗り分けられる
階層レンダリングモード

パレットレンダリングモード

パレット（Palette）レンダリングモードは symbolRenderingMode(.palette) で指定します。パレットレンダリングモードも複数レイヤーに分かれて塗り分けられますが、レイヤーを塗る色を自由に指定できます。色は foregroundStyle(.gray, .yellow, .cyan) のように複数の色をカンマで区切って指定します。

Code パレットレンダリングモードで複数の色を指定して表示する «FILE» symbolRenderingMode_palette/ContentView.swift

```
struct ContentView: View {
    var body: some View {
        HStack(spacing: 50) {
            Image(systemName: "thermometer.sun.fill")
                .font(.system(size: 100))
                .symbolRenderingMode(.palette)
                .foregroundStyle(.gray, .yellow, .cyan)  ――― 3色で塗り分け

            Image(systemName: "thermometer.sun.fill")
                .font(.system(size: 100))
                .symbolRenderingMode(.palette)
                .foregroundStyle(.yellow, .red.gradient, .blue.gradient)
                                                        ――― グラデーションも使えます
        }
    }
}
```

レイヤーを塗る色を自由に指定できる
パレットレンダリングモード

マルチカラーレンダリングモード

マルチカラー（Multicolor）レンダリングモードは symbolRenderingMode(.multicolor) で指定します。マルチカラーレンダリングモードでは、あらかじめ指定されている色でレイヤーが塗り分けられます。例で表示しているシンボルは試験管が白色なので背景を付けて見えるようにしています。

Code　マルチカラーレンダリングモードで表示する　«FILE» symbolRenderingMode_multicolor/ContentView.swift

```
struct ContentView: View {
    var body: some View {
        HStack(spacing: 50) {
            Image(systemName: "thermometer.sun.fill")
                .font(.system(size: 100))
                .symbolRenderingMode(.multicolor)

            Image(systemName: "thermometer.sun.fill")
                .font(.system(size: 100))
                .symbolRenderingMode(.multicolor)
                .padding()
                .background(
                    RoundedRectangle(cornerRadius: 20)
                        .fill(.blue.gradient))
        }
    }
}
```

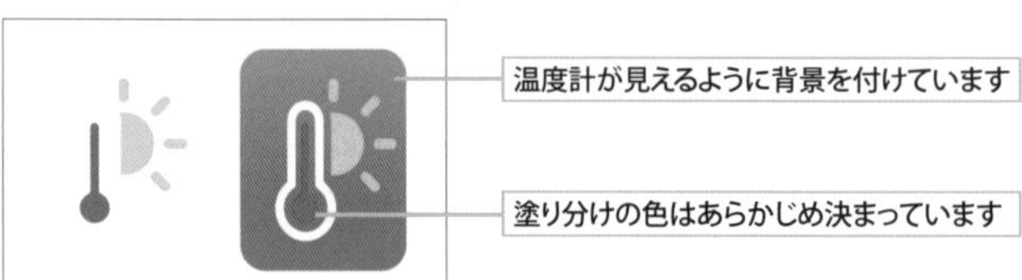

値でデザインが変わる可変カラーシンボル

可変カラーシンボルは、変数の値に応じてデザインが変化します。可変シンボルを確認するには、SF Symbols 4のカテゴリで可変を選択します。可変カラーシンボルを表示し、カラーインスペクタで可変カラーを有効にしてスライダーで値を変更します。値に応じてシンボルのデザインが変化します。

可変カラーの値をコードで指定する

可変カラーシンボルの値を設定するには、Image(systemName: variableValue:) を使ってシンボルを表示します。variableValue は 0.0 〜 1.0 の値で指定しますが、たとえば、イメージの変化が４段階になっているとき 0%、1 〜 30%、31 〜 60%、61 〜 100% で割り振った４段階になります。0 は特別な値で、最初のイメージは 0 のときだけに割り当てられます。

Code 可変カラーシンボルの値を変えて表示する　«FILE» symbolVariableValue/ContentView.swift

```
struct ContentView: View {
    var body: some View {
        HStack {
            Image(systemName: "chart.bar.fill", variableValue: 0.0)
            Image(systemName: "chart.bar.fill", variableValue: 0.1)
            Image(systemName: "chart.bar.fill", variableValue: 0.5)
            Image(systemName: "chart.bar.fill", variableValue: 0.8)
        }
        .font(.system(size: 60))
        .foregroundColor(.red)
    }
}
```

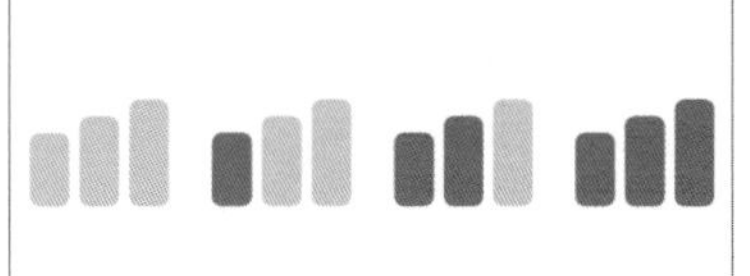

4段階で指定した可変カラーシンボル

Labelを使ってシンボルを表示する

シンボルはLabel(_ title: systemImage:)でも利用できます。Labelはシンボルの横にタイトルを表示できます。

Code　Labelを使ってタイトル付きのシンボルを表示する　«FILE» symbolLabel/ContentView.swift

```
struct ContentView: View {
    var body: some View {
        VStack (alignment: .leading, spacing: 20) {
            Label("地球", systemImage: "globe")
            Label("てんとう虫", systemImage: "ladybug.fill")
                .foregroundStyle(.green)
                .symbolRenderingMode(.multicolor)
        }
        .font(.system(size:40))
    }
}
```

Labelを使ったシンボル

マルチカラーでレンダリング

リスト表示とナビゲーションリンク

複数の写真やテキストなどのコンテンツを行表示するリストを解説します。リストはスクロールして見ることができ、セクション分けして表示することもできます。簡単なリストからはじめて、行をタップして詳細ページへと遷移するナビゲーションリンクへと発展させていきましょう。

コンテンツのリスト

リストは罫線があるノートに書くように複数のデータを線で区切った行で表示する方法です。画面の縦サイズより長いリストは、スワイプしてスクロールして見ることができます。このセクションではもっとも簡単なリストの作り方を説明します。

1. List を使ってリストを作ろう
2. リストに写真を表示しよう
3. ライブプレビューでリストの動きを試そう

重要キーワードはコレだ！

List、NavigationView、navigationTitle、navigationBarTitleDisplayMode

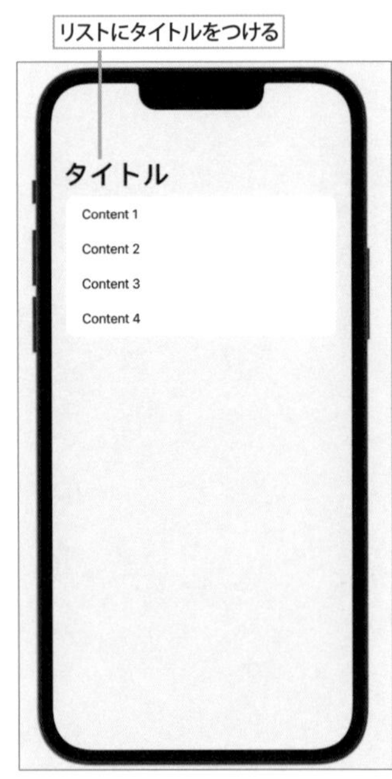

STEP 表示したいテキストを直接書いてリストを作る

表示したいテキストを List の中に直接書く簡単な方法でリストを作ります。List のコードは Views ライブラリから挿入できます。

1 Views ライブラリから List を追加する

«SAMPLE» ContentList.xcodeproj

Views ライブラリの Controls グループにある List アイコンをダブルクリックして body 内のコードを List のコードと置換します。

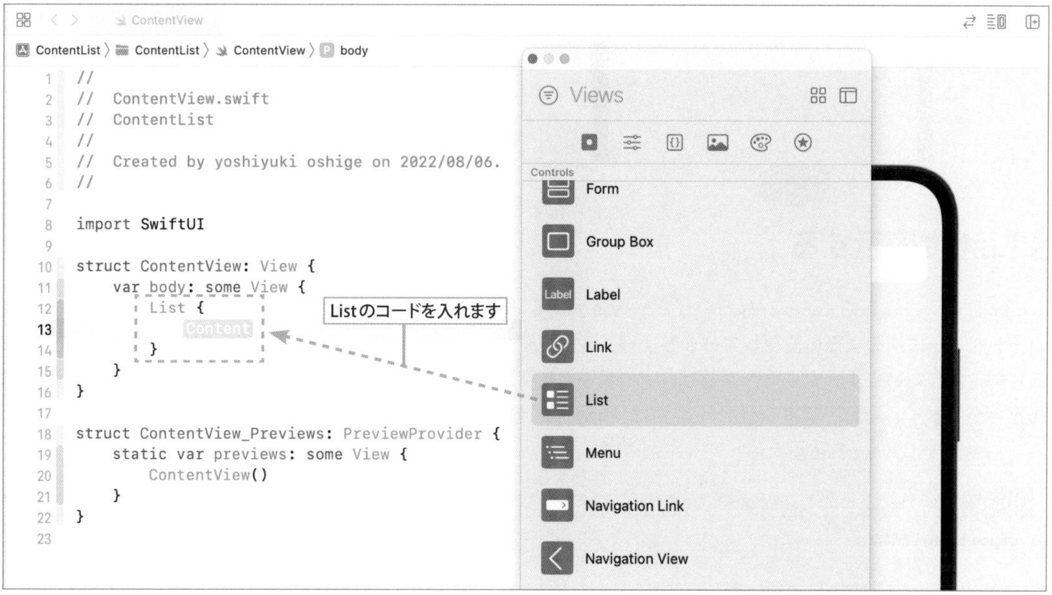

```
//
//  ContentView.swift
//  ContentList
//
//  Created by yoshiyuki oshige on 2022/08/06.
//

import SwiftUI

struct ContentView: View {
    var body: some View {
        List {
            Content
        }
    }
}

struct ContentView_Previews: PreviewProvider {
    static var previews: some View {
        ContentView()
    }
}
```

Listのコードを入れます

Views
Controls
Form
Group Box
Label
Link
List
Menu
Navigation Link
Navigation View

2 リストで表示する行数を増やす

List {} のコードを修正し、テキストを6個表示するコードに書き替えます。プレビューを見ると「Content 1」〜「Content 6」のテキストがリストの各行に表示されています。

Code　6行分のリストを表示する　«FILE» ContentList/ContentView.swift

```
struct ContentView: View {
    var body: some View {
        List {                      ——— List {} で囲みます
            Text("Content 1")
            Text("Content 2")
            Text("Content 3")       ——— List {} の中に6個の Text() を書きます
            Text("Content 4")
            Text("Content 5")
            Text("Content 6")
        }
    }
}
```

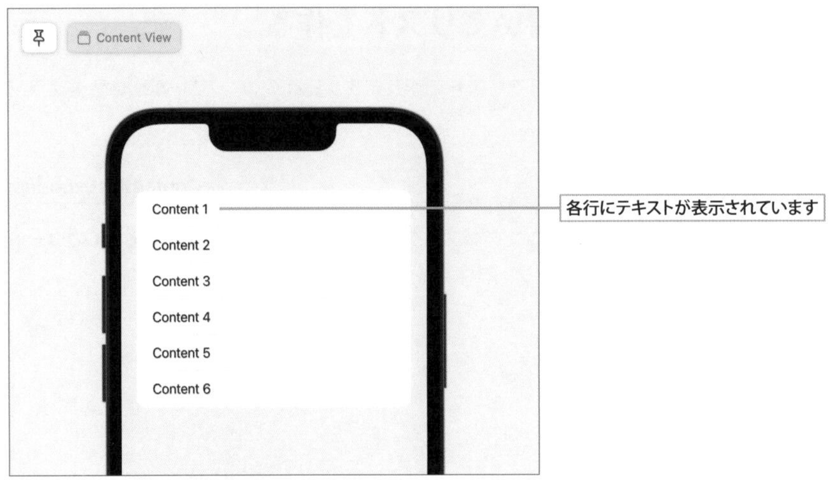

List で表示する

List {} にテキストやイメージなどのビューを表示するコードを書くと、それがリストの 1 行ずつに表示されます。コードをさらに次のように変更してみましょう。3 行目を Label に書き換え、5 行目に表示する写真は Photo ビューとして定義しています。変更後のプレビューを見ると、リストの各行の高さが内容に応じて自動的に調整されているのがわかります。なお、写真 "lighthouse" は Assets に用意しておきます。

Code　3 行目と 5 行目で写真とテキストを表示するように変更する　«FILE» ContentList2/ContentView.swift

```
import SwiftUI

struct ContentView: View {
    var body: some View {
        List {
            Text("Content 1")
            Text("Content 2")
            Label("カート", systemImage: "cart")  ――― シンボル付きのラベルを表示します
                .font(.largeTitle)
            Text("Content 4")
            Photo().frame(height: 150)  ――― 以下で定義している Photo ビューを表示します
            Text("Content 6")
        }
    }
}

// 写真
struct Photo: View {
    var body: some View {
        HStack {                                    ――― 5 行目のコンテンツ
            Image("lighthouse")
                .resizable()
                .aspectRatio(contentMode: .fit)
            Text("白灯台")
```

```
                .padding(.horizontal)
            }
        }
    }

struct ContentView_Previews: PreviewProvider {
    static var previews: some View {
        ContentView()
    }
}
```


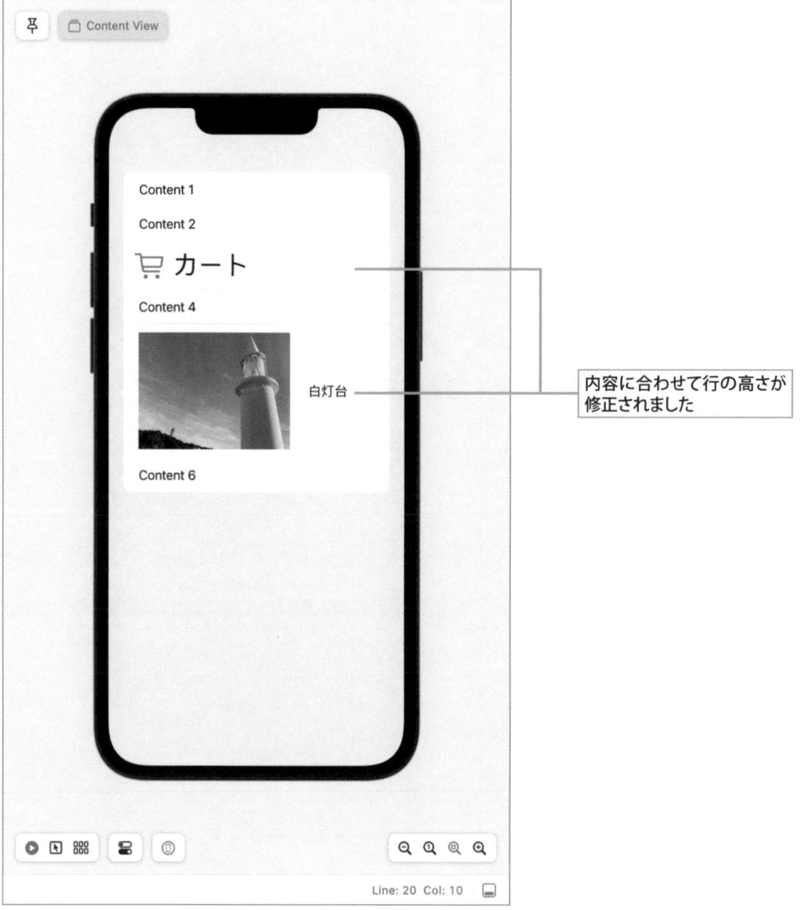

ライブプレビューでスクロールする

リストはスワイプでスクロールできます。プレビュー表示では、Live ボタン▶が押されているライブプレビューでスクロールやクリック（タップ）ができます。

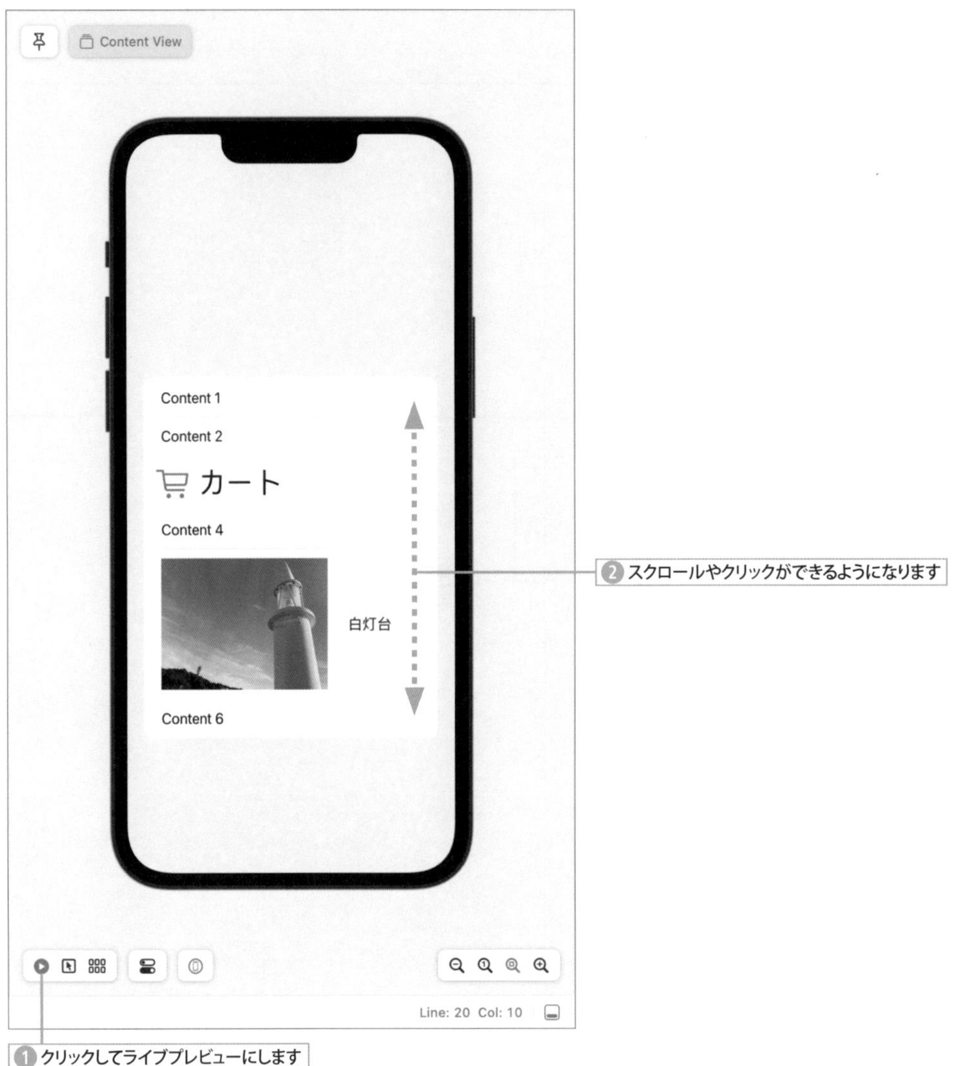

リストにタイトルを付けたい

リスト表示にタイトルを付けたいとき、NavigationView の navigationTitle を利用できます。NavigationView の使い方については「Section 4-5 リストから詳細ページを開く」で詳しく説明します（☞ P.183）。

Code　navigationTitle を利用してタイトルを入れる　«FILE» ListTitle/ContentView.swift

```
struct ContentView: View {
    var body: some View {
        NavigationView { ——— タイトル表示をするために利用します
            List {
                Text("Content 1")
                Text("Content 2")
                Text("Content 3")
                Text("Content 4")
            }
            .navigationTitle(" タイトル ") ——— タイトルを付けます
        }
    }
}
```

タイトルが表示されます

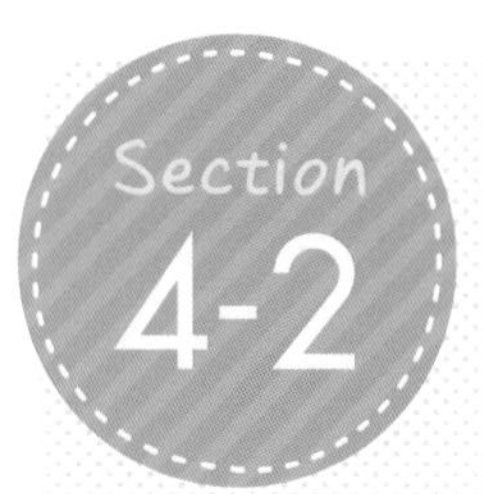

配列をリスト表示する

List で表示する各行のコンテンツを配列から取り出して表示する方法を紹介します。配列とは、複数の値をコインロッカーのように区切りのある箱に入れて扱うような仕組みです。前セクションとは少し違う List の書式でリストを作ります。

1. アクションメニューで List のコードを挿入してみよう
2. 複数の値が入っている配列を作ろう
3. 配列の値をリストで表示しよう
4. 配列の連結やスライスをやってみる
5. リストを検索しよう

重要キーワードはコレだ！

List、\.self、count、indices、ForEach-in、Array、append()、searchable、fillter()、inout

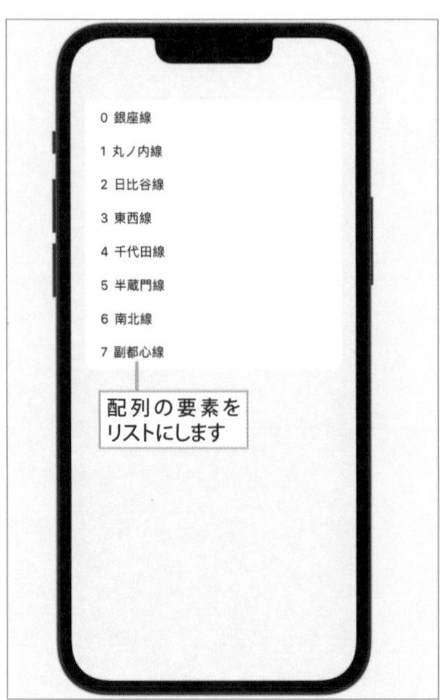

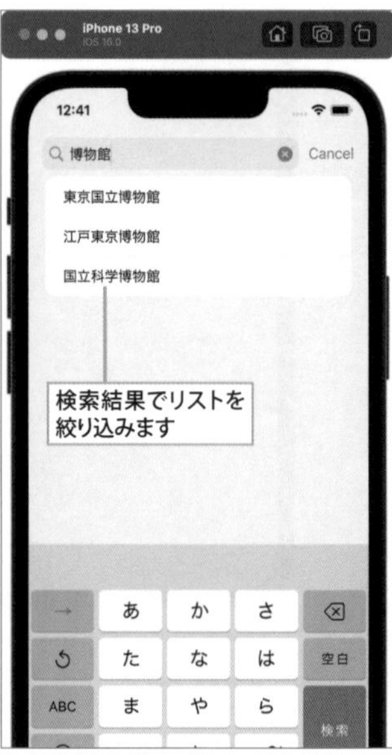

Embed in List でリスト表示を作る

アクションメニューの Embed in List を使うと List(0 ..< 5) のようにレンジ（レンジ ☞ P.53）が入ったカッコ付きの構文が挿入されます。これを利用して配列の値をリスト表示します。

1 アクションメニューから Embed in List を選択する

«SAMPLE» SimpleList.xcodeproj

コードの Text を command クリックします。表示されたアクションメニューから Embed in List を選択します。

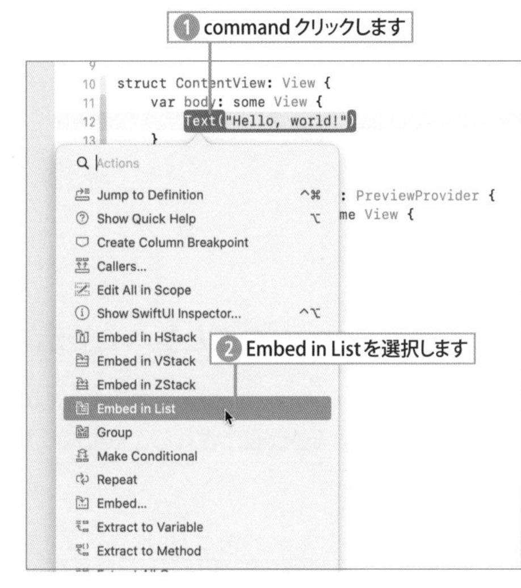

2 Text("Hello, World!") を List{} で囲む

コードの Text("Hello, World!") が List{} で囲まれます。プレビューで確認するとテキストの「Hello, World!」がリスト表示されます。リストは 5 行で、すべての行に「Hello, World!」が繰り返し入っています。

Code 「Hello World」をリスト表示する　　«FILE» SimpleList/ContentView.swift

```
struct ContentView: View {
    var body: some View {
        List(0 ..< 5) { item in
            Text("Hello, world!") ——— この区間を5回繰り返します
        }
    }
}
```

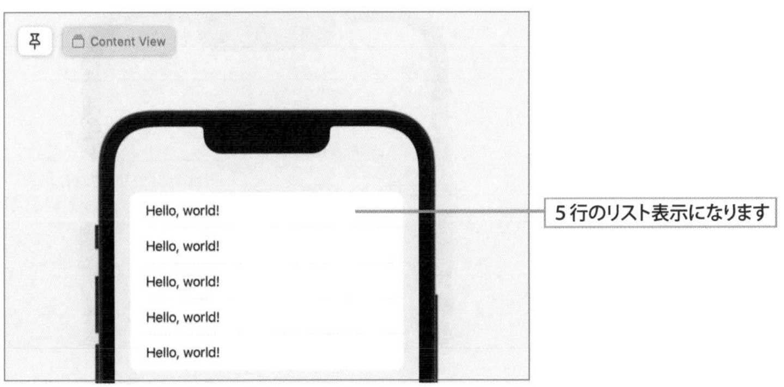

3 アクションメニューから Embed in HStack を選択する

先ほどと同じようにTextをcommandクリックし、アクションメニューからEmbed in HStackを選択します。

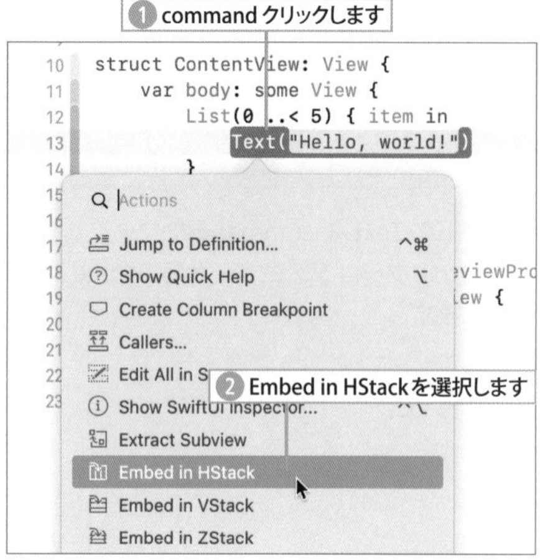

4 リストに item の値も並べて表示する

Text("Hello World")がHStack{}で囲まれるので、Text(String(item))を挿入します。これでリストの各行の先頭にitemに入っている値が表示されるようになります。結果を見るとitemには0 ..< 5のレンジから取り出された数値が順に入っています。

Code itemに入った番号と「Hello, World!」を横に並べてリスト表示する «FILE» **SimpleList/ContentView.swift**

```
struct ContentView: View {
    var body: some View {
        List(0 ..< 5) { item in        ―― 0〜4の数を順にitemに取り出す繰り返しになります
            HStack {        ―― HStackで囲んでテキストを横に並べます
                Text(String(item))        ―― 番号を表示します
                Text("Hello, World!")
            }
        }
    }
}
```

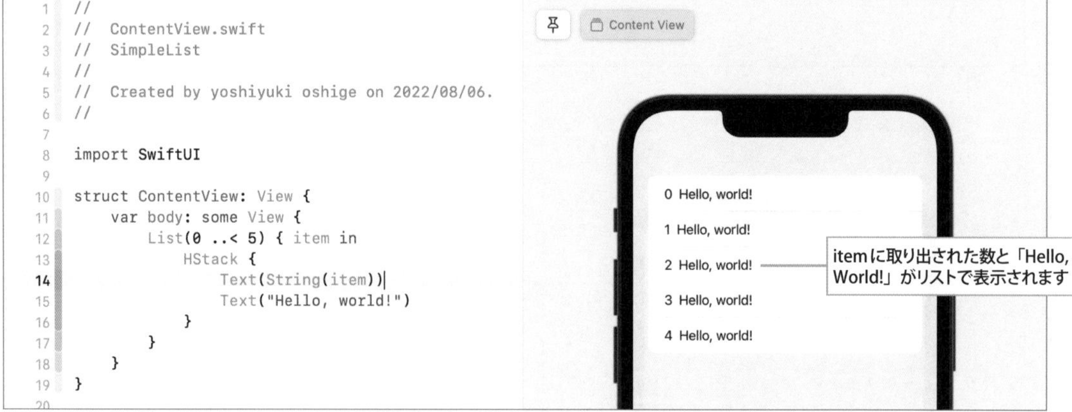

STEP 配列から要素を取り出してリスト表示する

先のサンプルでは「Hello, world!」を繰り返しリスト表示しただけだったので、今度は配列から順にすべての値（要素）を取り出してリスト表示する方法を説明します。配列とは複数の値を 1 個の容器に入れたように扱うことができる値です。

1　配列 metro を作る

地下鉄路線名を要素にもつ配列 metro を作ります。配列は [ ] の中にカンマ区切りで値を書きます。このコードは import SwiftUI の次の行に追加しておきます。

Code　地下鉄路線の配列 metro を作る　«FILE» MetoroList/ContentView.swift

```
let metro = ["銀座線", "丸ノ内線", "日比谷線", "東西線", "千代田線", "半蔵門線", "南北線", "副都心線"]
```

2　配列の要素をリスト表示するコードに書き替える

先のサンプルの HStack ブロックの Text("Hello, World!) を Text(metro[item]) に書き替えます。これで配列 metoro から要素が順に 1 個ずつ取り出されてリスト表示されます。metoro には 8 路線の名前が入っているので List(0 ..< 8) にすれば 8 路線のすべての名前がリスト表示されます。

Code　配列 metro から要素を 1 つずつ取り出してリスト表示する　«FILE» MetroList/ContentView.swift

```
let metro = ["銀座線", "丸ノ内線", "日比谷線", "東西線", "千代田線", "半蔵門線", "南北線", "副都心線"]

struct ContentView: View {
    var body: some View {
        List(0 ..< 8) { item in
            HStack {
                Text(String(item))
                Text(metro[item]) ——— 配列から路線名を取り出して表示します
            }
        }
    }
}
```

配列の要素をインデックス番号でリスト表示する

配列 metro に入っている路線名の個数は metro.count で調べることができます。したがって、List(0 ..< metro .count){ item in 〜 } では 0 〜 7 の数が順に item に入ることになります。metro[0] ならば 1 番目の " 銀座線 "、metro[1] ならば 2 番目の " 丸ノ内線 " のように配列 [インデックス番号] の式で配列の要素を指せることから、Text(metro[item]) を表示することで、配列に入っている 0 〜 7 番目のすべての路線名が順に取り出されてリスト表示されます。ただし、この式は「Non-constant range」の警告が出るので List(0 ..< metro.count, id: \.self) のように引数 id を指定します。

Code 配列の要素数に影響されないコードにする　«FILE» **MetroListCount/ContentView.swiftt**

```
let metro = ["銀座線", "丸ノ内線", "日比谷線", "東西線", "千代田線", "半蔵門線", "南北線", "副都心線"]

struct ContentView: View {
    var body: some View {
        List(0 ..< metro.count, id: \.self) { item in
            HStack {
                Text(String(item))
                Text(metro[item])
            }
        }
    }
}
```

id を追加することで警告が出なくなります

また、0 ..< metro.count は配列のインデックスのレンジですが、これは metro.indices で得ることができます。コードは次のように書くことができます。

Code 配列の要素数に影響されないコードにする　«FILE» **MetroListIndices/ContentView.swift**

```
struct ContentView: View {
    var body: some View {
        List(metro.indices, id:\.self) { item in
            HStack {
                Text(String(item))
                Text(metro[item])
            }
        }
    }
}
```

配列の要素をリスト表示する

配列の要素を順に取り出すだけで、インデックス番号を利用しないのであれば、先の List は次のように簡単に書くことができます。

Code 配列の要素をリスト表示する «FILE» **MetroListSimple/ContentView.swift**

```
struct ContentView: View {
    var body: some View {
        List(metro, id:\.self) { item in
            Text(String(item))
        }
    }
}
```

リストの値を検索して絞り込む

配列の fillter() 関数を利用することで、リストに並んでいる値を検索で絞り込んで表示することができます。検索語句を入力する検索ボックスは、List の searchable() モディファイアで表示できます。次に示す例では、検索ボックスに入力された値で配列 spots をフィルタリングした結果の配列を変数 searchResults の値として ForEach-in でリスト表示しています。その結果、検索した語句が含まれている行だけのリストになります。searchResults は式の結果を返す Computed プロパティです（☞ P.65）。

Live プレビューでも検索は試せますが、iPhone のキーボード入力で試したい場合には実機かシミュレータを使います。シミュレータでキーボードが出てこないときは I/O メニューの Keyboard > Toggle Software Keyboard を選択してみてください。

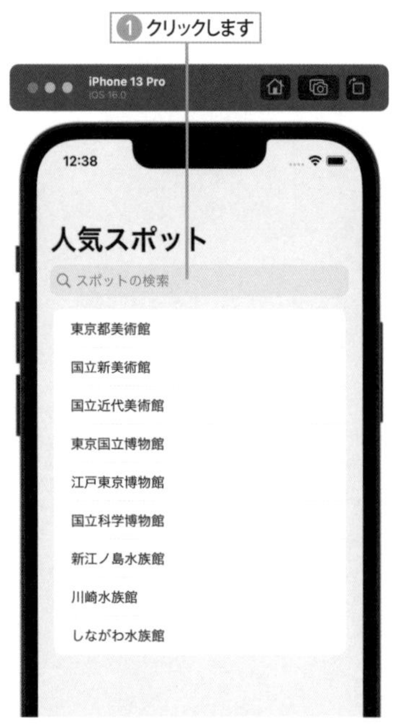

Code　リストを検索表示する　«FILE» ListSearch/ContentView.swift

```
import SwiftUI

struct ContentView: View {
    let spots = ["東京都美術館", "国立新美術館", "国立近代美術館", "東京国立博物館", "江戸東京博物館",
                 "国立科学博物館", "新江ノ島水族館", "川崎水族館", "しながわ水族館"]
    @State private var searchText = ""

    var body: some View {
        NavigationView {
            List {
                ForEach(searchResults, id: \.self) { name in
                    Text(name)
                }
            }
            .searchable(text: $searchText, prompt: "スポットの検索")
            .keyboardType(.default)
            .navigationTitle("人気スポット")
        }
        .scrollDismissesKeyboard(.immediately)
    }

    // 検索結果
    var searchResults: [String] {
        if searchText.isEmpty {
            return spots
        } else {
            return spots.filter { $0.contains(searchText) }
        }
    }
}

struct ContentView_Previews: PreviewProvider {
    static var previews: some View {
        ContentView()
    }
}
```

フィルタリングの結果だけが表示されます

検索ボックスを表示します

プレースホルダとして表示します

スワイプでキーボードが下がります

配列 spots をフィルタリングして得られた配列が変数の値になります

検索結果をリスト表示する

fillter() は配列の要素を順に取り出して $0.contains(searchText) の条件式を評価し、結果が true の要素だけを抽出する機能です。$0 は順に取り出された要素を指す書き方です。その値に searchText が含まれていると true になります。なお、searchText の宣言文の @State と searchable(text: $searchText) の $ が付いている理由については、次の章で詳しく説明します。

スワイプでキーボードを下げる

NavigationView に .scrollDismissesKeyboard(.immediately) を付けておけばスワイプすることでキーボードを下げられるようになり、検索結果が多い場合などでもキーボードが邪魔になりません。

Swift シンタックスの基礎知識 配列

配列を作る

配列（Array）を使うと複数の値をひとまとめにして扱うことができます。配列はコインロッカーのようなもので、A-3 なら A ロッカーの 3 番、B-1 なら B ロッカーの 1 番のようにデータを管理できます。

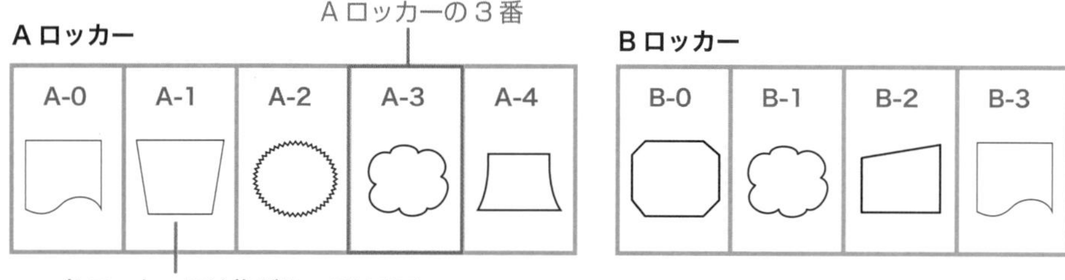

a、b、c の 3 つの値（要素）が入っている配列は [a, b, c] のように [ ] でくくって作ることができます。要素と要素の間はカンマ（,）で区切り、要素の個数は何個でも構いません。配列を宣言する場合は、配列名と同時に配列の型として要素の型を指定します。配列の要素は後からでも追加、削除、変更が可能ですが、let で宣言した変数に代入した配列の値は変更できません。

書式 配列の書式

```
let 配列名 :[ 要素の型 ] = [ 要素 1, 要素 2, 要素 3, ... ]
var 配列名 :[ 要素の型 ]  = [ 要素 1, 要素 2, 要素 3, ... ]
```

では、Playground で簡単な配列を作ってみましょう。week は曜日（String）が入っている配列、nums は整数（Int）が入っている配列です。配列 week は let で宣言してあるので、week に値を代入できるのは 1 回限りです。

配列 colors は Colors 型で宣言してあるので、[.red, .yellow, .green] のように個々の要素は Color.red ではなく .red のように省略して書くことができます。なお、Color 型を使うには Import SwiftUI を実行しておく必要があります。

Playground 配列を作る　«FILE» ArraySample1.playground

```
import SwiftUI

let week:[String]
var nums:[Int]          ――― 型を指定して配列を宣言します
var colors:[Color]
week = ["日", "月", "火", "水", "木", "金", "土"] ――― let で宣言してあるので代入は 1 回だけです
nums = [4, 8, 15, 16, 23, 42]
colors = [ .red, .yellow, .green]
```

配列の型を型推論で決める

配列には宣言した型以外の要素を入れることができません。したがって、配列 week には数値を入れることができず、配列 nums には String はもちろん、Int（整数）ではない数値を入れることもできません。

配列の宣言と同時に値を代入して初期化する場合は、代入された値から型推論されて配列の型が決まります。したがって、week と nums の場合も宣言と初期化を同時に行えば型指定を省略できます（型推論 ☞ P.46）。

Playground　配列の型を型推論で決める　«FILE» ArraySample2.playground

```
let week = ["日", "月", "火", "水", "木", "金", "土"]
var nums = [4, 8, 15, 16, 23, 42]
```

配列の値を参照する

配列に入っている要素には、配列 [インデックス番号] のように位置を指して参照できます。インデックス番号とは、配列の要素の位置を先頭から 0、1、2 と数えた番号です。0 からカウントアップする点に注意してください。この書式を subscript と呼びます。

次の例では配列 abcArray を作り、インデックス番号 0 番と 2 番に何が入っているかを調べています。

Playground　配列 abcArray のインデックス番号 0 と 2 を調べる　«FILE» ArrayIndex1.playground

```
let abcArray = ["a", "b", "c", "d"]
let letter0 = abcArray[0] ――― 先頭の要素
let letter2 = abcArray[2] ――― 3番目の要素
print(letter0)
print(letter2)
```

結果

```
a
c
```

```
インデックス番号    0     1     2     3
let abcArray = [ "a",  "b",  "c",  "d"]
                  |           |
           abcArray[0]   abcArray[2]
```

配列の要素を更新する

インデックス番号で参照した位置の要素を変更することもできます。次の配列 fruits には最初は "blueberry"、"orange"、"peach" の 3 種類のフルーツが入っていますが、fruits[1] = "apple" を実行してインデックス番号 1（先頭から 2 番目）のフルーツを変更しています。結果を出力すると "orange" が "apple" に差し替わっています。なお、let で宣言した変数に代入してある配列の要素を更新することはできません。

Playground　配列 fruits のインデックス番号 1 の要素を変更する　«FILE» ArrayIndex2.playground

```
var fruits = ["blueberry", "orange", "peach"]
fruits[1] = "apple"  ———— インデックス番号 1（先頭から 2 番目）の要素を入れ替える
print(fruits)
```

結果

```
["blueberry", "apple", "peach"]
```

レンジで指定した要素を更新する

レンジ演算子 ... でインデックスの範囲を指定すれば、その範囲の要素を入れ替えることができます。

次の例では配列 colors のインデックス番号 1 〜 2 の "red", "blue" を " 赤 ", " 青 ", " 黄 " で置き換えています。このように参照しているレンジの数と置き換える要素の数が同じでなくてもかまいません。

Playground　配列のレンジの要素を置き換える　«FILE» ArrayRange.playground

```
var colors = ["green", "red", "blue", "pink"]
colors[1...2] = [" 赤 ", " 青 ", " 黄 "]  ———— インデックス番号 1 〜 2 の範囲を入れ替えます
print(colors)
```

結果

```
["green", " 赤 ", " 青 ", " 黄 ", "pink"]
```

配列に要素を追加する

配列 .append(要素) で配列に要素を追加していくことができます。要素を追加する配列は初期化済みでなければなりません。次の例では最初に空の配列 words を作り、それに要素を足し込んでいます。配列の値を変更するので words は var で宣言します。また、空の配列 [] では要素の型を型推論できないので、words:[String] のように型指定する必要があります。

Playground　空の配列に要素を追加していく　«FILE» appendArray1.playground

```
var words:[String] = []  ———— String 型の空の配列 words を作ります
words.append(" 花 ")  ———— 要素を追加していきます
words.append(" 鳥 ")
words.append(" 風 ")
words.append(" 月 ")
print(words)
```

結果

```
[" 花 ", " 鳥 ", " 風 ", " 月 "]
```

空の配列を作る

空の配列は [] を代入すれば作ることができますが、型を指定した初期化済みの空の配列を次の 2 種類の書式で作ることもできます。

書式 空の配列を作る

```
[ 要素の型 ]()
Array< 要素の型 >()
```

次の例では [String]() を初期値とする式で配列 members を宣言しています。この時点では members の中身は空ですが、String 型の配列として初期化されているので、String 型の要素を append() で追加していくことができます。append(contentsOf:) の書式を使うと複数の要素を一度に追加できます。

Playground 空の配列を作る «FILE» appendArray2.playground

```
// 初期化済みの空の配列を作る
var members = [String]()  ——— String 型の空の配列を作ります
// 要素を追加する
members.append("秀樹")
members.append("浩二")
members.append(contentsOf: ["裕樹", "義郎", "昌教"])
// 値を確認する
print(members)
```

結果

```
["秀樹", "浩二", "裕樹", "義郎", "昌教"]
```

配列を連結する

同じ型同士の配列であれば、配列 A+ 配列 B のように + 演算子で足し算することで要素を連結した配列を作ることができます。

Playground 2つの配列を連結した配列を作る «FILE» ArrayPlusArray.playground

```
let basicCourse = ["ラン", "スイム"]
let optionCourse = ["バイク", "カヌー"]
let fullCourse = basicCourse + optionCourse
print(fullCourse)
                  └── 2つの配列の要素を足し合わせて1個の配列にします
```

結果

```
["ラン", "スイム", "バイク", "カヌー"]
```

配列をソートする

配列の連結には代入演算子の += も利用できます。次の例では最初に Array<Double>() で初期化している空の配列 data に配列 data1 と data2 を連結することでデータを合わせています。そして、data.sort() を実行して数値が小さい順（昇順）に並べ替えています。値の大きさでの並べ替えの操作をソートと言います。大きい値から小さい値へと並べ替える降順のソートは data.sort(by:>) で行えます。同じ書式での昇順のソートは data.sort(by:<) です。

Playground　空の配列 data に別の配列を連結して最後にソートする　«FILE» EmptyArray.playground

```
import UIKit
// 初期化済みの空の配列を作る
var data = Array<Double>() ——— Double 型の空の配列を作ります
// 数値が入った配列
let data1 = [3.6, 5.7, 2.2]
let data2 = [4.0, 3.1, 5.3]
// 配列を連結する
data += data1
data += data2
// 小さな順に並べ替える（ソート）
data.sort()
// 値を確認する
print(data)
```

結果

```
[2.2, 3.1, 3.6, 4.0, 5.3, 5.7]
```

配列の最大値と最小値

配列に入っている値の最大値は max()、最小値は min() で求めることができます。次の例では配列 numbers に入っている数値の最大値と最小値を調べています。print() での出力時に vmax!、vmin! のように変数名に付いている ! は、強制アンラップと呼ばれるものです（☞ P. 284）。

Playground　配列の要素の最大値と最小値を取り出す　«FILE» ArrayMaxMin.playground

```
let numbers = [4, 6, 2, 8, 9, 1, 5]
let vmax = numbers.max()
let vmin = numbers.min()
print("最大値：", vmax!)
print("最小値：", vmin!)
```

出力

```
最大値： 9
最小値： 1
```

配列をスライスする

配列の一部を取り出して新しい配列を作ることもできます。この操作はスライスと呼ばれます。配列をスライスするには、レンジ演算子を使って取り出したい範囲のインデックスを指定します。

たとえば、配列 colorList のインデックス番号 1 〜 3 の 3 個の値を取り出すには colorList[1...3] のように範囲を指定します。配列 myColor に取り出された要素が入りますが、要素を抜き出すわけではないので元の配列の colorList は変化しません。

Playground 配列をスライスして一部分を取り出す «FILE» sliceArray.playground

```
let colorList = ["blue", "yellow", "red", "green", "pink"]
let myColor = colorList[1...3] ——— 配列のインデックス番号1〜3の要素を取り出した配列を作ります
print(myColor)
```

結果

```
["yellow", "red", "green"]
```

次の例では配列 names を前半と後半に分けて 2 つのグループを作っています。names[..<half]、names[half...] のように範囲の開始、終了を省略することができます。names には 7 人の名前が入っているので 2 では割り切れませんが、names.count は Int 型なので names.count/2 は整数の 3 になります。つまり、names[..<3]、names[3...] でスライスされます。

Playground 配列の前半と後半を取り出した配列を作る «FILE» sliceHalfArray.playground

```
let names = ["鈴木", "松原", "曽根", "安藤", "山田", "山本", "松田"]
let half = names.count/2
let group1 = names[..<half] ——— 先頭から半分 -1 個まで
let group2 = names[half...] ——— 半分から最後まで
print(group1)
print(group2)
```

結果

```
["鈴木", "松原", "曽根"]
["安藤", "山田", "山本", "松田"]
```

配列を代入すると複製される

配列を変数に代入すると配列が複製されて同じ要素をもった配列が変数に入ります。たとえば、配列 numbers を変数 myNumbers に代入すると myNumbers には元の numbers と同じ値が入りますが、代入後に元の numbers の値を変更しても myNumbers の値は変化しません。逆も同じで myNumbers の値を変更しても numbers の値は影響を受けません。

Code 配列 numbers を代入すると複製された配列が作られる «FILE» ArrayCopy.playground

```
var numbers = [10, 20, 30, 40]
var myNumbers = numbers ——— 配列 numbers が複製されます
numbers[0] = 555 // 元の配列の要素を変更する
myNumbers.append(999) // 複製した配列に要素を追加する
print("numbers:", numbers)
print("myNumbers:" , myNumbers)
```

出力

```
numbers: [555, 20, 30, 40]
myNumbers: [10, 20, 30, 40, 999]
```

互いに影響しない別々の配列です

NOTE

値型と参照型

配列を変数に代入したとき、配列が複製されるのではなく元の配列を指し示す参照が代入されるプログラム言語が少なくありません。それぞれを値型、参照型と呼びます。Swift の配列は代入で複製されるので値型です。

配列の参照を受け渡す

関数の引数で配列を渡すと、配列を変数に代入した場合と同じように複製された配列が渡されます。関数の引数に元の配列を指す参照を渡したいときは、次の例のように関数定義の引数の型の前に inout を付けます（関数定義☞P.195）。

Playground 配列を参照値で受け取る関数 incrimentNums() の定義 «FILE» func_inout.playground

```
// 引数で渡された配列の要素に 1 を足す
func incrimentNums(nums:inout [Int]){
    for i in  0..<nums.count{
        nums[i] += 1 ——— 引数 nums で受け取った配列のすべての要素に順に 1 を足します
    }
}
```

そして、関数を実行するときは incrimentNums(nums: &data) のように引数の前に & を付けます。これを実行すると、引数で渡した元の配列 data の値が更新されます。

Playground incrimentNums() に配列 data の参照を渡す «FILE» func_inout.playground

```
// 元の配列
var data = [3, 5, 9]
print(data)
// 実行
incrimentNums(nums: &data)
// 実行後の配列
print(data)
```

配列 data を指し示す参照を渡します

結果

```
[3, 5, 9] ——— 元の配列 data
[4, 6, 10] ——— 実行後の配列 data。各要素に 1 が加算されています
```

複数のセクションがあるリスト

1つのリストを複数のセクションに分けて表示することができます。セクションにはヘッダとフッタも付けることができ、リストをより使いやすいものにすることができます。

1. 複数のセクションがあるリストを作ろう
2. セクションにヘッダとフッタを追加しよう
3. ForEach-in を使って配列から要素を順に取り出して表示する

重要キーワードはコレだ！
List、Section、ForEach-in、listStyle

STEP 2つのセクションに分かれたリストを作る

1つのリストをセクションに分けて表示する方法を試します。ここでは四国と九州の2つのセクションを作り、それぞれの地方に含まれている県名をセクションに分けてリスト表示します。セクションにヘッダとフッタも付けます。

1 四国と九州のセクションに分かれたリストを作る

«SAMPLE» ListSectionSample.xcodeproj

四国と九州の県名が入った配列 shikoku と kyusyu を用意します。次に Section を2つ作り、ForEach-in を使って配列からすべての県名を順に取り出してテキストにします。最後に2つの Section のブロックを List で囲みます。

Code 配列 shikoku と kyusyu をセクションに分けてリスト表示する «FILE» ListSectionSample/ContentView.swift

```
struct ContentView: View {
    let shikoku = ["徳島県", "香川県", "愛媛県", "高知県"]
    let kyusyu = ["福岡県", "佐賀県", "長崎県", "熊本県", "大分県", "宮崎県", "鹿児島県"]

    var body: some View {
        List { ———— リストで表示します
            Section(header: Text("四国")) { ———— 1つ目のセクション
                ForEach(shikoku, id:\.self) { item in
                    Text(item)                ———— 四国の県名が順に入ります
                }
            }
            Section(header: Text("九州"))  { ———— 2つ目のセクション
                ForEach(kyusyu, id:\.self) { item in
                    Text(item)                ———— 九州の県名が順に入ります
                }
            }
        }
    }
}
```

2 プレビューで確認する

プレビューで確認すると2つのセクションに分かれたリストが表示されます。header で指定した「四国」と「九州」がそれぞれのセクションのヘッダになっています。

3 ヘッダを修飾し、フッタとリストスタイルを追加する

header の Text のフォントサイズを font(.largeTitle) で大きくし、上の間隔が空くように padding(.top) を追加します。さらに引数 footer を追加します。最後に List の属性に listStyle(.grouped) を追加します。

Code ヘッダを修飾し、フッタとリストスタイルを追加する «FILE» **ListSectionSample2/ContentView.swift**

```
struct ContentView: View {
    let shikoku = ["徳島県", "香川県", "愛媛県", "高知県"]
    let kyusyu = ["福岡県", "佐賀県", "長崎県", "熊本県", "大分県", "宮崎県", "鹿児島県"]

    var body: some View {
                                   ヘッダとフッタを付けます
        List {
            Section(header: Text("四国").font(.largeTitle).padding(.top),
                    footer: Text("最高標高は石鎚山の1,982m")) {
                ForEach(shikoku, id:\.self) { item in
                    Text(item)
                }
            }

            Section(header: Text("九州").font(.largeTitle).padding(.top),
                    footer: Text("最高標高は宮之浦岳の1,936m")) {
                ForEach(kyusyu, id:\.self) { item in
                    Text(item)
                }
            }
        }
        .listStyle(.grouped) ——— リストのスタイルを指定します
    }
}
```

4 完成のプレビュー

完成した結果をプレビューで確かめてみましょう。ヘッダが大きくなり、フッタが追加されました。リストスタイルに grouped を指定したことで行の幅が画面サイズと同じになりました。

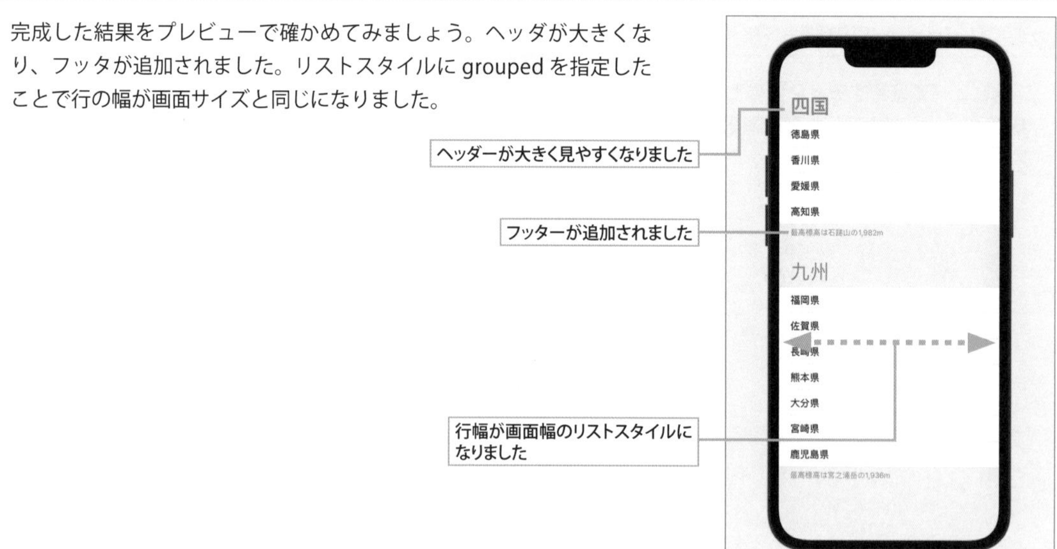

リストをセクションで分ける

次のコードは四国のセクションの部分です。Section は Section(header: footer:) でヘッダとフッタを設定します。ヘッダ、フッタとも省略でき、どちらか一方だけでも構いません。セクションの中は List で各行を作る場合と同じです。ForEach-in は配列から順に要素を item に取り出して繰り返す構造文です。item に入った県名は Text(item) でリスト表示されるテキストになります。

Code 四国のセクション «FILE» ListSectionSample2/ContentView.swift

```
            Section(header: Text("四国").font(.largeTitle).padding(.top),
                    footer: Text("最高標高は石鎚山の1,982m")) {
                ForEach(shikoku, id:\.self) { item in
                    Text(item)
                }
            }
```

配列から県名を順に取り出して繰り返します

リストの表示スタイル

リストの表示スタイルを listStyle モディファイアで選ぶことができます。スタイル指定の省略時ではセクションごとに角丸四角形で囲まれた島になりますが、サンプルのように listStyle(.grouped) を指定するとセクションの横幅がデバイスの側辺まで伸びた形になります。

iOS で選ぶことができるスタイルには次に示すような種類があります。iOS でのデフォルトは inset です。SidebarListStyle は ∨ ＞ボタンでセクションを閉じたり開いたりすることができます。

insetGrouped

grouped

inset

四国
徳島県
香川県
愛媛県
高知県
最高標高は石鎚山の1,982m
九州
福岡県
佐賀県
長崎県
熊本県
大分県
宮崎県
鹿児島県
最高標高は宮之浦岳の1,936m
plain
四国
徳島県
香川県
愛媛県
高知県
最高標高は石鎚山の1,982m
1 クリックします
九州
福岡県
佐賀県
長崎県
熊本県
大分県
宮崎県
鹿児島県
最高標高は宮之浦岳の1,936m
sidebar
2 セクションが閉じます
四国
最高標高は石鎚山の1,982m
九州
福岡県
佐賀県
長崎県
熊本県
大分県
宮崎県
鹿児島県
最高標高は宮之浦岳の1,936m
sidebar

行に表示するビューを定義する

本セクションでリストを作り、次セクションではリストで選んだ項目の詳細ページを開くサンプルを作っていきます。まずはリストに表示する行のビューを定義し、それをリスト表示するところまで作ります。今回は行のビューを単独の SwiftUI ファイルを作って定義します。構造体の定義、関数の定義も行います。

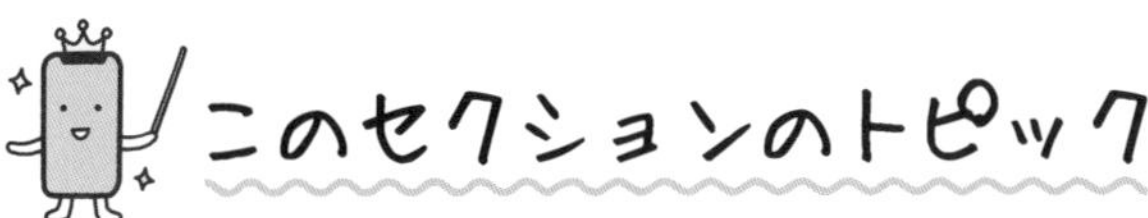

1. Swift ファイルと SwiftUI ファイルを新規追加して使おう
2. 写真データが入った配列を作る関数を定義しよう
3. 配列を順に取り出すための Identifiable プロトコル
4. 行ビューを定義してプレビューで確かめよう
5. 構造体と関数の定義について学ぼう

重要キーワードはコレだ！

List-in、UUID、構造体、previewLayout、Swift File テンプレート、Identifiableプロトコル、ビュー定義

STEP 配列に入れた写真データをリストで表示する

写真データを作って配列に入れておき、その配列から写真のリストを作ります。リストの行には写真のサムネイルとタイトルを表示します。

1 PhotoList プロジェクトを作って写真を取り込む «SAMPLE» PhotoList.xcodeproj

まず、PhotoList プロジェクトを作ります。次にナビゲータエリアで Assets.xcassets を選択し、写真が入ったフォルダをファインダからドロップします。

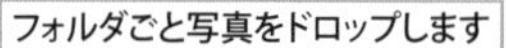

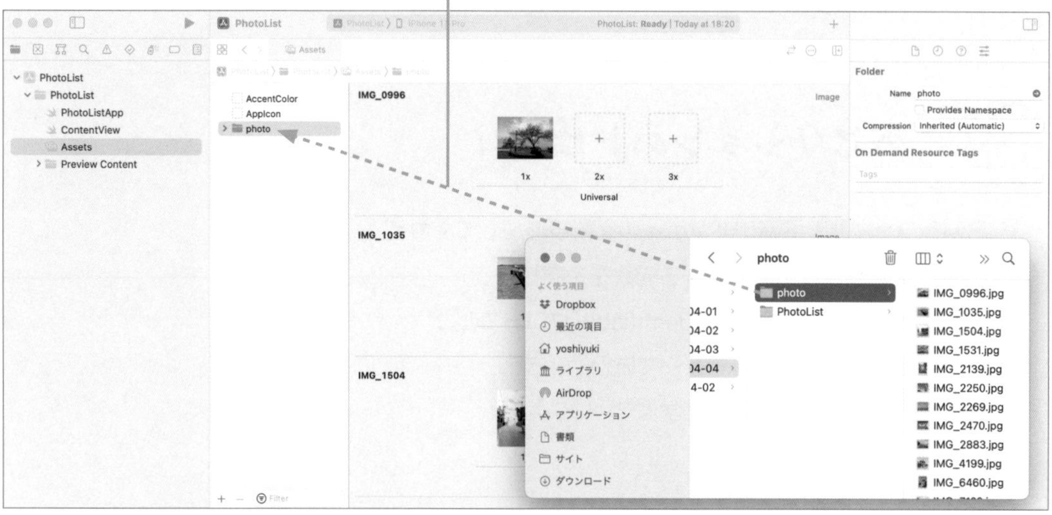

2 Swift File テンプレートから PhotoData.swift を作る

File メニューの New>File... を選択し、Swift File テンプレートを選んで、PhotoData の名前で保存します。Group から PhotoList を選んで保存すればナビゲータエリアで PhotoList グループに入ります。ナビゲータエリアでは表示されませんが、ファイルの拡張子 .swift は自動で付きます。

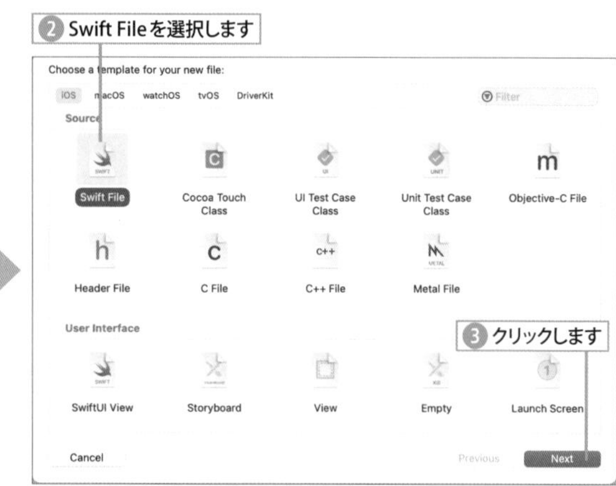

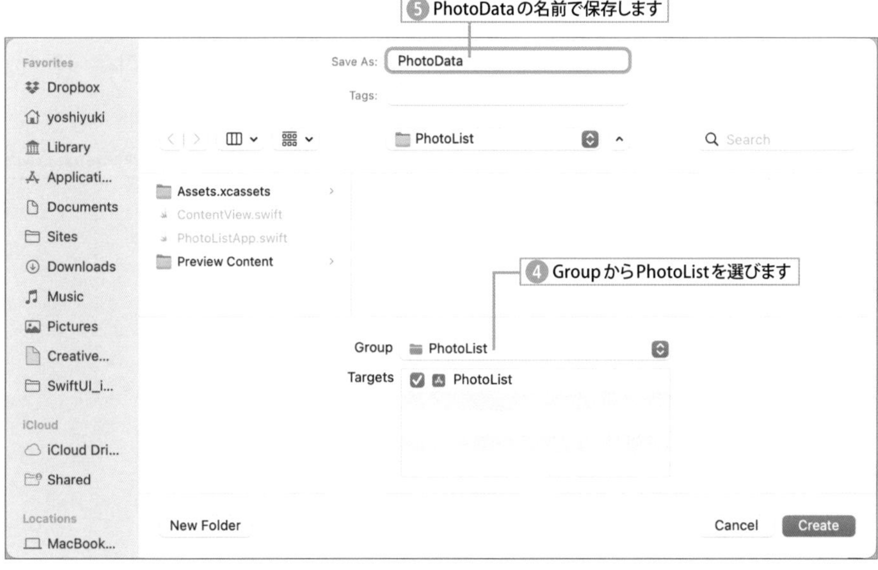

5 PhotoDataの名前で保存します
Save As: PhotoData
Tags:
Favorites
Dropbox
yoshiyuki
Library
Applicati...
Documents
Sites
Downloads
Music
Pictures
Creative...
SwiftUI_i...
iCloud
iCloud Dri...
Shared
Locations
MacBook...
PhotoList
Search
Assets.xcassets
ContentView.swift
PhotoListApp.swift
Preview Content
4 GroupからPhotoListを選びます
Group PhotoList
Targets PhotoList
New Folder
Cancel
Create

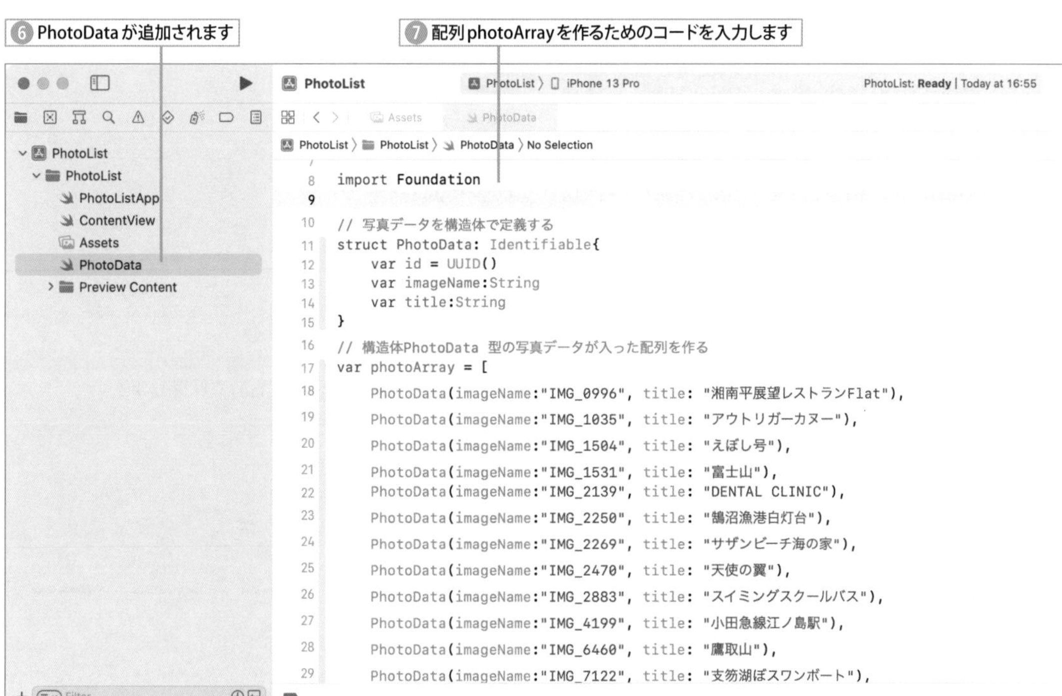

6 PhotoDataが追加されます
7 配列photoArrayを作るためのコードを入力します
PhotoList
PhotoList 〉 iPhone 13 Pro
PhotoList: Ready | Today at 16:55
Assets
PhotoData
PhotoList 〉 PhotoList 〉 PhotoData 〉 No Selection
PhotoList
PhotoList
PhotoListApp
ContentView
Assets
PhotoData
Preview Content
Filter
import Foundation
// 写真データを構造体で定義する
struct PhotoData: Identifiable{
var id = UUID()
var imageName:String
var title:String
}
// 構造体PhotoData 型の写真データが入った配列を作る
var photoArray = [
PhotoData(imageName:"IMG_0996", title: "湘南平展望レストランFlat"),
PhotoData(imageName:"IMG_1035", title: "アウトリガーカヌー"),
PhotoData(imageName:"IMG_1504", title: "えぼし号"),
PhotoData(imageName:"IMG_1531", title: "富士山"),
PhotoData(imageName:"IMG_2139", title: "DENTAL CLINIC"),
PhotoData(imageName:"IMG_2250", title: "鵠沼漁港白灯台"),
PhotoData(imageName:"IMG_2269", title: "サザンビーチ海の家"),
PhotoData(imageName:"IMG_2470", title: "天使の翼"),
PhotoData(imageName:"IMG_2883", title: "スイミングスクールバス"),
PhotoData(imageName:"IMG_4199", title: "小田急線江ノ島駅"),
PhotoData(imageName:"IMG_6460", title: "鷹取山"),
PhotoData(imageName:"IMG_7122", title: "支笏湖ぼスワンボート"),

3 配列 PhotoArrtay を作るコードを PhotoData.swift に書く

ナビゲータエリアで PhotoData を選択し、配列 PhotoArray を作るコードを入力します。このコードでは、写真データを PhotoData 構造体で定義し、15 枚分の写真データを配列 photoArray に入れています。

Code 写真データの構造体を定義して配列にする «FILE» **PhotoList/PhotoData.swift**

```
import Foundation

// 写真データを構造体で定義する
struct PhotoData: Identifiable{
    var id = UUID()
    var imageName:String
    var title:String
}

// 構造体 PhotoData 型の写真データが入った配列を作る
var photoArray = [
    PhotoData(imageName:"IMG_0996", title: "湘南平展望レストラン Flat"),
    PhotoData(imageName:"IMG_1035", title: "アウトリガーカヌー"),
    PhotoData(imageName:"IMG_1504", title: "えぼし号"),
    PhotoData(imageName:"IMG_1531", title: "富士山"),
    PhotoData(imageName:"IMG_2139", title: "DENTAL CLINIC"),
    PhotoData(imageName:"IMG_2250", title: "鵠沼漁港白灯台"),
    PhotoData(imageName:"IMG_2269", title: "サザンビーチ海の家"),
    PhotoData(imageName:"IMG_2470", title: "天使の翼"),
    PhotoData(imageName:"IMG_2883", title: "スイミングスクールバス"),
    PhotoData(imageName:"IMG_4199", title: "小田急線江ノ島駅"),
    PhotoData(imageName:"IMG_6460", title: "鷹取山"),
    PhotoData(imageName:"IMG_7122", title: "支笏湖スワンボート"),
    PhotoData(imageName:"IMG_7216", title: "とまチョップ"),
    PhotoData(imageName:"IMG_7745", title: "スナック Junko"),
    PhotoData(imageName:"IMG_7851", title: "山の電話ボックス")
]
```

Identifiable プロトコルを指定します

1 枚分の写真データの構造を示す構造体

4 SwiftUI View テンプレートから RowView.swift ファイルを作る

File メニューの New>File... を選択し、SwiftUI View テンプレートを選んで RowView の名前で保存します。

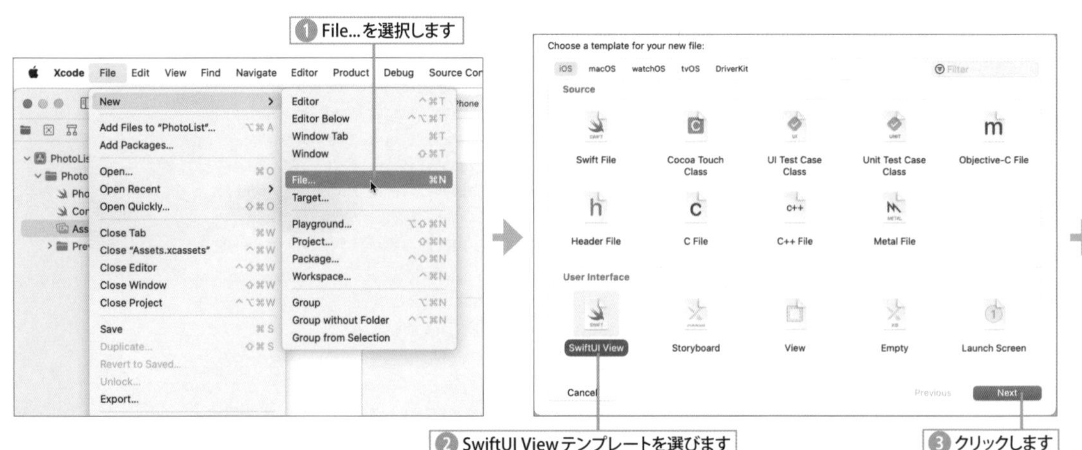

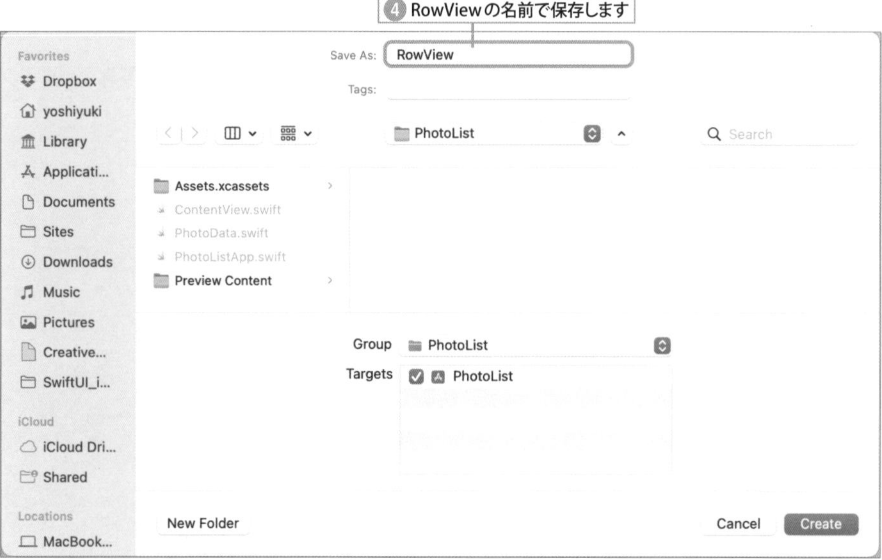

5　写真のサムネイルとタイトルを表示する1行分のビューを定義する

追加されたRowViewをナビゲータエリアで選択して次のコードに書き替えます。

Code　1個の写真データのビューを作る　«FILE» **PhotoList/RowView.swift**

```
import SwiftUI

// 写真データ1個分のビューを作る
struct RowView: View {
    var photo:PhotoData ――― RowViewビューを作る際に写真データを設定します

    var body: some View {
        HStack {
            Image(photo.imageName) ――― 写真を表示します
                .resizable()
                .frame(width: 60, height: 60)
                .clipShape(Circle())
                .overlay(Circle().stroke(Color.gray))
            Text(photo.title) ――― タイトルを表示します
            Spacer()
        }
    }
}

// 最初の写真データを使って1行分のプレビューを作る
struct RowView_Previews: PreviewProvider {
    static var previews: some View {
        RowView(photo:photoArray[0]) ――― 配列photoArrayの1個目の写真データをRowView構造体のphotoに指定してプレビューします
         .previewLayout(.sizeThatFits)
    }
}
```

6 行のプレビューを確認する

ナビゲータエリアでRowViewを選択してプレビューを確認します。Selectableにすると1行分の写真データのプレビューが表示されます。

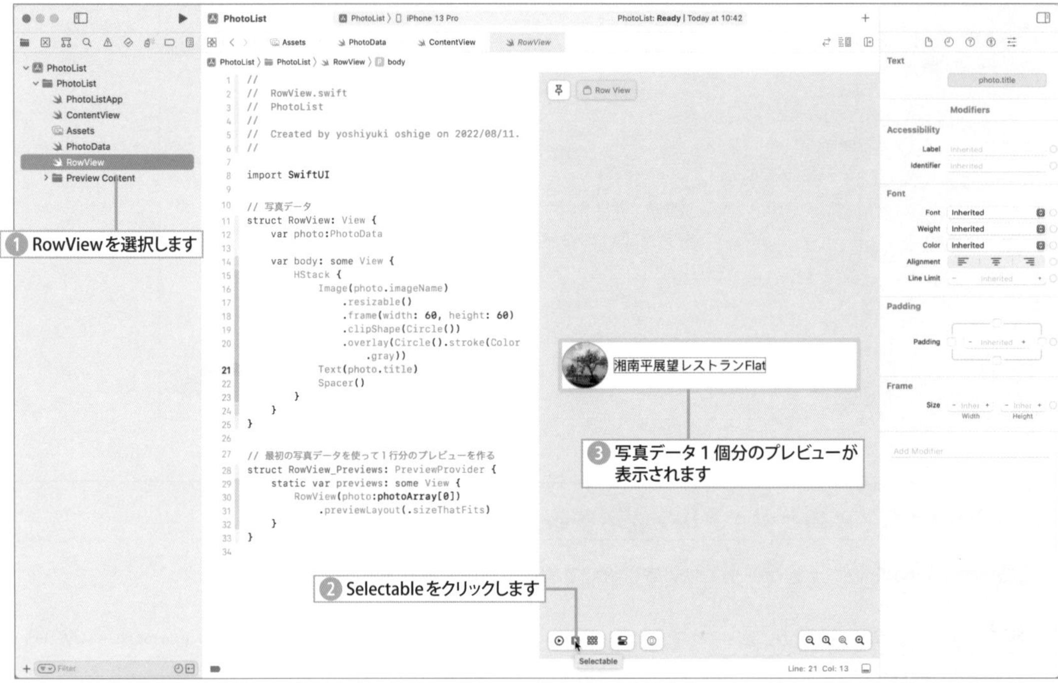

7 行データを読み込んでリスト表示するコードを書く

ナビゲータエリアでContentViewを選択し、bodyを配列photoArrayからデータを読み込んでリスト表示するコードに書き替えます。

Code 配列photoArrayの写真データをリスト表示する　«FILE» **PhotoList/ContentView.swift**

```
struct ContentView: View {
    var body: some View {
        List(photoArray) { item in
            RowView(photo: item)   ——— photoArrayから要素を順に取り出して実行します
        }
    }
}
```

8 リストのプレビューを確認する

ContentViewを選択してプレビューを確認します。ライブプレビューにするとリストをスクロールできます。

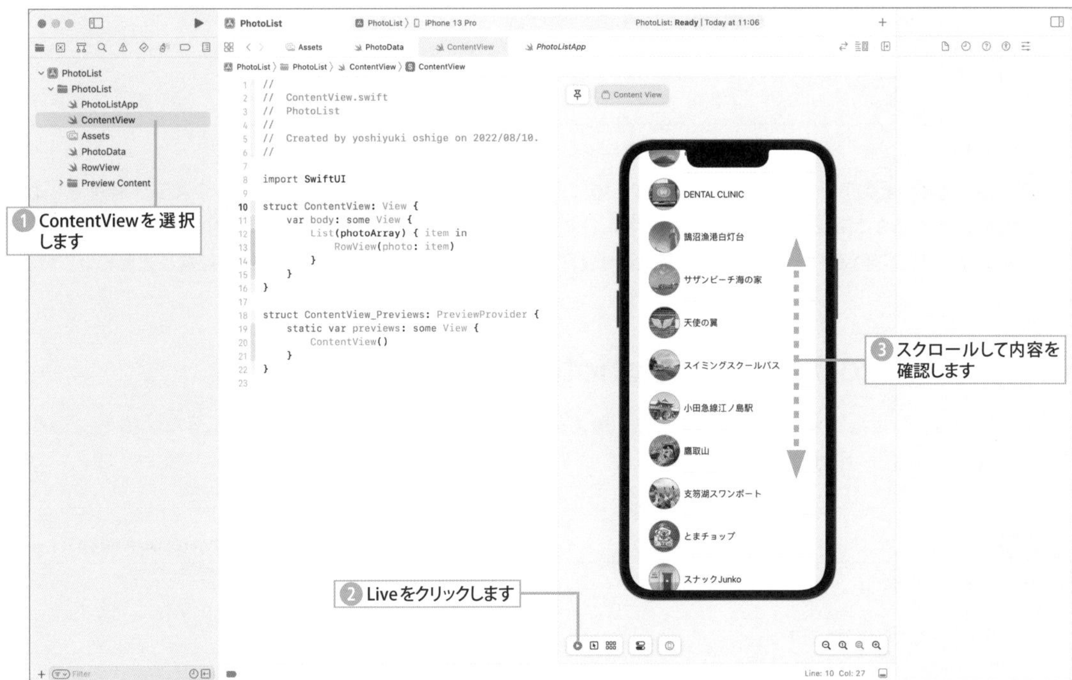

配列 photoArray の写真データをリスト表示する

配列に入っている写真データをリスト表示するコードはContentView.swiftに書いてあります。前セクションのMetroListプロジェクトでも配列の値をリスト表示しましたが、次のようにList(0 ..< 8)のようにレンジからインデックス番号を作り、Text(metro[index])で配列metroの要素を1個ずつ取り出していました（☞ P.156）。

Code 配列 metro からインデックス番号を使って要素を取り出す　«FILE» MetoroList/ContentView.swift

```
List(0 ..< 8)  { index in
    HStack {
        Text(String(index))
        Text(metro[index])
    }
}
```

（0 ..< 8：配列 metro の要素のレンジ）
（index：インデックス番号として使います）

しかし、今回のContentView.swiftのListではレンジを使わずに、List(photoArray)と書いただけで配列photoArrayの要素すなわち写真データの1個分をitemに取り出しています。

Code 配列 photoArray の写真データをリスト表示する　«FILE» **PhotoList/ContentView.swift**

```
struct ContentView: View {
    var body: some View {
        List(photoArray) { item in
            RowView(photo: item)
        }
    }
}
```

item には photoArray から写真データが順に取り出されて引数で渡されます

このように List(配列) とすれば配列から要素を順に取り出すことができるわけですが、どのような配列でもこのような操作ができるかと言えばそうではありません。この List-in の書式を使うためには、次に説明するように配列 photoArray に入っている PhotoData が Identifiable プロトコルを採用した構造体でなければなりません。

構造体 PhotoData と配列 photoArray

PhotoData.swift には写真データの内容を示す構造体 PhotoData の定義と変数 photoArray に 15 枚分の写真データを配列にするコードが書いてあります。

Code 写真データの構造体を作って配列にする　«FILE» **PhotoList/PhotoData.swift**

```
import Foundation

// 写真データを構造体で定義する
struct PhotoData: Identifiable{
    let id = UUID()
    let imageName:String
    let title:String
}
// 構造体 PhotoData 型の写真データが入った配列を作る
var photoArray = [
    PhotoData(imageName:"IMG_0996", title: "湘南平展望レストラン Flat"),
    PhotoData(imageName:"IMG_1035", title: "アウトリガーカヌー"),
    PhotoData(imageName:"IMG_1504", title: "えぼし号"),
    PhotoData(imageName:"IMG_1531", title: "富士山"),
    PhotoData(imageName:"IMG_2139", title: "DENTAL CLINIC"),
    PhotoData(imageName:"IMG_2250", title: "鵠沼漁港白灯台"),
    PhotoData(imageName:"IMG_2269", title: "サザンビーチ海の家"),
    PhotoData(imageName:"IMG_2470", title: "天使の翼"),
    PhotoData(imageName:"IMG_2883", title: "スイミングスクールバス"),
    PhotoData(imageName:"IMG_4199", title: "小田急線江ノ島駅"),
    PhotoData(imageName:"IMG_6460", title: "鷹取山"),
    PhotoData(imageName:"IMG_7122", title: "支笏湖ぼスワンボート"),
    PhotoData(imageName:"IMG_7216", title: "とまチョップ"),
    PhotoData(imageName:"IMG_7745", title: "スナック Junko"),
    PhotoData(imageName:"IMG_7851", title: "山の電話ボックス")
]
```

写真 1 枚分の構造体

写真データを Identifiable プロトコルを採用した構造体で作る

個々の写真データは構造体と呼ばれるデータ形式で作っています。構造体については後述の「Swift シンタックスの基礎知識」で詳しく解説しますが、写真データのために定義した構造体は PhotoData です。PhotoData には id、imageName、title の３つの変数（プロパティ）があります。

Code　構造体 PhotoData の定義　«FILE» PhotoList/PhotoData.swift

```
struct PhotoData: Identifiable{ ―― Identifiable プロトコルを指定した構造体にします
    let id = UUID() ―― Identifiable プロトコルでは必ず id が必要です
    let imageName:String ―― イメージ名
    let title:String ―― 表示するタイトル
}
```

先にも書いたようにリスト表示を作る List(photoArray){ item in ... } で配列 photoArray から要素が順に item に取り出されるようにするには、photoArray に入っている PhotoData が Identifiable プロトコルを採用した構造体でなければなりません。

PhotoData の定義文にある id は Identifiable プロトコルが指定するプロパティで、利用しなくても必ず指定します。id が重複しない値になるように UUID() を代入する式を書いておくのが通常です。

構造体 PhotoData の定義文からデータを作る

構造体 PhotoData の定義文から実際のデータを作るには PhotoData() を実行します。たとえば次のようにイメージ名とタイトルを引数にして実行すると１枚分の写真データが作られます。

Code　構造体 PhotoData で写真データを作る　«FILE» PhotoList/PhotoData.swift

```
PhotoData(idimageName:"IMG_0996", title: "湘南平展望レストラン Flat")
```

NOTE

変数 photoArray のアクセス権

変数 photoArray は PhotoData.swift で宣言していますが、RowView.swift、ContentView.swift のコードからでも利用できます。これは photoArray のアクセス権（公開範囲）が internal だからです。internal はどのファイルからでも参照できるアクセス権で省略時の初期値です。photoArray の式をアクセス権を省略せずに書くと次のとおりです。

Code　アクセス権を省略せずに変数 photoArray を宣言する

```
internal var photoArray:[PhotoData]
```

アクセス権	説明
open	モジュール外からでも自由にアクセスできる
public	モジュール外からアクセスできるが、継承と override ができない
internal	同一モジュール内なら他のファイルからでもアクセスできる（初期値）
fileprivate	同一ファイル内でのみアクセスできる
private	定義されたスコープ内でのみアクセスできる

リストの１行分のビューを作る

RowView ビューはリストの１行分のビュー、すなわち写真データの１個分のビューです。RowView ビューを定義する RowView.swift は SwiftUI View テンプレートで作り、写真データのサムネイル画像とタイトルを表示するコードに書き替えます。

ContentView でリスト表示する RowView ビューは RowVIew(photo:item) を実行して作成します（☞ P.180）。引数 photo の item には、１個分の写真データ（PhotoData 型の構造体）が入り、その値が RowView の変数 photo に代入されます。構造体の変数（プロパティ）にはドットシンタックスを使ってアクセスできるので、写真イメージは Image(photo.imageName)、タイトルは Text(photo.title) で作ることができます。

Code 写真データ１個分のビューを作る «FILE» **PhotoList/RowView.swift**

```
struct RowView: View {
    var photo:PhotoData ――― RowView ビューを作る際に写真データが設定されます

    var body: some View {
        HStack {
            Image(photo.imageName) ――― 写真を表示します
                .resizable()
                .frame(width: 60, height: 60)
                .clipShape(Circle())
                .overlay(Circle().stroke(Color.gray))
            Text(photo.title) ――― タイトルを表示します
            Spacer()
        }
    }
}
```

１行分のプレビューを表示する

RowView を選択してプレビューを表示すると PreviewProvider プロトコルが指定してある RowView_Previews() が実行され、Selectable ボタンをクリックして選択モードにすることで、写真データ１個だけを使ってリストで表示する１行のレイアウトを確認できます。

表示する写真データは、配列 photoArray の１個を RowView(photo: photoArray[0]) のように引数で渡します。プレビュー表示の縦横サイズは previewLayout(.sizeThatFits) で指定できます。

Code 最初の写真データを使って１行分のプレビューを作る «FILE» **PhotoList/RowView.swift**

```
struct RowView_Previews: PreviewProvider {
    static var previews: some View {
        RowView(photo:photoArray[0]) ――― photoArray の先頭のデータ
          .previewLayout(.sizeThatFits) ――― コンテンツにフィットしたサイズになります
    }
}
```

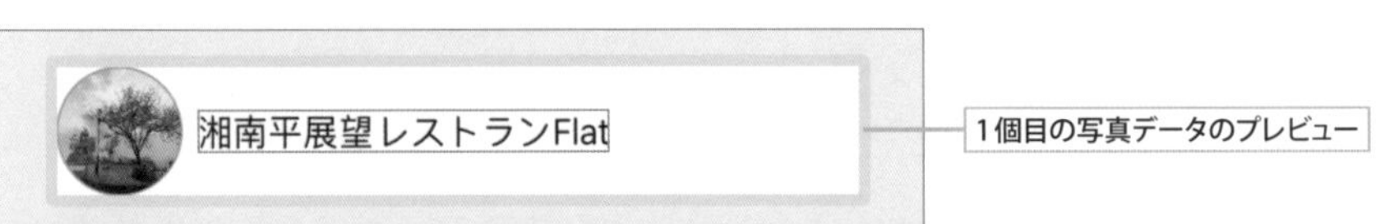

リストから詳細ページを開く

前セクションのリスト表示の行をタップすると詳細ページへ移動するプロジェクトを完成させます。NavigationView と NavigationLink を使ってページの移動と戻りができるようにします。

1. 詳細ページ用の SwiftUI ファイルを作ろう
2. 詳細ページのビュー作ろう
3. リストの行をタップすると詳細ページが開くようにしよう
4. ライブプレビューで詳細ページへの移動と戻りを試そう

重要キーワードはコレだ！

List、NavigationView、NavigationLink、navigationTitle、@ViewBuilder、struct、func、return、Void、引数の初期値、プロトコル、構造体、関数定義

STEP 詳細ページを作る

前セクションで作った写真のリスト表示の PhptoList プロジェクトを仕上げて、リストの行をタップすると詳細ページへ遷移して行き来できるようにします。最初に遷移後の詳細ページから作ります。

1 詳細ページ用の PhotoDetailView.swift を追加する

«SAMPLE» PhotoList.xcodeproj

写真の詳細ページ用に PhotoDetailView.swift を作ってプロジェクトに追加します。新規ファイルは File メニューから New > File... を選択し、SwiftUI View テンプレートで作ります。

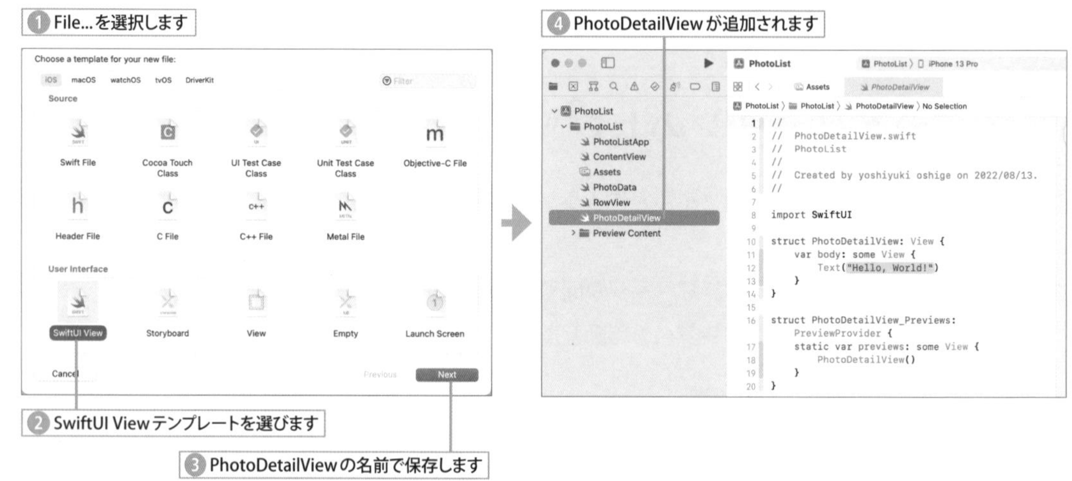

2 詳細ページのレイアウトを作る

ナビゲータエリアで PhotoDetailView を選択し、body の中身を詳細ページを表示するコードに書き換えます。詳細ページでは、写真を大きくして画面の上詰めで表示し、タイトルがその下に表示されるようにレイアウトします。このコードは、行に表示する RowView ビューの body とほぼ同じです（☞ P.177）。

Code 詳細ページに写真とタイトルを表示する «FILE» PhotoList/PhotoDetailView.swift

```
struct PhotoDetailView: View {
    var photo:PhotoData ——— 追加します

    var body: some View {          ┌—— 書き換えます
     VStack {
            Image(photo.imageName)
                .resizable()
                .aspectRatio(contentMode: .fit)
            Text(photo.title)
            Spacer()
        }
     .padding()
     }
    }
}
```

3 詳細ページのプレビュー用コードを書く

struct PhotoDetailView_Previews を 1 個目の写真データでプレビュー表示するコードに変更します。

Code　1 個目の写真データで詳細ページをプレビュー表示する　«FILE» PhotoList/PhotoDetailView.swift

```
struct PhotoDetailView_Previews: PreviewProvider {
    static var previews: some View {
        PhotoDetailView(photo:photoArray[0])
    }
}
```

PhotoDetailView(photo:photoArray[0]) ── 変数 photo の初期値を指定します

4 詳細ページをプレビューして確認する

ナビゲータエリアで PhotoDetailView を選択してプレビューを確認します。プレビューを見ると、1 個目の写真データを使って写真とタイトルは表示されますが、戻りボタンは表示されません。プレビューで戻りボタンが表示されなくても間違いではありません。

5 リスト表示から詳細ページを開くためのコードに修正する

ナビゲータエリアで ContentView を選択してコードを修正します。List を NavigationView{ } で囲み、タップされた行の詳細ページに移動するように NavigationLink のコードを追加します。

Code リスト表示でタップされた行の詳細ページへ移動する　　«FILE» **PhotoList/ContentView.swift**

```
struct ContentView: View {
    var body: some View {
        NavigationView {  ―― NavigationView{} で囲みます
            List(photoArray) { item in
                NavigationLink(destination: PhotoDetailView(photo: item)) {
                    RowView(photo: item)
                }
            }
            .navigationTitle(Text(" 写真リスト "))
        }
    }
}
```

行をタップすると開く詳細ビュー（destination: PhotoDetailView(photo: item)）

リストに表示する各行のビュー（RowView(photo: item)）

6 ライブプレビューで動作チェックする

リスト表示の行をタップすると詳細ページへ移動するかどうか、ライブプレビューで動作チェックをします。移動先の詳細ページからは、左上に表示される戻りボタンで写真リストに戻ることができます。

簡単なナビゲーションリンクを作ってみる

リストでタップされた行の写真データを PhotoDetailView で表示するサンプルを作りましたが、コードが少し複雑なのでもう少し単純なコードでページの移動、すなわちシーン遷移の方法を見てみましょう。

次の例では、ContentView で表示している Home の「GO サブビュー」をタップすると SubView へ移動し、SubView の左上の「Home」をタップすると元に戻ります。

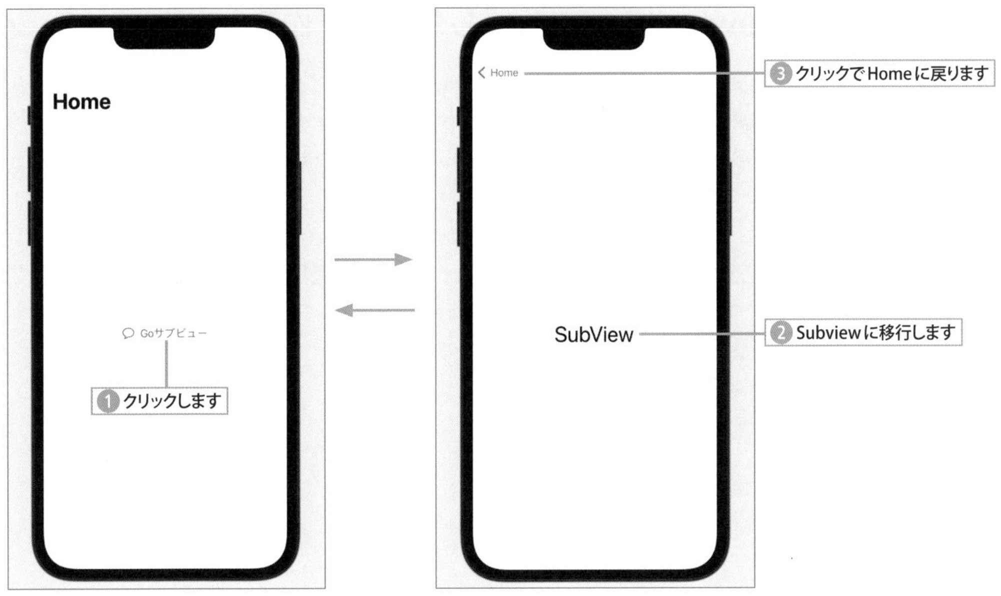

これを行うコードは次のとおりです。NavigationView のブロックの中に NavigationLink を書くとリンクになり、リンクをタップすると destination で指定したビューが開きます。移動先では navigationTitle で指定したタイトルが戻りボタンとしてビューの左上に表示されます。

Code NavigationLink( ) で SubView へ移動する «FILE» **SimpleNavigationLink/ContentView.swift**

```
import SwiftUI

struct ContentView: View {
    var body: some View {
        NavigationView {  ―― NavigationView の囲み中に作ります
            NavigationLink(destination: SubView()) {  ―― SubView ビューを開きます
                Label("Go サブビュー ", systemImage: "message")  ―― 移動のリンクボタンになります
            }
            .navigationTitle("Home")
        }.navigationViewStyle(.stack)  ―― 左肩に表示されるタイトルになり、戻りボタンの
                                          タイトルとしても表示されます
    }
}

struct SubView: View {
    var body: some View {
        Text("SubView").font(.largeTitle)  ―― リンク先のサブビューを作ります
    }
}

struct ContentView_Previews: PreviewProvider {
    static var previews: some View {
        ContentView()
    }
}
```

サブビューを @ViewBuilder で修飾した関数で作る

これまでの例では NavigationLink の遷移先のビューを ContentView と同じように struct で定義する構造体で作っていましたが、@ViewBuilder を付加したユーザ定義関数で作ることもできます。

関数は「func 関数名 () -> 戻り値の型」で定義します（☞ P.195）。次の func detailView() は detailView ビューを作って戻すユーザ関数の定義文です。関数定義の前に @ViewBuilder が書いてある点に注目してください。

Code 遷移先の detailView ビューを定義する　«FILE» NavigationLinkViewBuilder/ContentView.swift

```
@ViewBuilder ──────── サブビューを作る関数定義の前に書きます。
func detailView() -> some View {
    VStack {
        Text("鷹取山ハイキングコース")
            .font(.title2)
        Image("IMG_6460")
            .resizable()
            .aspectRatio(contentMode: .fit)
        Text("横須賀　鷹取山の磨崖仏")
    }
    .padding()
}
```

ビューを遷移するリンクを作るには、先のサンプルと同様に NavigationLink (destination: detailView()) のように遷移先のビューを作る detailView() を引数 destination に指定します。今回はリンクボタンを Label ではなくイメージとテキストで作っています。

Code ナビゲーションリンクを作る　«FILE» NavigationLinkViewBuilder/ContentView.swift

```
struct ContentView: View {
    var body: some View {
        NavigationView {
            NavigationLink (destination: detailView()){   ← 遷移先のビュー
                HStack(alignment: .bottom, spacing: 10) {
                    Image("IMG_6460")
                        .resizable()
                        .aspectRatio(contentMode: .fit)   ← リンクボタンになります
                        .frame(width: 100)
                    Text("鷹取山")
                }
            }.navigationTitle("人気スポット")
        }.navigationViewStyle(.stack)
    }
}
```

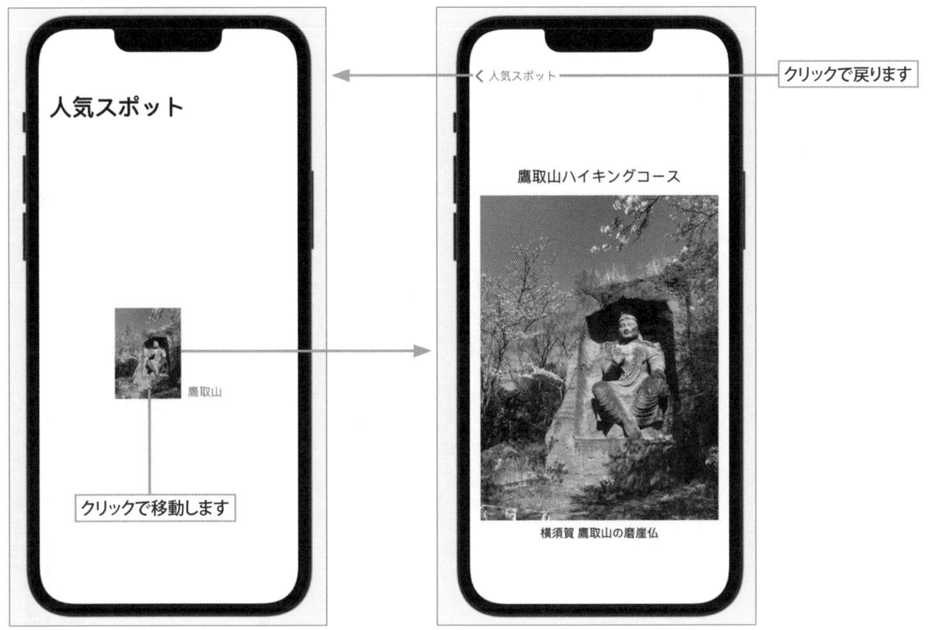

複数のプレビューを表示する

ContentViewのプレビュー表示を行うためのContentView_Previewsが書いてありますが、これにならってdetailView_Previewsを追加します。するとプレビュー表示にdetailViewビューをプレビュー表示するボタンが追加されます。

Code　detailViewビューのプレビューを作る　«FILE» NavigationLinkViewBuilder/ContentView.swift

```
struct detailView_Previews: PreviewProvider {
    static var previews: some View {
        detailView() ―――― detailViewのプレビューが作られます
    }
}
```

detailViewビューを表示するボタンが追加されます
ContentView
Assets
NavigationLinkViewBuilder 〉 NavigationLinkViewBuilder 〉 ContentView 〉 No Selection
struct ContentView: View {
    var body: some View {
        NavigationView {
            NavigationLink (destination: detailView()){
                HStack(alignment: .bottom, spacing: 10) {
                    Image("IMG_6460")
                        .resizable()
                        .aspectRatio(contentMode: .fit)
                        .frame(width: 100)
                    Text("鷹取山")
                }
            }.navigationTitle("人気スポット")
        }.navigationViewStyle(.stack)
    }
}
@ViewBuilder
func detailView() -> some View {
    VStack {
        Text("鷹取山ハイキングコース").font(.title2)
        Image("IMG_6460")
            .resizable()
            .aspectRatio(contentMode: .fit)
        Text("横須賀 鷹取山の磨崖仏")
    }.padding()
}
struct ContentView_Previews: PreviewProvider {
    static var previews: some View {
        ContentView()
    }
}
struct detailView_Previews: PreviewProvider {
    static var previews: some View {
        detailView()
    }
}
detailViewビューを作る関数
detailViewビューのプレビューを作ります
Content View
Detail View
鷹取山ハイキングコース
横須賀 鷹取山の磨崖仏

Swift シンタックスの基礎知識

構造体とユーザー定義関数

struct ContentView って何？

次の ContentView には struct で始まるブロックが書いてあります。これは構造体と呼ばれる値の書式で ContentView 構造体を定義しています。

Code ContentView 構造体を定義したコード «FILE» **HelloWorld/ContentView.swift**

```
struct ContentView: View { ——— struct で宣言します
    var body: some View {
        Text("Hello, world!")
            .padding()
    }
}
```

たとえば石には重さ、大きさ、材質などの複数の属性があります。動物にも種、性別、年齢などの属性があります。このように、複数の属性をもった値を扱いたい場合に構造体が利用できます。SwiftUI のビューにも body などの複数の属性があるので、構造体 (struct) の形式で定義してあります。

構造体の書式

Swift の構造体は多機能で複雑ですが、基本的な書式は次に示すとおりです。属性は変数で定義し、値を変更しない変数は let、変更できる変数は var で宣言します。属性はプロパティとも言うので、属性を定義する変数をプロパティ変数とも呼びます。

書式 構造体の基本的な書式

```
struct 名前 { ——— 構造体は struct で始まります
    let 変数 1  ┐
    var 変数 2  ┘——— 属性（プロパティ）は変数で定義します
    …
}
```

NOTE

struct は値型

値には参照型と値型があります。struct は値型なので、変数に代入したり、関数の引数で渡すと複製された値が渡されます。
（関数の引数に配列の参照を渡す☞ P.167）

Member 構造体を定義する

次のコードは Member 構造体を定義しています。属性として level、name、age の 3 個の変数をもっています。name は後から値を変更できないように let で宣言し、level の初期値は 1 にしています。

Playground　Member 構造体の定義　«FILE» Member.playground

```
struct Member {
    let name:String
    var level = 1 ———— 初期値を 1 にします
    var age:Int
}
```

NOTE

構造体の名前の 1 文字目は大文字

構造体はタイプ（型）を定義することにもなります。タイプ名の 1 文字目は大文字で付けるのが慣例なので、構造体の名前の 1 文字目は大文字にします。

構造体の定義から値を作る

構造体名に () を付けることで構造体の定義から値を作ることができます。その際に構造体で定義している変数の値を指定します。初期値が設定されている変数の値は省略できます。

書式　構造体の値を作る

var 変数 **=** 構造体名 **(** 変数 1**:** 値 **,** 変数 2**:** 値 **,** 変数 3**:** 値 **, ...)**

では、Member 構造体の定義から値を作ってみましょう。作った値は変数に代入します。member1 と member2 を作るコードは次のようになります。このように、同じ Member 構造体であっても、member1、member2 のように属性の値が違った構造体を作ることができます。あとから属性の値を変更するので、var で宣言します。

Playground　Member 構造体の定義から member1 と member2 を作る　«FILE» Member.playground

```
// 構造体を作る
var member1 = Member(name: "鈴木", age: 19) ———— level は初期値が設定されているので省略できます
var member2 = Member(name: "田中", level: 5, age: 23)
```

構造体の値を利用する

構造体の属性つまり変数はドットを使って参照できます。member1 の name、age、level の値は次のように確認できます。member1 を作る際に level の値を指定しませんでしたが、level は初期値の 1 になっています。

Playground　構造体の値を調べる　«FILE» Member.playground

```
// member1 の値を調べる
let text1 = "\(member1.name) さん \(member1.age) 歳 レベル \(member1.level)"
print(text1)
```

結果

```
鈴木さん 19 歳 レベル 1
```

var 宣言されている属性は値を更新することもできます。次のコードでは member2 の level に 1 を加算しています。member2 を作るときに 5 を指定したので結果はレベル 6 になります。先にも書いたように、属性の値を変更するには、構造体を代入する変数 member2 も var で宣言されている必要があります。

Playground　構造体の属性の値を更新する　«FILE» Member.playground

```
// member2 の level に 1 を加算
member2.level += 1 ――― 属性を書き替えます
// member2 の値を調べる
let text2 = "\(member2.name) さん \(member2.age) 歳 レベル \(member2.level)"
print(text2)
```

結果

```
田中さん 23 歳 レベル 6 ――― レベルが 5 から 6 に上がっています
```

次のコードでは、member1 と member2 の age の値を合計しています。

Playground　構造体の属性の値で計算する　«FILE» Member.playground

```
// member1 と member2 の age の合計
let ageSum = member1.age + member2.age
let text3 = " 年齢の合計：\(ageSum) 歳 "
print(text3)
```

結果

```
年齢の合計：42 歳
```

構造体のイニシャライザ

構造体の定義文にはイニシャライザ init() を書くことができます。イニシャライザとは、構造体を作成したときに初期化のために自動で実行される特殊な関数です。

次に示す Box 構造体の定義はイニシャライザ init() の引数でプロパティ width と height を受けてそれぞれ同名のプロパティの値として設定したあと、width と height の合計の大きさで size の値を "M" または "L" に設定しています。self.width = width の左項の self.width は width プロパティを指し、右項の width はイニシャライザの引数 width を指しています。同名の両者を区別するためにプロパティはインスタンス自身を指す self を付けて書きます。

Code　構造体のプロパティの初期値をイニシャライザで設定　«FILE» Box.playground

```
// 構造体を定義する
struct Box{
    let width:Int
    let height:Int ――― プロパティ
    let size:String

    // イニシャライザ
    init(width:Int, height:Int){
        self.width = width
        self.height = height ――― 同名の引数と混同しないようにプロパティは self で指します
        if(width+height)<120 {
            size = "M"
        } else {
            size = "L"
        }
    }
}
```

box1 を Box(width: 50, height: 50)、box2 を Box(width: 40, height: 100) のように作ると box1 の size は "M"、box2 の size は "L" になります。

Code　Box 構造体の値を作って確かめる　«FILE» **Box.playground**

```
let box1 = Box(width: 50, height: 50)
let box2 = Box(width: 40, height: 100)
print(box1)
print(box2)
```

結果

```
Box(width: 50, height: 50, size: "M")
Box(width: 40, height: 100, size: "L")
```

Member 構造体で省略されているイニシャライザ

引数で受けた値をそのままプロパティの初期値を設定するだけならばイニシャライザを省略できます。先の Member 構造体の定義文はイニシャライザが省略されているコードです（☞ P.192）。イニシャライザを省略しなければ次のように書けます。

Code　Member 構造体のイニシャライザを省略しない場合の書き方　«FILE» **Member2.playground**

```
struct Member {
    let name:String ——— イニシャライザで１度だけ値を代入するので let で宣言します
    var level:Int
    var age:Int

    // イニシャライザ
    init(name:String, level:Int = 1, age:Int){
        self.name = name          ——— 初期値はここで設定します
        self.level = level
        self.age = age
    }
}
```

この場合、level の初期値は変数宣言では指定せずに イニシャライザ init() の引数 level の初期値として指定します。関数の引数の初期値についてはユーザー関数定義で説明します（☞ P.196）。

プロトコルが指定してある構造体

Swift の構造体にはプロトコルを指定できます。プロトコルとは規格のようなもので、実装しなければならないプロパティ（変数）やメソッド（関数）が定まっています。プロトコルが指定してあることで構造体の機能や属性を知ることができたり、コードの不備を Xcode から指摘されたりします。

書式 プロトコルが指定してある構造体の書式

```
struct 名前 : プロトコル {
    var 変数
}
```

ContentView のコードを見ると View プロトコルを採用した書式をしています。ContentView の body 変数は View プロトコルで指定してある必須の属性です。

Code View プロトコルが指定してある ContentView 構造体　«FILE» HelloWorld/ContentView.swift

```
struct ContentView: View {
    var body: some View {
        Text("Hello, world!").padding()
    }
}
```

View プロトコルに従って body 変数が必須です

ユーザー関数を定義する

料金（大人１人、子供２人）と言うだけで料金が計算されると便利なように、一連の計算や処理に名前を付けて呼び出せるようにしたものが関数です。身の回りのことにたとえると、自動販売機は処理をブラックボックス化した関数であり、料理も手順に名前を付けた関数と言えます。

Swiftの関数は次の書式で定義します。引数（ひきすう）で受けた値を使ってステートメント（命令文）を実行し、処理の結果を戻り値として return で返します。return を実行したならば関数を終了、中断します。引数は何個でもかまいません。引数には外部引数名を付けることもできますが、それについては改めて解説します（☞ P.240）。

書式 関数の定義（標準的な書式）

```
func 関数名 ( 引数名 1: 型 ,  引数名 2: 型 , ...)  -> 戻り値の型 {
    ステートメント
    return 戻り値
}
```

たとえば、料金を計算する関数 calc() は次のように定義できます。引数は adult が大人の人数、child が子供の人数です。大人 1200 円、子供 500 円で料金を計算します。計算結果は整数なので戻り値の型は Int です。

Playground calc() 関数を定義する «FILE» calc.playground

```
func calc(adult:Int, child:Int) -> Int {
    let money = adult * 1200 + child * 500
    return money
}
```

関数を使う

定義した関数は関数名 () で実行できます。引数がある関数は、関数名 (引数名 1: 値 , 引数名 2: 値 , ...) の形式で () の中に引数名とその値を入れて実行します。それでは calc() を使って、大人２人、子供３人の場合の料金を求めてみましょう。calc(adult: 3, child: 2) のように実行すると計算結果が戻るので、その値を変数 price に代入します。

引数名を指定している場合でも定義と同じ順番でなければなりません。calc(child: 2, adult:3) はエラーになります。

Playground 大人３人、子供２人の料金を計算する «FILE» calc.playground

```
let price = calc(adult: 3, child: 2)
print(price)
```

結果

```
4600
```

引数の初期値を設定する …… 省略できる引数

先の calc() では、大人１人だからと言って child の数を指定せずに calc(adult:1) とするとエラーになります。このように通常では引数を省略することはできませんが、引数の初期値を設定すると省略できるようになります。引数の初期値は次の書式で設定します。

書式 引数に初期値がある関数の定義

```
func 関数名 ( 引数名 1: 型 = 初期値 ,  引数名 2: 型 = 初期値 , ...)  -> 戻り値の型 {
    ステートメント
    return 戻り値
}
```

次の calc2() では引数の adult、child の初期値を 0 で定義しています。

Playground 引数の初期値を 0 に設定する «FILE» calc2.playground

```
func calc2(adult:Int = 0, child:Int = 0) -> Int {
    let money = adult * 1200 + child * 500
    return money
}
```

これによって、引数の adult、child の値を省略した場合にそれぞれの初期値が使われます。次の例では大人 1 人だけの場合、子供 2 人だけの場合を計算しています。

Playground　大人 1 人だけ、子供 2 人だけの場合を計算する　«FILE» calc2.playground

```
let adult1 = calc2(adult: 1)
let child2 = calc2(child: 2)
print("大人1人 \(adult1)")
print("子供2人 \(child2)")
```

結果

```
大人1人 1200
子供2人 1000
```

値を返さない関数

一連のステートメントを実行するだけで戻り値がない、値を返さない関数もあります。その場合の書式では return 文がなく 、戻り値の型を Void にするか、型指定の -> Void の記述を省略します。

書式　値を返さない関数

```
func 関数名(引数名1: 型 = 初期値, 引数名2: 型 = 初期値, ...) -> Void {
    ステートメント
}
```

return がありません

-> Void：省略できます

次の play() には戻り値がなく、実行すると変数 isPlay に true を代入します。play() を実行して isPlay の値を確認すると true になっています。

Playground　値を返さない play() 関数　«FILE» play.playground

```
var isPlay = false          // 初期値は false です

// 値を返さない関数
func play() -> Void {
    isPlay = true           // play() 関数を定義します
}

play()                      // 実行します
print(isPlay)
```

結果

```
true
```

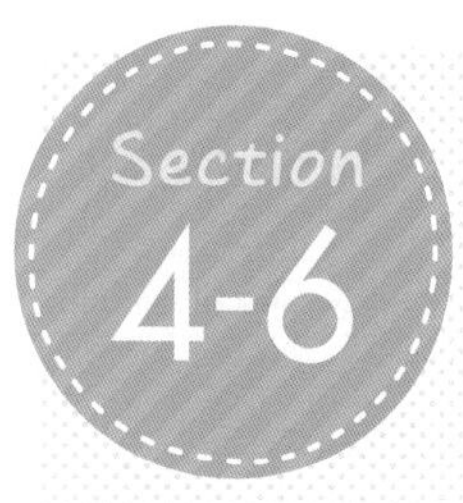

ブラウザで表示するWebリストを作る

Safari などの Web ブラウザで URL を開く Link() を使って Web リストを作ってみましょう。Web ページの名前や URL を 1 つの構造体として定義し、その配列をもとに Web リストを作ります。リストに並べる名前も Link() で表示します。リストと Web ブラウザとの行き来の仕組みは Link() 機能に組み込まれているのでコードで書く必要はありません。

1. Web ページのデータは構造体として定義しよう
2. 配列に入れた Web データから Web リストを作ろう
3. Web リストで選んだサイトを Web ブラウザで開く

重要キーワードはコレだ！

Identifiable、UUID、List、Link、URL

Webページのリンクリスト

URLをチェックします

Webページが Safari で開きます

STEP 標準ブラウザで開く Web リンクリストを作る

Web ページの URL リストを作り、タップして選んだ行のリンク先を標準ブラウザの Safari で開けるようにします。リスト表示する Web ページの名前、URL、ファビコンイメージ名は構造体で定義しておきます。

1 favicon のイメージを用意する

«SAMPLE» **LinkURLSample.xcodeproj**

あらかじめダウンロードしておいたリンク先のファビコンの画像をプロジェクトの Assets.xcassets に登録します。

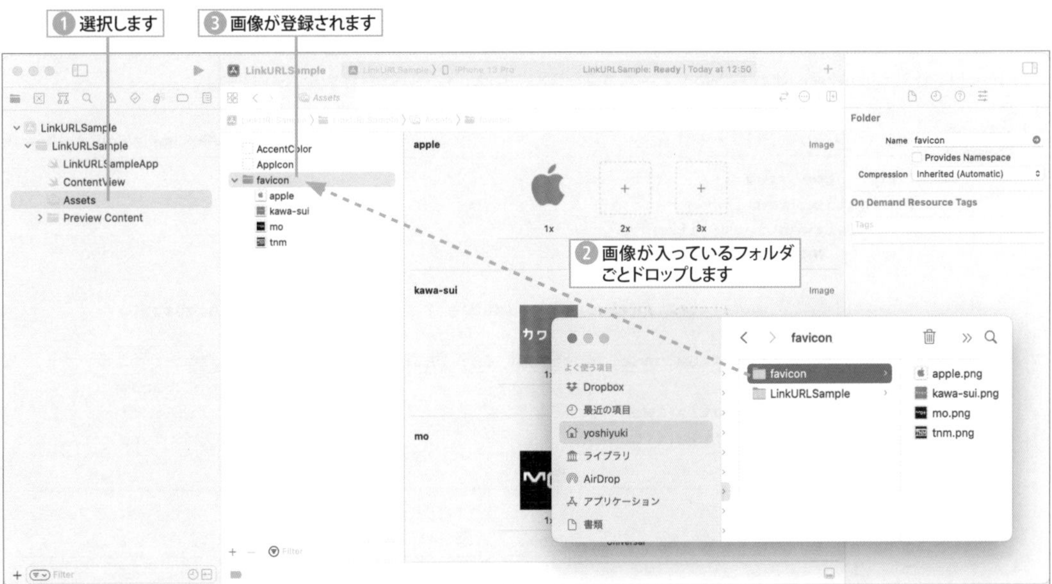

2 Web ページのデータを構造体で定義する

Web ページの名前や URL を構造体として定義します。Identifiable プロトコルを採用し、id、name、url、favicon の４つのプロパティがある構造体にします。Identifiable プロトコルで必須の id は初期値を UUID() にしておくことができます。

Code　Web ページのデータを構造体で定義する　«FILE» **LinkURLSample/ContentView.swift**

```
struct webData: Identifiable{
    var id = UUID()
    var name:String
    var url:String
    var favicon:String
}
```

3 Web データの配列を作る

構造体 webData(name:url:favicon:) を使って Web ページのデータを作り、配列 webList に代入します。id には初期値があるので値を指定する必要がありません。引数 favicon にはファビコン画像の登録名を指定します。

Code　WebData の配列 webList を作る　«FILE» LinkURLSample/ContentView.swift

```
// Web データの配列
let webList = [
    webData(name: " アップル ", url: "https://www.apple.com/jp/", favicon: "apple"),
    webData(name: " 東京国立博物館 ", url: "https://www.tnm.jp", favicon: "tnm"),
    webData(name: " 東京都現代美術館 ", url: "https://www.mot-art-museum.jp", favicon: "mo"),
    webData(name: " 川崎水族館 ", url: "https://kawa-sui.com", favicon: "kawa-sui")
]
```

4 配列 WebList から Web ページのリンクリストを作る

List(webList) で配列 WebList から Web データを取り出して Web ページのリンクを作ります。

Code　Web ページのリンクリストを作る　«FILE» LinkURLSample/ContentView.swift

```
    var body: some View {
        NavigationView {
            List(webList){ item in
                HStack {
                    // ファビコン
                    Image(item.favicon).resizable().frame(width:50, height:50)
                    // Web リンク
                    Link(item.name, destination: URL(string: item.url)!)
                }
            }.navigationTitle("Web リスト ")
        }.navigationViewStyle(.stack)
    }
```

構造体WebDataの定義
配列 webList
Webリストを作ります

5　シミュレータで確認する

Webリストはプレビューで確認できますが、実際にタップしてWebページを表示するには、実機かシミュレータを使って確かめる必要があります。シミュレータならばWebリストでサイト名をクリックするとSafariに移行してWebページが開きます。Safariからは左上に表示されるアプリ名「LinkURLSample」をクリックしてWebリストに戻ることができます。

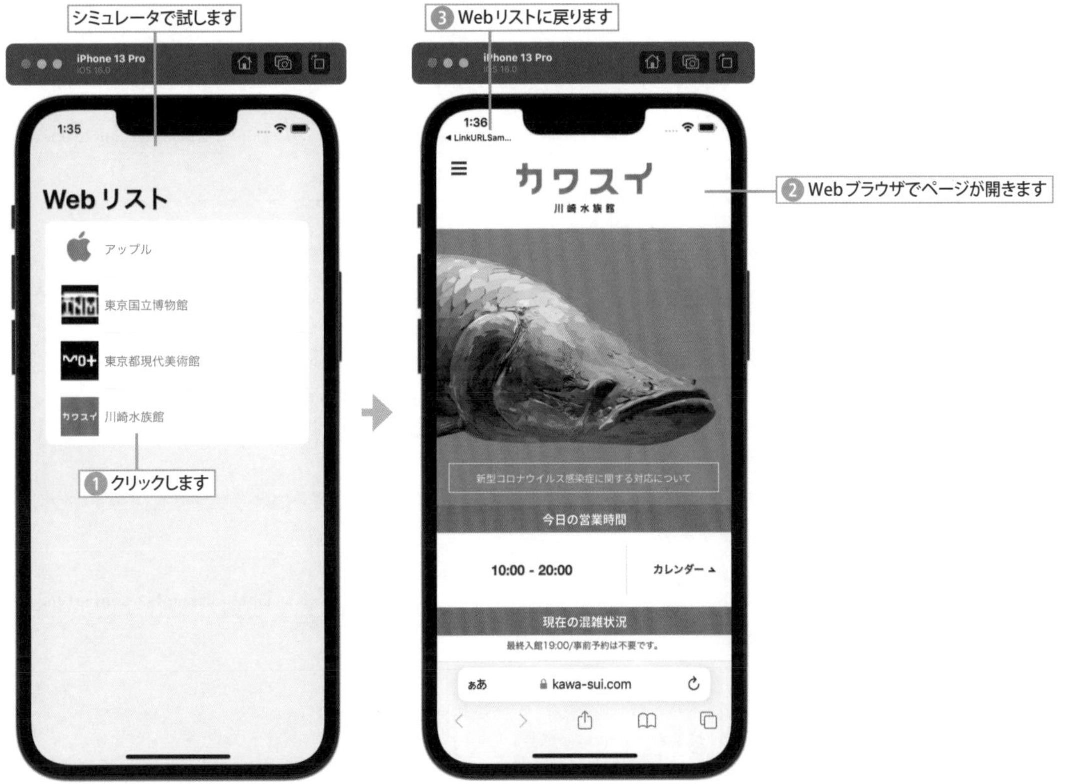

Web リンクを作る

タップするとWebブラウザでWebページを開くリンクはLink(_ title:String, destination:URL) の書式で作ることができます。第１引数は外部引数名が _ なので引数名は不要です（外部引数名 ☞ P.240）。第２引数の型は URL なので、URL(string: item.url)! のように文字列の URL から URL オブジェクトを作ります。URL(string:) は nil かもしれないオプショナルバリューなので、ここでは！で強制アンラップしています（☞ P.284）。

次のコードで作ったリンクをクリックすると item.url で得た URL の Web ページが Safari などの標準 Web ブラウザで開きます。このサンプルではタイトルを表示するために NavigationView を使っていますが、Web ブラウザと行き来するページ移動とは関係ありません。Web ブラウザとの行き来は Link() だけで行えます。

Code リンクを作る «FILE» **LinkURLSample/ContentView.swift**

```
Link(item.name, destination: URL(string: item.url)!)
```

URL のチェックをしたい

URL(string: item.url) はオプショナルバリューなので！で強制アンラップするコードを使いましたが、ミスタイプなどで URL の書式が間違っているとエラーになります。URL(string:) で正しい URL を得られるかどうかは、次のように url のオプショナルバインディングと UIApplication.shared.canOpenURL(url) による URL チェックを組み合わせることでチェックすることができます。

この例では、URL チェックを行った結果正しい URL ではないと判断された場合には、リンクを作らずにグレイの Web 名と赤色の "URL エラー " の文字を表示しています。

Code URL チェックをしてリンクを作る «FILE» **LinkURLSample2/ContentView.swift**

```
var body: some View {
    NavigationView {
        List(webList) { item in
            HStack {
                // ファビコン
                Image(item.favicon)
                    .resizable().frame(width:40, height:40)
                // URL チェック
                if let url = URL(string: item.url), UIApplication.shared.canOpenURL(url) {
                    // Web リンク
                    Link(item.name, destination: url)
                } else {
                    Text(item.name).foregroundColor(.gray)
                    + Text(" URL エラー ").foregroundColor(.red).italic()
                }
            }
        }.navigationTitle(Text("Web リスト "))
    }.navigationViewStyle(.stack)
}
```

有効な URL かどうかチェックします

URL エラーのときはリンクを作らずにエラー表示をします

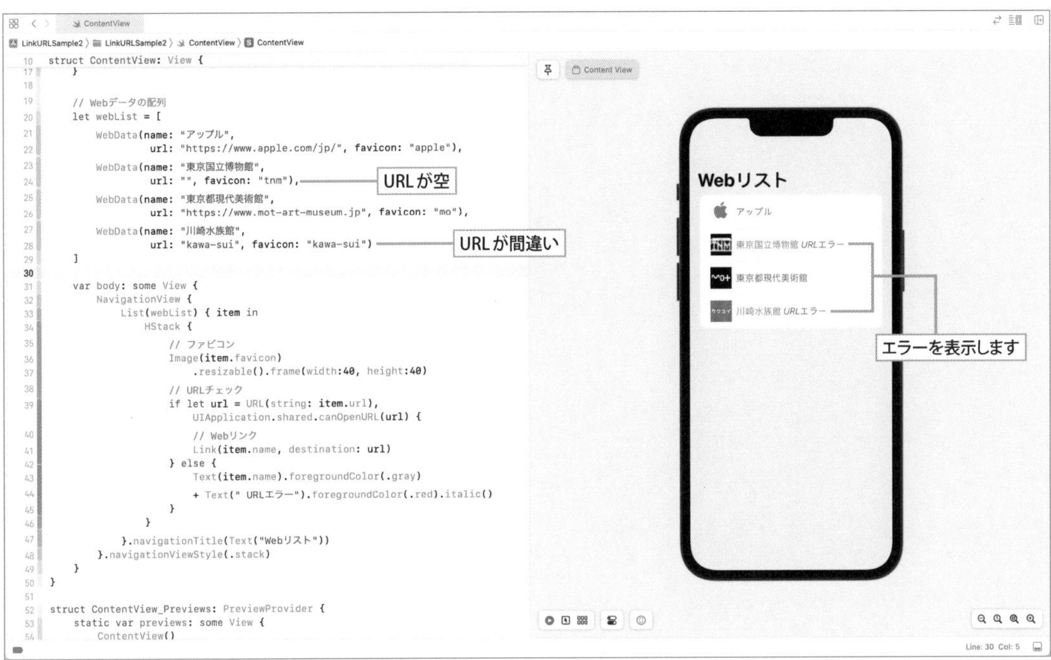

オプショナルバインディングした url をチェックする

URL チェックを行っている if 文の条件式をよく見ると 2 つの式が , で区切られています。if 文は複数の条件式をカンマで区切り、左の式から順に評価していくことができます。

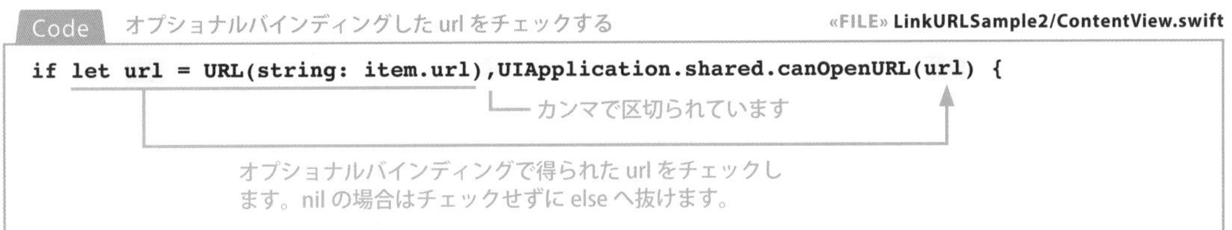


```
if let url = URL(string: item.url),UIApplication.shared.canOpenURL(url) {
```

カンマの左の式は let で始まるオプショナルバインディング（☞ P.282）です。URL(string: item.url) が nil ではない時に URL オブジェクトをアンラップして変数 url に代入しています。右側は左の式で得られた url が有効な URL かどうかを canOpenURL(url) でチェックしています。canOpenURL(url) は url が有効なアドレスならば true、無効なアドレスならば false を返します。

ここでチェックしている url は左のオプショナルバインディングで得られた url である点に注目しましょう。もし左の式の結果が nil だったならば右側での url のチェックは行われずに else 文へと抜けます。

ボタンやテキストフィールドなどユーザー入力で使う部品

ボタン、トグル、ステッパー、スライダー、ピッカー、テキストフィールドなどのユーザー入力で使うUI部品を説明します。
@Stateという重要なキーワードのほか、if文、switch文、guard文、オプショナルバインディングなど、必ずマスターしたいSwiftシンタックスの基礎知識も増えてきます。

ボタンで実行する

ユーザー入力を受けてアクションを実行するUIパーツの手始めとしてボタンを作ります。ボタンはUIパーツの基本です。ボタンのコードの仕組みが理解できれば、その他のUIパーツのコードも読めるようになるでしょう。@Stateとは何なのか？なぜ@Stateを付けるのかを知ることがポイントです。

1. ボタンを作ろう
2. @Stateの役割を理解しよう
3. シェープを使って大きなボタンを作る
4. イメージのボタンを作る
5. デバッグエリアへ出力するには？

重要キーワードはコレだ！

Button、@State、buttonBorderShape()、buttonStyle()、overlay()、?: 演算子

STEP 乱数を表示するボタンを作る

クリック（タップ）に応答して乱数を作る関数を実行し、その結果をテキストに表示するボタンを作ります。ボタンはライブラリの Button で作ることができます。まず、デバッグエリアに乱数を出力するコードでボタンの機能を確かめ、次にテキストに乱数を表示するコードに書き替えます。

1 Button のコードを入力する

«SAMPLE» RandomButton1.xcodeproj

ライブラリパネルを表示し、Views タブの Controls グループにある Button をドロップして、body のコードと置き換えます。プレビューには Button ボタンが表示されます。

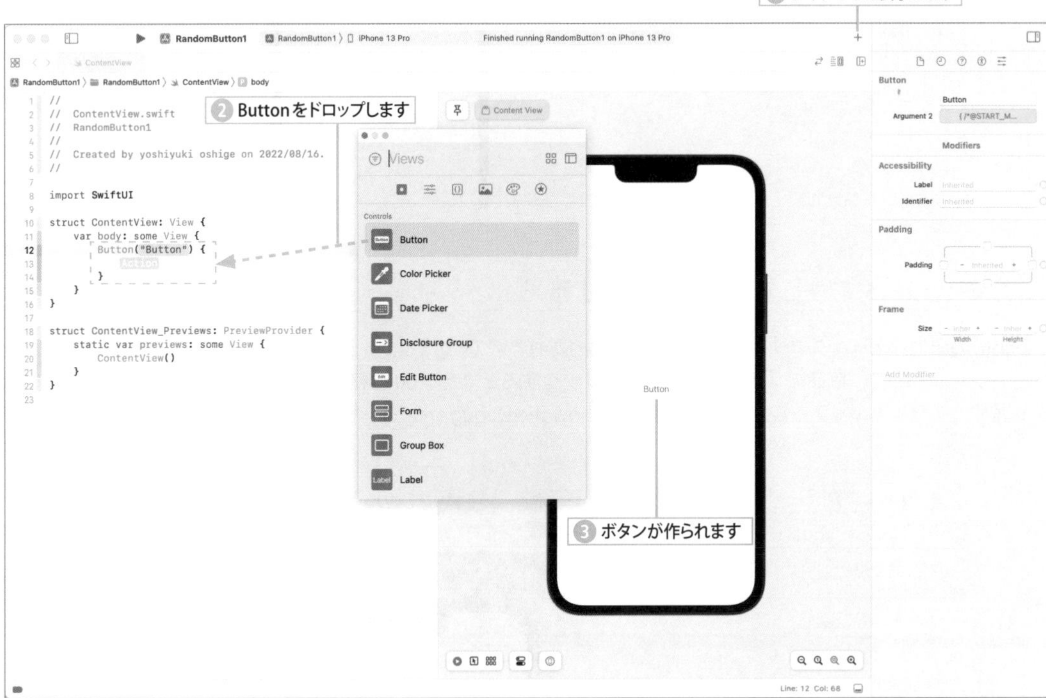

2 コードを書き替える

まず、Button("Button") を Button(" 乱数ボタン ") に書き替えます。次に Action と書いてあったところに乱数を出力するコードを書き込みます。

Code　random ボタンを作るコード　«FILE» RandomButton1/ContentView.swift

```
struct ContentView: View {
    var body: some View {
        Button(" 乱数ボタン ") {
            let num = Int.random(in: 0...100) ──── 0 ～ 100 の乱数を作ります
            print(num)
            └──────────── デバッグエリアに num を出力します
        }
    }
}
```

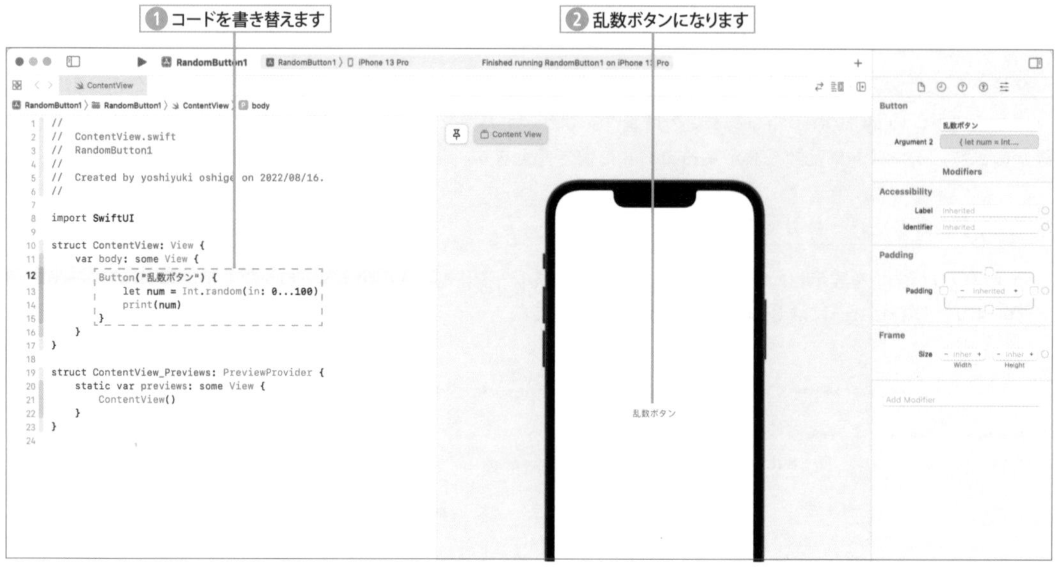

3 シミュレータを使って動作チェックする

print()の出力はデバッグエリアのコンソールに出力されるので、シミュレータを使って動作をチェックします。シミュレータを起動して、画面の「乱数ボタン」をクリックすると 0 〜 100 の整数の乱数が作られてコンソールに出力されます。デバッグエリアが表示されない場合は Show the Debug area をクリックしてください。

4 結果をテキストで表示するようにコードを書き替える

print() で出力していた乱数を画面のテキストで表示するようにコードを書き替えます。まず、1行目に @State から始まる行を追加します。次に body の値全体を VStack で囲み、Button の action の let num の let を取り除きます。print() の行は削除するかコメントアウトします。最後に実行結果を表示する Text("\(num)") を追加します。

Code randomボタンを作るコード «FILE» **RandomButton2/ContentView.swift**

```
struct ContentView: View {
    // 構造体の自身が書き替える変数
    @State var num = 0 ──── 追加します

    var body: some View {
        VStack{ ──── VStack で囲みます
            Button(" 乱数ボタン ") {
                num = Int.random(in: 0...100)
            } ──── let を取り除きます
            // 結果を表示するテキスト
            Text("\(num)")
                .font(.largeTitle) ──── num の値を表示します。値が変化すると表示が更新されます
                .padding()
        }
    }
}
```

5 ライブプレビューで動作チェックする

ライブプレビュー▶で乱数ボタンをクリックします。クリックする度に表示される数字が変わります。

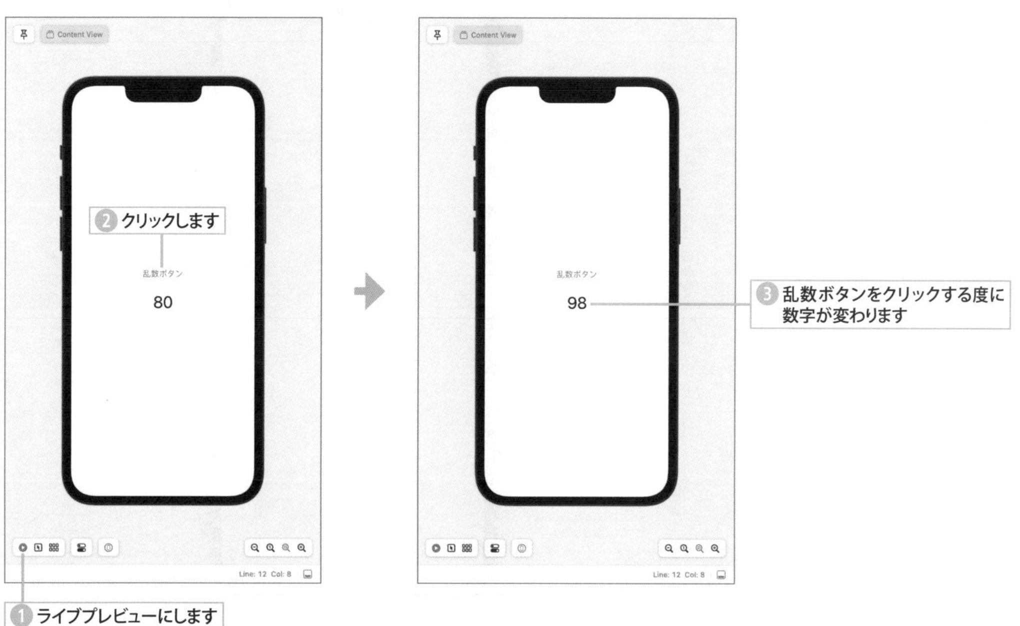

ボタンの機能を定義する

ライブラリの Button では次のコードが挿入されます。{ } の中にボタンのタップで実行するコードを書きます。

書式 ボタンの書式1

```
Button(" ボタン名 "){
    アクション
}
```

次のコードでは、"Hello World" と出力する「Tap」ボタンが作られます。buttonStyle(.bordered) を付けるとボタンの領域が表示され、ヒット領域がボタンの形と同じになります。

Code Tap ボタンを作る　«FILE» **helloButton/ContentView.swift**

```
struct ContentView: View {
    var body: some View {
        Button("Hello") {
            print("Hello World") ———— これがボタンで実行する機能です
        }
        .font(.title)
        .buttonStyle(.bordered)
    }
}
```

変化する変数の値を表示するには？

0 〜 100 の乱数は Int.random(in: 0...100) の式で作ることができます。乱数ボタンをタップすると乱数が変数 num に代入されるので、選ばれた乱数を表示するには Text("\(num)") で表示できそうです。しかし、このコードは「Cannot find 'num' in scope」というエラーになります。

Code 乱数ボタンを作る（変数 num の有効範囲のエラー） «FILE» RandomButton_Error1/ContentView.swift

```
struct ContentView: View {
    var body: some View {
        VStack{
            Button("乱数ボタン") {        num の有効範囲はこの {} の中だけ
                let num = Int.random(in: 0...100)   0 〜 100 から選んだ乱数を num に代入します
            }
            // 結果を表示するテキスト
            Text("\(num)")    num を表示するつもりが、エラーになります
                .font(.largeTitle)
                .padding()
        }
    }
}
```

```
struct ContentView: View {
    var body: some View {
        VStack {
            Button("乱数ボタン") {
                let num = Int.random(in: 0...100)
            }
            // 結果を表示するテキスト
            Text("\(num)")    ⊗ Cannot find 'num' in scope
                .font(.largeTitle)
                .padding()
        }
    }
}
```

スコープ内にnumを見つけられないというエラーになります

変数の有効範囲（スコープ）を解決する

エラーの理由は、変数 num が Button(){ } の {} の中で宣言されているため、この {} の中のみが num のスコープ（有効範囲）だからです。Text("\(num)") の num はスコープ外にあるので、名前が同じでも未知の変数で解釈できずにエラーになります。

そこで、どちらの num も同じスコープ内になるように変数 body の定義文よりも手前で宣言します。

Code 乱数ボタンを作る（self の immutable エラー） «FILE» **RandomButton_Error2/ContentView.swift**

```
struct ContentView: View {
    var num = 0 ———— 変数を宣言する場所を変えます

    var body: some View {
        VStack {
            Button(" 乱数ボタン ") {
               num = Int.random(in: 0...100) ———— 今度はこの行がエラーになります
            }
            // 結果を表示するテキスト
            Text("\(num)")
                .font(.largeTitle)
                .padding()
        }
    }
}
```

構造体自身（self）の変数は変更できない

ところが今度は num に乱数を代入する式が「Cannot assign to property: 'self' is immutable」という別のエラーになります。これはどういう意味でしょうか？ エラーの状況は「プロパティ（変数のこと）を設定できない」というもので、その理由は「'self' は immutable だから」と言っています。immutable とは「変更できないもの」といった意味です。var で宣言した変数は変更可能なはずですが、変数の所有者である self つまり struct ContentView で作られるインスタンスが変更を受け付けないのです。

```
struct ContentView: View {
    var num = 0

    var body: some View {
        VStack {
            Button("乱数ボタン") {
                num = Int.random(in: 0...100)
            }
            // 結果を表示するテキスト
            Text("\(num)")
                .font(.largeTitle)
                .padding()
        }
    }
}
```

Cannot assign to property: 'self' is immutable

@State を付けて変更可能な変数にする

これを解決するには、変数宣言の var num の前に @State を付けます。これで num が変更可能な変数になり、乱数を代入できるようになります。@State を付けて宣言された変数は値の更新が見張られるようになり、値が変化したならば値を反映するために View も更新すなわち再描画されるようになります。

Code 乱数ボタンを作る（正しく動作する） «FILE» RandomButton2/ContentView.swift

```
struct ContentView: View {
    // 構造体の自身が書き替える変数
    @State var num = 0
    
    var body: some View {
        VStack {
            Button("乱数ボタン") {
                num = Int.random(in: 0...100)
            }
            // 結果を表示するテキスト
            Text("\(num)")
                .font(.largeTitle)
                .padding()
        }
    }
}
```

@State を付けて num を宣言すると値の更新が監視されるようになり、値が変化すると View も再描画されます

ボタンをクリックすると乱数が表示されます

ボタンの書式

ボタンの書式は 1 つではありません。次の書式では引数 action に実行するアクションを指定し、続く { } の中でタップするボタンのビューを Text、Label、RoundRectangle、Image などで作ります。

書式 ボタンの書式 2

```
Button(action: { アクション }) {
    ボタンのビュー
}
```

次の書式３ではボタンのビューを引数 label で指定します。引数名は label ですが、Label に限らず Text、RoundRectangle、Image などでボタンのビューを作ります。

書式 ボタンの書式３

```
Button(action: { アクション }, label: { ボタンのビュー } )
```

名前だけのボタンならば次の簡単な書式４も使えます。

書式 ボタンの書式４

```
Button(" ボタン名 ") {
  アクション
}
```

ボタンの色とスタイル

次の Tap ボタンは書式２で作っています。ボタンをタップすると hello() が実行され、「Thank You!」の表示が「ありがとう！」に変わります。引数 action ではアクションを action: { msg = " ありがとう " } のように { } で囲んで直接コードを書くことができますが、ユーザー定義関数を実行する場合は次の例のようにカッコを付けずに hello と指定します。

ボタンは初期値では青色ですが、tint(.pink) のように指定するとピンクになります。ボタンの形は buttonBorderShape(.capsule) でカプセル型になり、buttonStyle(.borderedProminent) で文字と背景が目立つように着色されます。

Code 「Thank You!」を「ありがとう！」に変えるボタン　«FILE» ThankYouButton/ContentView.swift

```
struct ContentView: View {
    @State var msg = "Thank You!" ———— 値を変更するので @State を付けます

    var body: some View {
        VStack {
            Button("Tap", action: hello)
                .font(.largeTitle)
                .tint(.pink) ———— ピンクにする
                .buttonBorderShape(.capsule) ———— カプセル型にする
                .buttonStyle(.borderedProminent) ———— 背景が着色される
                .padding()
            // 結果の表示
            Text(msg).font(.largeTitle)
        }
    }
    // 実行するアクション
    func hello(){
        msg = " ありがとう！ "
    }
}
```

シェープを使ってボタンを作る

大きなボタンや丸いボタンなどはシェープを使って作ることができます。ボタン名はoverlayで重ねて表示できます。次の例では書式2を使って大きなボタンを作っています。ボタンをクリックすると数字が0からカウントアップされます。

Code　RoundedRectangleを使って大きなボタンを作る　«FILE» **BigButton/ContentView.swift**

```
struct ContentView: View {
    @State var num = 0

    var body: some View {
        VStack {
            Button(action: { num += 1 }) {          ボタンの機能（numのカウントアップ）
                RoundedRectangle(cornerRadius: 20)  角丸四角形のボタン
                    .fill(.orange.gradient)
                    .frame(width: 200, height: 200)
                    .overlay(Text("カウントUp").font(.title2))  ボタン名
                    .foregroundColor(.white)
            }
            Text("\(num)").font(.system(size: 40))
        }
    }
}
```

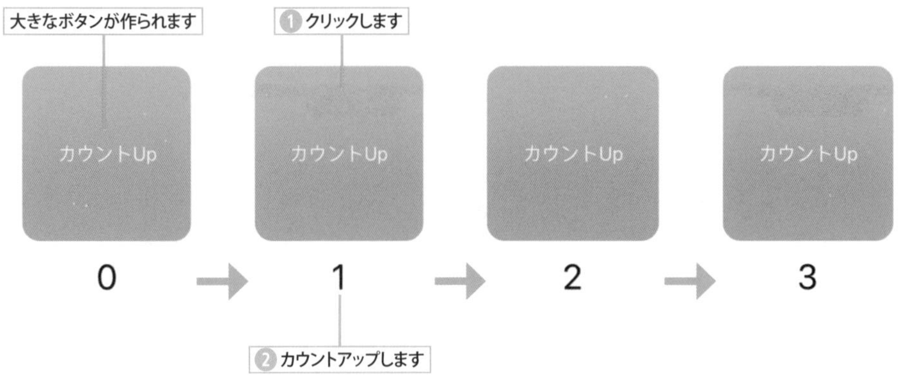

イメージのボタンを作る

イメージをボタンにする場合は、イメージをクリッピングするなどして形を作ります。ボタン名はoverlayで重ねて表示します。次の例では書式3を使っています。ボタンをクリックするとクリックの度に「こんにちは」と「今晩は」が入れ替わります。なお、イメージのボタンはonTapGestureを使って作ることもできます（☞ P.361）。

Code イメージのボタンを作る　«FILE» **ImageButton/ContentView.swift**

```
struct ContentView: View {
    @State var isDay = true

    var body: some View {
        VStack {
            Button(                                  ボタンの機能（論理値の反転）
                action: { isDay.toggle() },
                label: {
                    Image("hasu")—— イメージをボタンにします
                        .resizable()
                        .aspectRatio(contentMode: .fill)
                        .frame(width:240, height:100)
                        .clipped()
                        .cornerRadius(10)
                        .shadow(radius: 10)
                        .overlay(Text("HELLO").font(.title2)) —— ボタン名
                        .foregroundColor(.white)
                }
            )
            // 表示する挨拶文
            Text(isDay ? "こんにちは" : "今晩は").padding()
        }
    }
}
```

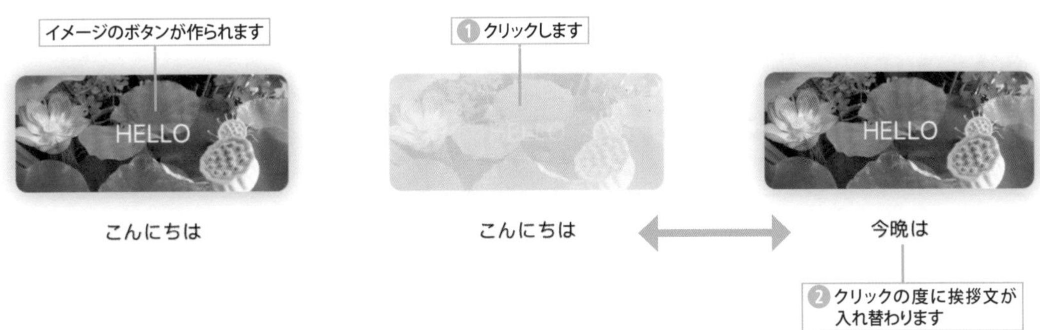

isDay が true か false で表示する挨拶文を選ぶ

「こんにちは」と「今晩は」のどちらを表示するかは isDay が true か false かで決まります。挨拶文を表示する Text 文は次のように書いてあります。この Text 文では isDay が true のとき Text(" こんにちは ")、false のとき Text(" 今晩は ") を実行することになります。

Code 挨拶文を表示する　«FILE» **ImageButton/ContentView.swift**

```
            Text(isDay ? " こんにちは " : " 今晩は ").padding()
```

?: は論理式の値が true か false かで値を選ぶ演算子です。書式から二項演算子と呼ばれます。

書式 ?: 演算子

論理式 **?** true のときの値 **:** false のときの値

toggle() で論理値を反転させる

ボタンの action では isDay.toggle() を実行します。toggle() は論理値を反転させる関数です。つまり、isDay.toggle() を実行すると isDay が true のときは false になり、isDay が false のときは true に値が反転します。結果として Text 文で表示する挨拶文が入れ替わることになります。論理値を反転させるボタンは次のセクションの Toggle でも作ることができます（☞ P.222）。

Swiftシンタックスの基礎知識

乱数とシャッフル

数値の乱数を作る random(in:)

数値の乱数は random(in: 範囲) で作ることができます。整数なら Int.random(in: 範囲)、浮動小数点なら Double.(in: 範囲) のように型を指定して実行します。では、Playground を使って試してみましょう。

まず、1 ... 10 の範囲の整数の乱数を作ります。1 と 10 を含みます。for in 文を使って 5 回繰り返して乱数が作られることを確認しましょう。

Playground　1 〜 10 の整数の乱数を 5 回作る　«FILE» randomSample.playground

```
for _ in 1 ... 5 { ——— 5回繰り返します
    let num = Int.random(in: 1 ... 10) ——— 整数の乱数を作ります
    print(num)
}
```

結果

```
1
8
2
1
9
```

次は 0 ..< 1 の範囲の浮動小数点の乱数を作ります。0 は含みますが、1 は含みません。

Playground　0 〜 1 未満の乱数を 5 回作る　«FILE» randomSample.playground

```
for _ in 1 ... 5 {
    let num = Double.random(in: 0 ..< 1) ——— 浮動小数点の乱数を作ります
    print(num)
}
```

結果

```
0.6783122422101758
0.26313476000492164
0.5639826693707559
0.02167713206911026
0.322472639596742
```

論理値（true ／ false）をランダムに選ぶ

論理値とは、Yes ／ No、表／裏、真／偽、賛成／反対のように、必ずどちらか一方を取るという 2 つの値の組合せです。Swift の論理値は true ／ false の組合せです。

Bool.random() で論理値をランダムに選ぶことができます。結果は true か false のどちらかです。

Playground　true と false をランダムに 5 回選ぶ　«FILE» randomSample.playground

```
for _ in 1 ... 5 {
    let result = Bool.random() ——— 論理値の乱数を作ります
    print(result)
}
```

結果

```
true
false
true
true
false
```

コレクションからランダムに選ぶ

randomElement() は、配列などのコレクションから要素をランダムに取り出すメソッドです（配列 ☞ P.161）。配列が空の場合は結果が nil になるので、取り出された値は Optional() でラップされた Optional 型の値です。したがって、中に入っている値を使う場合には Optional をアンラップして使います。（Optional ☞ P.283）

次の例では配列 colors からランダムに色を取り出しています。colors には必ず要素が入っていることを前提としているので、取り出した item を item! のように ! を使って強制アンラップして取り出しています。

Playground　配列 colors から色を 5 回選ぶ　«FILE» randomSample.playground

```
let colors = ["green", "red", "blue", "pink", "orange"]
for _ in 1 ... 5 {
    let item = colors.randomElement() ——— 配列 colors から要素をランダムに選んで取り出します
    print(item!)
}            └——— 強制アンラップします
```

結果

```
pink
green
red
blue
green
```

文字列はコレクションなので、randomElement() を使って 1 文字ずつ取り出すことができます。

Playground　文字列 "ABCDEFGHIJKLMN" から 5 文字を選ぶ　«FILE» randomSample.playground

```
let letters = "ABCDEFGHIJKLMN"
for _ in 1 ... 5 {
    let item = letters.randomElement() ——— 文字列の中から 1 文字をランダムに選んで取り出します
    print(item!)
}            └——— 強制アンラップします
```

結果

```
C
J
J
B
N
```

配列の乱数で「じゃんけんゲーム」を作る

配列から要素をランダムに選び出す、簡単なじゃんけんゲーム」を作ってみましょう。変数 janken に [" グー ", " チョキ ", " パー "] の配列を用意しておき、ボタンのタップで要素を 1 個を選び出してテキストで表示します。配列からは janken.randomElement()! を実行して要素を選び出します。代入する変数 te はオプショナルではないので、強制アンラップの！を付けています。

Code じゃんけんゲーム　«FILE» janken/ContentView.swift

```
struct ContentView: View {
    let janken = [" グー ", " チョキ ", " パー "]
    @State var te = "-"

    var body: some View {
        VStack {
            Button(" じゃんけん ") {
                // 手を決める
                te = janken.randomElement()!
            }
            .font(.title2)
            .tint(.pink)
            .buttonBorderShape(.capsule)
            .buttonStyle(.borderedProminent)
            .padding()
            // 結果を表示
            Text(te).font(.system(size: 30))
        }
    }
}
```

コレクションの要素をシャッフルする

shuffle() または shuffled() を使えば、配列や文字列などのコレクションの要素をシャッフルできます。shuffle() は対象のコレクションの要素の並びを変更します。一方、shuffled() は要素をシャッフルした新しいコレクションを作って返し、対象のコレクションは変更しません。

配列をシャッフルする

次の例では shulle() を使って配列 names をシャッフルします。シャッフル後の names を確認すると名前の並びが変化しています。

Playground　配列のシャッフル　«FILE» shuffle.playground

```
var names = ["睦美", "麻美子", "真理子", "幸恵", "里美", "由美"]
names.shuffle() ——— 対象の配列 names を書き替えます
print(names)
```

結果

```
["里美", "真理子", "麻美子", "由美", "幸恵", "睦美"]
```

文字列をシャッフルする

次の例では shuffled() を使って文字列 "SwiftUI" をシャッフルして、新しいコレクションを作っています。結果は配列で返ってきます。元の word に入っている文字列の並びは変化しません。

Playground　文字列のシャッフル　«FILE» shuffle.playground

```
let word = "SwiftUI"
let anagram = word.shuffled() ——— シャッフルした文字列を作って代入します
print("word: \(word)")
print("anagram: \(anagram)")
```

結果

```
word: SwiftUI
anagram: ["I", "S", "i", "U", "f", "t", "w"]
```

レンジをシャッフルする

レンジに対しては shuffle() は使えません。shuffled() を使えばレンジの数値をシャッフルした配列を作ることができます。次の例では 0 ...10 のレンジをシャッフルして配列 shuffledRange を作っています。

Playground　レンジのシャッフル　«FILE» shuffle.playground

```
var aRange = 1...10
let shuffledRange = aRange.shuffled()
print(shuffledRange)
```

結果

```
[6, 7, 4, 3, 5, 9, 10, 1, 2, 8]
```

オン／オフ切り替えトグルスイッチ

トグルスイッチは設定のオン／オフを切り替えたりするときに利用されるUIです。トグルスイッチは現在の状態がオン／オフのどちらなのかを保存するための変数を用意する必要があります。また、トグルスイッチを実際に活用するには、スイッチの状態に応じて処理を分岐しなければなりません。「Swiftシンタックスの基礎知識」ではif文を学びます。

このセクションのトピック

1. Toggleを使ってトグルスイッチを作ろう
2. トグルスイッチで理解する論理値の役割
3. フェードイン／フェードアウトのアニメーションを使ってみよう
4. 使い勝手バツグンの?:演算子を活用しよう
5. if文と論理式はアルゴリズム作りの基本

重要キーワードはコレだ！

Toggle、toggleStyle()、withAnimation()、opacity()、if-else、?:

STEP トグルスイッチで切り替える

Toggle を利用してトグルスイッチを作り、スイッチでイメージを切り替えるコードを追加していきます。if-else 文を使って、スイッチの値によってイメージを切り替えるコードにします。

1 Toggle のコードを入力する

«SAMPLE» ToggleSample.xcodeproj

Views ライブラリの Controls グループにある Toggle をドロップして VStack の中にコードを入力します。

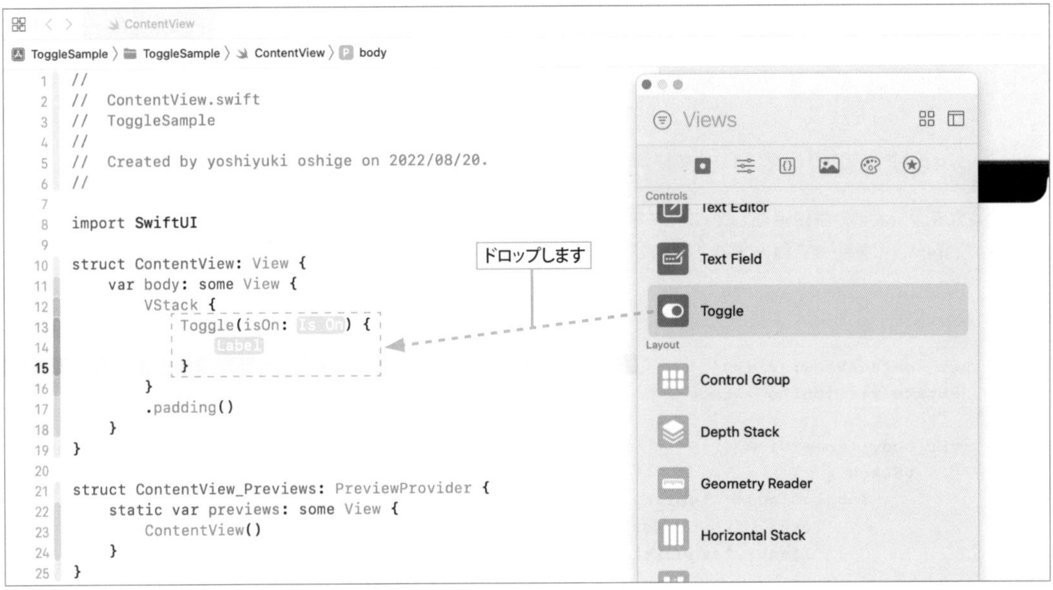

ToggleSample 〉 ToggleSample 〉 ContentView 〉 body

```
//
//  ContentView.swift
//  ToggleSample
//
//  Created by yoshiyuki oshige on 2022/08/20.
//

import SwiftUI

struct ContentView: View {
    var body: some View {
        VStack {
            Toggle(isOn: Is On) {
                Label
            }
        }
        .padding()
    }
}

struct ContentView_Previews: PreviewProvider {
    static var previews: some View {
        ContentView()
    }
}
```

ドロップします

Views / Controls: Text Editor, Text Field, Toggle / Layout: Control Group, Depth Stack, Geometry Reader, Horizontal Stack

2 Toggle のコードを書き替える

Toggle をドロップして入力されたコードを次のように書き替えます。まず、@State を付けた変数 isLike の宣言文を 1 行目に追加します。次に Toggle の引数 isOn を $isLike にし、{} の中に Text(" 好きです。") を入れます。引数 isOn で受け渡す変数には $isLike のように $ を付けます。これで変数 isLike の値を切り替えるスイッチができあがります。fixedSize() を付けるテキストとトグルボタンの間隔が広がらずに最適化されます。

Code トグルスイッチを表示するコードを修正する　«FILE» ToggleSample/ContentView.swift

```
struct ContentView: View {
    @State var isLike = true ——— 追加します

    var body: some View {          ——— $isLike のように $ を付けます
        VStack {
            Toggle(isOn: $isLike) {
                Text(" 好きです。")
                    .font(.largeTitle) ——— トグルスイッチ名になります
            }
        }
        .fixedSize()
        .padding()
    }
}
```

3 ライブプレビューで確認する

ライブプレビューで試すとトグルスイッチが表示され、クリックするとオン／オフが切り替わります。

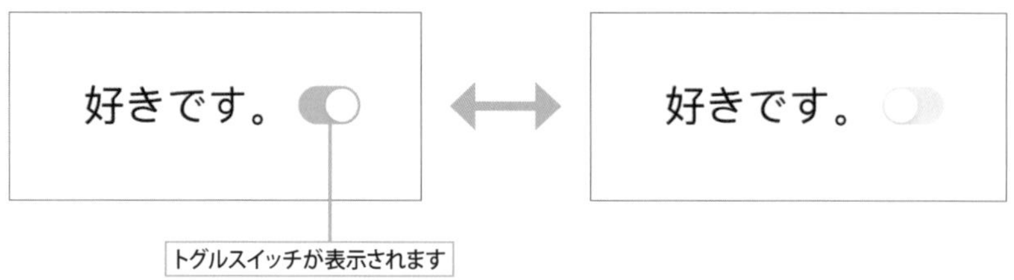

4 if-else 文を追加してコードを完成させる

if-else 文を VStack の中に追加してコードを完成させます。if-else 文のコードのひな型は、Snippets ライブラリの If-Else Statement を使って挿入することもできます。

Code if-else 文を追加してコードを完成させる　«FILE» **ToggleSample/ContentView.swift**

```
struct ContentView: View {
    @State var isLike = true

    var body: some View {
        VStack {
            Toggle(isOn: $isLike) {  ――― トグルスイッチで isLike の値が true ／ false で切り替わります
                Text("Like or Not")
                 .font(.largeTitle)
            }
            .fixedSize()
            .padding(50)

             // 選んだ結果で分岐する
            if isLike {
                Image(systemName: "heart.fill")
                    .symbolRenderingMode(.multicolor)
                    .font(.system(size: 80))

            } else {                                  ――― if-else 文を使ってオン／オフの表示を選びます
                Image(systemName: "heart.slash")
                    .symbolRenderingMode(.hierarchical)
                    .font(.system(size: 80))
            }
        }
    }
}
```

5 ライブプレビューでトグルスイッチの動作確認をする

ライブプレビューでトグルスイッチをクリックして動作を確認します。トグルスイッチがオンなら赤いハートマーク、オフならグレーの斜線入りハートマークに切り替わります。

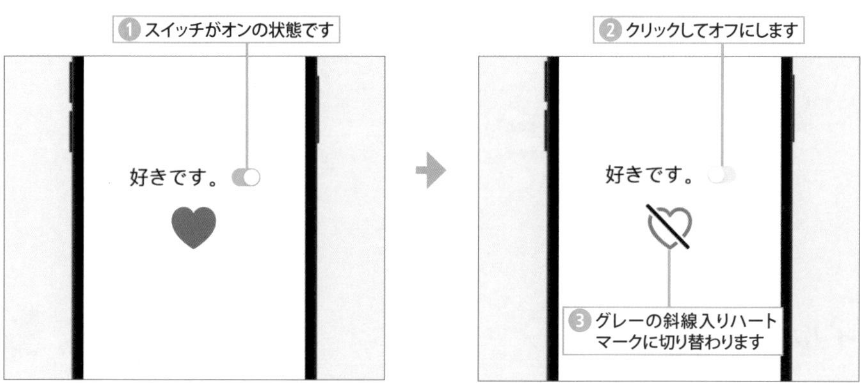

トグルスイッチで論理値を切り替える

トグルスイッチをクリック（タップ）すると見た目のオンオフの状態が替わりますが、オンオフによって内部的に行われるのは、Toggle(isOn: $isLike) で指定した変数 isLike の論理値の反転です。すなわち、isLike が true のときは false になり、false のときは true になります。isLike を Toggle の引数 isOn に渡すときには $ を付けて $isLike にする点にも注意してください。$ を付ける引数についてはバインディングで解説します（☞ P.361）。

isLike は構造体自身のプロパティ変数として宣言するので、値を変更できるように変数宣言には @State を付けて @State var isLike = true にします。

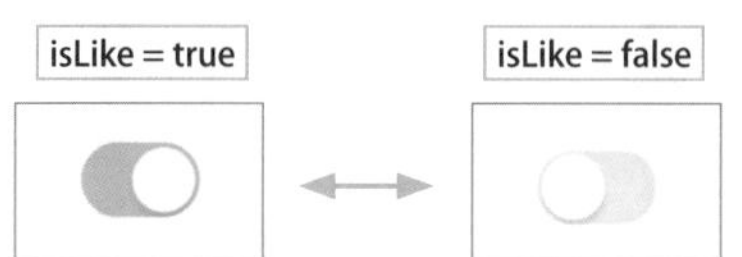

トグルスイッチのオン／オフで変数の値が反転します

論理値で条件分岐する

トグルスイッチで isLike の値が true と false で入れ替わるので、この値を使って isLike の値が true ならば赤いハートマークを表示し、false ならばグレーの斜線入りハートマークを表示します。

この条件分岐のアルゴリズム（問題解決の手法）を実現する構文が if 文です。詳しくは「Swift シンタックスの基礎知識」で解説しますが（☞ P.229）、ここでは「もし〜ならば A、そうでないならば B」の分岐を行うことができる if-else 文を使っています。

具体的にコードを見てみると、isLike の値で実行する文が分かれます。isLike が true ならば続く {} に書かれている赤いハートのシンボルを表示する処理を実行し、isLike が false ならば else に続く {} に書かれているグレーの斜線入りハートのシンボルを表示する処理を実行します（シンボルのレンダリングモード ☞ P.140）。

Code　if-else 文を利用し、iLike の値によって実行するコードを振り分ける　«FILE» ToggleSampleContentView.swift

```
true か false で実行する処理を分岐します

if isLike {
    Image(systemName: "heart.fill")
        .symbolRenderingMode(.multicolor)        iLike が true のときに実行します
        .font(.system(size: 80))

} else {
    Image(systemName: "heart.slash")
        .symbolRenderingMode(.hierarchical)      iLike が false のときに実行します
        .font(.system(size: 80))
}
```

ボタンスタイルの Toggle

Toggle に toggleStyle(.button) を指定することでボタンの形にできます。動作はスイッチと同じで、タップするごとに引数 isOn で指定した変数の値の論理値が反転します。ボタン名は Label や Text を使って表示します。

次の例では変数 isShow の論理値をボタンで反転させることで、ボタン名のラベル変更と写真の表示／非表示を切り替えています。ボタンの色も変わります。（toggle() で論理値を入れ替える ☞ P.217）

Code Toggle をボタンのスタイルで使う　«FILE» ToggleStyleSample/ContentView.swift

```
struct ContentView: View {
    @State var isShow = true

    var body: some View {
        VStack(alignment: .leading,spacing: 20) {
            // トグルスイッチで作るボタン
            Toggle(isOn: $isShow) {
                Label(isShow ? "見る" : "見ない",
                      systemImage: isShow ?  "eye" : "eye.slash.fill")
                .symbolRenderingMode(.hierarchical)
                .font(.largeTitle)
            }
            .toggleStyle(.button)
            .buttonStyle(.bordered)

            // 表示する写真
            Image("shami4")
                .resizable()
                .aspectRatio(contentMode: .fit)
                .frame(width: 300)
                .cornerRadius(20)
                .opacity(isShow ? 1.0 : 0.0)
                .animation(.easeInOut(duration: 1.0), value: isShow)
        }
    }
}
```

Toggle でボタンを作ります。変数 isShow の true / false がクリックで反転します

ボタンになります

isShow が false のとき消えます

フェードイン／アウトのアニメーションになります

最初の例ではトグルスイッチで反転させた論理値を if-else 文を利用して処理を分岐させましたが、この例では ?: 演算子を利用しています。?: 演算子は論理値によって A、B どちらの値を使うかを選ぶことができる演算子です（☞ P.217）。

写真の表示と非表示は opacity() で透明度の設定で行います。opacity(isShow ? 1.0 : 0.0) にすることで、isShow が true ならば透明度が 1.0 になり写真が表示され、isShow が false ならば透明度が 0.0 になり写真が見えなくなります。

この透明度の変化を animation() を使ってアニメーションで表示します。第 1 引数を easeInOut(duration: 1.0) にすると 1 秒間のイーズインアウト（最初と最後の変化をじんわり行う）の変化になります。第 2 引数の value には描画の対象が変化したかどうかを判断する値を指定します。ここでは isShow が変化したときにアニメーションを開始します。

トグルスイッチの色指定

トグルスイッチは初期値では緑色ですが、次のようにtint()で色を設定できます。

Code トグルスイッチの色を設定する «FILE» **ToggleTintColor/ContentView.swift**

```
struct ContentView: View {
    @State var isPlant = true
    @State var isFish = true
    @State var isAnimal = true
    @State var isInsect = true

    var body: some View {
        List {
            Toggle(isOn: $isPlant){Label("植物", systemImage: "leaf")}.tint(.mint)
            Toggle(isOn: $isFish){Label("魚", systemImage: "fish")}.tint(.cyan)
            Toggle(isOn: $isAnimal){Label("動物", systemImage: "hare")}.tint(.brown)
            Toggle(isOn: $isInsect){Label("虫", systemImage: "ant")}.tint(.black)
        }.font(.title2)
    }
}
```

Swift シンタックスの基礎知識

条件分岐と論理演算子

if 文で条件分岐する

if 文を使うと「得点が 80 以上ならば合格を表示する」のように、条件で処理を分けることができます。判断のための条件式は、比較演算子や論理演算子を使って結果が true または false の２択になる論理式で記述します。値や戻り値が Bool 型の変数や関数を条件式としてそのまま使うこともできます。

●比較演算子

演算子	演算式	説明
>	a > b	a のほうが b より大きいとき true
<	a < b	a のほうが b より小さいとき true
>=	a >= b	a は b 以上（b を含む）のとき true
<=	a <= b	a は b 以下（b を含む）のとき true
==	a == b	a と b が等しいとき true
!=	a != b	a と b が等しくないとき true

if 文には条件の分岐数などで、いくつかの構文が用意されています。Playground で試しながら条件分岐の様子を見ていきましょう。例では、複数の値で結果を試せるように if 文を関数に組み込み、引数で与えた値によって関数が返す結果を調べます。

条件に合うときに処理を実行する if 文

if 文は、条件を満たすかどうかで処理を実行するかどうかを分岐したいときに使います。次の書式で条件式が true のときにステートメント A を実行し、false の場合は何も実行せずに次の行へと進みます。ステートメント（コード）は複数行でも構いません。

書式 if 文

```
if (条件式) {
    true のとき実行するステートメント A
}
```

trueのとき

if
(条件式)

{ A }

falseのとき
(何もしない)

次の例では hantei() の引数 tokuten で受けた値が 80 以上のときに条件式が true になり、得点に「 → 合格」と追加されます。

たとえば、hantei(tokuten: 82) を実行した場合、変数 result には初期値として " 結果：\(tokuten)" を入れるので、この時点で " 結果：82" が入ります。if 文の条件式 (tokuten >= 80) は true となり、result += " → 合格 " が実行されます。+= は文字列を連結して代入するので、result には " 結果：82 → 合格 " が代入されます。

では、67、82、56 の場合を試してみましょう。82 だけが 80 以上なので test2 の結果だけに「 → 合格」が付きます。

Playground　80 点以上なら合格　«FILE» **if.playground**

```
func hantei(tokuten : Int) -> String {
    var result = " 結果：\(tokuten)"
    if (tokuten >= 80) {
        result += " → 合格 " ―――― tokuten が 80 以上のときに実行します
    }
    return result
}

let test1 = hantei(tokuten: 67)
let test2 = hantei(tokuten: 82)
let test3 = hantei(tokuten: 56)
print(test1)
print(test2)
print(test3)
```

結果

```
結果：67
結果：82 → 合格
結果：56
```

条件を満たさない場合の処理がある if-else 文

if-else 文は、条件を満たしたときの処理だけでなく、条件を満たさなかったときの処理も指定したいときに使います。次の書式で条件式が true のときはステートメント A を実行し、false の場合はステートメント B を実行します。

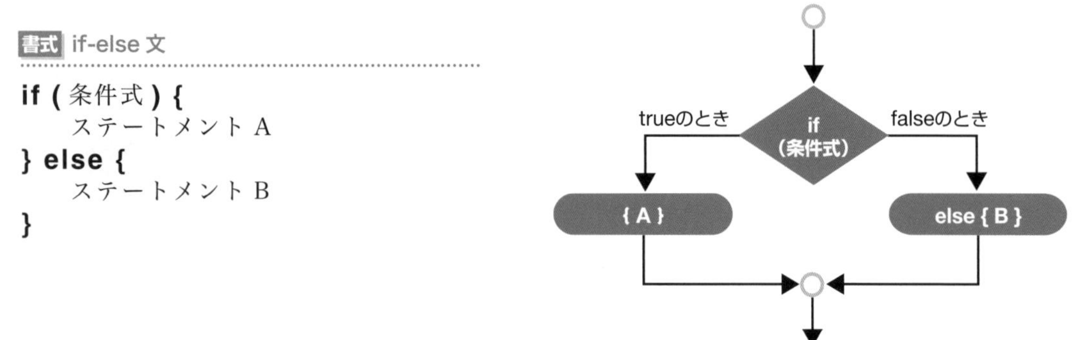

次の例は tokuten が 80 以上のときに条件式が true になって得点に「 → 合格」と表示されるところまでは先のコードと同じですが、80 未満のときは else 文が実行されるので得点に「 → 不合格」が表示されます。

では、得点が 67、82、56 の場合を試してみましょう。すると test2 の 82 点に「 → 合格」と表示され、残りの 2 つには「 → 不合格」と表示されます。

Playground　80 点以上なら合格、80 点未満だと不合格　«FILE» **if-else.playground**

```
func hantei(tokuten : Int) -> String {
    var result = "結果：\(tokuten)"
    if (tokuten >= 80) {
        result += " → 合格 "  ——— tokuten が 80 以上のときに実行します
    } else {
        result += " → 不合格 "  ——— tokuten が 80 以上ではなかったときに（80 未満のとき）実行します
    }
    return result
}

let test1 = hantei(tokuten: 67)
let test2 = hantei(tokuten: 82)
let test3 = hantei(tokuten: 56)
print(test1)
print(test2)
print(test3)
```

結果

```
結果：67 → 不合格
結果：82 → 合格
結果：56 → 不合格
```

条件を満たさないときに次の条件を試す　if-else if-else 文

if-else if-else 文は、条件を満たさなかったとき、次の条件を指定したいときに使います。次の書式で条件式 1 が true のときはステートメント A を実行し、false の場合は条件式 2 を判定します。条件式 2 が true のときはステートメント B を実行し、満たさない場合は最後の else 文のステートメント C を実行します。条件式は 2 個だけでなく、if-else if-else if-else if-else のように続けることができます。すべての条件に合わないときに実行する最後の else 文はなくても構いません。

書式 if-else if-else 文

```
if ( 条件式 1 ) {
    ステートメント A
} else if ( 条件式 2 ) {
    ステートメント B
} else {
    ステートメント C
}
```

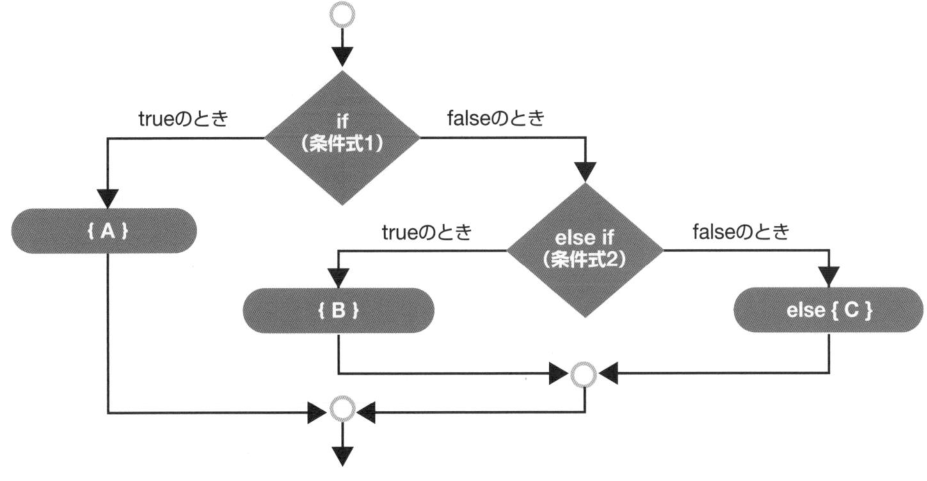

Playground 80点以上なら優秀、60～80点なら合格、60点未満だと不合格 «FILE» if-else_if-else.playground

```
func hantei(tokuten : Int) -> String {
    var result = "結果：\(tokuten)"
    if (tokuten >= 80) {
        result += " → 合格・優秀" ——— tokutenが80以上のときに実行します
    } else if (tokuten >= 60) {
        result += " → 合格" ——— tokutenが80未満で60以上のときに実行します
    } else {
        result += " → 不合格" ——— tokutenが60未満のときに実行します
    }
    return result
}

let test1 = hantei(tokuten: 67)
let test2 = hantei(tokuten: 82)
let test3 = hantei(tokuten: 56)
print(test1)
print(test2)
print(test3)
```

結果

```
結果：67 → 合格
結果：82 → 合格・優秀
結果：56 → 不合格
```

条件式を論理演算子を使って作る

複数の条件があるとき、「すべての条件を満たさなければならない」、「どれか1つを満たせばよい」といった場合があります。このような条件式は論理演算子を利用して書くことができます。

●論理演算子

演算子	演算式	説明
&&	a && b	aかつbの両方がtrueのときtrue。論理積
||	a || b	aまたはbのどちらか一方でもtrueのときtrue。論理和
!	!a	aがtrueならばfalse、falseならばtrue。論理否定

すべての条件を満たす（論理積） &&演算子

次の例では数学と英語の2教科のテストで、2教科ともに80点以上の場合に合格の判定にしています。A && Bは、ABの両方がtrueのときにtrueになります。したがって、(sugaku >= 80) && (eigo >= 80)は、sugakuとeigoの両方が80以上のときにtrueになります。

Playground 2教科とも80点以上のとき合格、どちらかが80点未満だと不合格 «FILE» **if_and.playground**

```
func hantei(sugaku:Int, eigo:Int) -> String {
    var result = "数学：\(sugaku)、英語：\(eigo)"
    if (sugaku >= 80) && (eigo >= 80){
        result += " → 合格" ——— sugaku と eigo ともに 80 以上のときに実行します
    } else {
        result += " → 不合格" ——— sugaku と eigo の片方でも 80 未満のときに実行します
    }
    return result
}

let test1 = hantei(sugaku: 97, eigo: 68)
let test2 = hantei(sugaku: 81, eigo: 83)
let test3 = hantei(sugaku: 72, eigo: 65)
print(test1)
print(test2)
print(test3)
```

結果

```
数学：97、英語：68 → 不合格
数学：81、英語：83 → 合格
数学：72、英語：65 → 不合格
```

最低1つの条件を満たす（論理和） || 演算子

次の例では数学と英語の2教科のテストで、どちらか1教科でも80点以上の場合に合格の判定にしています。A || B は、AB のどちらかが true のときに true になります。したがって、(sugaku >= 80) || (eigo >= 80) は、sugaku と eigo のどちらかが 80 以上のときに true になります。

Playground どちらか1教科でも80点以上のとき合格 «FILE» **if_or.playground**

```
func hantei(sugaku:Int, eigo:Int) -> String {
    var result = "数学：\(sugaku)、英語：\(eigo)"
    if (sugaku >= 80) || (eigo >= 80){
        result += " → 合格" ——— sugaku と eigo のどちらか片方でも 80 以上のときに実行します
    } else {
        result += " → 不合格" ——— sugaku と eigo の両方が 80 未満のときに実行します
    }
    return result
}

let test1 = hantei(sugaku: 97, eigo: 68)
let test2 = hantei(sugaku: 81, eigo: 83)
let test3 = hantei(sugaku: 72, eigo: 65)
print(test1)
print(test2)
print(test3)
```

結果

```
数学：97、英語：68 → 合格
数学：81、英語：83 → 合格
数学：72、英語：65 → 不合格
```

Section 5-3 ステッパーでカウントアップ

＋ボタン、-ボタンで値をカウントアップ／カウントダウンできるステッパーを作ります。ステッパーで個数を決め、その個数に応じた料金を計算する関数も定義してみます。「Swift シンタックスの基礎知識」では外部引数名についても学びます。

このセクションのトピック

1. Stepper を使ってステッパーを作ろう
2. ステッパーの値の間隔をカスタマイズ
3. 数値の型を変換する（キャストする）
4. 構造体に定義する関数とは？
5. 引数の外部引数名はとても便利な名前

重要キーワードはコレだ！

Stepper、min()、max()、Double()、Int()、_、外部引数名

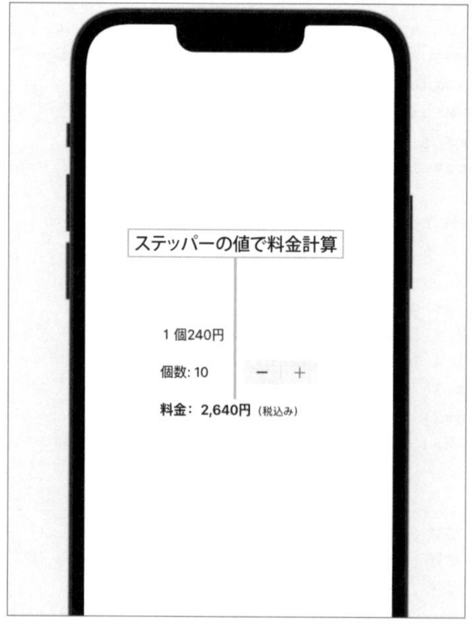

STEP ステッパーを作る

Stepper を使って + ボタンと - ボタンで値を 1 ずつカウントアップ／カウントダウンできるステッパーを作ります。

1 Stepper のコードを入力する

«SAMPLE» StepperSample.xcodeproj

ライブラリパネルを表示し、Views タブの Controls グループにある Stepper をドロップ（あるいはダブルクリック）して、body の Text("Hello, World!") のコードと置き換えます。

ContentView

StepperSample 〉 StepperSample 〉 ContentView 〉 body

```
//
//  ContentView.swift
//  StepperSample
//
//  Created by yoshiyuki oshige on 2022/08/21.
//

import SwiftUI

struct ContentView: View {
    var body: some View {
        Stepper(value: Value, in: Range) {
            Label
        }
    }
}

struct ContentView_Previews: PreviewProvider {
    static var previews: some View {
        ContentView()
    }
}
```

ドロップします

Views

Controls

Slider

Stepper

Tab View

Text

Text Editor

Text Field

Toggle

2 Stepper のコードを書き替える

まず、@State を付けた変数 kosu の宣言文を 1 行目に追加します。続いて Stepper をドロップして入力されたコードを次のように書き替えます。Stepper() の引数 value に渡す変数 kosu には $kosu のように $ を付け、引数 in のレンジを 0...10、さらに引数に step: 2 を追加してステップ間隔を 2 に指定します。テンプレートでは続く {} の中に Label が置いてありますが、ここでは Text を使って kosu の現在値を表示するコードにします。

Code ステッパーを表示するコードを修正する　«FILE» StepperSample/ContentView.swift

```
struct ContentView: View {
    @State var kosu:Int = 0 ──── 追加します

    var body: some View {                      ┌── ステップ間隔を 2 にします
        Stepper(value: $kosu, in: 0...10, step: 2) { ──── 0 ～ 10 のステッパーを作ります
            Text(" 個数 : \(kosu)") ──── 現在値を表示します
        }
        .frame(width:200)
    }
}
```

3 ライブプレビューで動作確認

ライブプレビューにして動作を確認してみましょう。ステッパーの＋ボタンをタップすると表示されている個数が 2 ずつカウントアップされ、－ボタンをタップすると 2 ずつカウントダウンします。値の範囲を 0 ～ 10 に設定したので、この範囲内で値が 2 ずつ変化します。

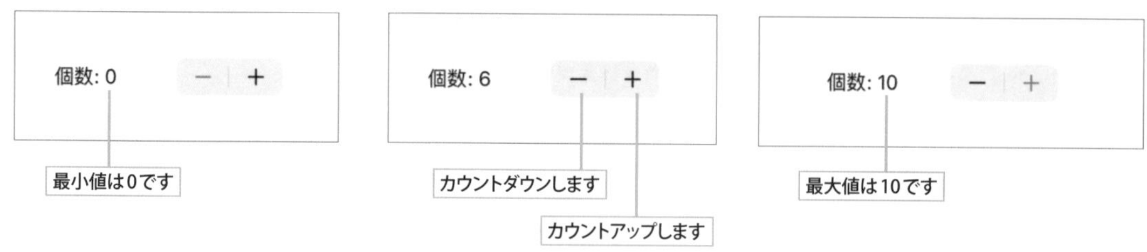

4 単価と個数から料金を計算して表示する

まず、単価 tanka と消費税 tax の値を宣言します。そして、ステッパーの値 kosu から料金を計算する式を書き、計算結果を表示するテキストを追加します。

Code ステッパーの値を使って料金を計算して表示する　«FILE» **StepperSample2/ContentView.swift**

```
struct ContentView: View {
    @State var kosu:Int = 0
    let tanka = 240
    let tax = 0.1

    var body: some View {
        VStack(alignment: .leading, spacing: 20) {
            Text("1個 \(tanka)円")

            Stepper(value: $kosu, in: 0...10, step: 2) {      ステッパー
                Text("個数：\(kosu)")
            }.frame(width:200)

            let price = tanka * kosu
            let rersult = Int(Double(price) * (1+tax))      料金計算と結果の表示
            Text("料金：\(rersult) 円").font(.headline)
            + Text("(税込み)").font(.footnote)
        }
    }
}
```

5 ライブプレビューで動作確認

ライブプレビューで動作を確認してみましょう。ステッパーを使って個数を変更すると、個数に応じて価格が再計算されて表示されます。

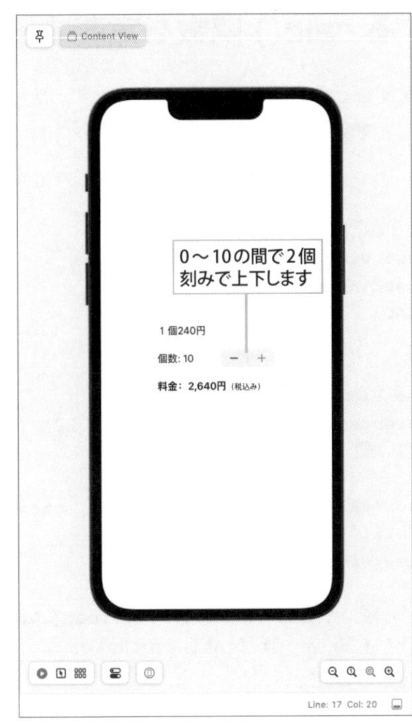

ステッパーを作る

ステッパーはStepperで作ることができます。Stepper(value: $kosu, in: 0...10, step: 2) のように値を保持するための変数、値の範囲、ステップ間隔を指定します。引数stepを省略するとステップ間隔は1になります。値の範囲は-10...10のように負の値を含んだ範囲でもよく、範囲の指定を省略すると制限がなくなります。

例では変数kosuで個数を保持し、値の範囲は0～10の整数です。kosuはステッパーで変更するので@Stateを付けて宣言します。ステッパーの現在の値はkosuに入るので、Text(" 個数 : \(kosu)") と書けば値を表示できます。

料金を計算する

料金は単価tankaにステッパーの値kosuを掛け合わせてpriceを計算し、さらに消費税taxを(1+tax)を掛けています。このとき、priceは整数のInt型、taxはDouble型なので、Double(price)でpriceをDouble型に変換（キャスト）して計算し、最後にその結果をInt()で整数化して小数点以下を取り去っています。

Code 料金を計算する «FILE» **StepperSample2/ContentView.swift**

```
let price = tanka * kosu
let rersult = Int(Double(price) * (1+tax)) ——— 消費税を掛けた後で整数化します
Text(" 料金：\(rersult) 円 ").font(.headline)
+ Text("( 税込み )").font(.footnote)
```

料金を計算する calc() 関数を定義する

料金計算を行う処理を関数 calc() として定義することで body のステートメントが簡単になり、関数定義することで変更可能な変数を計算式で使えるようになります。

Code　料金を計算する calc() 関数を使って金額を表示する　«FILE» **StepperCalc/ContentView.swift**

```
struct ContentView: View {
    @State var kosu:Int = 0
    let tanka = 240
    let tax = 0.1

    var body: some View {
        VStack(alignment: .leading, spacing: 20) {
            Text(" 1個 \(tanka) 円 ")

            Stepper(value: $kosu, in: 0...10, step: 2) {
                Text(" 個数： \(kosu)")
            }.frame(width:200)
                                                  関数を呼び出します
            Text(" 料金：\(calc(kosu)) 円 ").font(.headline)
            + Text("（税込み）").font(.footnote)
        }
    }

    // 料金の計算
    func calc(_ num:Int) -> Int {
        var price = tanka * num ――― num が個数として料金を計算します
        price = Int(Double(price) * (1+tax)) ――― 消費税の計算をします
        return price
    }
}
```

calc(kosu) にはなぜ引数名がないのか？

料金を表示する Text() では 料金を計算するユーザー定義関数を \(calc(kosu)) のようにテキストに埋め込んで呼び出しています。ここで注目してほしいのは、calc(num: kosu) のように引数名を付けていないところです。

Code　引数名を指定せずに calc() を呼び出す　«FILE» **StepperCalc/ContentView.swift**

```
Text(" 料金：\(calc(kosu)) 円 ").font(.headline)
```

calc() の定義文では price を計算を tanka * num としていることから、num には kosu の値が渡されています。それにもかかわらず calc(num: kosu) とする必要がない理由は、定義文をよく見ると calc(_ num:Int) のように num の前に _ があるからです。_ は外部引数名を省略するための特殊な記号です（☞ P.240）。

Code 外部引数名 _ を利用した calc() «FILE» StepperCalc/ContentView.swift

```
    func calc(_ num:Int) -> Int {
        var price = tanka * num
        price = Int(Double(price) * (1+tax))
        return price
    }
```

Computed プロパティで計算して料金を表示する

料金計算を関数定義するのではなく、Computed プロパティの変数 price を定義する方法もあります（☞ P.65）。次のコードでは変数 price の値がそのまま料金計算の結果になるので、料金は Text(" 料金：\(price) 円 ") のように price の値を表示するだけです。ステッパーの値 kosu が変更されると price を再計算した値が表示されます。

Code Computed プロパティを利用して料金計算する «FILE» StepperComputedPrice/ContentView.swift

```
struct ContentView: View {
    @State var kosu:Int = 0
    let tanka = 240
    let tax = 0.1
    // 料金
    var price:Int {
        var value = tanka * kosu
        value = Int(Double(value) * (1+tax))
        return value
    }

    var body: some View {
        VStack(alignment: .leading, spacing: 20) {
            Text(" 1個 \(tanka) 円 ")

            Stepper(value: $kosu, in: 0...10, step: 2) {
                Text(" 個数： \(kosu)")
            }.frame(width:200)

            Text(" 料金：\(price) 円 ").font(.headline)
            + Text("( 税込み )").font(.footnote)
        }
    }
}
```

変数 price の値は料金計算の結果 value になります

Swiftシンタックスの基礎知識

構造体で使う関数と外部引数名について

構造体の中に関数を定義する

struct ContentView をはじめ、struct で始まるコードは構造体を定義しています。構造体の標準的な書式についてはすでに説明しましたが（☞ P.191）、先の StepperCalc プロジェクトの calc() のように構造体で使う関数を定義することもできます（ユーザー定義関数 ☞ P.195）。

書式 関数定義がある構造体の書式

```
struct 名前 : プロトコル {
    let 変数 1
    var 変数 2
    ...

    func 関数名 ( 引数 : 型 , ... ) -> 戻り値の型 {
       ステートメント
       return 戻り値
    }
}
```

構造体で使う関数を定義します

外部引数名を利用する

外部引数名とは、引数を受け取る変数（パラメータ変数）に付けた名前です。外部引数名を省略せずに関数の書式を書くと次のようになります。これが本来の関数の書式です。外部引数名は省略することができて、省略すると引数の変数名がそのまま外部引数名として利用されます。

書式 関数の本来の書式（外部引数名がある）

```
func 関数名 ( 外部引数名 引数 : 型 , ... ) -> 戻り値の型 {
    ステートメント
    return 戻り値
}
```

では Playground を使って外部引数名を定義した関数を試してみましょう。次のように calcA()、calcB()、calcC() の３通りの定義をしてみます。関数の中身は同じで tanka * num で計算した結果を戻します。３つの違いは引数です。calcA() は引数 num がありますが、外部引数名が付いていません。calcB() は引数 num に対して外部引数名 kosu を付けて定義しています。calcC() は引数 num の外部引数名を _ にしています。

Playground 外部引数名がある関数とない関数の定義 «FILE» externalParameterName.playground

```
let tanka = 240

// 外部引数名なし
func calcA(num:Int) -> Int {
    let price = tanka * num
    return price
}

// 外部引数名 kosu
func calcB(kosu num:Int) -> Int {
    let price = tanka * num ——— 外部引数名は kosu でも実際には値を num で受けて処理します
    return price
}

// 外部引数名 _
func calcC(_ num:Int) -> Int { ——— 引数は num が受け取ります
    let price = tanka * num
    return price
}

// 外部引数名 _
func calcD(_ num:Int = 1) -> Int { ——— 引数 num に初期値を指定します
    let price = tanka * num
    return price
}
```

この 3 つの関数を実行すると次のように引数の指定の仕方が違ってきます。最初の calcA() は calcA(num: 2) と実行するのに対して、calcB() は外部引数名の kosu を使って calcB(kosu: 2) と実行します。そして、外部引数名が _ の calcC() の場合は、引数名を指定せずに calcC(2) で実行します。最後の calcD() では引数に初期値を指定しているので calcD() だけでも実行できます。

Playground 関数を実行する場合の引数の違い «FILE» externalParameterName.playground

```
let priceA = calcA(num: 2)
let priceB = calcB(kosu: 2) ——— 外部引数名で指定します
let priceC = calcC(2) ——— 引数名を指定しません
let priceD = calcD() ——— 初期値があるので引数を省略できます
```

このように実際に内部で使っている変数名とは違う、わかりやすい引数名を外部に対して示したい場合や式を単純にしたい場合などで外部引数名が便利に利用されています。

スライダーを作る

スライダーを使うとドラッグ操作で範囲内の値を選ぶといったことができます。ステッパーと違って小数点を含んだ値をリニアに選べるのが特徴です。スライダーを使って RGB の各値を決めるサンプルを作ってみましょう。

1. Slider を使ってスライダーを作ろう
2. 0 ～ 1 ではないスライダーの作り方
3. スライダーを使って色の RGB と透明度を決める
4. 数値の表示桁数を決める便利な関数を自作
5. 知っておきたい、よく使う便利な関数

重要キーワードはコレだ！

Slider、String、Color にない色を作る、floor()、ceil()、round()、abs()

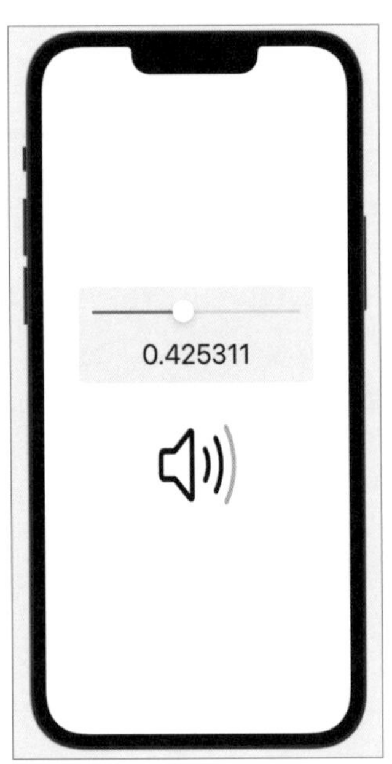

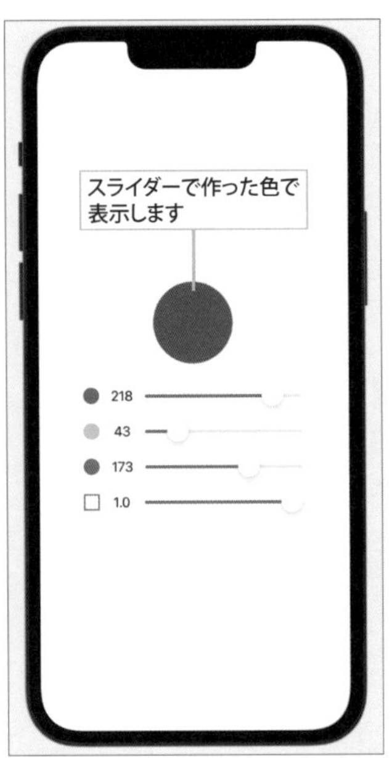

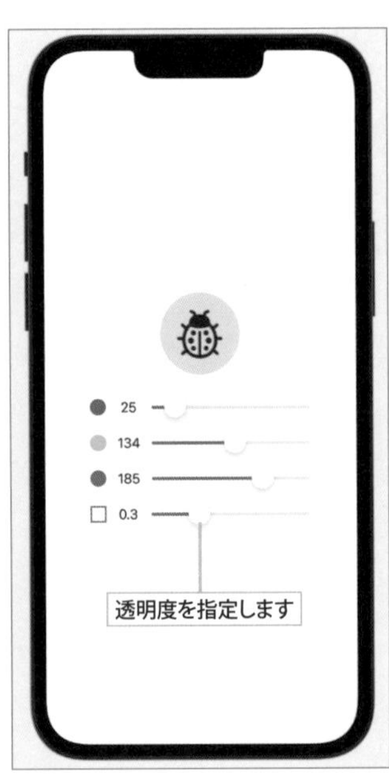

STEP スライダーを作る

スライドバーをドラッグして値を変更できるスライダーを作ります。スライダーの値は浮動小数点でそのまま表示すると桁数が多いので、小数点以下２位までを表示するように数値表示の桁数を２桁にする関数も作って適用します。

1 Slider のコードを入力する

«SAMPLE» SliderSample.xcodeproj

ライブラリパネルを表示し、Views タブの Controls グループにある Slider をドロップ（あるいはダブルクリック）して、body の Text("Hello, World!") のコードと置き換えます。

ContentView

SliderSample 〉 SliderSample 〉 ContentView 〉 body

```
//
//  ContentView.swift
//  SliderSample
//
//  Created by yoshiyuki oshige on 2022/08/22.
//

import SwiftUI

struct ContentView: View {
    var body: some View {
        VStack {
            Slider(value: Value)
        }
        .padding()
    }
}

struct ContentView_Previews: PreviewProvider {
    static var previews: some View {
```

ドロップします

Views

Controls

Sign In With Apple Button

Slider

Stepper

Tab View

Text

2 Slider のコードを書き替える

まず、@State を付けた変数 volume の宣言文を 1 行目に追加します。続いて Slider をドロップして入力されたコードを次のように書き替えます。GroopBox の中にスライダーと数値表示のテキストを入れ、その下に可変カラーシンボルのスピーカーを配置します。シンボルの variableValue には volume を指定します。

Code スライダーを表示するコードを修正する «FILE» SliderSample/ContentView.swift

```
struct ContentView: View {
    @State var volume: Double = 0.0 ──── 追加します

    var body: some View {
        VStack(spacing: 50) {
            GroupBox {
                Slider(value: $volume) ──── スライダーを作ります
                Text("\(volume)").font(.largeTitle) ──── スライダーの現在値を表示します
            }.frame(width: 300)
            // 可変カラーシンボル
            Image(systemName: "speaker.wave.3",
                  variableValue: volume)──── スライダーの値で可変カラーシンボルの
            .resizable()                     イメージを設定します
            .frame(width: 100, height: 100)
        }
    }
}
```

3 ライブプレビューで動作確認

それではライブプレビューで動作を確認してみましょう。スライダーをドラッグして動かすと数値が 0.000000 ～ 1.000000 の間で変化し、値に応じてスピーカーのイメージも変わります。

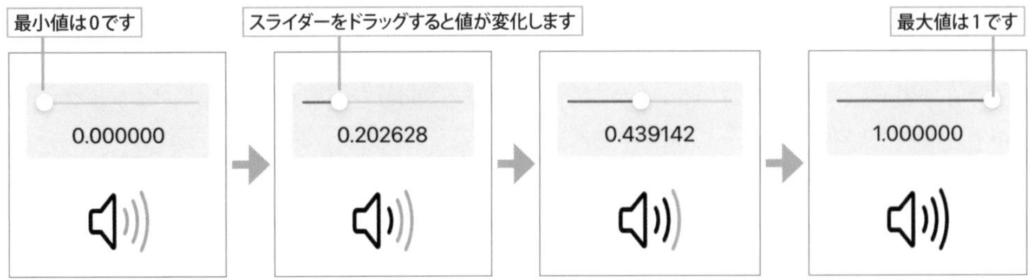

4 数値をフォーマットする関数を追加する

数値表示の桁数が長すぎるので小数点以下を 2 桁まで表示するように関数を追加します。この関数は body 構造体の中に置いてもいいですが、汎用的な関数でもあるので外に定義します。あわせて数値を表示する Text() のコードも変更します（NumberFormatter を使う ☞ P.458）。

Code 小数点以下 2 位まで表示する関数を追加したコード «FILE» **SliderSample2/ContentView.swift**

```
struct ContentView: View {
    @State var volume: Double = 0.0

    var body: some View {
        VStack(spacing: 50) {
            GroupBox {
                Slider(value: $volume)
                Text("\(format(volume))").font(.largeTitle)
            }.frame(width: 300)
            // 可変カラーシンボル
            Image(systemName: "speaker.wave.3",
                  variableValue: volume)
            .resizable()
            .frame(width: 100, height: 100)
        }
    }
}

// 小数点以下を2桁にする
func format(_ num:Double) -> String {
    let result = String(round(num*100)/100)
    return result
}
```

スライダーの値をフォーマットして表示します

数値 num を小数点以下 2 桁のストリングにして返します

5 ライブプレビューで動作確認

それではあらためてライブプレビューで動作を確認してみましょう。今度は数値が 0.00 ～ 1.00 の表示になりました。

スライダーをドラッグすると値が変化します

0.0 → 0.31 → 0.65 → 1.0

小数点以下２位までの表示になります

スライダーを作る

スライダーは Slider で作ることができます。Slider(value: $value, in: -10...10) のように値を保持するための変数と値の範囲を指定します。値の範囲の指定を省略すると例のように０～１の範囲になります。値は整数ではなく、小数点以下がある値（浮動小数点）になります。

例では変数 volume で値を保持し、値の範囲は省略しているので０～１です。volume の値はスライダーで変更するので @State を付けて宣言します。スライダーの現在の値は volume に入るので、Text("\(volume)") と書けば値を表示できます。

スライダーの値の範囲を設定する

スライダーの値の範囲を省略すると０～１になりますが、数値の範囲を指定することもできます。次の例では RGB の各色の値を０～255 の範囲でスライダーで決めて円の色を表示します。スライダーの値は浮動小数点で変化するので、数値を表示する際には Text(String(Int(R))) のように整数化しています。透明度を指定する opacity は０～１の値なので初期値の範囲のまま使いますが、Text(String(round(A*10)/10)) を使って値が小数点以下１位までの表示になるように数値を丸めています。

なお、０～１の値に 255 を掛けることでも０～255 の範囲の値を作ることができるので、スライダーの値の範囲を設定しなくても同様の機能のスライダーを作ることはできます。

Code スライダーを使って色と透明度を指定する «FILE» SliderRGBA/ContentView.swift

```
struct ContentView: View {
    @State var R:Double = 0
    @State var G:Double = 0
    @State var B:Double = 0      ―― RGBA の値を保持します
    @State var A:Double = 1

    var body: some View {
        VStack(alignment: .center) {
            ZStack{
                // 下に隠れているイメージ
                Image(systemName: "ladybug")
                    .scaleEffect(3)
                // 色を付ける円
                Circle()
                 .frame(width:100, height:100)
                 .padding()
```

```
                .foregroundColor(
                    Color(red: R/255, green: G/255, blue: B/255, opacity: A))
            }
            // red のスライダー
            HStack{
                Circle()
                    .foregroundColor(.red)
                    .frame(width: 20, height: 20)
                Text(String(Int(R))).frame(width: 40)
                Slider(value: $R, in: 0...255).frame(width: 200)
            }
            // green のスライダー
            HStack{
                Circle()
                    .foregroundColor(.green)
                    .frame(width: 20, height: 20)
                Text(String(Int(G))).frame(width: 40)
                Slider(value: $G, in: 0...255).frame(width: 200)
            }
            // blue のスライダー
            HStack{
                Circle()
                    .foregroundColor(.blue)
                    .frame(width: 20, height: 20)
                Text(String(Int(B))).frame(width: 40)
                Slider(value: $B, in: 0...255).frame(width: 200)
            }
            // opacity のスライダー
            HStack{
                Rectangle()
                    .stroke(lineWidth: 2)
                    .foregroundColor(.blue)
                    .frame(width: 18, height: 18)
                Text(String(round(A*10)/10)).frame(width: 40)
                Slider(value: $A).frame(width: 200)
            }
        }
    }
}
```

塗り色と透明度の現在値からカラーを作ります

R を 0 〜 255 のスライダーで決めます

G を 0 〜 255 のスライダーで決めます

B を 0 〜 255 のスライダーで決めます

A を 0 〜 1 のスライダーで決めます

スライダーで設定したRGBの色になります

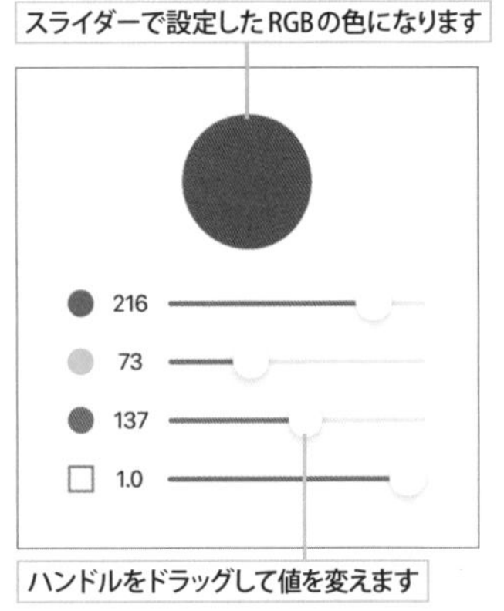

ハンドルをドラッグして値を変えます

下の絵が透けて見えます

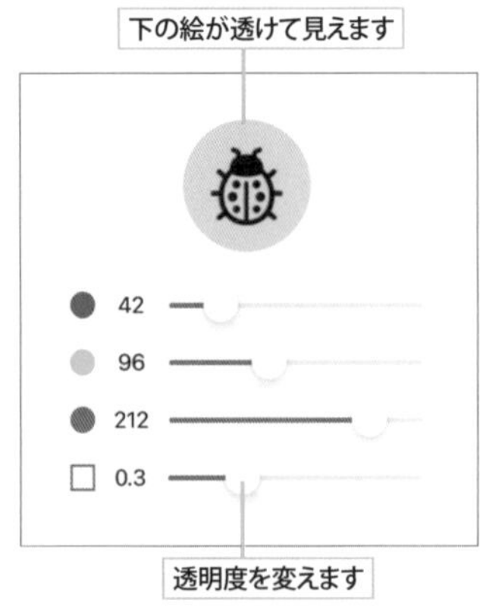

透明度を変えます

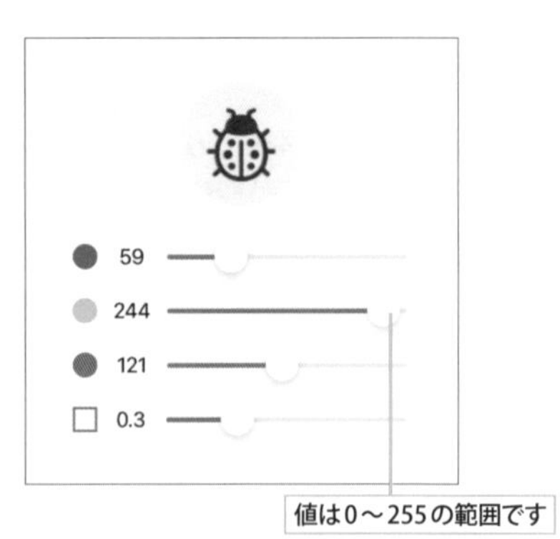

値は0〜255の範囲です

数値の変化で表示がガタガタしないようにする

スライダーの値とほかのものを横に並べて表示すると、値が変化することで数字の幅が変わって表示位置も微妙に動いてしまいます。これを避けるには、値を表示するテキストには幅を指定して固定します。こうすることで、スライダーで値を変化させても表示位置がずれることがなくなります。

Code　数値の変化で位置がずれないように幅を固定する　«FILE» SliderRGBA/ContentView.swift

```
Text(String(Int(R))).frame(width: 40) —— 表示する数値が変化しても表示位置が動かないように幅を固定します
```

色を作る

図形の塗り色は、foregoroundColor() で .red、.green、.blue などで指定できます。この値はそれぞれ、Color.red、Color.green、Color.blue を省略したもので、よく使う色はこのように Color クラスで定義済みです。定義されていない色を使いたい場合は、RGB で指定する Color(red:green:blue:) で作ることができます。透明度を付けたい場合は、サンプルで示したように opacity: をさらに追加します。引数の red、green、blue の値は 0 〜 1 で指定しますが、0 〜 255 のほうが扱いやすいのでスライダーでは 0 〜 255 で値を指定して、red: R/255 のように 255 で割った値を引数に渡しています。

書式 RGB で色を作る

Color(red: 赤 **, green:** 緑 **, blue:** 青 **, opacity:** 透明度 **)**

Code　RGB で色を指定する　«FILE» SliderRGBA/ContentView.swift

```
                    .foregroundColor(
                        Color(red: R/255, green: G/255, blue: B/255, opacity: A))
```

色は色相、彩度、明度の３要素で作ることもできます。それぞれ 0 〜 1 の値で指定します。

書式 色相、彩度、明度で色を作る

Color(hue: 色相 **, saturation:** 彩度 **, brightness:** 明度 **, opacity:** 透明度 **)**

どちらの書式でも色に加えて透明度の opacity も指定できますが、ビューの透明度はビュー自体の opacity モディファイアでも設定できます（☞ P.227）。また、実行時に変更しない固定の色ならば、定義されていない色をあらかじめ Assets に Color Set として作成しておく方法もあります（☞ P.119）。

Swiftシンタックスの基礎知識

よく使う便利な関数

便利な数値関数

数値の端数の切り捨て、切り上げ、四捨五入、乱数を作る関数、三角関数など、よく使う便利な数値関数を紹介します。

切り捨て、切り上げ、四捨五入などを行う関数

小数点以下の切り捨て、切り上げ、四捨五入は、floor(数値)、ceil(数値)、round(数値)を使います。たとえば、次のpriceの計算結果は4364.8ですが、これを切り捨て、切り上げ、四捨五入した結果はコメント文で書いた値になります。数値の型はInt（整数）ではなくDoubleです。

Playground 切り捨て、切り上げ、四捨五入を行う «FILE» floor_ceil_round.playground

```
let price = 3520 * 1.24  // 4364.8
var ans:Double
ans = floor(price)  // 4364.0 ——— 切り捨て
ans = ceil(price)  // 4365.0 ——— 切り上げ
ans = round(price)  // 4365.0 ——— 四捨五入
```

任意の桁での切り捨てや切り上げなどを行いたい場合は、先に値を10で割って桁をずらして計算し、その値を10倍して桁を戻します。次の例では、priceの1の桁を切り捨て、切り上げ、四捨五入した値にしています。

Playground 一桁目を切り捨て、切り上げ、四捨五入する «FILE» floor_ceil_round.playground

```
ans = floor(price/10)*10  // 4360.0
ans = ceil(price/10)*10  // 4370.0
ans = round(price/10)*10  // 4360.0
```

大きい方の値、小さい方の値を取り出す関数

a、b 2個の数値を比較してmax(a, b)は大きい方の値、min(a, b)は小さい方の値を選び出します。次の例ではInt型の値を比較していますが、Double型の値も比較できます。

Playground 大きい方の値、小さい方の値を取り出す «FILE» min_max.playground

```
var ans: Int
ans = max(5, 9)  // 9
ans = min(5, 9)  // 5
```

v = min(max(v, a), b) のように組み合わせれば、v を a 以上 b 以下の範囲に納めることができます。

Playground min() と max() を組合わせて使う «FILE» **min_max.playground**

```
var v1 = -10, v2 = 20
v1 = min(max(v1, 0), 10) // 0
v2 = min(max(v2, 0), 10) // 10
```

NOTE

配列の要素の最大値、最小値

複数の値の中から最大値、最小値を選び出したい場合は、値を配列に入れておき max()、min() を実行することで値を選び出せます。ただし、配列が空の場合を考慮する必要があるため、結果は Optional 型でラップされています。値が必ず入っているならば、次のように ! を付けて強制的にアンラップすることができます。

Playground 配列の最大値と最小値 «FILE» **min_max.playground**

```
var ans: Int
let nums = [4,2,6,8,5]
ans = nums.max()!  // 8 ——— 配列の中の最大値
ans = nums.min()!  // 2 ——— 配列の中の最小値
```

絶対値に変換する関数

数値の大きさ（絶対値）を求めたいときは abs() 関数を利用できます。次のように abs() を使うと、a、b のどちらが大きくてもその差は正の値になります。

Playground 2つの値の間隔を求める «FILE» **abs.playground**

```
let a = 16.5
let b = 18.0
let ans = abs(a - b) // 1.5
```

メニュースタイルのピッカーを作る

ピッカーは複数の値の中から1つを選ぶUIとして利用されます。ピッカーにはいくつかのスタイルがあり、ここではiOSで利用できるメニュースタイルとセグメンテッドスタイルのピッカーについて説明します。まずはメニュースタイルのピッカーの作り方を理解するところから始めましょう。

1. Pickerを使ってメニュースタイルのピッカーを作ろう
2. メニューで選んだイメージを表示する
3. セグメンテッドスタイルのピッカーを作ろう
4. 値で処理を振り分けるswitch文を使う

重要キーワードはコレだ！

Picker、tag()、配列[インデックス番号]、pickerStyle()、switch-case

STEP メニュースタイルのピッカーを作る

タップするとメニューが表示されるピッカーを作ります。まずは選択肢が３個のピッカーを作って構造を理解しましょう。メニューでは図形の塗り色を選びます。

1 Picker のコードを入力する

«SAMPLE» **menuPicker.xcodeproj**

ライブラリパネルを表示し、Views タブの Controls グループにある Picker をドロップ（あるいはダブルクリック）して、body の Text("Hello, World!") のコードと置き換えます。

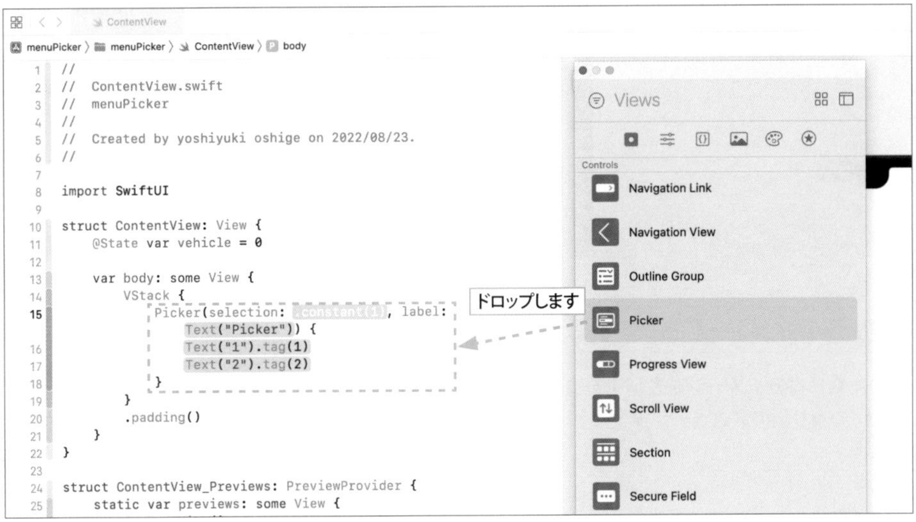

```
//
//  ContentView.swift
//  menuPicker
//
//  Created by yoshiyuki oshige on 2022/08/23.
//

import SwiftUI

struct ContentView: View {
    @State var vehicle = 0

    var body: some View {
        VStack {
            Picker(selection: .constant(1), label:
                Text("Picker")) {
                Text("1").tag(1)
                Text("2").tag(2)
            }
        }
        .padding()
    }
}

struct ContentView_Previews: PreviewProvider {
    static var previews: some View {
```

ドロップします

Views / Controls: Navigation Link, Navigation View, Outline Group, Picker, Progress View, Scroll View, Section, Secure Field

2 Picker のコードを書き替える

Picker をドロップして入力されたコードを次のように書き替えます。まず、@State を付けた変数 vehicle の宣言文を１行目に追加します。続いて Picker 文のコードを修正します。入力されたコードは tag(1) から始まっていますが、tag(0) からの番号にします。

Code ピッカーを表示するコードを修正する　　«FILE» **menuPicker/ContentView.swift**

```
struct ContentView: View {
    @State var vehicle = 0 ——— 追加します

    var body: some View {
        VStack {
            Picker(selection: $vehicle, label: Text("乗り物"))
            {
                Text("自転車").tag(0)
                Text("車").tag(1)
                Text("電車").tag(2)
            }
            .buttonStyle(.bordered)
        }
        .padding()
    }
}
```

メニュースタイルのピッカーが作られます

メニューに表示するアイテム

3 ライブプレビューで確認する

この段階でピッカーの初期値が表示されます。クリックでメニューが表示され、乗り物を選択できます。

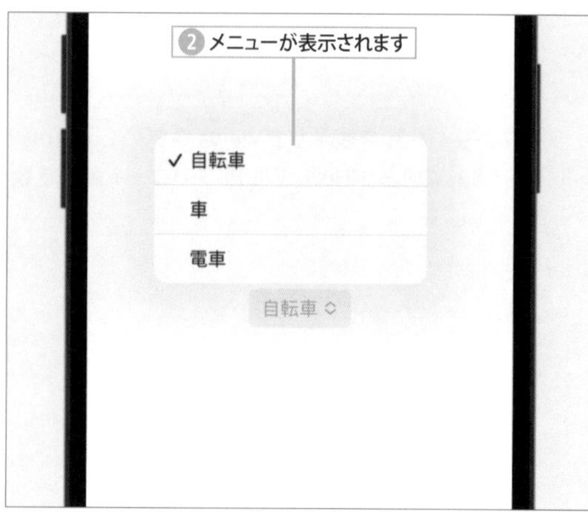

4 選択した乗り物のイメージを表示する

メニューで選択した乗り物のイメージを表示するコードを追加します。選んで表示するイメージ名は配列 names に入れておき、Picker で乗り物のメニューボタンを作ります。メニューで選ばれている乗り物のイメージをその下に表示します。

Code メニューで選択した乗り物を表示するコードを追加して完成させる «FILE» **menuPicker2/ContentView.swift**

```
struct ContentView: View {
    @State var vehicle = 0
    let names = ["bicycle", "car", "tram"]

    var body: some View {
        VStack(alignment: .leading, spacing: 30) {
            // メニューを作る
            Picker(selection: $vehicle,
                   label: Text("乗り物"))
            {
                Text("自転車").tag(0)
                Text("車").tag(1)
                Text("電車").tag(2)
            }.buttonStyle(.bordered)

            // シンボルイメージを表示する
            Image(systemName: names[vehicle])
                .resizable()
                .frame(width:200, height: 200)
        }
        .padding()
    }
}
```

5　ライブプレビューでピッカーの動作確認をする

変数 vehicle の初期値が 0 なので最初は「自転車」が選ばれている状態から始まります。「自転車」をクリックするとすべての乗り物を選択するメニューが表示され、メニューでほかの乗り物を選ぶとイメージも入れ替わります。

ピッカーのアイテムと tag() の値

ピッカーは Picker で作ります。ピッカーのメニューで選択できるアイテムは Picker() のブロックで Text(" 自転車 ").tag(0)、Text(" 車 ").tag(1)、Text(" 電車 ").tag(2) のようにテキストで指定します。アイテムの並び順は実行順ではなく tag() で指定しているインデックス番号ですが、作成後に並べ替えなどを行わない場合は設定を省略できます。この例では label で指定したテキストは表示されませんが省略はできません。

Code　ピッカーを作る Picker コード　«FILE» menuPicker2/ContentView.swift

```
Picker(selection: $vehicle,
                 label: Text(" 乗り物 "))
           {
               Text(" 自転車 ").tag(0)
               Text(" 車 ").tag(1) ——— ピッカーのメニューには tag の番号順に並びます
               Text(" 電車 ").tag(2)
           }.buttonStyle(.bordered)
```

ピッカーの値を決めたときに、tag() の番号が Picker() の引数 selection で指定した変数 vehicle に入ります。この値を配列のインデックス番号として利用し、names からシンボルの名前を取り出して表示します (配列 [インデックス番号] ☞ P.162)。

Code　ピッカーで選んだ値を表示する　«FILE» menuPicker2/ContentView.swift

```
Image(systemName: names[vehicle])
                .resizable()
                .frame(width:200, height: 200)
```

ピッカーのラベルを表示する

先のコードではPicker()の引数labelで指定したテキストが表示されません。labelで指定したテキストをピッカーのラベルつまりメニュー名として表示したい場合は、Picker を List または Form の中で表示します。次のようにVStack の代わりに List を使うだけでラベルが表示されます。

Code ピッカーのラベルを表示する «FILE» **menuPickerList/ContentView.swift**

```
struct ContentView: View {
    @State var vehicle = 0
    let names = ["bicycle", "car", "tram"]

    var body: some View {
        List {
            // メニューを作る
            Picker(selection: $vehicle,
                   label: Text("乗り物"))
            {
                Text("自転車").tag(0)
                Text("車").tag(1)
                Text("電車").tag(2)
            }

            // シンボルイメージを表示する
            Image(systemName: names[vehicle])
                .resizable()
                .frame(width:100, height: 100)
        }
    }
}
```

ピッカーのスタイル

ピッカーにはいくつかのスタイルがあり、pickerStyle モディファイアで指定します。pickerStyle を指定しない場合はメニュー（PickerStyle.menu）で作られます。

セグメンテッドスタイル

先のサンプルのピッカーに pickerStyle(.segmented) を指定するだけで、セグメンテッドのピッカーになります。

Code　ピッカーをセグメンテッドスタイルにする　«FILE» segmentedPicker/ContentView.swift

```
// メニューを作る
            Picker(selection: $vehicle,
                   label: Text(" 乗り物 "))
            {
                Text(" 自転車 ").tag(0)
                Text(" 車 ").tag(1)
                Text(" 電車 ").tag(2)
            }
            .pickerStyle(.segmented) ―――― セグメンテッドスタイルのピッカーになります
```

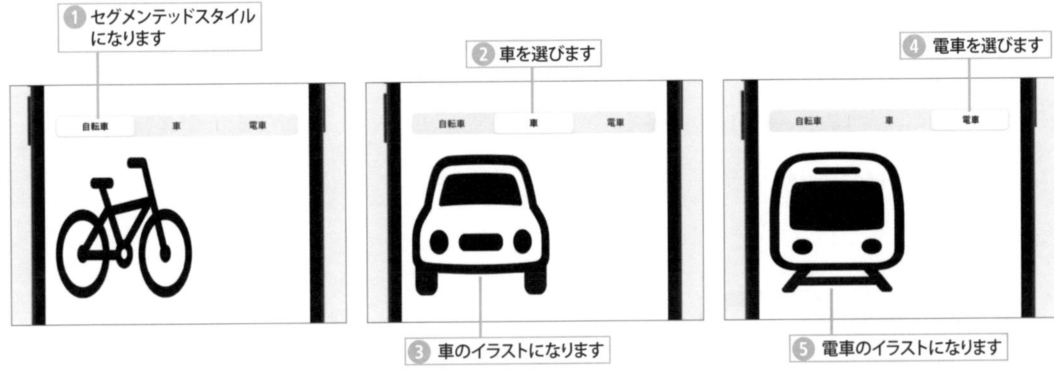

ホイールスタイル

ピッカーに pickerStyle(.wheel) を指定すると回転式のピッカーになります。

Code　ピッカーをホイールスタイルにする　«FILE» wheelPicker/ContentView.swift

```
Picker(selection: $vehicle,
       label: Text(" 乗り物 "))
{
    Text(" 自転車 ").tag(0)
    Text(" 車 ").tag(1)
    Text(" 電車 ").tag(2)
}
.pickerStyle(.wheel)―――― ホイールスタイルのピッカーになります
```

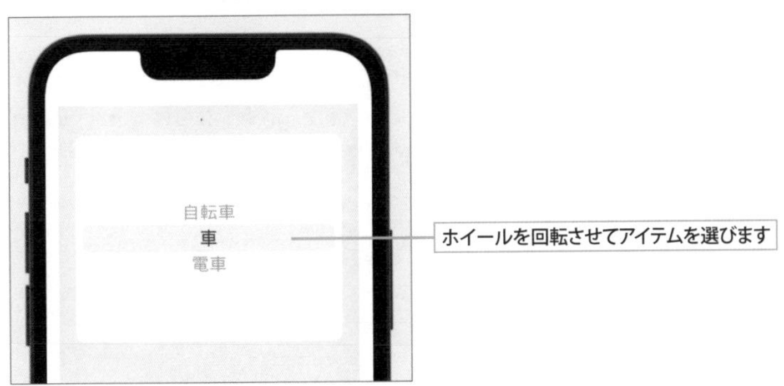

インラインスタイル

ピッカーに pickerStyle(.inline) を指定すると選んだアイテムがチェックされるリスト形式になります。チェックできるアイテムは 1 個だけです。インラインスタイルはピッカーを List または Form の中で使っているときに有効になります。

Code　ピッカーをインラインスタイルにする　«FILE» inlinePicker/ContentView.swift

```
        List {
            // メニューを作る
            Picker(selection: $vehicle,
                   label: Text("乗り物").font(.title3))
            {
                Text("自転車").tag(0)
                Text("車").tag(1)
                Text("電車").tag(2)
            }
            .pickerStyle(.inline)
        }
        .padding()
```

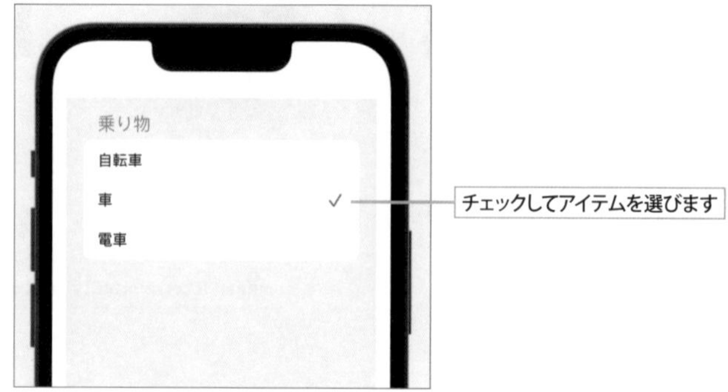

選んだ値を switch-case で振り分ける

ピッカーでは提示された選択肢から必ず 1 個の値を選択するので、条件によって分岐する if 文ではなく、値によって処理を分岐する switch 文を利用できます（switch 文 ☞ P.258）。

次の例ではピッカーで選んだ色を変数 color に代入し、color の値を switch-case で振り分けています。color の値が .red ならば case .red の処理が選ばれて赤色の四角形が表示され、color の値が .green ならば case .green の処理が選ばれて緑色の円形が表示されます。なお、switch で評価する color の値は必ず Color 型の値なので、Color.red の Color を省略して case .red のように書くことができます。

Code　セグメンテッドピッカーで選んだ値を switch 文で振り分ける　«FILE» **segmentedPickerSwitch/ContentView.swift**

```
struct ContentView: View {
    @State private var selectedColor = 0
    let colorViews:[Color] = [.red, .green, .blue]
    let colorNames = ["Red", "Green", "Blue"]

    var body: some View {
        VStack {
            Picker(selection: $selectedColor, label: Text("Color")) {
                Text("Red").tag(0)
                Text("Green").tag(1)
                Text("Blue").tag(2)
            }
            .pickerStyle(.segmented)
            .frame(width: 250, height: 30)
            .padding()

            let color = colorViews[selectedColor]
            switch color {
            case .red:
                Rectangle()
                    .frame(width: 50, height: 50)
                    .foregroundColor(.red)

            case .green:
                Circle()
                    .frame(width: 50, height: 50)
                    .foregroundColor(.green)

            case .blue:
                Circle()
                    .stroke(lineWidth: 8)
                    .frame(width: 50, height: 50)
                    .foregroundColor(.blue)

            default:
                Text("default")
            }
            Text(colorNames[selectedColor])
        }
    }
}
```

ピッカーで選んだ色の tag 番号が入ります

color にはピッカーで選んだ色が入ります

color で処理を振り分けます

選んだ色の名前を表示します

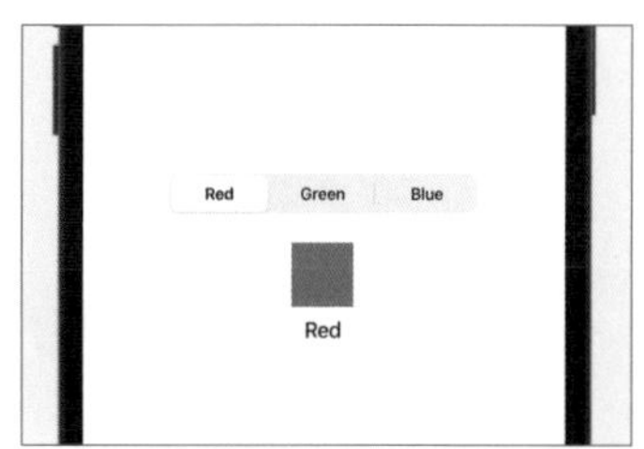

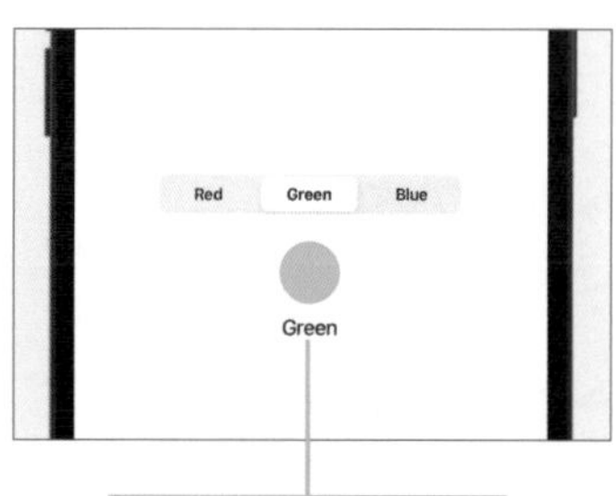

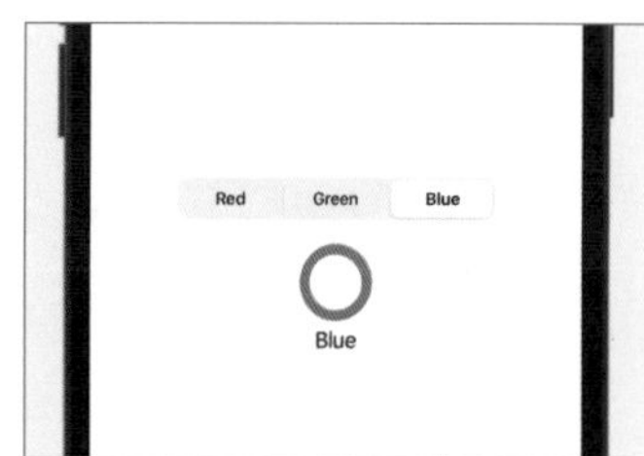

セグメントピッカーで選んだ
図形と色名を表示します

Swiftシンタックスの基礎知識

switch 文

値で処理を振り分けるswitch文

if文は条件式で処理を振り分けますが（☞ P.229）、switch文は値で処理を振り分けます。switch文の基本的な書式は次のとおりです。なお、他のプログラミング言語では各caseの最後でbreakを実行してcase文を抜ける必要がありますが、breakがなくてもcase文を抜ける点に注意してください。逆に意図的に次のcase文へ処理を続けたい場合はfallthroughを実行します。

書式 switch文

```
switch 式 {
    case 値1:
      ステートメントA
    case 値2:
      ステートメントB
    case 値3, 値4, 値5:  ——— 複数の値をカンマで区切って指定できます
      ステートメントC
    default:
    ステートメントD
}
```

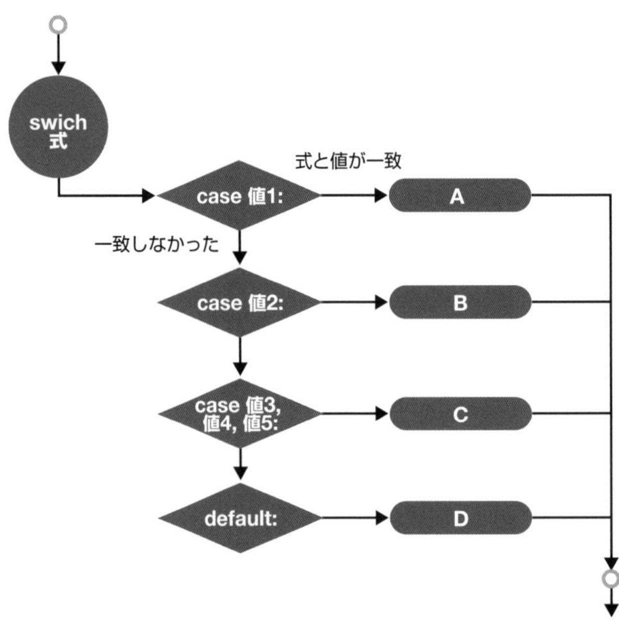

switch 文を Playground で試す

それでは Playground を使って switch 文を試してみましょう。次のコードでは color の値によって処理を振り分けています。"red" と "yellow" はどちらでも同じ結果です。"red"、"yellow"、"green" のどれでもない場合は default の処理が実行されて " ハズレ " です。

Playground switch 文を Playground で試す «FILE» **switchSample.playground**

```
func fortune(color: String) {
    switch color { ―――― color によって処理を振り分けます
        case "red", "yellow": ―――― "red"、"yellow" のどちらでも当たりです
            print("\(color) は、当たり ")
        case "green":
            print("\(color) は、大当たり ")
        default:
            print("\(color) は、ハズレ ")
    }
}

fortune(color: "yellow")―――― 各色で試してみます
fortune(color: "blue")
fortune(color: "green")
fortune(color: "red")
```

結果

```
yellow は、当たり
blue は、ハズレ
green は、大当たり
red は、当たり
```

デートピッカーを作る

デートピッカーは年月日と時刻を選択できるピッカーです。日付はカレンダーで選び、時刻はホイールスタイルのピッカーで指定します。カレンダーでは選択できる期間を限定するといったことができます。カレンダーを日本語で表示したり、選んだ日時を日本の書式で表示する方法も合わせて学びましょう。

1. DatePickerを使って日時を選ぶデートピッカーを作ろう
2. カレンダーで選択できる期間を限定するには？
3. 日時を自由な書式で表示したい
4. 日付を和暦で表示できる？
5. 日付と時刻のコンポーネントを分けて表示する

重要キーワードはコレだ！

DatePicker、Date、environment()、Locale、Calender、Calender.current.date()、DateFormatter

STEP 日時を表示する簡単なデートピッカーを作る

ライブラリパネルの DatePicker を使って基本的なデートピッカーを作り、その使い方を確認してみましょう。表示されるカレンダーで日付を選択する方法、日時を選択する方法を試します。

1 DatePicker のコードを入力する

«SAMPLE» DatePickerSample.xcodeproj

ライブラリパネルを表示し、Views タブの Controls グループにある DatePicker をドロップ(あるいはダブルクリック)して body の Text("Hello, World!") のコードと置き換えます。

```
//
//  ContentView.swift
//  DatePickerSample
//
//  Created by yoshiyuki oshige on 2022/08/24.
//

import SwiftUI

struct ContentView: View {
    var body: some View {
        DatePicker(selection: .constant(Date()), label: { Text("Date") })
    }
}

struct ContentView_Previews: PreviewProvider {
    static var previews: some View {
        ContentView()
    }
}
```

ドロップします

2 DatePicker のコードを書き替える

DatePicker をドロップして入力したコードを次のように書き替えます。まず、@State を付けた変数 theDate の宣言文を 1 行目に追加し、theDate の初期値として Date() を代入します。Date() は実行した現在の日時を作るので、theDate には現在日時を示す日時データが入ります。

Code DatePicker のコードを書き替える «FILE» DatePickerSample/ContentView.swift

```
struct ContentView: View {
    @State var theDate = Date()        ――― 初期値を Date() にして追加します

    var body: some View {
        DatePicker(selection: $theDate, label: { Text(" 日時 ") })
            .padding(50)               ――― 選んだ日付が入ります（$theDate）
    }
}
```

3 ライブプレビューで動作確認してみる

さっそくライブプレビューにして動作確認をしてみましょう。theDate の初期値を Date() にしたので、現在の時刻と日付が表示されています。

4 日付をカレンダーで選ぶ

日付表示をクリックすると日付を選ぶカレンダーが表示されます。カレンダーの左上の年月表示をクリックすると年月を選ぶホイールピッカーが表示されます。カレンダー以外の場所をクリックすると日時が決定してカレンダーが消えます。

5　時刻を設定する

時刻表示をクリックすると時刻を選ぶホイールピッカーが表示されます。シミュレータまたは実機ではホイールの時刻をクリックすると数値入力用のキーボードが表示されます。

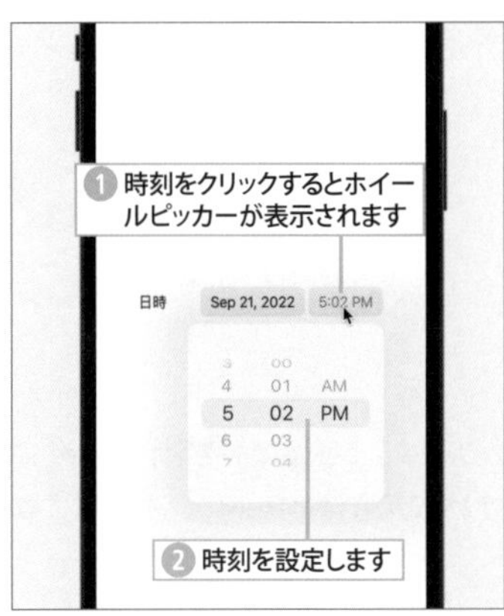

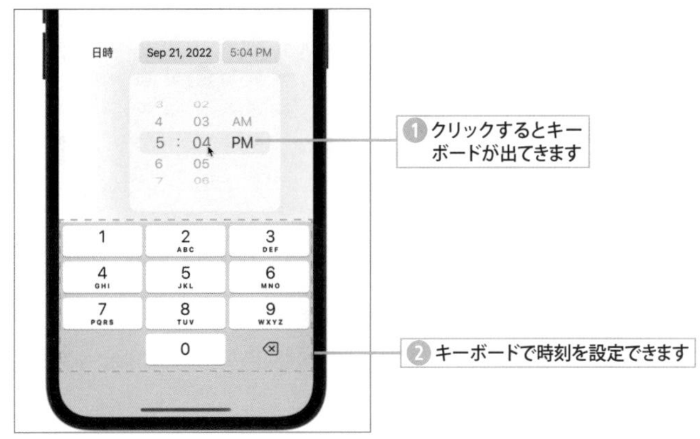

基本的なデートピッカーを作る

デートピッカーは DatePicker() で作ります。手順のステップ 2 で示したように、次の 1 行でデートピッカーができます。デートピッカーで選んだ日時は selection で指定した変数に入るので、実際に使うにはサンプルのコードのように @State を付けた Date 型の変数 theDate に値を保存します。theDate の初期値として代入している Date() で作られる値は、Date() を実行した時点の日時データになります。

Code　デートピッカーを作る　«FILE» DatePickerSample/ContentView.swift

```
    @State var theDate = Date()
    ・・・
        DatePicker(selection: $theDate, label: { Text("日時") })
```

デートピッカーで選んだ日付は theDate に入ります

カレンダーを日本語で表示する（locale の設定）

カレンダーの日付を日本語にするのは、environment モディファイアでロケール（言語や国の設定）を日本すなわち "ja_JP" に設定します。environment モディファイアには次のように指定します。なお、この設定で時刻が 24 時制になります。

Code　カレンダーを日本語表示にする　«FILE» DatePickerJP/ContentView.swift

```
struct ContentView: View {
    @State var theDate = Date()

    var body: some View {
        DatePicker(selection: $theDate, label: { Text("日時") })
            .environment(\.locale, Locale(identifier: "ja_JP"))
            .padding(50)
    }
}
```

和暦のカレンダーにする（calendar の設定）

カレンダーの日本語化には local の日本語表示とは別に calendar の設定もあります。calendar を japanese にすることで、日付が元号を使った和暦表示になります。なお、local を指定しなければ元号は「Reiwa」と表示されます。

Code 和暦のカレンダーにする «FILE» DatePickerJP2/ContentView.swift

```
struct ContentView: View {
    @State var theDate = Date()

    var body: some View {
        DatePicker(selection: $theDate, label: { Text(" 日時 ") })
            .environment(\.locale, Locale(identifier: "ja_JP"))
            .environment(\.calendar, Calendar(identifier: .japanese))
            .frame(height: 50)
            .padding()
    }
}
```

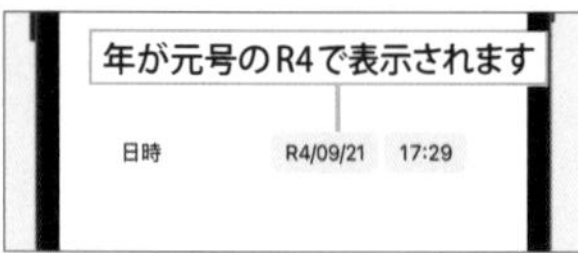

選択できる日付の範囲を制限する

選択できる日付は当日の1週間前から1カ月先までというように、デートピッカーで選択できる日付の範囲を制限することができます。その方法は、次に示すようにDatePicker()に引数In:CloseRenge<Date>の値を追加して範囲を指定します。この例では引数Inの値を変数dateCloseRengeで式を計算して日付の範囲を作っています。Calendar.current.date()では、引数byAddingが.dayならば日数、.monthならば月数で指定した相対的な日付を作ります。引数toは起点にする日付です。この例ではto:Date()としているので、今日を起点としてminが7日前、maxが1カ月後の日付としてmin...maxで選択できる日付レンジを作っています（Computedプロパティ ☞ P.65）。

Code 日付の範囲を制限したデートピッカーを作る　«FILE» DatePickerCloseRange/ContentView.swift

```
struct ContentView: View {
    @State var theDate = Date()

    // 選択できる日付の範囲
    var dateClosedRange: ClosedRange<Date> {
        let min = Calendar.current.date(byAdding: .day, value: -7, to: Date())!   ―7日前
        let max = Calendar.current.date(byAdding: .month, value: 1, to: Date())!  ―1カ月後
        return min...max   ― min日からmax日までの日付レンジ                        今日を起点
    }

    var body: some View {
        DatePicker(selection: $theDate,
                   in: dateClosedRange,   ― 選択できる日付の範囲を指定します
                   label: { Text("日時") })
            .environment(\.locale, Locale(identifier: "ja_JP"))
            .frame(height: 50)
            .padding()
    }
}
```

Chapter 5 ボタンやテキストフィールドなどユーザー入力で使う部品

日時データの表示書式

デートピッカーで選択した日時データは DatePicker() の引数 selection: で指定した変数に入ります。サンプルでは変数 theDate に入ります。これをそのまま Text(theDate) で表示することもできますが、DateFormatter で書式を作って Text(dateFormat.string(from: theDate)) のように適用することで、日付を読みやすく表示できます。

次の例では２種類のデートフォーマットを使って日付を表示しています。１つ目の dateFormat1 では dateStyle プロパティと timeStyle プロパティで書式を指定しています。書式は full、long、medium、short のあらかじめ用意されているスタイルから選びます。次の dateFormat2 のように calendar を指定すれば和暦表示にもできます。

２つ目の dateFormat2 では dateFormat プロパティで書式をカスタマイズしています。年月日なら yy、YYYY、MM、dd など、時刻なら HH、mm、ss などの記号を文字列に埋め込んで書式を作ることができます。曜日は E は「火」ですが、EEEE ならば「火曜日」になります。

Code 日時データを書式指定して表示する «FILE» DatePickerDateFormat/ContentView.swift

```
struct ContentView: View {
    @State var theDate = Date()

    // 日付表示の書式
    var dateFormat1: DateFormatter {
        let df = DateFormatter()
        df.locale = Locale(identifier: "ja_JP")
        df.dateStyle = .full
        df.timeStyle = .short
        return df
    }

    var dateFormat2: DateFormatter {
        let df = DateFormatter()
        df.locale = Locale(identifier: "ja_JP")
        df.calendar = Calendar(identifier: .japanese)
        df.dateFormat = "令和yy(YYYY)年M月dd日(E)HH時mm分"
        return df
    }

    var body: some View {
        VStack {
            // 日付表示
            Text(dateFormat1.string(from: theDate))
            Text(dateFormat2.string(from: theDate))
            // デートピッカー
            DatePicker(selection: $theDate, label: { EmptyView() })
                .environment(\.locale, Locale(identifier: "ja_JP"))
                .frame(width:200, height: 40)
                .padding()
        }
    }
}
```

１つ目の日付書式

２つ目の日付書式

作った書式を使って日付表示します

NOTE

日付データを description プロパティを使って表示する

Date クラスの description プロパティを使えば UTC（協定世界時）での表示、ロケール指定での表示ができます。簡単な例として Date() を代入した変数 theDate を表示すると次のようになります。それぞれの表示を見比べてみてください。

Code 日付データを description プロパティを使って表示する «FILE» DateDescription/ContentView.swift

```
struct ContentView: View {
   let theDate = Date() // 実行時のタイム

    var body: some View {
        VStack(alignment: .leading) {
            Text("\(theDate)")
            Text(theDate.description).padding(.vertical) // UTC
            Text(theDate.description(with: Locale(identifier: "ja_JP")))
        }.pading()
    }
}
```

日付と時刻の２つのコンポーネントに分けて表示する

DatePicker() に引数 displayedComponents を追加することで、日付だけ .date、時刻だけ .hourAndMinute のコンポーネントにできます。省略時は両方を表示する [.hourAndMinute, .date] です。

Code 日付と時刻を個別のコンポーネントで設定する «FILE» **DatePickerDisplayedComponents/ContentView.swift**

```
struct ContentView: View {
    @State var theDate = Date()

    var body: some View {
        VStack(alignment: .leading, spacing: 10) {
            // 日付ピッカー
            DatePicker(" 日付 ", selection: $theDate, displayedComponents: .date)
                .environment(\.locale, Locale(identifier: "ja_JP"))
                .frame(width: 200)
            // 時刻ピッカー
            DatePicker(" 時刻 ", selection: $theDate, displayedComponents: .hourAndMinute)
                .frame(width: 200)
            // ピッカーで選択している日時
            Text(theDate.description(with: Locale(identifier: "ja_JP")))
                .font(.footnote)
        }
        .padding()
        .border(Color.gray, width: 1)
    }
}
```

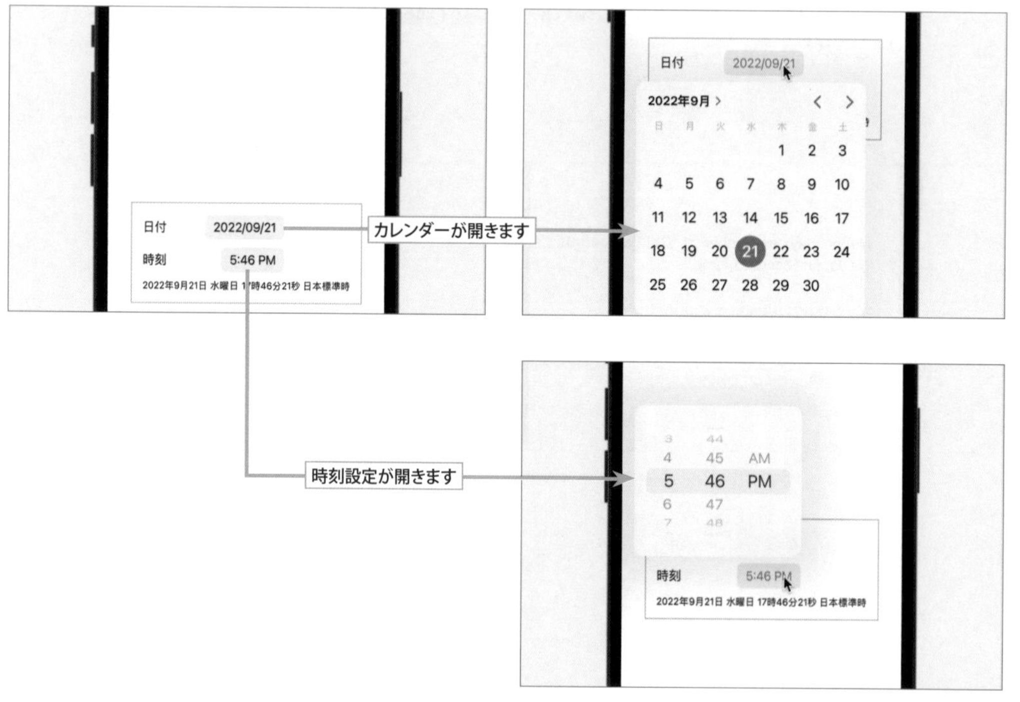

キーボードでテキストフィールド入力

テキストフィールドは利用者が自由にテキスト入力できるUIです。テキストフィールドに入力できるのはStringデータだけなので、型変換が必要な場合があります。その際には型変換ができない場合を考慮したコードを書く必要があります。オプショナルバリュー、オプショナルバインディングについても学びましょう。

1. 入力可能なテキストフィールドを作ろう
2. キーボード入力はシミュレータで確認！
3. キーボードの種類を指定しよう
4. キーボードのツールバーにDoneボタンを追加する
5. オプショナルバリュー、オプショナルバインディングってなんだ？

重要キーワードはコレだ！

TextField、textFieldStyle、isEmpty、keyboardType、Group、@FocusState、focused、toolbar、ToolbarItemGroup、guard let-else、if let-else、!、??、nil

STEP キーボード入力できるテキストフィールドを作る

キーボード入力できるテキストフィールドを作ります。iPhone のキーボード入力を試すためにライブプレビューではなくシミュレータを使って動作テストします。

1 TextField のコードを入力する

«SAMPLE» TextFieldSample.xcodeproj

ライブラリパネルを表示し、Views タブの Controls グループにある TextField をドロップ（あるいはダブルクリック）して、body の Text("Hello, World!") のコードと置き換えます。

ContentView

TextFieldSample 〉 TextFieldSample 〉 ContentView 〉 body

```
//
//  ContentView.swift
//  TextFieldSample
//
//  Created by yoshiyuki oshige on 2022/08/25.
//

import SwiftUI

struct ContentView: View {
    var body: some View {
        VStack {
            TextField("Placeholder", text: Value)
        }
        .padding()
    }
}

struct ContentView_Previews: PreviewProvider {
    static var previews: some View {
        ContentView()
    }
}
```

ドロップします

Views

Controls

Text

Text Editor

Text Field

Toggle

Layout

Control Group

Depth Stack

Geometry Reader

2 TextField のコードを書き替える

TextField をドロップして入力されたコードを次のように書き替えます。@State を付けた変数 name の宣言文を 1 行目に追加し、TextField() の引数を書き替えます。続いて textFieldStyle() と frame(width:) も指定しましょう。

Code テキストフィールドを表示するコード

«FILE» TextFieldSample/ContentView.swift

```
struct ContentView: View {
    @State var name = "" ——— 追加します

    var body: some View {
        VStack {
            TextField("お名前は？", text: $name)
            .textFieldStyle(RoundedBorderTextFieldStyle())
            .frame(width: 250)
        }                    └─── 角丸の枠が表示されます
        .padding()
    }
}
```

3 プレビューで確認する

プレビューで確認すると「お名前は？」とプレースホルダが入ったテキストフィールドが表示されます。

お名前は?

テキストフィールドが表示されます

4 入力した名前を表示するコードを追加する

テキストフィールドに入力した名前は変数 name に入るので、これを表示するコードを追加します。名前が入力されているかどうかをチェックする if 文の中に Text 文が入っている構造にします。

Code 入力した名前を表示するコードを追加する «FILE» **TextFieldSample/ContentView.swift**

```
struct ContentView: View {
    @State var name: String = ""

    var body: some View {
        VStack {
            TextField(" お名前は？ ", text: $name)
                .textFieldStyle(RoundedBorderTextFieldStyle())
                .frame(width: 250)

            // 名前が空でないとき表示する
            if (!name.isEmpty) {
                Text("\(name) さん、こんにちは！ ")
            }
        }
        .padding()
    }
}
```

テキストフィールドに入力された名前を使って文を作ります

5 ライブプレビューでテキストフィールドへの入力を確認する

ライブプレビューにしてテキストフィールドをクリックし、入力した名前を使って「〜さん、こんにちは！」のように表示されるかどうかテストします。

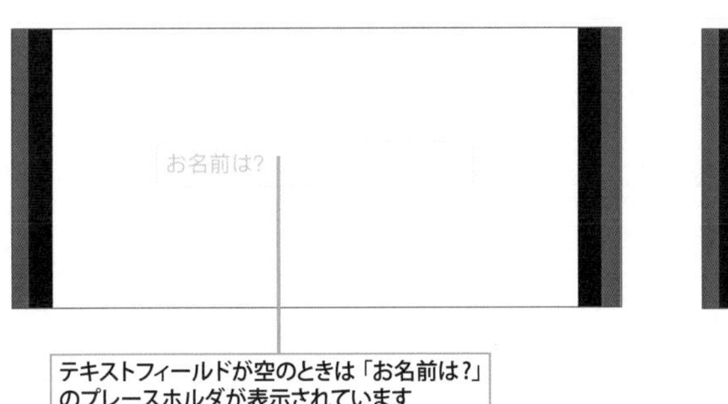

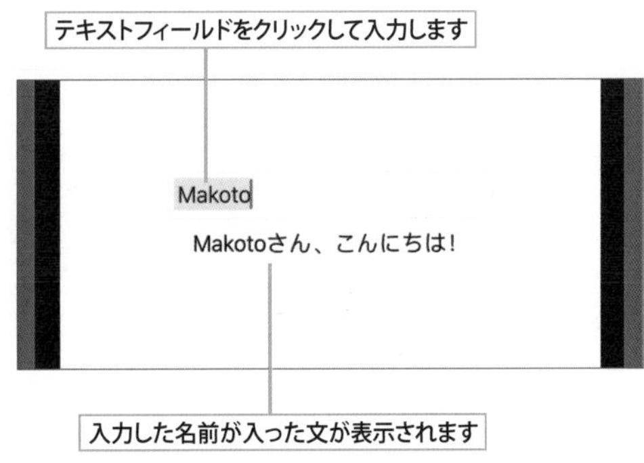

6 シミュレータで動作を確認する

Start ボタンをクリックしてシミュレータを起動します（シミュレータを使う ☞ P.29）。テキストフィールドをタップしてキーボードが表示されたならば入力テストします。キーボードは改行キーで下がります。

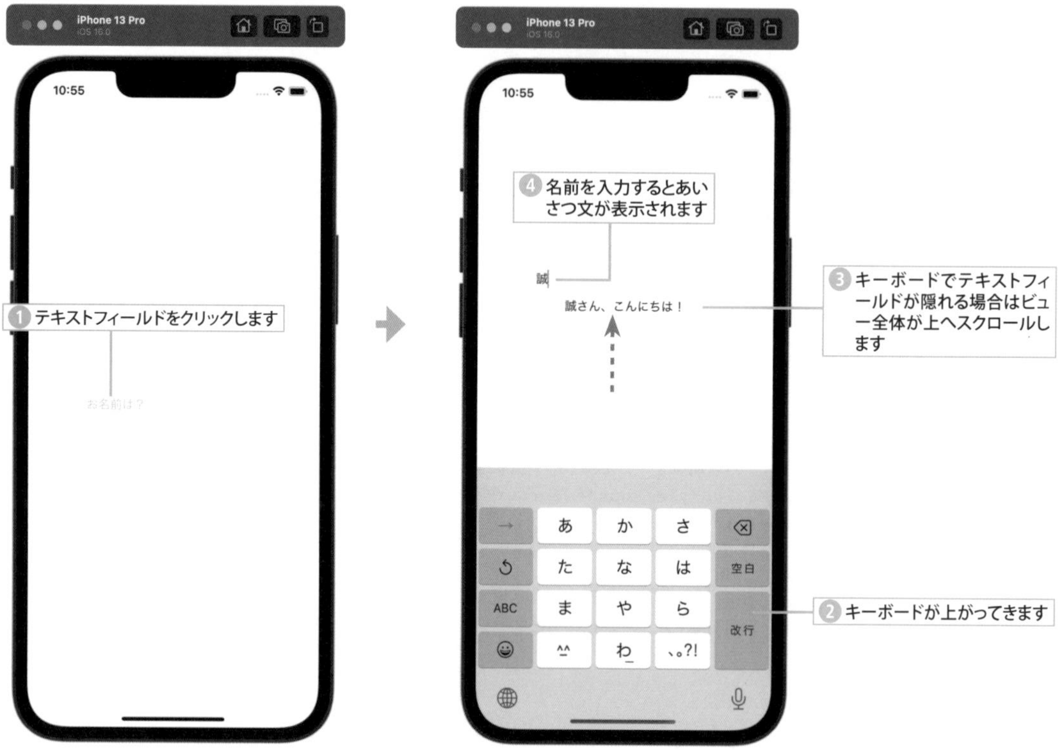

iPhone 13 Pro
iOS 16.0
10:55
❶ テキストフィールドをクリックします
お名前は？

iPhone 13 Pro
iOS 16.0
10:55
❹ 名前を入力するとあいさつ文が表示されます
誠
誠さん、こんにちは！
❸ キーボードでテキストフィールドが隠れる場合はビュー全体が上へスクロールします
❷ キーボードが上がってきます

NOTE

シミュレータでキーボードが表示されない？

テキストフィールドをタップしてもシミュレータでキーボードが表示されないときは、シミュレータのI/Oメニューにある Keyboard > Toggle Software Keyboard を選択してください。それでもキーボードが表示されない場合は Keyboard > Connect Hardware Keyboard のチェックをオン／オフしてみてください。

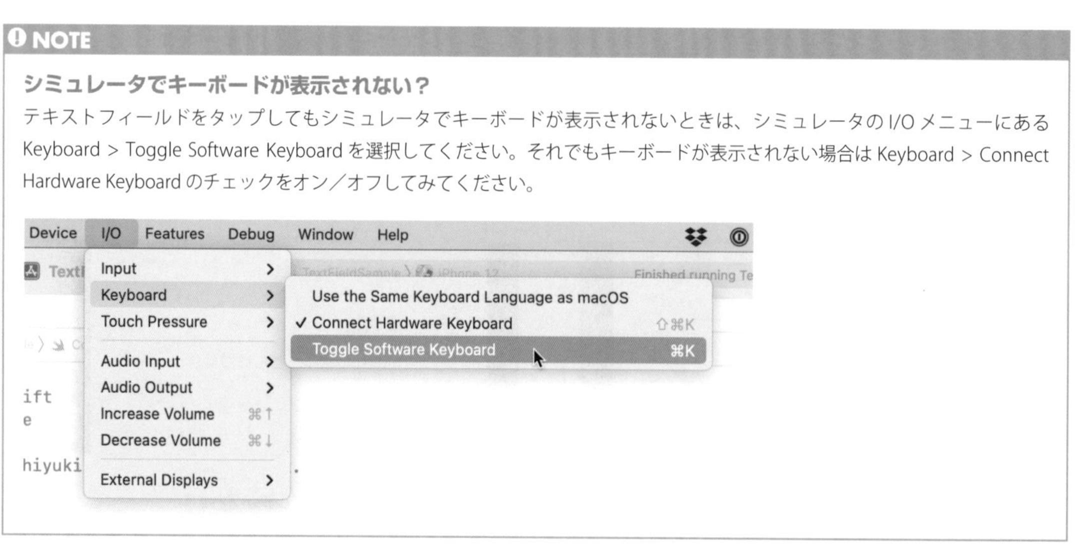

NOTE

シミュレータを日本語にする

シミュレータは初期値では言語が英語です。日本語を入力するには、設定アプリ（Settings > General > Language & Region）で日本語に変更します。

テキストフィールドを作る

テキストフィールドはTextFieldで作ることができます。サンプルで示したTextField("お名前は？", text: $name)がもっとも単純な書式で"お名前は？"がプレースホルダとしてテキストフィールドの中に薄く表示されます。

入力したテキストは変数nameに入ります。変数のnameは @Stateを付けて宣言しますが、テキストフィールドに数値を入れてもString型のデータとして入力されるのでString型で宣言します。

Code テキストフィールドを表示するコード «FILE» TextFieldSample/ContentView.swift

```
struct ContentView: View {
    @State var name = ""

    var body: some View {
        VStack {
            TextField("お名前は？", text: $name)
            .textFieldStyle(RoundedBorderTextFieldStyle())
            .frame(width: 250)
            ...
```

テキストフィールドが空かどうかチェックする

テキストフィールドに入力された値はnameに入るので、name.isEmptyでテキストフィールドが空かどうかチェックできます。isEmptyは空のときにtrueになるので、!name.isEmptyのように論理否定の!を付けて値を反転しnameが空ではないときにtrueになるようにします。

テキストフィールドが空ではないときは、入力された名前に"さん、こんにちは！"を付けて「鈴木さん、こんにちは！」のように表示し、空のときに「さん、こんにちは！」だけが表示されないようにします。

Code nameが空でないときに表示する «FILE» TextFieldSample/ContentView.swift

```
if (!name.isEmpty) {
   Text("\(name)さん、こんにちは！") ——— nameが空でないときに実行します
}
```

キーボードの種類を指定する

実機およびシミュレータでは、テキストフィールドが入力状態になるとキーボードが自動的に表示されます。このときに表示されるキーボードの種類を指定することができます。

次の例ではテキストフィールドに個数kosuを入力し、個数に単価tankaと税金taxを掛けた料金を計算して表示しています。テキストフィールドに入力するのは個数なので数字以外の文字を入力しないように、数字だけのキーボードを表示しています。

Code 入力された個数から料金を計算して表示する «FILE» **TextFieldKeyboardType/ContentView.swift**

```
struct ContentView: View {
    @State var kosu:String = ""
    let tanka:Double = 250
    let tax:Double = 1.1

    var body: some View {

        VStack (alignment: .leading) {
            // 入力テキストフィールド
            HStack {
                Text("個数：").padding(.horizontal, 0)
                TextField("0", text: $kosu)
                    .textFieldStyle(RoundedBorderTextFieldStyle())
                    .keyboardType(.numberPad)   ――― キーボードの種類を指定します
                    .frame(width: 100)
            }
            .font(.title)
            .frame(width: 200)

            // 計算結果の表示
            Group {
                if kosuCheck(min: 1, max: 10) {
                    Text("\(price())円です。")   ――― 入力された値が1～10の数字ならば
                        .font(.title)                  料金を計算します
                } else {
                    Text("個数は1～10個を入れてください。")
                        .foregroundColor(.red)
                        .font(.headline)
                }
            }.frame(width: 300, height: 30)
        }
    }

    // 個数のチェック
    func kosuCheck(min:Int, max:Int) -> Bool {
        guard let num = Int(kosu) else {   ――― 個数をチェックする関数
            return false
        }
        // 範囲に入っていれば true
        return (num>=min && num<=max)
    }

    // 料金の計算
    func price() -> Int {
        // kosuを数値に変換できるときアンラップしてnumに代入
        if let num = Double(kosu) {   ――― 料金を計算する関数
            let result = Int(tanka * num * tax)
            return result
        } else {
            return -1
        }
    }

}
```

数字だけが入力できるキーボードを表示する

キーボードの種類は、keyboardType(.numberPad) のように指定します。numberPad を指定すると 0 ～ 9 の数字だけのキーボードが表示されます。

Code　数字キーボードが表示されるテキストフィールドを作る　«FILE» TextFieldKeyboardType/ContentView.swift

```
TextField("0", text: $kosu)
    .textFieldStyle(RoundedBorderTextFieldStyle())
    .keyboardType(.numberPad)
```

1 テキストフィールドをタップします

個数： 0

個数は1〜10個を入れてください。

個数： 7

1,925円です。

4 個数が入ると計算結果が表示されます

3 キーボードでテキストフィールドが隠れる場合はビュー全体が上へスクロールします

2 数字だけのキーボードが表示されます

テキストフィールドの計算結果を表示する

このサンプルでは入力できる個数を 1 ～ 10 に制限しています。まず、kosuCheck(min: 1, max: 10) で個数チェックを行い、個数チェックに合格したならば price() で料金を計算して結果を表示します。もし、テキストフィールドが空だったり、1 ～ 10 の個数（整数）でなかったりしたならば「個数は 1 ～ 10 個を入れてください。」と赤文字で表示します。

kosuCheck() で分岐した結果が true でも false でも Text で表示するので、全体を Group{} で囲い、結果の Text に共通した frame サイズを指定しています。Group は複数のビューをひとまとめにして同じ設定をしたいときなどで便利に使うことができます。

Code テキストフィールドの計算結果を表示する «FILE» **TextFieldKeyboardType/ContentView.swift**

```
        // 計算結果の表示
        Group {
            if kosuCheck(min: 1, max: 10) {
                Text("\(price()) 円です。")        ——— kosuCheck() が true ならば price() を実行して
                    .font(.title)                           料金を表示
            } else {
                Text(" 個数は 1 〜 10 個を入れてください。")
                    .foregroundColor(.red)        ——— false ならば赤文字で注意文を表示
                    .font(.headline)
            }
        }.frame(width: 300, height: 30)        ——— どちらのテキストでも同じサイズで表示します
```

個数をチェックする

この例では個数を 1 〜 10 に制限しています。個数はユーザー定義した kosuCheck(min: max:) でチェックします。

個数のチェックでは、kosu に入っている値が String 型なので先に数値に変換（キャスト）する必要があります。Int(kosu) で String を Int つまり整数に変換できますが、kosu を必ず整数に変換できるとは限りません。

そこで guard let-else という構文を使い、Int(kosu) を整数に変換できたならば変換後の値を num に代入し、変換できなかった場合は false を戻して処理を終了します（guard let-else ☞ P.285）。

Code　個数をチェックする　«FILE» TextFieldKeyboardType/ContentView.swift

```
// 個数のチェック
func kosuCheck(min:Int, max:Int) -> Bool {
    guard let num = Int(kosu) else {
        return false
    }
    // 範囲に入っていれば true
    return (min...max).contains(num)
}
```

Int(kosu) で kosu を整数に変換できたならば num に代入し、できなければ false を返して処理を中断します

num に入った個数は、(min...max).contains(num) の式で num が min...max の範囲に入っているかどうかをチェックします。num が min 以上 max 以下の範囲に入っていれば true、入っていなければ false を return で返します。

料金を計算する

kosu が 1 〜 10 の整数だったとき、price() で料金を計算します。price() では Double(kosu) で kosu を Double 型に変換して num に代入し、その値を使って単価と税金を掛け合わせて料金を計算しています。

kosu を Double 型にしている理由は Double 型の tax と掛け合わせるためです。結果は再び Int() で整数に戻します。

なお、kosuCheck() で kosu が 1 〜 10 の整数に変換できることをチェックしているので Double(kosu) が nil になることはありませんが、安全のために if let-else を使ってオプショナルバインディングと呼ばれるコードを入れて Double(kosu) が nil であった場合のエラーを回避しています（if let-else ☞ P.286）。

Code　料金を計算する　«FILE» TextFieldKeyboardType/ContentView.swift

```
func price() -> Int {
    // kosu を数値に変換できるときアンラップして num に代入
    if let num = Double(kosu) {
        let result = Int(tanka * num * tax)
        return result
    } else {
        return -1
    }
}
```

Double(kosu) で kosu を浮動小数点に変換できたならば num に代入して料金計算して結果を返します

入力確定の Done ボタンを追加する

テキストフィールドが入力状態になったときに表示されるキーボードは return キー（改行キー）を入力することで下げることができます。しかし、keyboardType が numberPad で表示されるキーボードには return キーがないことから、実機では表示されたキーボードを下げることができません。そこで、入力を確定しキーボードを下げる Done ボタンをキーボードのツールバーに追加します。

これを実現するために次のように ContentView にコードを追加します。追加するコードは 3 箇所です。

Code キーボードのツールバーに Done ボタンを追加する «FILE» **TextFieldFocusState/ContentView.swift**

```
struct ContentView: View {
    @FocusState var isInputActive: Bool ——— フォーカスがあるかどうかを示します
    @State var kosu:String = ""
    let tanka:Double = 250
    let tax:Double = 1.1

    var body: some View {
        VStack (alignment: .leading) {
            // 入力テキストフィールド
            HStack {
                Text("個数：").padding(.horizontal, 0)
                TextField("0", text: $kosu)
                    .textFieldStyle(RoundedBorderTextFieldStyle())
                    .keyboardType(.numberPad)
                    .frame(width: 100)
                    .focused($isInputActive) ——— テキストフィールドのフォーカスを設定します
            }
            .font(.title)
            .frame(width: 200)

            // 計算結果の表示
            Group {
```

```
                if kosuCheck(min: 1, max: 10) {
                    Text("\(price()) 円です。")
                        .font(.title)
                } else {
                    Text(" 個数は 1 ～ 10 個を入れてください。")
                        .foregroundColor(.red)
                        .font(.headline)
                }
            }.frame(width: 300, height: 30)
        }
        .toolbar {
            ToolbarItemGroup(placement: .keyboard) {
                Spacer()
                Button("Done") {
                    isInputActive = false
                }
            }
        }
    }

    // 個数のチェック
    func kosuCheck(min:Int, max:Int) -> Bool {
        guard let num = Int(kosu) else {
            return false
        }
        // 範囲に入っていれば true
        return (min...max).contains(num)
    }

    // 料金の計算
    func price() -> Int {
        // kosu を数値に変換できるときアンラップして num に代入
        if let num = Double(kosu) {
            let result = Int(tanka * num * tax)
            return result
        } else {
            return -1
        }
    }

}
```

キーボードのツールバーに Done ボタンを作ります

テキストフィールドのフォーカスを制御する

テキストフィールドのフォーカスつまり編集状態はfocusedモディファイアで切り替えることができます。次のようにfocused($isInputActive)を指定するとisInputActiveがtrueのときに編集状態になってキーボードが表示され、falseのときに編集状態が終わってキーボードが下がります。

Code テキストフィールドにfocusedモディファイアを追加する «FILE» TextFieldFocusState/ContentView.swift

```
            TextField("0", text: $kosu)
                .textFieldStyle(RoundedBorderTextFieldStyle())
                .keyboardType(.numberPad)
                .frame(width: 100)
                .focused($isInputActive) ——— キーボードのフォーカスを制御します
```

このとき、focusedモディファイアの引数のisInputActiveは@FocusStateを付けてBool型の変数として宣言しておく必要があります。

Code @FocusStateを付けて変数isInputActiveを宣言する «FILE» TextFieldFocusState/ContentView.swift

```
struct ContentView: View {
    @FocusState var isInputActive: Bool
    ...
}
```

キーボードのツールバーにDoneボタンを追加する

キーボードはisInputActiveの値をfalseにすれば下がるので、isInputActiveをfalseにするDoneボタンをキーボードのツールバーに追加します。

ツールバーを表示するためのモディファイアはtoolbarです。toolbarモディファイアはVStackに指定し、ToolbarItemGroup(placement: .keyboard)にDoneボタンを作るとキーボードのツールバーとして表示できます。

Code キーボードのツールバーにDoneボタンを作る «FILE» TextFieldFocusState/ContentView.swift

```
        .toolbar {
            ToolbarItemGroup(placement: .keyboard) { ——— キーボードにツールバーが追加されます
                Spacer() ——— ボタンを右端に寄せます
                Button("Done") {
                    isInputActive = false ——— フォーカスが解除されてキーボードが下がります
                }
            }
        }
```

スワイプアクションでキーボードを下げる

画面全体をスクロールビューの中で表示すれば、画面を上下にスワイプすることでテキストフィールドのフォーカスが解かれてキーボードが下がるようになります（☞ P.160）。この例では次のように VStack 全体を ScrollView{ } で囲み、scrollDismissesKeyboard(.immediately) を付けます。コンテンツはスクロールの上部に寄るので、表示位置を padding() などで調整します。

Code　スワイプアクションでキーボードが下がるようにする　«FILE» scrollDismissesKeyboard/ContentView.swift

```
    var body: some View {
        ScrollView {
            VStack (alignment: .leading) {
            ......
            }
            .padding(.top, 50)
        }
        .scrollDismissesKeyboard(.immediately)
    }
```

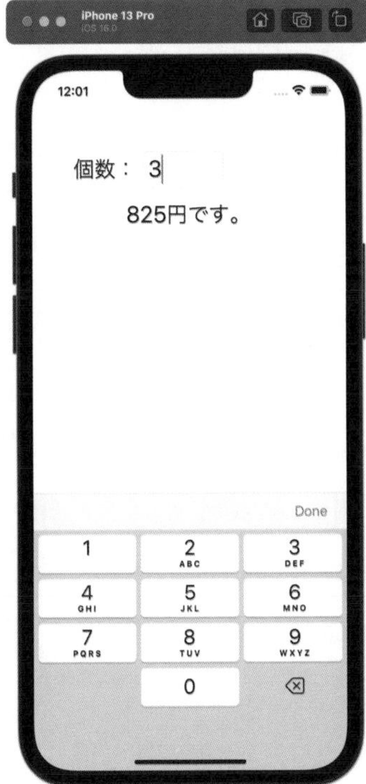

Swiftシンタックスの基礎知識

オプショナルバインディング

nil かもしれないオプショナルバリュー

変数には値が入っていると思いがちですが、実際には何も入っていないことがあります。たとえば、次のコードを考えてみましょう。

Playground 空っぽの配列から最後の要素を取り出す «FILE» OptionalStudy1.playground

```
let nums:[Int] = []  // 空っぽの配列
let lastNum =  nums.last  // nums の最後の要素を lastNum に代入
let ans = lastNum * 2  // lastNum は nil なのでエラーになる
```

```
// 空っぽの配列から最後の要素を取り出す
let nums:[Int] = []
let lastNum = nums.last
let ans = lastNum * 2   Value of optional type 'Int?' must be unwrapped to a value of ty...
```

last は配列から最後の要素を参照するプロパティです。ここでは nums.last で nums から最後の要素を取り出して変数 lastNum に代入しています。ところが、nums が空っぽなので参照の対象がありません。するとどうなるかと言えば、nums.last はエラーになるのではなく「値なし」を示す nil を返します。つまり、lastNum には nil が代入されて、続く式の lastNum * 2 が計算できずにエラーになります。

このように、変数に nil が入っているとエラーの原因となるので、Swift では通常の変数には nil を代入できなくしてあります。次のように変数 num に nil を代入するとエラーになります。

Playground 変数に nil を代入するとエラーになる «FILE» OptionalStudy2.playground

```
var num:Int
num =  5  // 代入できる
num = nil  // nil は代入できずエラーになる
```

```
// 変数にnilを代入するとエラーになる
var num:Int
num =  5  // 代入できる
num = nil  // nilは代入できずエラーになる   'nil' cannot be assigned to type 'Int'
```

では、変数に nil を代入することは絶対にできないのかと言うとそうではありません。変数を宣言する際に num:Int? のように型の後ろに ? を付けると普通の Int 型ではなく Optional 型になり、num は Int 型の整数だけでなく nil も代入できる変数になります。

Playground nil を代入できる変数を作る «FILE» OptionalStudy3.playground

```
var num:Int?
num = nil  // 代入できる
print(num)
```

結果

```
nil
```

Optional() で値をラップする

次に num に整数の 5 を代入して出力してみましょう。するとそのままの整数の 5 ではなく、Optional(5) と出力されます。この状態は Optional(Int) のように型がラップされている状態と言えます。

Playground nil を代入できる変数を作る «FILE» OptionalStudy4.playground

```
var num:Int?
num = nil  // 代入できる
num = 5  // Int 型の値を代入できる
print(num)
```

結果

```
Optional(5)  // Optional 型になって出力される
```

このように、num が Optional 型になったことから、num の値は nil かもしれない注意すべき値になりました。このような Optional 型の値、すなわち「nil かもしれない値」をオプショナルバリューと呼びます。

オプショナルバリューはそのままでは使えない

ここで、最初の例の配列 nums が [1, 2, 3] だとどうなるかを確認してみましょう。今度は nums に要素が入っているので、lastNum には nil ではなく最後の要素の 3 が代入されて、変数 ans には lastNum * 2 の計算結果の 6 が代入されるはずです。しかし、今回も lastNum * 2 でエラーになります。

Playground オプショナルバリューはそのまま使えない «FILE» OptionalStudy5.playground

```
let nums:[Int] = [1, 2, 3]
let lastNum =  nums.last  // lastNum には 3 が代入されるはず？
let ans = lastNum * 2  // 今回もエラーになる
```

```
// オプショナルバリューはそのまま使えない
let nums:[Int] = [1, 2, 3]
let lastNum = nums.last
let ans = lastNum * 2   Value of optional type 'Int?' must be unwrapped to a value of ty...
```

その原因は、lastNum の値を出力して確かめるとわかるように lastNum には 3 ではなく Optional(3) が入っているからです。nums.last が返す値は nil かもしれない値、すなわちオプショナルバリューであることから、Optional(3) のように Optional 型でラップした形で返ってきます。その結果、Optional(3) * 2 は計算できずにエラーになります。このようにオプショナルバリューはそのまま使うことができません。

オプショナルバリューを強制アンラップして使う

Optional(3) を使うには Optional() を取り去って 3 に戻さなければなりません。この操作をアンラップと言いますが、アンラップする方法はいくつかあります。そのひとつがオプショナルバリューに ! を付ける方法です。

次の例はオプショナルバリューが入っている変数 num を num! のようにアンラップして整数の 5 に戻しています。

Playground　オプショナルバリューを強制アンラップする　«FILE» OptionalStudy6.playground

```
var num:Int?
num = 5
print(num)  // Optional(5)
print(num!) // 強制アンラップする
```

結果

```
Optional(5)
5
```

先のコードでは nums.last! のように強制アンラップした値を lastNum に代入すれば lastNum はオプショナルバリューにならないため、lastNum * 2 がエラーにならずに計算できます。

Playground　オプショナルバリューを強制アンラップして計算する　«FILE» OptionalStudy7.playground

```
let nums:[Int] = [1, 2, 3]
let lastNum = nums.last!  // 強制アンラップする
let ans = lastNum * 2
print(ans)
```

結果

```
6
```

しかし、一番最初に示したように nums が空だった場合は nums.last! は nil であって、強制アンラップしても結果は nil になり、lastNum! * 2 がエラーになることを避けられません。強制アンラップは、値が nil ではないことが確定しているときでなければ使えない強引な手法なのです。そこで、オプショナルバリューが nil だった場合に対応できる確実なやり方がいくつか用意されています。

オプショナルバリューが nil だった場合は代替値を使う　?? 演算子

オプショナルバリューが nil だった場合は代わりとなる値を指定しておく方法があります。それが ?? 演算子です。さきほどの例で配列が空だった場合は lastNum に 0 を代入するようにしたのが次のコードです。

Playground　nil だった場合は 0 を使う　«FILE» OptionalStudy8.playground

```
let nums:[Int] = []
let lastNum = nums.last ?? 0 ——— nums.last が nil だった場合は 0 にする
let ans = lastNum * 2
print(ans)
```

結果

```
0
```

guard let-elseを使ったオプショナルバインディング

オプショナルバリューを安全にアンラップする方法としてオプショナルバインディングがあります。オプショナルバインディングとは、オプショナルバリューがnilでなければアンラップして変数に代入する構文で、目的に応じたいくつかのやり方があります。

guard let-else文は関数を実行する前にオプショナルバリューをチェックするために用いるオプショナルバインディングの構文（制御構造）です。場合によっては、変数はletではなくvarで宣言しても構いません。

書式 guard let-elseでオプショナルバインディング

```
guard let 変数 = オプショナルバリュー else {
    オプショナルバリューが nil の場合のステートメント
    return 戻り値（処理を中断する）
}
アンラップして変数に代入した値を使うステートメント
```

オプショナルバリューがnilではないときには、Optional(値)のようにラップされている値をアンラップして変数に代入してguard文を抜け、そのままguard文より以降の処理を続行します。値がnilだった場合はelse{ ... }のブロックを実行し、returnで値を戻して関数を中断します。guard let-else文が書いてある関数が値を戻さない場合はreturnだけを実行して処理を中断します。

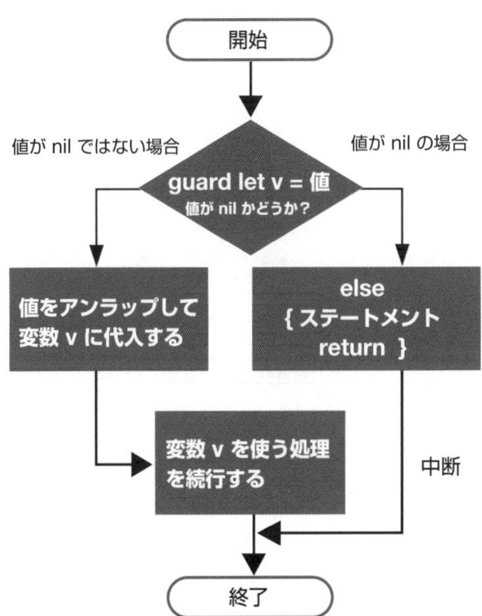

本セクションでは、次のように guard let-else 文を使っています（☞ P.277）。あらためて処理の流れを確認してみてください。Int(kosu) の結果が整数ならば num に代入し、値の範囲をチェックした結果を戻します。Int(kosu) の結果が nil ならば何もせずに false を戻します。

Code 個数をチェックする　«FILE» TextFieldKeyboardType/ContentView.swift

```
// 個数のチェック
func kosuCheck(min:Int, max:Int) -> Bool {
    guard let num = Int(kosu) else {
        return false  ——— Int(kosu) が nil になった場合は false を返して、ここで中断します
    }
    // 範囲に入っていれば true
    return (min...max).contains(num)
}                           ——— num には必ず Int 型の整数が入っています
```

if let-else を使ったオプショナルバインディング

if let-else 文でもオプショナルバリューが nil ではないときに値をアンラップして変数に代入します。そして、変数の値を使うために続くブロックを実行します。オプショナルバリューが nil だった場合は else のブロックを実行します。

guard let-else 文は値が nil だった場合に、処理をキャンセルしていることをハッキリと示すのが目的ですが、if let-else 文は場合に応じて処理を分岐して続けたい場合に使われます。

書式 if let-else でオプショナルバインディング

```
if let 変数 = オプショナルバリュー {
    アンラップして変数に代入した値を使うステートメント
} else {
    オプショナルバリューが nil の場合のステートメント
}
```

本セクションでは、次のように if let-else 文を使っています（☞ P.277）。Double(kosu) が nil でない場合は料金計算を行い、nil の場合は料金の代わりに -1 を返しています。

Code 料金を計算する　«FILE» TextFieldKeyboardType/ContentView.swift

```
// 料金の計算
func price() -> Int {
    // kosu を数値に変換できるときアンラップして num に代入
    if let num = Double(kosu) {
        let result = Int(tanka * num * tax)
        return result         ——— num には必ず Double 型の数値が入っています
    } else {
        return -1  ——— Double(kosu) が nil の場合
    }
}
```

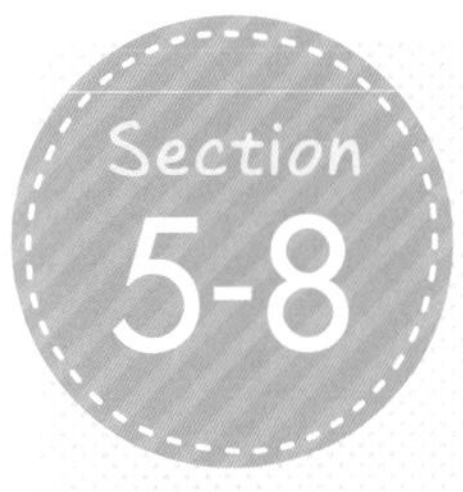

テキストエディタでテキストの読み書き

テキストエディタにはキーボードを使ってテキストを編集したり、長文をスワイプしてスクロールしたりする機能が備わっていますが、入力されたデータを保存したり、読み込んだりする機能はありません。このセクションでは、テキストエディタの作成に加えて、テキストデータのファイル保存と読み込みについても説明します。エラーによる中断を回避する例外処理についても学びましょう。

1. 編集可能なテキストエディタを作ろう
2. シミュレータでテキストエディタを試す
3. テキストのファイル保存と読み込みに挑戦！
4. 保存ボタン、読み込みボタンをツールバーに追加しよう
5. エラーに対応する例外処理を使いこなそう

重要キーワードはコレだ！

TextEditor、path、url、write()、FileManager.default、String(contentsOf:encoding:)、Error、guard let-else、do-try-catch、enum-case、例外処理

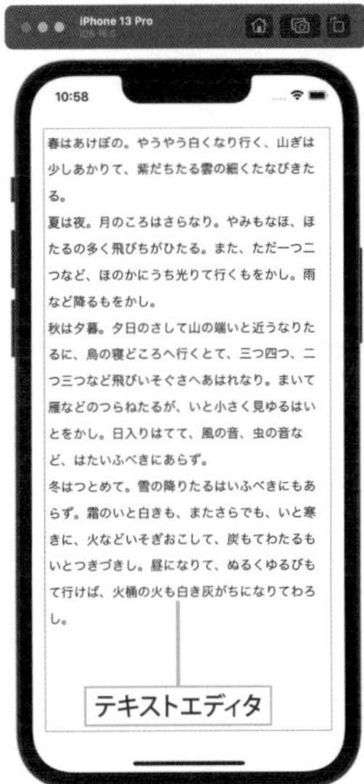

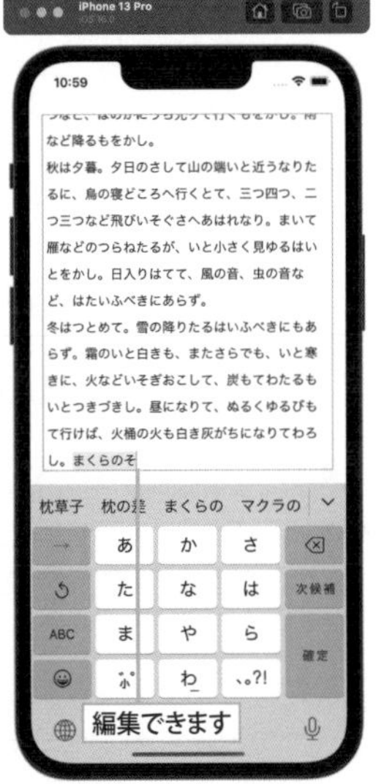

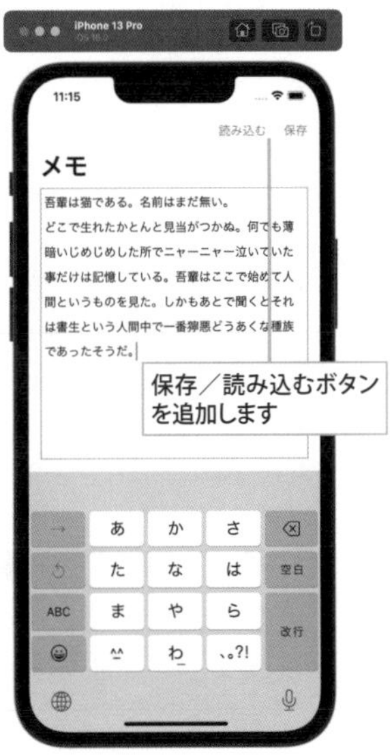

入力編集ができるテキストエディタを作る

TextEditor を使って入力編集ができるテキストエディタを作ります。キーボード入力はライブプレビューではなく、シミュレータで試します。続く解説では、このテキストエディタを出発点として、テキストデータのファイル保存と読み込み機能を組み込んでいきます。

1 TextEditor のコードを入力する

«SAMPLE» TextEditorSample.xcodeproj

ライブラリパネルを表示し、Views タブの Controls グループにある TextEditor をドロップ（あるいはダブルクリック）して、body のコードと置き換えます。入力されるのは 1 行の TextEditor(text:) の簡単なコードです。

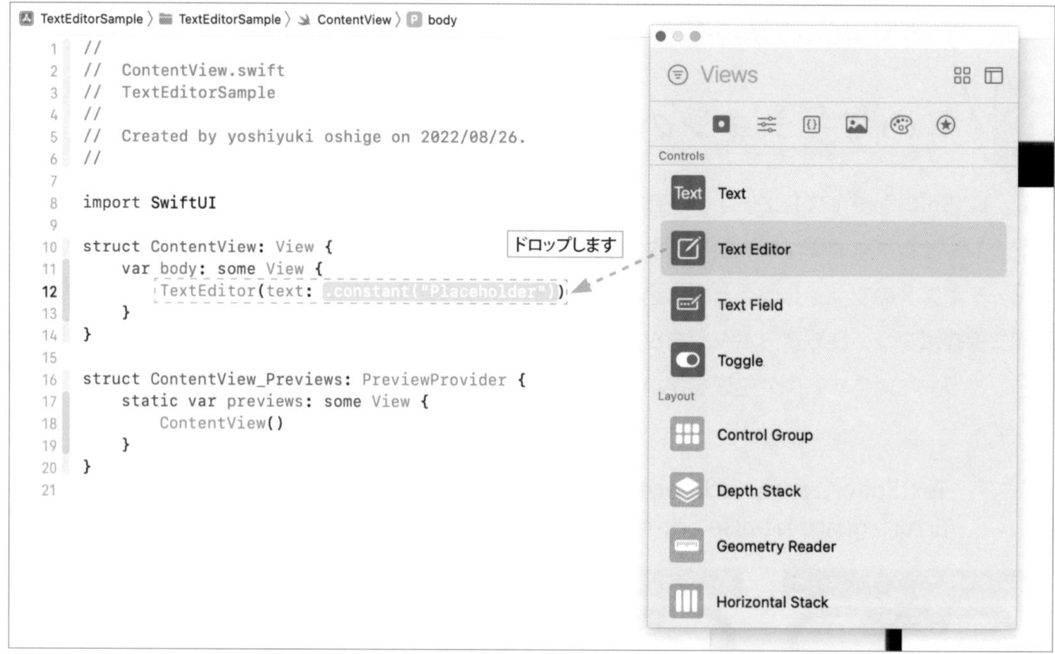

2 TextEditor のコードを書き替える

入力されたコードを次のコードに置き換えます。テキストエディタのテキストデータを保存する @State を付けた変数 theText を用意し、「枕草子」の文章を初期値として代入しておきます。 """ 改行 ～ 改行 """ の区間は文章の改行を含めたストリングになります（☞ P.48）。

これを TextEditor(text: $theText) のようにテキストの初期値にします。テキストエディタの領域がわかりやすいように border() の指定でグレイの枠線で囲み、padding() も追加します。padding() を指定しない場合、テキストエディタは画面全体に広がるように表示されます。lineSpacing(10) は行間を指定しています。

Code テキストエディタに「枕草子」を表示する　«FILE» TextEditorSample/ContentView.swift

```
struct ContentView: View {
    @State private var theText: String = """
春はあけぼの。やうやう白くなり行く、山ぎは少しあかりて、紫だちたる雲の細くたなびきたる。
      〜 中略 〜
冬はつとめて。雪の降りたるはいふべきにもあらず。霜のいと白きも、またさらでも、いと寒きに、火などいそぎおこして、
炭もてわたるもいとつきづきし。昼になりて、ぬるくゆるびもて行けば、火桶の火も白き灰がちになりてわろし。
"""

    var body: some View {
        TextEditor(text: $theText)
            .lineSpacing(10) ―――― 行間
            .border(Color.gray) ―――― 外枠
            .padding()
    }
}
```


3 シミュレータで動作を確認する

プレビューではキーボードを使っての入力を試せないので、シミュレータを使って動作を確認します。シミュレータの画面をクリックするとキーボードが出て、テキストエディタが編集状態になります。登場したキーボードに隠れないようにテキストエディタの領域が自動的に調整されて狭くなっているのがわかります。

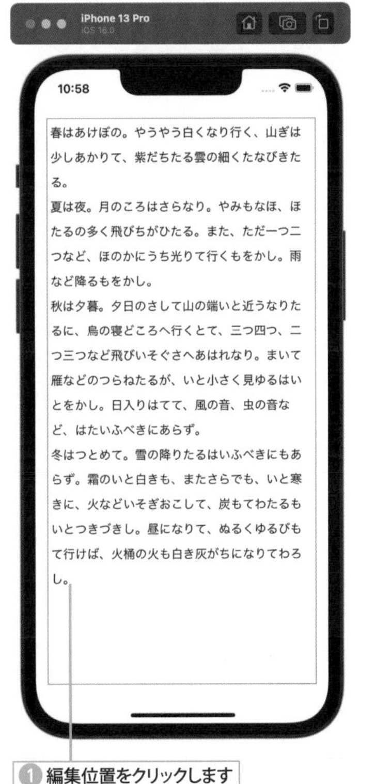

テキストエディタのデータを保存／読み込みができるようにする

手順のサンプルで見たように、テキストエディタはTextEditor(text:)の1行で作ることができ、キーボードの登場でテキストエディタが隠れてしまう難題も自動で解決されるようになったことからとくに難しいところはありません。

しかし、テキストエディタを使うからには、入力したテキストデータを保存したり、保存したデータを読み込み直すといったところまでやりたいものです。そこで次に示す例ではテキストエディタのテキストデータの保存と読み込みを行うボタンを追加します。

テキストエディタをナビゲーションビューで表示する

保存／読み込みのボタンを追加する前に、テキストエディタをNavigationViewで表示するコードに書き替えます。これは2つのボタンをナビゲーションビューのツールバーに表示するための前準備です。navigationTitleが使えるようになるので「メモ」と表示し、padding()ではtopを除くように修正しておきます。

Code テキストエディタをナビゲーションビューで表示する «FILE» **TextEditorDataSave1/ContentView.swift**

```
struct ContentView: View {
    @State var theText: String = ""

    var body: some View {
        NavigationView {
            TextEditor(text: $theText)
                .lineSpacing(10)
                .border(Color.gray)
                .padding([.leading, .bottom, .trailing])
                .navigationTitle(" メモ ")
        }
    }
}
```

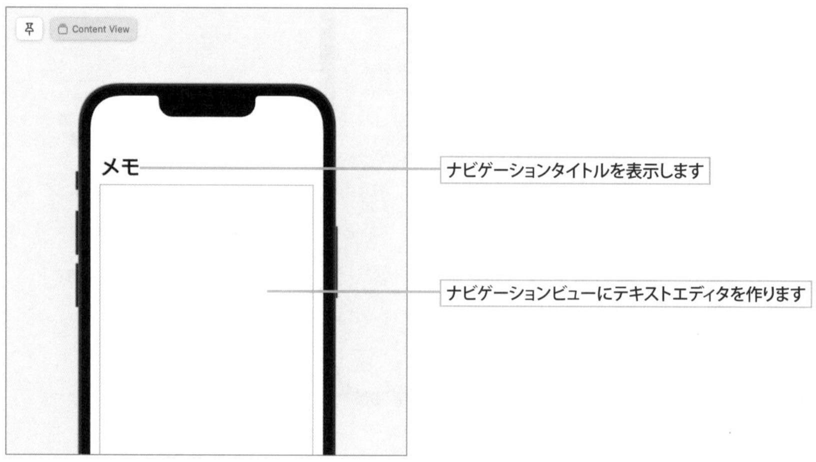

ツールバーに読み込みボタンと保存ボタンを追加する

ツールバーは TextEditor にモディファイアの toolbar を追加して作ります。toolbar のコンテンツとしてボタンごとに ToolbarItem を作り、その中にボタンを配置します。ToolbarItem() の引数 placement で .navigationBarTrailing を指定するとツールバーの右端に寄った位置に表示されます。

ボタンで実行する内容はテキストデータの読み込みは loadText()、保存は sateText() のように関数を定義して実行しますが、ここでは中身が空の関数定義だけを書いておきます。

Code ツールバーに読み込みボタンと保存ボタンを追加する «FILE» **TextEditorDataSave2/ContentView.swift**

```
// テキストデータを保存する
func saveText(_ textData:String, _ fileName:String) {
}

// テキストデータを読み込む
func loadText(_ fileName:String) -> String? {
    return nil
}

struct ContentView: View {
    @FocusState var isInputActive: Bool
    @State var theText: String = ""

    var body: some View {
        NavigationView {
            TextEditor(text: $theText)
                .lineSpacing(10)
                .border(Color.gray)
                .padding([.leading, .bottom, .trailing])
                .navigationTitle("メモ")
                .focused($isInputActive) // テキストエディタのフォーカス
                .toolbar {
                    // 読み込みボタン
                    ToolbarItem(placement: .navigationBarTrailing) {
                        Button("読み込む"){
                            if let data = loadText("sample.txt"){
                                theText = data
                            }
                        }
                    }
                    // 保存ボタン
                    ToolbarItem(placement: .navigationBarTrailing) {
                        Button("保存"){
                            isInputActive = false // キーボードを下げる
                            saveText(theText, "sample.txt")
                        }
                    }
                }
        }
    }
}
```

中身が空の関数を仮に定義しておき、後で完成させます

キーボードを下げるために使います

ツールバーを作ります

Chapter 5 ボタンやテキストフィールドなどユーザー入力で使う部品

この状態でシミュレータで試すとメモのテキストエディタを編集状態にするとキーボードが表示されます。読み込み保存はできませんが、保存ボタンをクリックするとキーボードが下がります。

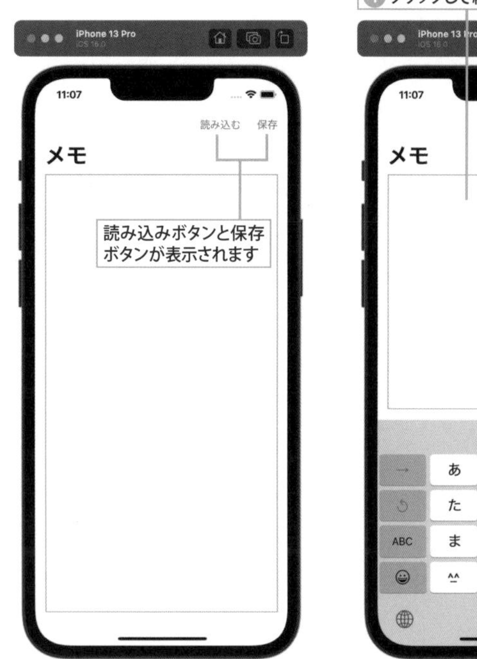

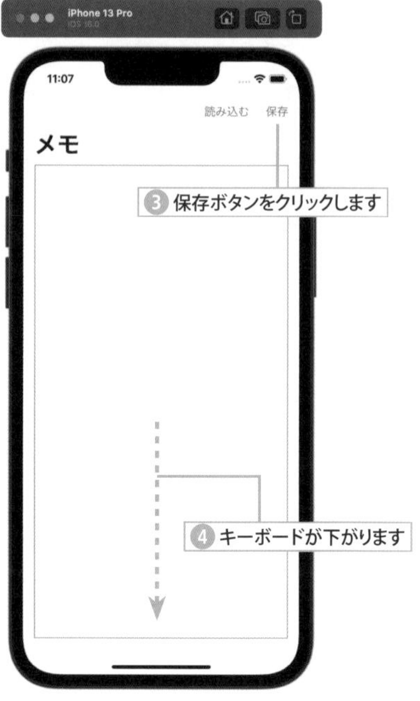

保存ボタンでキーボードを下げ、保存を実行する

保存ボタンではテキストの保存と同時にテキストエディタの編集を終了してキーボードを下げたいので、@FocusStateを指定した変数isInputActiveを宣言し、テキストエディタのフォーカスをfocused($isInputActive)で制御します。保存ボタンではキーボードを下げるためにisInputActive = falseを実行します。

Code 保存ボタンでキーボードを下げ保存を実行する «FILE» **TextEditorDataSave2/ContentView.swift**

```
    @FocusState var isInputActive: Bool
        ・・・
            TextEditor(text: $theText)
                ・・・
                .focused($isInputActive) // テキストエディタのフォーカス
                .toolbar {
                    ・・・
                    // 保存ボタン
                    ToolbarItem(placement: .navigationBarTrailing) {
                        Button("保存"){
                            isInputActive = false // キーボードを下げる
                            saveText(theText, "sample.txt") // 保存する
                        }
                    }
```

フォーカスが当たるとtrueになってキーボードが出てきます。falseにするとフォーカスが外れてキーボードが下がります

saveText() 定義：テキストファイルへの保存を例外処理の中で行う

ツールバーの保存ボタンでは saveText(theText, "sample.txt") でテキストデータを保存します。仮に定義しておいた saveText() のコードを完成させましょう。

テキストデータを保存するファイル名は引数 fileName で受け取ります。この例では "sample.txt" が指定されていますが、ファイル名だけでは保存する場所が決まりません。そこで、ユーザー定義関数の docURL(fileName) を実行して保存する URL を取得して、その URL のパス（url.path）に書き込みます。ただ、何らかの理由で保存する URL が得られずに docURL(fileName) の結果が nil の場合があるかもしれないので、guard let-else によるオプショナルバインディングで url を確定しています（guard let-else ☞ P.285）。

Code テキストファイルに保存する saveText() を完成させる «FILE» **TextEditorDataSave3/ContentView.swift**

```
// テキストデータを保存する
func saveText(_ textData:String, _ fileName:String) {
    // URL を得られたらアンラップして url に代入
    guard let url = docURL(fileName) else {
        return
    }
    // ファイルパスへの保存
    do {
        let path = url.path
        try textData.write(toFile: path, atomically: true, encoding: .utf8)
    } catch let error as NSError {
        print(error)
    }
}
```

ユーザー定義関数です

例外処理に組み込んで実行します

ファイルに UTF8 で書き込みます

例外処理 do-try-catch の中でデータ保存を実行する

テキストデータの保存は textData.write() で行います。write() では、引数 toFile で指定したパスのファイルにテキストデータを保存します。指定したファイルが存在しない場合はファイルを作成して保存します。引数 atomically は書き出し中に異常終了などがあってもファイルが壊れないように一時ファイルを作って書き込み処理を行います。

この textData.write() は、do-try-catch という構文の中で実行されています。これは例外処理を行う構文で、try に続いて実行する textData.write() が失敗してエラーとなったときに、エラーの通知をキャッチして catch に書いたステートメントを実行することで処理を異常終了せずに実行するというものです。

なお、do-try-catch を使った例外処理については「Swift シンタックス基礎知識」で詳しく取り上げます（☞ P.299）。

docURL() 定義：保存ファイルのパスを作る

データを保存するファイルのパスの URL はユーザー定義した docURL(fileName) で取得します。ファイルは iPhone デバイス内のどこにでも保存できるというものではなく、その場所は目的に応じて決まっています。ユーザーが作って読み書きするファイルは Documents フォルダ内に保存します。Documents フォルダまでの URL は FileManager.default で fileManager オブジェクトを作り、fileManager.url() で取得することができます。

Documents フォルダまでの URL を得られたならば、appendingPathComponent(fileName) で保存ファイル名を追加した URL を作り、その URL を docURL(fileName) の値として返します。

なお、ここでも fileManager.url() の実行がエラーになる可能性があるので、do-try-catch の例外処理の中で実行し、もしエラーになったならば URL ではなく nil を返します。nil を返す可能性があることから、戻り値の型は URL? のように Optional 型にしてあります。

Code Documents フォルダ内に保存ファイルの URL を作る docURL() を定義する «FILE» **TextEditorDataSave3/ContentView.swift**

```
// 保存ファイルへの URL を作る
func docURL(_ fileName:String) -> URL? {
    let fileManager = FileManager.default
    do {
        // Docments フォルダ
        let docsUrl = try fileManager.url(
            for: .documentDirectory,  ――Documents フォルダを指定します
            in: .userDomainMask,
            appropriateFor: nil,
            create: false)
        // URL を作る
        let url = docsUrl.appendingPathComponent(fileName)
        return url
    } catch {
        return nil
    }
}
```

例外処理に組み込んで実行します

読み込みボタンで data に取り込む

読み込みボタンも保存ボタンと同じように ToolbarItem としてツールバーに追加します。placement で指定する配置する位置は保存ボタンと同じく .navigationBarTrailing ですが、後から指定したバーアイテムのほうが右端に来るので、コード順に従って「読み込む」「保存」の順でボタンが並びます。

読み込みボタンでは loadText("sample.txt") を実行して sample.txt からテキストデータを読み込みます。読み込みに失敗した場合は nil が戻されるので、if let-else のオプショナルバインディングを使って読み込んだデータを変数 data にデータを代入し、nil でなければ data を theText に代入してテキストエディタに表示します（if let-else ☞ P.286）。

Code ツールバーに読み込みボタンを追加する «FILE» **TextEditorDataSave4/ContentView.swift**

```
.toolbar {
    // 読み込みボタン
    ToolbarItem(placement: .navigationBarTrailing) {
        Button("読み込む"){
            if let data = loadText("sample.txt"){
                theText = data  ――読み込み結果が nil でなければアンラップした data を代入します
            }
        }
    }
    // 保存ボタン
    ToolbarItem(placement: .navigationBarTrailing) {
        ...
    }
}
```

loadText() 定義：テキストファイルの読み込みを例外処理の中で行う

読み込みボタンでは ユーザー定義関数の loadText("sample.txt") で sample.txt からテキストデータを読み込んでいます。loadText() では、保存の saveText() と同じように docURL(fileName) で読み込むファイルの URL を作り、String(contentsOf: url, encoding: .utf8) で url からテキストデータを読み込みます。

このとき、ファイルの読み込みもまた書き込みの場合と同じようにエラーになる可能性があるので、do-try-catch の例外処理の中で実行します。もし、エラーになったならば関数の値として nil を戻すので、戻り値の型は String? のように Optional 型にします。

Code 指定のテキストファイルから読み込んだデータを返す関数を完成させる «FILE» **TextEditorDataSave4/ContentView.swift**

```
// テキストデータの読み込んで戻す
func loadText(_ fileName:String) -> String? {
    // URL を得られたらアンラップして url に代入
    guard let url = docURL(fileName) else {
        return nil
    }
    // url からの読み込み
    do {
        let textData = try String(contentsOf: url, encoding: .utf8)
        return textData
    } catch {
        return nil
    }
}
```

例外処理に組み込んで実行します

UTF8 のファイルを読み込みます

完成したコードを確認

少し長くなりましたが、完成したコードを確認しておきましょう。URLを作るdocURL()、保存のsaveText()、読み込みのloadText()、テキストエディタ、保存ボタン、読み込みボタンを作るstract ContentView、そして最後にプレビュー画面を作るstruct ContentView_Previewsがあります。

Code 保存ボタンと読み込みボタンがあるテキストエディタを作る «FILE» TextEditorDataSave4/ContentView.swift

```
import SwiftUI

// 保存ファイルへのURLを作る
func docURL(_ fileName:String) -> URL? {
    let fileManager = FileManager.default
    do {
        // Docments フォルダ
        let docsUrl = try fileManager.url(
            for: .documentDirectory,
            in: .userDomainMask,
            appropriateFor: nil,
            create: false)
        // URLを作る
        let url = docsUrl.appendingPathComponent(fileName)
        return url
    } catch {
        return nil
    }
}

// テキストデータを保存する
func saveText(_ textData:String, _ fileName:String) {
    // URLを得られたらアンラップしてurlに代入
    guard let url = docURL(fileName) else {
        return
    }
    // ファイルパスへの保存
    do {
        let path = url.path
        try textData.write(toFile: path, atomically: true, encoding: .utf8)
    } catch let error as NSError {
        print(error)
    }
}

// テキストデータを読み込んで戻す
func loadText(_ fileName:String) -> String? {
    // URLを得られたらアンラップしてurlに代入
    guard let url = docURL(fileName) else {
        return nil
    }
    // urlからの読み込み
    do {
        let textData = try String(contentsOf: url, encoding: .utf8)
        return textData
```

```
    } catch {
        return nil
    }
}


struct ContentView: View {
    @FocusState var isInputActive: Bool
    @State var theText: String = ""

    var body: some View {
        NavigationView {
            TextEditor(text: $theText)
                .lineSpacing(10)
                .border(Color.gray)
                .padding([.leading, .bottom, .trailing])
                .navigationTitle("メモ")
                .focused($isInputActive) // テキストエディタのフォーカス
                .toolbar {
                    // 読み込みボタン
                    ToolbarItem(placement: .navigationBarTrailing) {
                        Button("読み込む"){
                            if let data = loadText("sample.txt"){
                                theText = data
                            }
                        }
                    }
                    // 保存ボタン
                    ToolbarItem(placement: .navigationBarTrailing) {
                        Button("保存"){
                            isInputActive = false // キーボードを下げる
                            saveText(theText, "sample.txt")
                        }
                    }
                }
        }
    }
}



struct ContentView_Previews: PreviewProvider {
    static var previews: some View {
        ContentView()
    }
}
```

シミュレータでテキストの保存と読み込みを試してみる

それでは最後に Start をクリックしてシミュレータで保存と読み込みを試してみましょう。

まず、テキストエディタをクリックして文章を入力し、保存ボタンをクリックします。すると編集が終わってキーボードが下がり、テキストエディタに書いた文章がテキストファイルに保存されます。

次にテキストエディタに入力したテキストをすべて消してしまいます。読み込むボタンをクリックして、保存したデータがテキストエディタに読み込まれたら成功です。

Swift シンタックスの基礎知識

do-try-catch を使う例外処理

例外処理の構文

例外処理を組み込むことで、ファイルの読み書きに失敗したというような実行時エラーでプログラムが止まってしまうのを回避できます。例外処理の基本的な構文は、次に示すように do-try-catch の構造をしています。

書式 例外処理の基本的な構文

```
do {
    try 例外が発生する可能性がある処理
    ステートメント
} catch {
    例外を受けて実行するステートメント
}
```

「例外が発生」とは簡単に言えば「エラーが発生」と同じですが、厳密には「Error オブジェクトがスロー（throw）される」ことを言います。try で実行した処理がエラーにならない場合は続くステートメントを実行して do 文を抜けますが、try で実行した処理がエラーになった場合は例外（Error オブジェクト）がスローされ、それを catch で受け止めてエラー時の対応を行った後に do 文を抜けます。エラーが発生してもプログラムは止まらずにそのまま続行します。

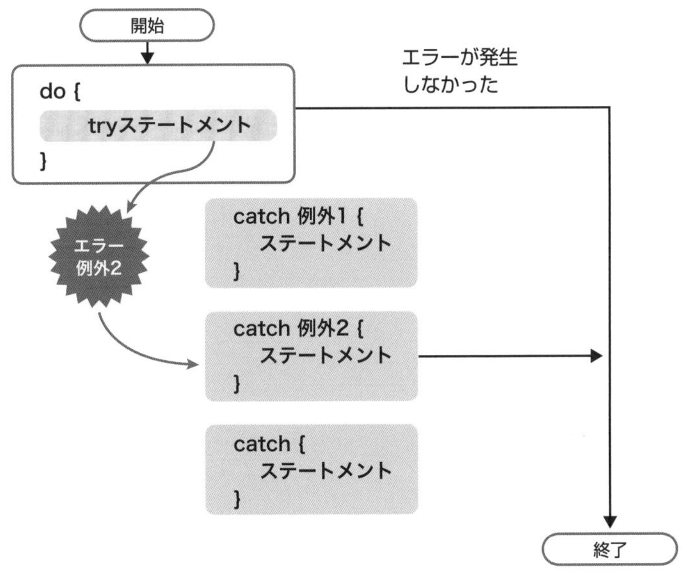

次のコードは先のサンプルにあった（☞ P.295）、指定のファイルからテキストデータを読み込んで返すコードの一部です。ここではString() に try を付けて実行しています。エラーにならなければ読み込んだデータを textData に代入して return textData を実行し、エラーが発生したならば catch ブロックに書いた return nil を実行して nil を返します。let textData = try String(...) の行の try の位置にも注目してください。

Code　String() を例外処理に組み込んで実行する　«FILE» TextEditorDataSave4/ContentView.swift

```
    // url1 からの読み込み
    do {
        let textData = try String(contentsOf: url, encoding: .utf8)
        return textData
    } catch {
        return nil
    }
```

Error オブジェクトをユーザー定義関数でスローする

このように既存のメソッドには例外処理に組み込めるようにエラーをスローするものがたくさんありますが、自分で定義するユーザー定義関数でも想定されるエラーをスローすれば、例外処理に組み込んで安全に実行することができます。

次に示すサンプルでは、引数で受け取った２つの文字列を連結してランダムに並べ替えた１個のパスワードを作る keyMaker(_ key1:_ key2:) というユーザー定義関数を作ります。keyMaker() は引数の key1、key2 の値をチェックして、条件に合わないときにエラーをスローします。

スローする Error オブジェクトを enum で定義する

まず、エラーになったならばスローする Error オブジェクトを定義します。ここで利用するのが enum（列挙型）という構文です。次のコードでは、enum を使ってユーザー定義関数 keyMaker() で発生するエラーを KeyError エラーで定義しています。KeyError には２種類のエラーがあり、それを case uniqueError、case lengthError のようにケース分けして定義します。

なお、エラーを定義する場合には必ず Error プロトコルと呼ばれる土台となる規則に従う必要があります。そのために enum KeyError: Error のように書いてあります。

Playground　KeyError エラーを定義する　«FILE» do_try_catch.playground

```
enum KeyError: Error {
    case uniqueError
    case lengthError
}
```

エラーをスローするユーザー関数を定義する

エラーをスローする関数には throws を付け、エラーを throw でスローします。スローするエラーは KeyError.uniqueError のようにエラーのケースを指した値を使います。

keyMaker() では、key1 と key2 が同じだったとき KeyError.uniqueError、key1 および key2 の文字数が 5 〜 10 文字でないときに KeyError.lengthError をスローします。エラーをスローするとその時点で処理が中断し、エラーをスローしなかったときだけ続くステートメントを実行して計算結果の result を return します。(key1 + key2).shuffled() は、key1 と key2 を連結して作った文字列をシャッフルした新しい文字列を作り出します。

Playground エラーをスローする keyMaker() 関数 «FILE» do_try_catch.playground

```
func keyMaker(_ key1:String, _ key2:String)throws -> String {
    guard key1 != key2 else {
        throw KeyError.uniqueError  // key1 と key2 が同じエラー
    }
    guard (5...10).contains(key1.count)&&(5...10).contains(key2.count) else {
        throw KeyError.lengthError  // 文字数が 5 ～ 10 でないエラー
    }
    let result = (key1 + key2).shuffled() // 連結してシャッフル
    return String(result)
}
```

エラーになるケースは guard-else で中断

ここで、guard-else の構文を使いました。guard-else は条件式が false のときに else ブロックのステートメントを実行し、そのまま処理を中断して関数を抜けます。guard 文には else ブロックしかなく、エラーになるケースを弾くために「満たすべき条件」を指定する点に注意してください。

エラーの種類に応じて例外処理を分ける

それでは、エラーをスローするユーザー定義関数 keyMaker() を使ってみましょう。ここでは２種類のテストを行います。

エラーの種類を区別せずに例外処理する

次の testKeyMake1() は keyMaker() がスローするエラーの種類を区別しません。スローされたエラーはすべて catch で受け止めます。

Playground keyMaker() を例外処理の中で実行する «FILE» do_try_catch.playground

```
func testKeyMake1(_ key1:String, _ key2:String){
    do {
        let result = try keyMaker(key1, key2)
        print(result)
    } catch { ―――― エラーの種類を指定していないので、try で発生したエラーは
        print("エラー")      すべてキャッチします
    }
}

// キーを与えてテスト
testKeyMake1("Swift", "1234567")
testKeyMake1("Swift", "Swift") ―――― 2つの単語が同じ
testKeyMake1("Swift", "UI") ―――― 2番目の単語が短い
```

結果

```
65tw217i3f4S ―――― エラーにならずに2つの単語を混ぜた結果
エラー ┐
エラー ┘―――― エラーの種類を区別しません
```

エラーの種類を区別して例外処理する

次の testKeyMake2() は keyMaker() がスローするエラーの種類を区別して例外処理を振り分けます。Error オブジェクトとして enum で定義した KeyError には２種類のエラーしかありませんが（☞ P.300）、その他のエラーを受け止める catch だけのケースも最後に必要です。

Playground　keyMaker() を例外処理の中で実行する（エラーの種類を振り分ける）　«FILE» **catchKeyError.playground**

```
func testKeyMake2(_ key1:String, _ key2:String){
    do {
        let result = try keyMaker(key1, key2)
        print(result)
    } catch KeyError.uniqueError {
        print("２つのキーが同じエラー")
    } catch KeyError.lengthError {
        print("文字数エラー")
    } catch {
        print("不明のエラー")
    }
}

// キーを与えてテスト
testKeyMake2("Swift", "1234567")
testKeyMake2("Swift", "Swift")
testKeyMake2("Swift", "UI")
```

enum KeyError で定義したエラーの種類で振り分けます

他にエラーの種類がなくても必須です

結果

```
7tw643f1iS25
２つのキーが同じエラー
文字数エラー
```

エラーの種類が区別されています

アラート、シート、スクロール、グリッドレイアウト、タブを使う

アラート、シートなどのように現在のビューに重ねて表示するビューのほか、縦スクロールや横スクロールができるスクロールビュー、複数のビューを行と列で並べるグリッドレイアウト、タブで切り替えるタブビューの作り方について解説します。

アラートを表示する

アラートはエラーがあった場合や処理を実行する前に確認をとるために利用します。このセクションではボタンのモディファイアの1つであるalertモディファイアを利用してアラートを表示する方法を説明します。なお、iOS 15からは操作の確認に次のセクションで取り上げるconfirmationDialogモディファイアが多く使われています。

1. ボタンでアラートを表示しよう
2. OK、キャンセル、削除の選択肢があるアラートを作るには？
3. 表示されたアラートに対処するには？

重要キーワードはコレだ！

alertモディファイア、Alert、dismissButton、primaryButton、secondaryButton、default()、cancel()、destructive()

STEP アラートを表示するボタンを作る

ボタンの実行でエラーになった際に呼び出すことができる alert モディファイアを使って、アラートのダイアログを表示します。ここでは OK の確認ボタンが表示されるアラートを作ります。

1 Alert テスト用のボタンを作る

«SAMPLE» AlertOKButton.xcodeproj

まず、@State を付けた変数 isError の宣言文を 1 行目に追加します。続いてライブラリパネルの Button を使って、Text("Hello, World!") のコードとボタンを作るコードを置き換えます。ボタンのコードにタップで isError を true に設定するコードを追加し、ボタン名を「Alert テスト」にします。（ボタンの作り方 ☞ P.213）

Code Alert テストボタンを作る «FILE» AlertOKButton/ContentView.swift

```
struct ContentView: View {
    @State var isError: Bool = false ——— 追加します

    var body: some View {
        Button("Alert テスト ") {
            isError = true          ——— isError を true にするボタンを作ります
        }
    }
}
```

2 ボタンに alert モディファイアを追加する

ライブラリパネルの Modifiers ライブラリを開きます。Controls Modifiers グループにある Alert をダブルクリックして、ボタンのコードに alert モディファイアを追加します。

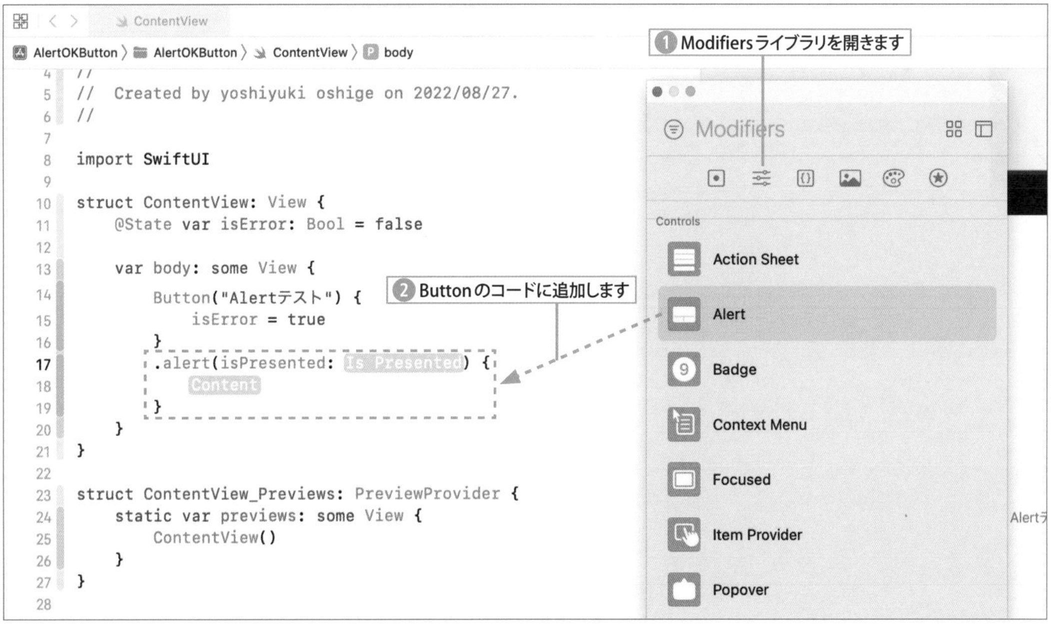

```
//  Created by yoshiyuki oshige on 2022/08/27.
//

import SwiftUI

struct ContentView: View {
    @State var isError: Bool = false

    var body: some View {
        Button("Alertテスト") {
            isError = true
        }
        .alert(isPresented: Is Presented) {
            Content
        }
    }
}

struct ContentView_Previews: PreviewProvider {
    static var previews: some View {
        ContentView()
    }
}
```

3 アラートを表示するコードを追加して完成させる

追加したalertモディファイアのコードを次のように修正して完成させます。表示したいアラートはAlert()で作ります。

Code アラートボタンを完成させる　«FILE» **AlertOKButton/ContentView.swift**

```
struct ContentView: View {
    @State var isError:Bool = false

    var body: some View {
        Button("Alert テスト ") {
            isError = true
        }
        .alert(isPresented: $isError) {
            Alert(title: Text(" タイトル "),message: Text(" メッセージ文 "),
                  dismissButton: .default(Text("OK"), action:{}))
        }
    }
}
```

ボタンを作るコードに追加します

4 ライブプレビューでアラートの表示を確認する

ライブプレビューでAlertテストボタンをクリックして、アラートが表示されることを確認します。表示されたアラートはOKボタンをクリックすると消えます。アラート以外のエリアは暗くなり応答しません。

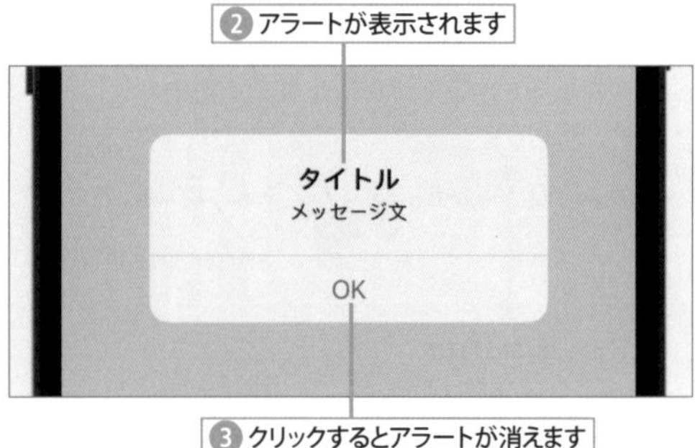

ボタンの alert 処理の中でアラートを表示する

アラートを表示するタイミングは目的によってさまざまです。この例ではボタンの alert モディファイアでアラートを表示しています。alert() の引数 isPresented には、アラートを表示するかどうかを決める Bool 型の値を指定します。この例では @State で宣言しておいた変数 isError に $ を付けて $isError で指定します。

Code　ボタンにエラー処理を設定する　«FILE» AlertOKButton/ContentView.swift

```
Button("Alert テスト ") {
            isError = true ――― ボタンのタップで isError を true にします
        }
}                        ┌―― isError が true になるとアラート表示を実行します
.alert(isPresented: $isError) { ... }
```

表示するアラートは Alert() で作ります。Alert() のコードと表示されたアラートを見比べるとわかるように、引数 title でアラートのタイトル、引数 message でエラーの説明、引数 dismissButton で「OK」ボタンを指定します。「OK」ボタンをタップしたときに実行したい処理があれば action の { } に書きます。action で何も指定しなければ、「OK」ボタンのタップでアラートが消えるだけです。

Code　OK ボタンがあるアラートを表示する　«FILE» AlertOKButton/ContentView.swift

```
    Alert(title: Text(" タイトル "), message: Text(" メッセージ文 "),
      dismissButton: .default(Text("OK"), action: {}))
```

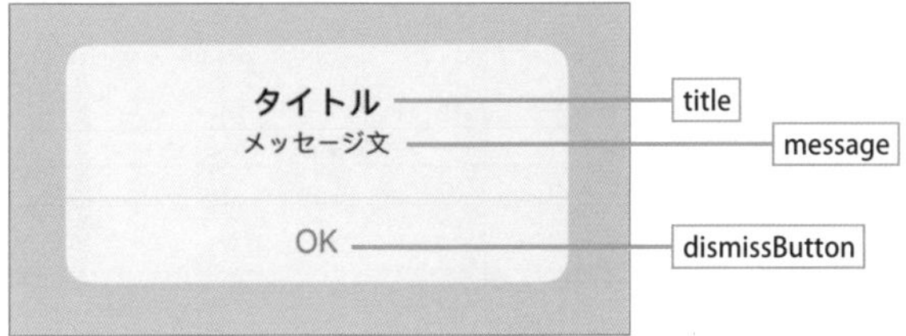

OK とキャンセルがあるアラートを表示する

アラートにはキャンセルボタンも表示できます。先のコードとの違いはアラートを作る Alert() の部分です。2つのボタンがあるアラートでは、引数の primaryButton と secondaryButton にボタンを指定します。OK ボタンで実行したい処理は引数 action のブロックで実行します。ここではユーザー定義した okAction() を実行します。

なお、cancel() で指定する「キャンセル」ボタンは、primaryButton と secondaryButton のどちらで指定しても左側に配置されます。キーボードが接続されている場合は、default() で指定したボタンが return キーあるいは enter キーで選択されます。

Code OK とキャンセルがあるアラートを表示する «FILE» AlertOKCancelButton/ContentView.swift

```
struct ContentView: View {
    @State var isError: Bool = false

    var body: some View {
        Button("Alert テスト ") {
            // エラーが発生したら true にする
            isError = true
        }.alert(isPresented: $isError) {
         Alert(title: Text(" タイトル "), message: Text(" メッセージ文 "),
              primaryButton: .default(Text("OK"), action: {
                okAction()
              }),
              secondaryButton: .cancel(Text(" キャンセル "), action:{})
        )}
    }
}

func okAction(){
    print("OK ボタンが選ばれた ")
}
```

表示するアラートを作ります

OK ボタンで実行します

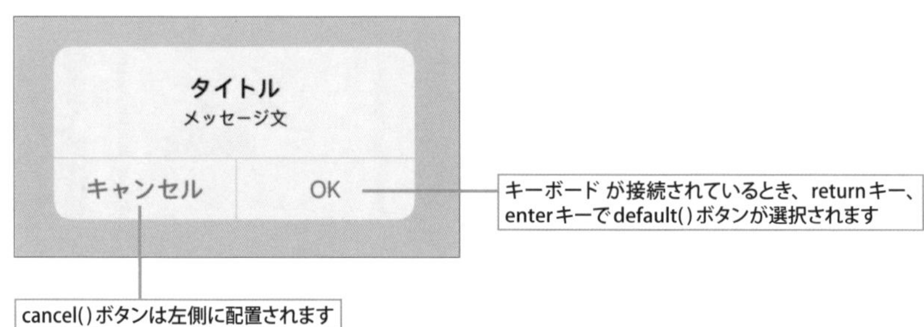

赤文字で警告する削除ボタン

destructive() で作るボタンは赤文字で表示されます。用途としては削除ボタンなどの実行に注意が必要となる選択肢に用いられます。キーボードが接続されているときは return キーまたは enter キーで選択されます。

次のコードでは「削除する」と「キャンセル」のボタンが表示されます。「削除する」は赤文字で表示されます。

Code 削除ボタンとキャンセルボタンがあるアラートを表示する «FILE» **AlertDeleteCancelButton/ContentView.swift**

```
struct ContentView: View {
    @State var isError: Bool = false

    var body: some View {
        Button("Alert テスト ") {
            // エラーが発生したら true にする
            isError = true
        }.alert(isPresented: $isError) {
            Alert(title: Text(" タイトル "),
                  message: Text(" 確認メッセージ "),
                  primaryButton: .destructive(Text(" 削除する "), action: {}),
                  secondaryButton: .cancel(Text(" キャンセル "), action: {}))
        }
    }
}
```

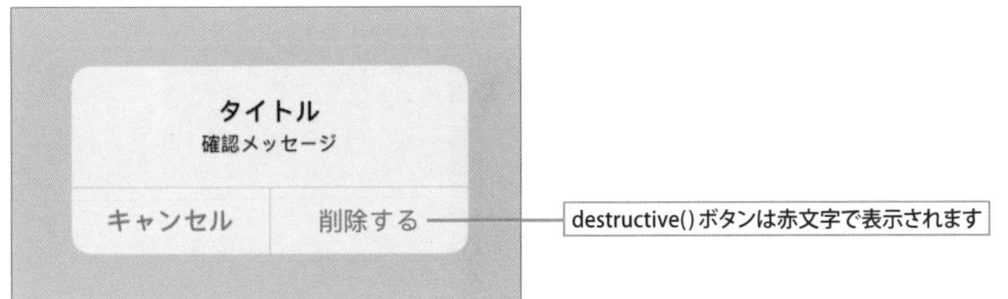

確認ダイアログを表示する

画面の下辺から登場する確認ダイアログ（コンファメーションダイアログ）は処理の選択や削除の確認などに用います。ダイアログの表示には confirmationDialog モディファイアを使います。

1. ボタンで確認ダイアログを表示しよう
2. 確認ダイアログのタイトル表示とボタンの種類
3. 確認ダイアログの選択に対応するには？

重要キーワードはコレだ！
confirmationDialog、destructive、cancel、titleVisibility

削除するかどうかを確認するダイアログ

タイトルやメッセージを表示する

STEP 確認ダイアログを表示するボタンを作る

アラートの場合と同じように確認ダイアログを表示するボタンを作って試します。

1 確認ダイアログのテスト用ボタンを作る

«SAMPLE» confirmationDialog.xcodeproj

@State を付けた変数 isShowingDialog の宣言文を 1 行目に追加し、初期値を false にしておきます。続いて Button を表示するコードを入力し、ボタンのタップで isShowingDialog を true にするアクションを書き込みます。ボタンの外観は Label を使ってゴミ箱イメージに「削除ボタン」と表示されるようにします。

Code　確認ダイアログのテスト用ボタンを作る　«FILE» confirmationDialog/ContentView.swift

```
struct ContentView: View {
    @State private var isShowingDialog = false  ―― 追加します

    var body: some View {
        Button(action: {
            isShowingDialog = true
        }) {
            Label(" 削除ボタン ", systemImage: "trash")
        }
```

isShowingDialog を true にするボタンを作ります

削除ボタン

2 ボタンに confirmationDialog モディファイアを追加する

.conf までタイプすると confirmationDialog モディファイアの書式が出てくるので、次の書式を選びます。

```
        Button(action: {
            isShowingDialog = true
        }) {
            Label("削除ボタン", systemImage: "trash")
        }.confirmationDialog(titleKey: LocalizedStringKey, isPresented:
            Binding<Bool>, actions: () -> View, message: () -> View)
    }
```

3 確認ダイアログのコードを完成させる

入力された書式を使って確認ダイアログのコードを完成させせます。第 2 引数には宣言しておいた変数を $isShowingDialog のように指定し、ダイアログに表示する選択肢として「注意！」と「削除する」の 2 種類のボタンを作ります。ボタンは Button(_ role:) の書式を使って作り、それぞれ destructiveAction() と cancelAction() を実行します。２つの関数は最後にユーザ定義しておきます。引数 message には「削除すると戻せません」のメッセージを書いておきます。

Code 確認ダイアログを表示するコードを完成させる «FILE» confirmationDialog/ContentView.swift

```
struct ContentView: View {
    @State var isShowingDialog = false

    var body: some View {
        Button(action: {
            isShowingDialog = true
        }) {
            Label("削除ボタン", systemImage: "trash")
        }.confirmationDialog("注意！", isPresented: $isShowingDialog, actions: {
            Button("削除する", role: .destructive) {
                destructiveAction()
            }
            Button("キャンセル", role: .cancel) {
                cancelAction()
            }
        }, message: {
            Text("削除すると戻せません。")
        })
    }


    func destructiveAction() {
        print("削除が選ばれた")
    }

    func cancelAction() {
        print("キャンセルが選ばれた")
    }
}
```

isShowingDialog が true になると確認ダイアログを表示します

ダイアログの選択ボタンで実行する内容を定義します

4 ライブプレビューで動作を確認する

それではライブプレビューで動作を確認してみましょう。画面には Label で作ったゴミ箱イメージ付きのボタンをクリックすると画面の下から削除とキャンセルのボタンがある確認ダイアログが表示されます。ボタンをクリックすると確認ダイアログは消えます。

5 シミュレータで動作を確認する

ライブプレビューではボタンで実行した print() の出力結果が表示されませんが、シミュレータで試すと選んだボタンに応じて「削除が選ばれた」、「キャンセルが選ばれた」が出力されます。

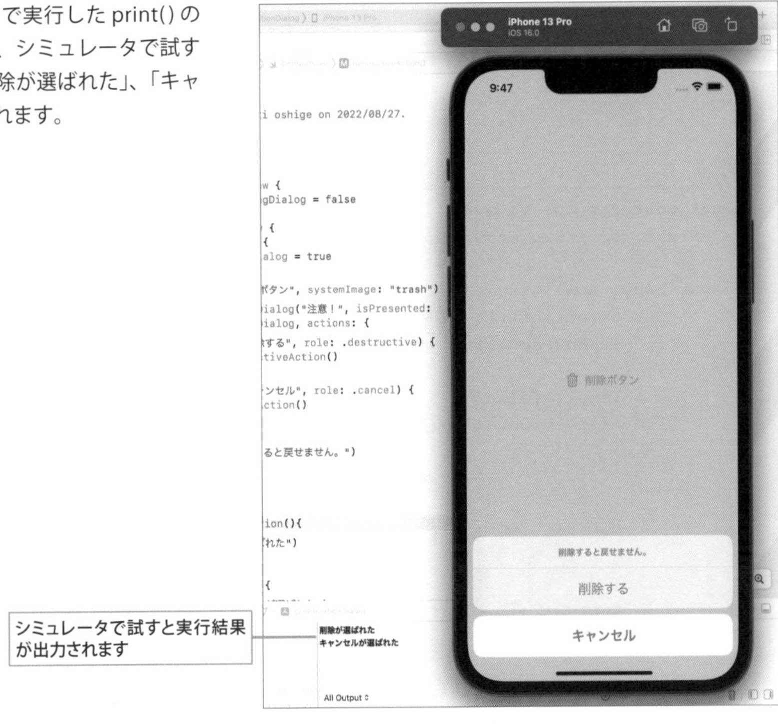

確認ダイアログのボタンの種類

確認ダイアログのボタンは Button(_ role:) の書式で作ります。role に .destructive を指定すると赤文字で表示され、.cancel を指定するとキャンセルのボタンになります。role を省略すると青文字の標準ボタンになります。

Code 確認ダイアログのボタン «FILE» confirmationDialog/ContentView.swift

```
Button(" 削除する ", role: .destructive) {
    destructiveAction()
}
Button(" キャンセル ", role: .cancel) {
    cancelAction()
}
```

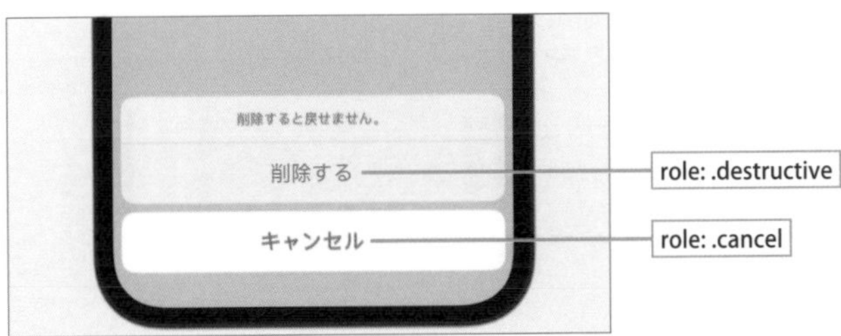

確認ダイアログのタイトルを表示する

プレビューでの動作結果をよく見ると引数 message のテキストは表示できていますが、confirmationDialog の第 1 引数 title で指定している " 注意 " が表示されていません。タイトルを表示するには、引数 titleVisibility を追加し、値を .visible にします。するとメッセージの上にタイトルが表示されます。

Code 確認ダイアログのタイトルを表示する «FILE» confirmationDialog2/ContentView.swift

```
struct ContentView: View {
    @State var isShowingDialog = false

    var body: some View {
        Button(action: {
            isShowingDialog = true
        }) {
            Label(" 削除ボタン ", systemImage: "trash")
        }.confirmationDialog(" 注意！ ", ——— タイトル
                            isPresented: $isShowingDialog,
                            titleVisibility: .visible,
                            actions: {       └── タイトルを表示する設定
            Button(" 選択 A") {
                // 処理 A
            }
            Button(" 選択 B") {
                // 処理 B
            }
            Button(" 削除する ", role: .destructive) {
                destructiveAction()
            }
            Button(" キャンセル ", role: .cancel) {
                cancelAction()
            }
        }, message: {
            Text(" メッセージ。メッセージ。メッセージ。メッセージ。") +
            Text(" メッセージ。メッセージ。メッセージ。メッセージ。")
        })
    }

    func destructiveAction() {
        print(" 削除が選ばれた ")
    }

    func cancelAction() {
        print(" キャンセルが選ばれた ")
    }
}
```

Content View
削除ボタン
注意!
メッセージ。メッセージ。メッセージ。メッセージ。
メッセージ。メッセージ。メッセージ。メッセージ。
選択A
選択B
削除する
キャンセル
Line: 12 Col: 5
title
message
roleの指定を省略した
標準ボタン

Section 6-3 シートで作るハーフモーダルビュー

ハーフモーダルビューは現在のビューに重なるように表示されるビューです。一時的にシーンを移行して表示されるビューであり、下へのスワイプで元のビューに戻ります。ハーフモーダルビューはボタンなど　のsheetモディファイアで表示することができます。

1. 下から登場するシートを作ってみよう
2. 登場するシートの高さを制限したい
3. シートが閉じるタイミングで実行したいことがある
4. 条件でボタンを無効にする

重要キーワードはコレだ！

sheet、presentationDetents、presentationDragIndicator、ignoreSafeArea、onDismiss、disabled

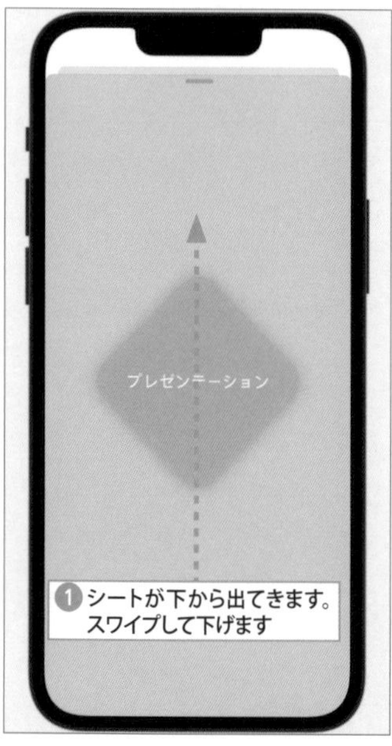

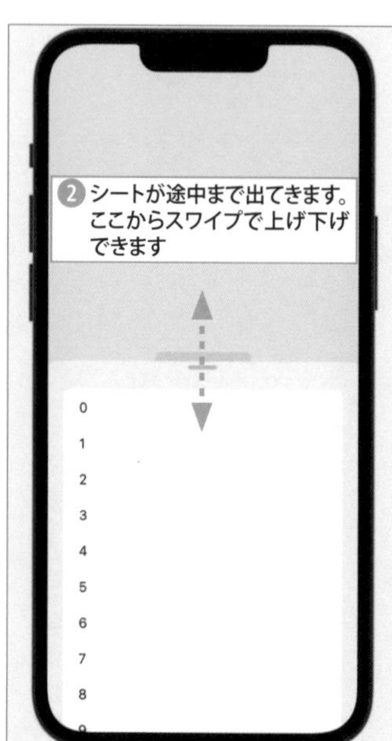

 sheet モディファイアを使ってハーフモーダルビューを表示する

ボタンの sheet モディファイアを使って、現在の ContentView ビューの上に重ねるように新規ビューをハーフモーダルビューとして表示します。ハーフモーダルビューとして表示する SomeView は SwiftUI View テンプレートで作ります。

1 Sheet テスト用のボタンを作る

«SAMPLE» SheetSample.xcodeproj

まず、@State を付けた変数 isModal の宣言文を 1 行目に追加します。続いてライブラリパネルの Button を使って body のコードを置き換えます。ボタン名を「Sheet テスト」にし、タップで isModal を true に設定するコードを追加します。

Code　Sheet テストボタンを作る　«FILE» SheetSample/ContentView.swift

```
struct ContentView: View {
    @State var isModal: Bool = false  ——— 追加します

    var body: some View {
        Button("Sheet テスト") {
            isModal = true            ——— ボタンを作ります
        }
    }
}
```

2 ボタンに sheet モディファイアを追加する

ライブラリパネルの Modifiers ライブラリを開きます。Controls グループにある Sheet をダブルクリックして、ボタンのコードに sheet モディファイアを追加します。

ContentView

SheetSample 〉 SheetSample 〉 ContentView 〉 body

```
//
//  ContentView.swift
//  SheetSample
//
//  Created by yoshiyuki oshige on 2022/08/29.
//

import SwiftUI

struct ContentView: View {
    @State var isModal = false

    var body: some View {
        Button("Sheetテスト") {
            isModal = true
        }
        .sheet(isPresented: Is Presented) {
            Content
        }
    }
}

struct ContentView_Previews: PreviewProvider {
    static var previews: some View {
```

Button のコードに追加します

Modifiers

Controls

- Focused
- Item Provider
- Popover
- Sheet
- Status Bar Hidden
- Submit Scope
- Tab Item

3 シートを表示するコードを追加する

追加したsheetモディファイアのコードを次のように修正します。表示するシートはSomeView()で作りますが、この時点では未定義なのでエラーが表示されます。

Code SomeViewを作るコードを追加する «FILE» SheetSample/ContentView.swift

```
struct ContentView: View {
    @State var isModal: Bool = false

    var body: some View {
        Button("Sheet テスト ") {
            isModal = true
        }
        .sheet(isPresented: $isModal){ ――― isModalがtrueになったならば開くビューを指定します
            SomeView() ――― まだSomeViewを定義していないのでエラー表示が出ます
        }
    }
}
```

4 SomeViewビューを作るstruct SomeViewを追加する

struct ContentView{ }の下にSomeViewビューを作るstruct SomeView{ }のコードを追加します。基本的にstruct ContentView{ }と同じで、ビューのコンテンツとして45度回転した角丸四角形をバックグランドにしたテキスト「プレゼンテーション」を表示します。SomeViewビューの背景色はZStackを使ってColorビューを下に敷いています。ColorにignoresSafeArea()を付けることで下のセーフティエリアにもビューが広がります。

Code SomeViewビューを作る «FILE» SheetSample/ContentView.swift

```
struct SomeView: View {
    var body: some View {
        ZStack {
            Color.mint.opacity(0.2).ignoresSafeArea() ――― SomeViewビュー全体の背景
            Text(" プレゼンテーション ")                    ――― セーフティエリアにも広がります
                .font(.title3).bold()
                .foregroundColor(.white)
                .background(
                    RoundedRectangle(cornerRadius: 30)
                        .fill(Color.green).opacity(0.5)
                        .frame(width: 200, height: 200) ――― 45度回転した角丸四角形が
                        .rotationEffect(.degrees(45))        テキストの下に敷かれます
                        .shadow(radius: 10)
                )
        }
    }
}
```

5 SomeView ビューをプレビューするコードを追加する

ContentView ビューだけでなく SomeView ビューもプレビューできるように struct ContentView_Previews{ } を真似て struct SomeView_Previews{ } を追加します。

Code　SomeView ビューもプレビューされるようにする　«FILE» **SheetSample/ContentView.swift**

```
struct SomeView_Previews: PreviewProvider {
    static var previews: some View {
        SomeView()
    }
}
```

6 ContentView ビューと SomeView ビューのプレビュー

プレビュー画面の上に Content View と Some View の２つのボタンが並びます。ボタンをクリックして２つのプレビューを切り替えて表示できます。

7 ライブプレビューで Sheet テストボタンを試す

ContentView ビューのライブプレビューで動作チェックをしてみましょう。Sheet テストボタンをクリックすると下から登場するアニメーションで SomeView ビューが重なって表示されます。SomeView ビューを下にスワイプすると再び入れ替わるように消えて ContentView ビューに戻ります。

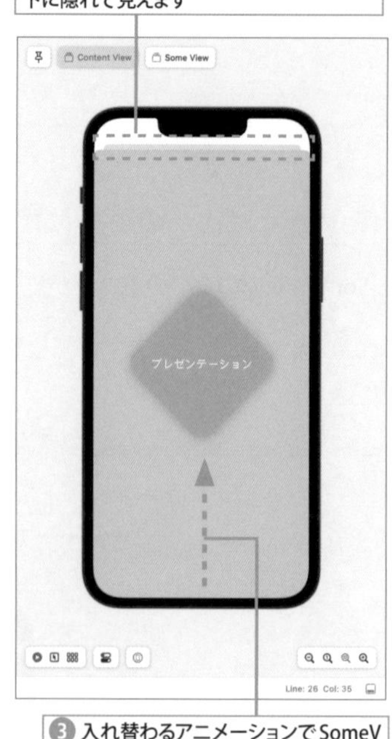

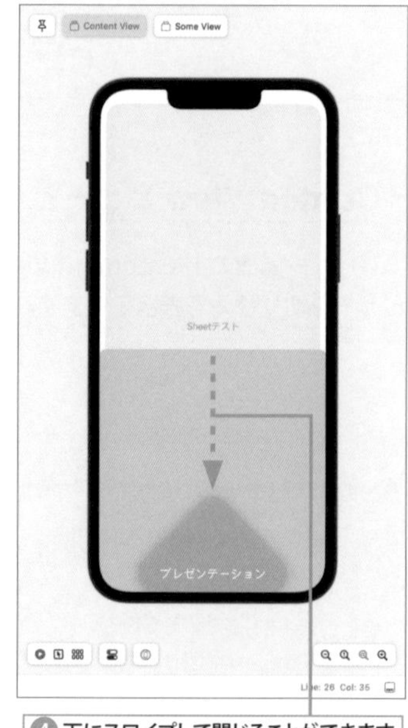

ハーフモーダルビューを表示する

ボタンの sheet モディファイアで新しいビューを呼び出すとハーフモーダルビューとして現在のビューに重なるように表示されます。

sheet モディファイアの使い方は、アラートやアクションシートと同じようにボタンのタップで引数 isPresent の値を true にすることで実行されます。引数の値は @State で宣言した変数 isModal で受け渡します。モーダルビューとして表示するビューは SwiftUI View テンプレートで新規に作ることで、単体でプレビューで確認しながら作ることができます。

下にスワイプすることで閉じる機能はハーフモーダルビューの機能として標準で組み込まれるのでコードを書く必要はありません。もちろん、ビューをコードで閉じることもできます。閉じるボタンを作る方法は次の章で紹介します（☞ P.369）。

Code　sheet モディファイアを追加したボタン　«FILE» SheetSample/ContentView.swift

```
struct ContentView: View {
    @State var isModal: Bool = false ──── 初期値 false で宣言します

    var body: some View {
        Button("Sheet テスト") {
            isModal = true                ──── isModal を true にするボタンを作ります
        }
        .sheet(isPresented: $isModal ){ ──── sheet モディファイアを追加します
            SomeView() ──── 表示するビューを指定します
        }
    }
}
```

シートが閉じたタイミングで実行する

sheet モディファイアには isPresented だけでなく onDismiss という引数も付けることができます。onDismiss にはシートが閉じたタイミングで実行する処理を書きます。

次の例では onDismiss のタイミングで countUp() を実行します。countUp() では変数 counter を 1 ずつカウントアップします。さらに Button に .disabled(counter >= 3) を追加することで、シートを 3 回表示したらボタンを無効にしています。

Code　sheet モディファイアに onDismiss の処理を設定する　«FILE» SheetOnDismissSample/ContentView.swift

```
struct ContentView: View {
    @State var isModal: Bool = false
    @State var counter:Int = 0

    var body: some View {
        VStack {
            Button("Sheet テスト") {
                isModal = true
            }
            .font(.title2)
            .buttonStyle(.borderedProminent)
            .sheet(isPresented: $isModal, onDismiss: {countUp()}){
                SomeView()
            }                    SomeView が閉じたタイミングで実行されます
            .disabled(counter >= 3) // 3 回表示したらボタンを無効にする
            Text(" 回数：\(counter)")
                .font(.title)
                .padding()
        }
    }
    // シートが閉じたタイミングで実行される
    func countUp(){
        counter += 1         ──── ビューを閉じたならばカウントアップします
    }
}
```

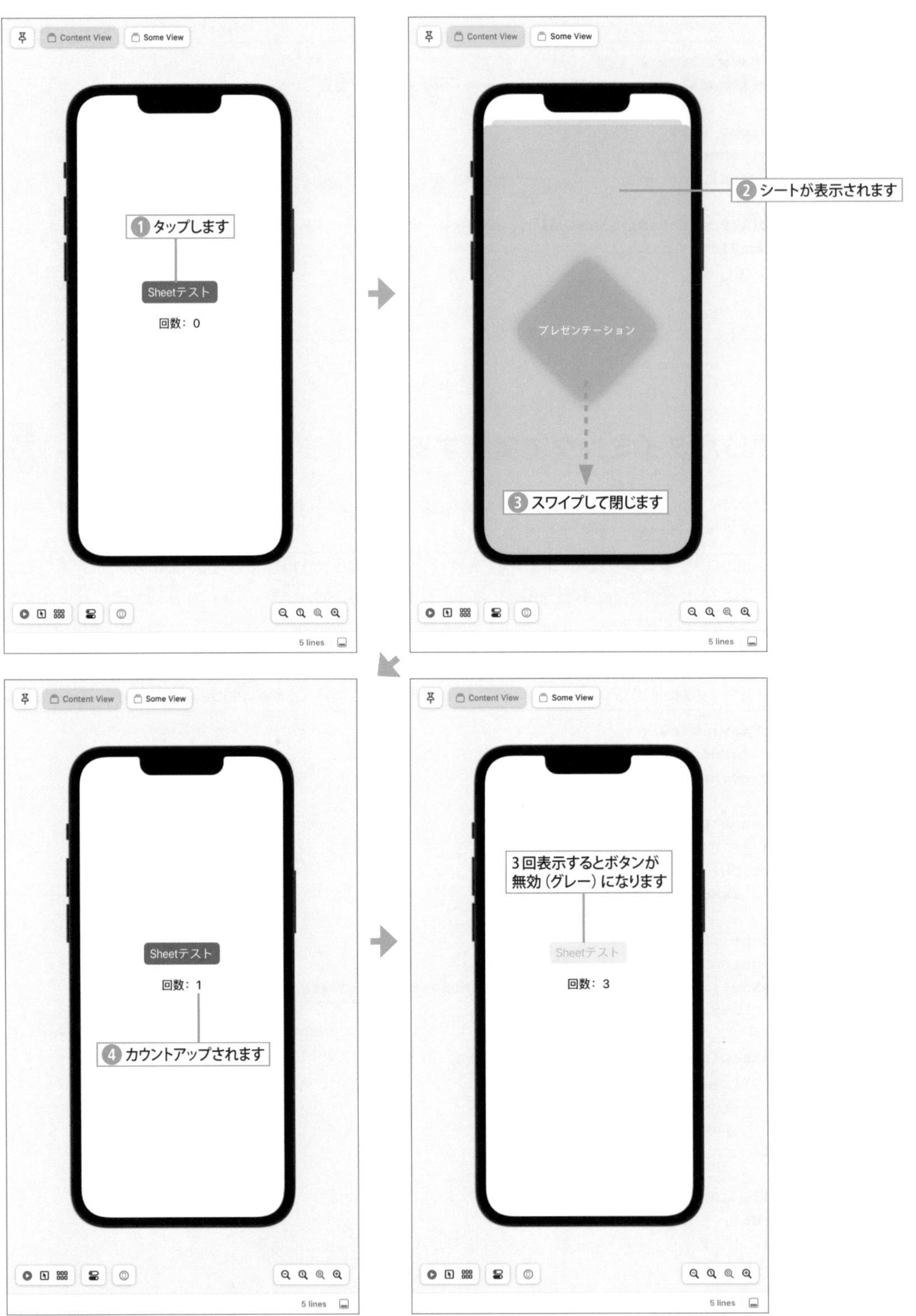
Content View
Some View
①タップします
Sheetテスト
回数：0
5 lines
②シートが表示されます
プレゼンテーション
③スワイプして閉じます
Sheetテスト
回数：1
④カウントアップされます
3回表示するとボタンが
無効（グレー）になります
Sheetテスト
回数：3

シートの高さの制限とドラッグインジケータの表示

sheetモディファイアで表示されるシートをスワイプできることがわかるように、シートの上部にドラッグインジケータを表示できます。ドラッグインジケータを表示するにはpresentationDragIndicator(.visible)を実行しますが、これを有効にするには合わせてresentationDetents([.large])を実行する必要があります。

Code　シートのドラッグインジケータを表示する　«FILE» SheetPresentationDetents/ContentView.swift

```
struct ContentView: View {
    @State var isModal = false

    var body: some View {
        Button("Sheet テスト") {
            isModal = true
        }
        .buttonStyle(.bordered)
        .sheet(isPresented: $isModal) {
            SomeView()
                .presentationDetents([.large]) ——— シートの高さを指定します
                .presentationDragIndicator(.visible) ——— ドラッグインジケータを表示します
        }
    }
}
```

まず半分だけシートを表示する

.presentationDetents([.medium, .large]) のように指定すると、シートはまず半分（medium）の位置まで表示され、そこからシートをスワイプすることでシートをすべて表示する、あるいは下げて閉じることができます。シート以外の部分をクリックしてもシートは下がります。

Code シートの高さを2段階にスワイプできるようにする «FILE» **SheetPresentationDetents2/ContentView.swift**

```
struct ContentView: View {
    @State var isModal = false

    var body: some View {
        Button("Sheet テスト ") {
            isModal = true
        }
        .buttonStyle(.bordered)
        .sheet(isPresented: $isModal) {
            SomeView()
                .presentationDetents([.medium, .large])——— シートを2段階の高さで表示できます
                .presentationDragIndicator(.visible)
        }
    }
}

struct SomeView: View {
    var body: some View {
        List(0...12, id:\.self) {item in
            Text(String(item))
        }
    }
}
```

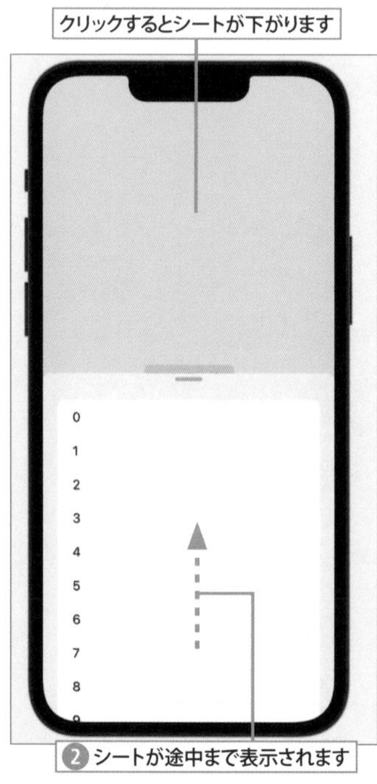

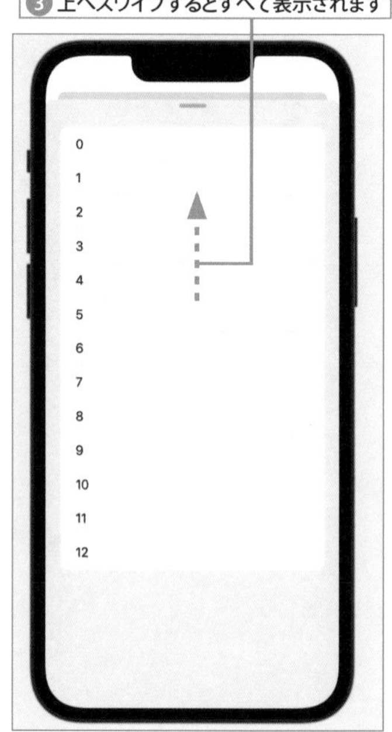

シートの高さを数値指定で制限する

presentationDetents([.medium, .large]) の引数はシートの表示部分の高さの指定です。[.medium, .large] は配列ではなく、要素の重複がない Set 型の値です。medium、large は自動で求められる値ですが height() で数値指定もできます。

次のように presentationDetents([.height(100)]) を実行するとシートの高さは 100 ピクセルになり、上向きにスワイプしてもこれ以上はシートが上がりません。ドラッグインジケータは presentationDragIndicator(.hidden) で消しておくことができます。

Code　シートの高さを数値指定で制限する　«FILE» SheetPresentationDetents3/ContentView.swift

```
struct ContentView: View {
    @State var isModal = false

    var body: some View {
        Button("Sheet テスト ") {
            isModal = true
        }
        .buttonStyle(.bordered)
        .sheet(isPresented: $isModal) {
            Label("Hello, World!", systemImage: "globe")
                .presentationDetents([.height(100)])———— 指定の高さで止まります
                .presentationDragIndicator(.hidden)———— ドラッグインジケータを表示しません
        }
    }
}
```

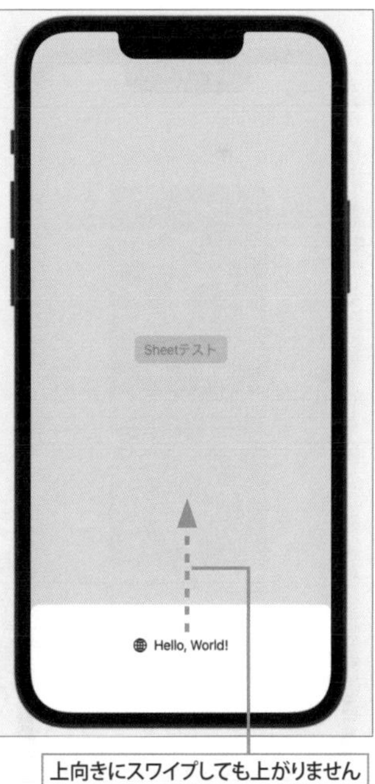

Section 6-4 スクロールビューを作る

画面サイズより大きい縦長のコンテンツや横長のコンテンツは、スクロールビューを使って縦スクロールまたは横スクロールして表示することができます。スクロールビューは、限られた画面サイズに多く情報をレイアウトするために欠かせない機能です。

1. スクロールビューを作ってみよう
2. 配列の写真データから効率よくスクロールビューを作るには？
3. スクロールビューではLazyVStackとLazyHStackを使おう

重要キーワードはコレだ！

ScrollView、LazyVStack、LazyHStack、UIScreen.main.bounds、ForEach-in

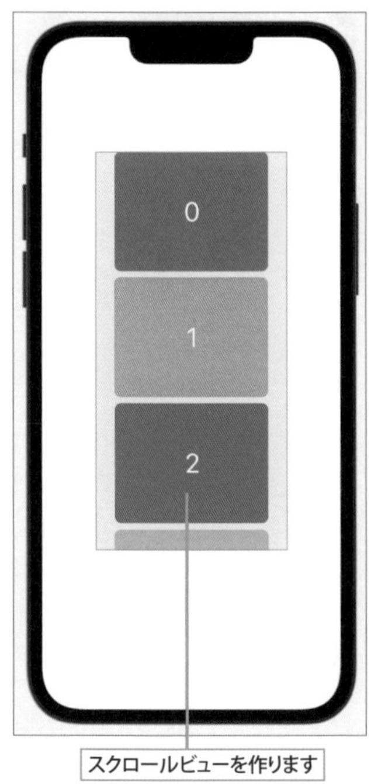

スクロールビューを作ります

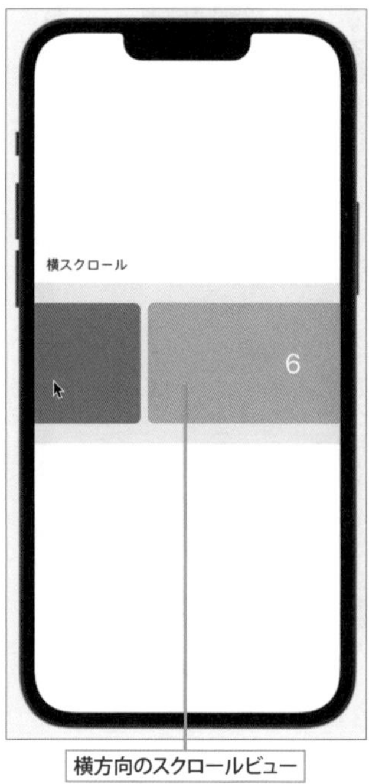

横方向のスクロールビュー

配列の写真を表示する

STEP 複数の写真データをスクロール表示する

スクロールビューは ScrollView を使って作ることができます。スクロールビューは画面サイズに入りきらない縦長のコンテンツや横長のコンテンツを窓枠から覗くようにスクロール表示するための機能です。ここでは、複数の写真データを縦に何枚も並べた縦長のコンテンツをスクロールして表示できるスクロールビューを作ります。

Section 4-4 では複数の写真データを List を使ってリスト表示する PhotoList プロジェクトを作りましたが、List は複数のコンテンツを１個ずつ行で表示しています。(☞ P.173)。

1 写真を用意する

«SAMPLE» **photoScrollView.xcodeproj**

ナビゲータエリアの Assets を選択して開き、写真が入ったフォルダをデスクトップからそのままドラッグしてドロップします。

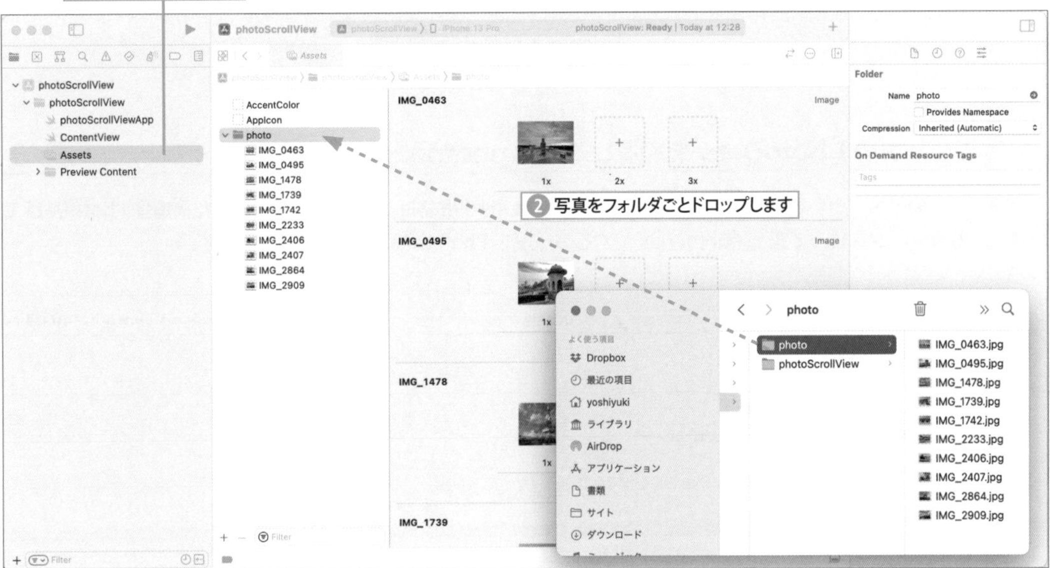

2 Swift File テンプレートから PhotoData.swift ファイルを作る

File メニューの New>File... を選択し、Swift File テンプレートを選んで、PhotoData の名前で保存します。

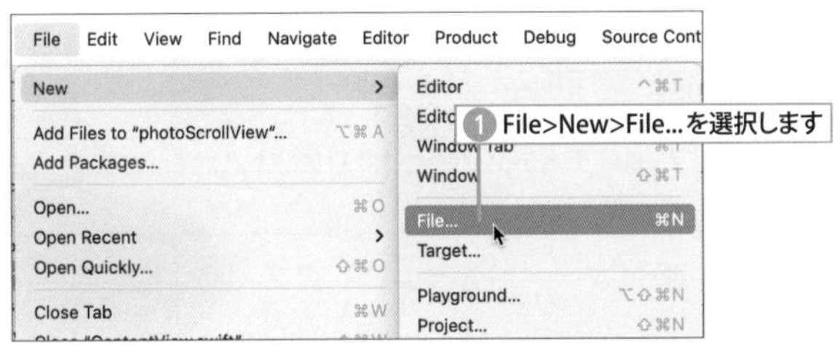

3 写真データの PhotoData を定義して配列 photoArray を作る

写真データのイメージ名と写真タイトルを PhotoData は Identifiable プロトコルを採用した構造体 PhotoData で定義し、写真データを作って配列 photoArray にするコードを PhotoData.swift に書き込みます。

Code 写真データの構造体を定義してデータを作り配列にする　«FILE» **photoScrollView/PhotoData.swift**

```
import Foundation

// 写真データを構造体で定義する
struct PhotoData: Identifiable{
    var id = UUID()
    var imageName:String
    var title:String
}
// 構造体 PhotoData 型の写真データが入った配列を作る
var photoArray = [
    PhotoData(imageName: "IMG_0463", title: "台風で流された旧鵠沼橋の親柱"),
    PhotoData(imageName: "IMG_0495", title: "横須賀ヴェルニー記念公園軍港閲見門"),
    PhotoData(imageName: "IMG_1478", title: "恋人たちの湘南平テレビ塔"),
    PhotoData(imageName: "IMG_1739", title: "赤い漁具倉庫1"),
    PhotoData(imageName: "IMG_1742", title: "赤い漁具倉庫2"),
    PhotoData(imageName: "IMG_2233", title: "江ノ電501系"),
    PhotoData(imageName: "IMG_2406", title: "茅ヶ崎漁港引き上げモーター小屋"),
    PhotoData(imageName: "IMG_2407", title: "茅ヶ崎漁港第2えぼし丸"),
    PhotoData(imageName: "IMG_2864", title: "相模川河口調整水門"),
    PhotoData(imageName: "IMG_2909", title: "つくばエキスポセンター H2ロケット")
]
```

構造体を定義します（struct PhotoData の部分）

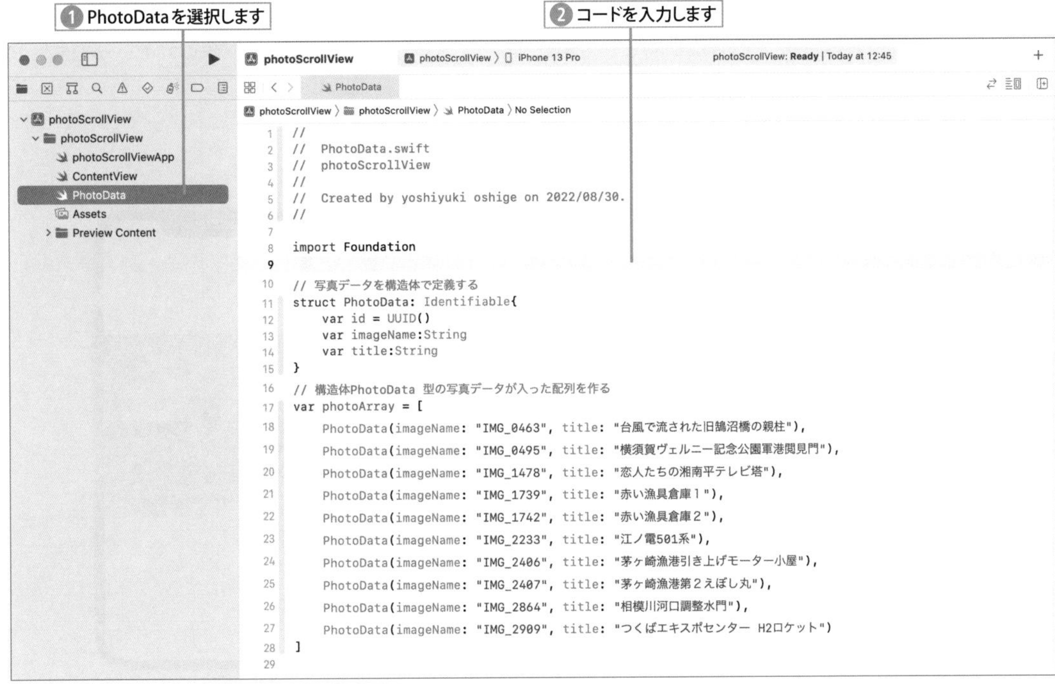

4 PhotoView.swift を作って PhotoView ビューを定義する

PhotoView ビューを定義するコードは ContentView.swift に書くこともできますが、ここでは専用の PhotoView.swift を新規に作ります。

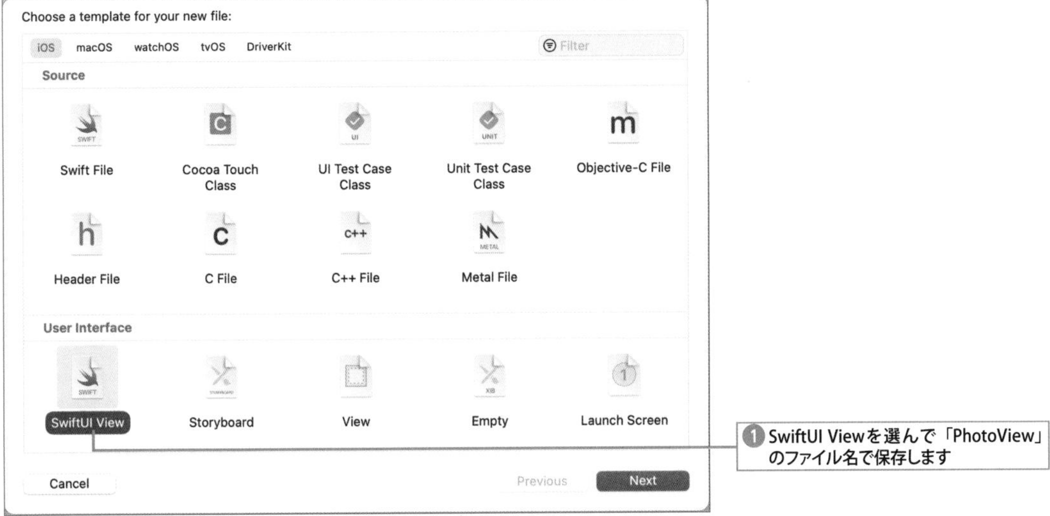

Code 写真データ1個分を表示するPhotoViewビュー «FILE» **photoScrollView/PhotoView.swift**

```
import SwiftUI

struct PhotoView: View {
    var photo:PhotoData ——— 1個分の写真データを受け取る変数

    var body: some View {
        VStack {
             Image(photo.imageName) ——— 写真のイメージ
                .resizable()
                .aspectRatio(contentMode: .fit)
            Text(photo.title) ——— 写真のタイトル
                .bold()
                .padding(.top, 10)
                .padding(.bottom,20)
        }
        .background(Color(red: 0.3, green: 0.8, blue: 0.5))
        .cornerRadius(8)
     }
}

struct PhotoView_Previews: PreviewProvider {
    static var previews: some View {
        PhotoView(photo:photoArray[0]) ——— 最初の写真データでプレビューします
    }
}
```

5 写真データを取り込んでスクロール表示するコードを書く

PhotoData から写真データを取り込んで縦に並べてスクロール表示するコードを ContentView.swift に書きます。ForEach(photoArray){ ... } で photoArray に入っている写真データの個数だけの PhotoView ビューが作られるので、それを LazyVStack{ } で縦に長く並べます。この長いビューを ScrollView { } で囲むことでスクロールビューが作られます。

Code 写真が縦に並んだ縦長のビューをスクロールビューで表示する　«FILE» **photoScrollView/ContentView.swift**

```
struct ContentView: View {
    var body: some View {
        ScrollView {  ──── LazyVStack 全体をスクロールビューに入れます
            LazyVStack(alignment: .center, spacing: 20)  {
                ForEach(photoArray) { photoData in
                    PhotoView(photo:photoData)
                }          └── photoArray から順に取り出した photoData
            }                  で写真を表示します
        }.padding(.horizontal)
    }
}
```

6 ライブプレビューでスクロールを確認する

ライブプレビューでスクロール表示できるかどうかを確認してみましょう。複数の写真が並んでいる縦長のビューをスワイプでスクロールして見ることができます。

スワイプで縦スクロールできます

Chapter 6 アラート、シート、スクロール、グリッドレイアウト、タブを使う

複数のビューをスクロールで表示する

コンテンツをScrollView{ }で囲むだけでスクロールビューを作ることができます。次の例では簡単にColorビューにテキストを重ねたPageビューを縦に並べています。ForEach(0..<10)で10回繰り返して10個のPageを作ってLazyVStackで縦に並べています。テキストでは 0..<10のレンジから取り出してnumに入った数を引数strに渡して番号として表示しています。スクロールビューの縦横サイズは初期値では画面サイズになります。この例ではframe(width: 250, height: 500)を指定します。スクロールビューで表示するPageビューの色は配列colorsからランダムに色を選んでいます。

Code　Pageを10個縦に並べたビューをスクロールビューで表示する　«FILE» ScrollViewVertical/ContentView.swift

```
import SwiftUI

struct ContentView: View {
    var body: some View {
        ScrollView { ——— 垂直方向のスクロールビュー
            LazyVStack {
                ForEach(0..<10) { num in ——— Pageビューを10個作って縦に並べます
                    Page(str: String(num)) ——— Pageビューに表示する番号を渡します
                        .frame(width: 200, height: 150)
                        .cornerRadius(8)
                }
            }
        }
        .frame(width: 250, height: 500) ——— スクロールビューのサイズ
        .background(Color.gray.opacity(0.2))
        .border(.gray)
    }
}

struct Page: View {                         ——— 1個分のPageビューを作ります
    let colors:[Color] = [.green, .blue, .pink, .orange, .purple]
    let str:String

    var body: some View {
        ZStack {
            colors.randomElement() ——— 背景（色はランダムに選びます）
            Text(str) ——— 番号
                .font(.largeTitle)
                .foregroundColor(.white)
        }
    }
}

struct ContentView_Previews: PreviewProvider {
    static var previews: some View {
        ContentView()
    }
}
```

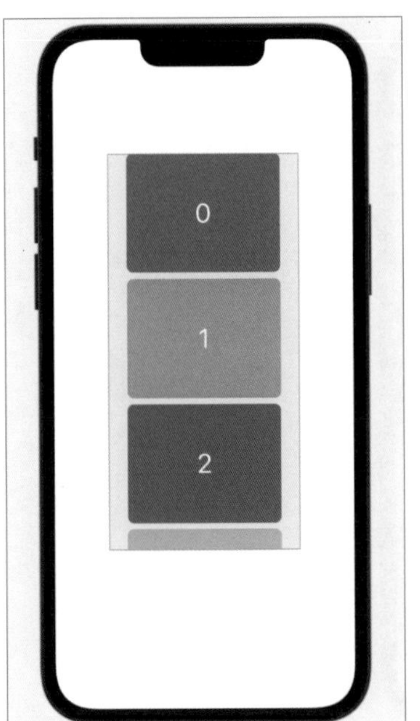

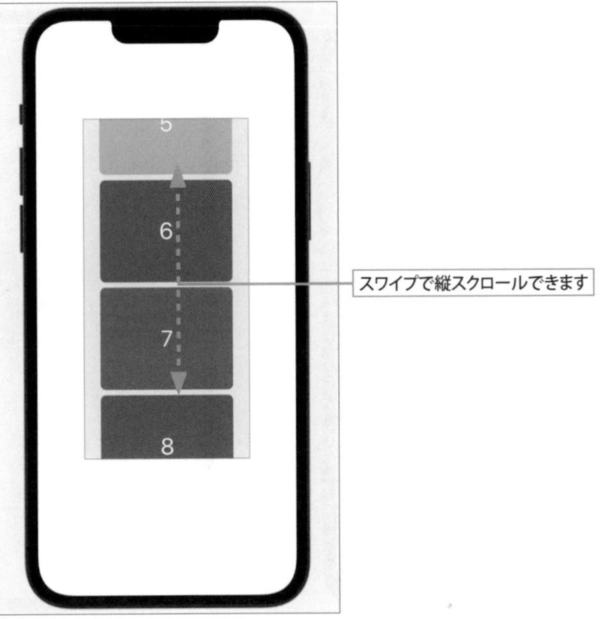

横スクロールにする

ScrollView(.horizontal){ ... } のように指定することで、横スクロールにすることもできます。

次の例は先のコードの ContentView を書き替えて、横スクロールにしたものです。今度は横に長いコンテンツにしたいので、LazyHStack で Page ビューを横に並べています。表示する Page ビューの横幅は、画面の横幅 UIScreen.main.bounds.width より 20 だけ狭く、間隔は LazyHStack の引数 spacing で 10 にしています。ライブプレビューで試すとスクロールビューのコンテンツだけがスクロールします。

Code　Page を 10 個横に並べたビューを横スクロールで表示する　«FILE» ScrollViewHorizontal/ContentView.swift

```
struct ContentView: View {
    let w:CGFloat = UIScreen.main.bounds.width-20   ── 画面の横幅

    var body: some View {
        VStack(alignment: .leading) {
            Text(" 横スクロール ").padding([.leading])
            ScrollView(.horizontal) {  ── 水平方向のスクロールビュー
                LazyHStack(alignment: .center, spacing: 10) {
                    ForEach(0..<10) { num in
                        Page(str: String(num))
                            .frame(width: w, height: 150)
                            .cornerRadius(8)
                    }
                }
            }
            .frame(height: 200)
            .background(Color.gray.opacity(0.2))
        }
    }
}
```

スクロールの方向

スクロール方向を省略した場合は縦スクロールですが、横スクロールの ScrollView(.horizontal) と同様に指定するならば ScrollView(.vertical) です。縦横の両方にスクロールにしたい場合は ScrollView([.vertical, .horizontal]) を指定します。この [.vertical, .horizontal] は配列ではなく、集合を扱うセット（Set）というデータ型です。

NOTE

LazyVStack と LazyHStack

VStack と HStack は並べるすべてのコンテンツを一気に作ることから、画面表示されていない領域までコンテンツが並んでいると無駄な処理が発生します。これに対して、LazyVStack と LazyHStack では、ビューのスクロールに合わせて効率よくコンテンツを生成します。

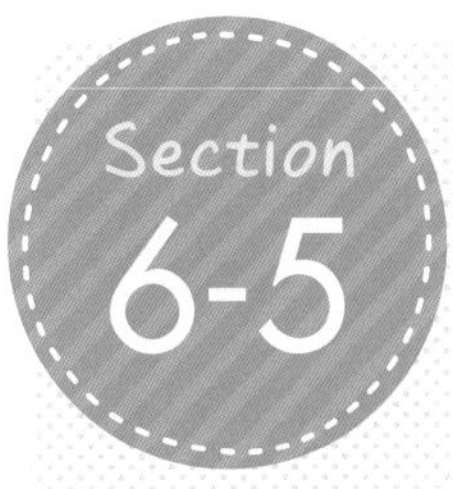

グリッドレイアウトを使う

コンテンツを行と列の表に配置したいとき、Grid と GridRow で作るグリッドレイアウトを利用できます。
Grid と GridRow は iOS 16 で新しく追加された機能で、次のセクションで解説する LazyVGrid、LazyHGrid を使うより手軽に表組を作ることができます。

1. コンテンツを表組で表示したい
2. 表に空白セルや区切り線を入れたい
3. 2個のセルを1個のつなげて表示したい

重要キーワードはコレだ！

Grid、GridRow、gridCellUnsizedAxes()、gridColumnAlignment()、gridCellColumns()、gridCellAnchor()

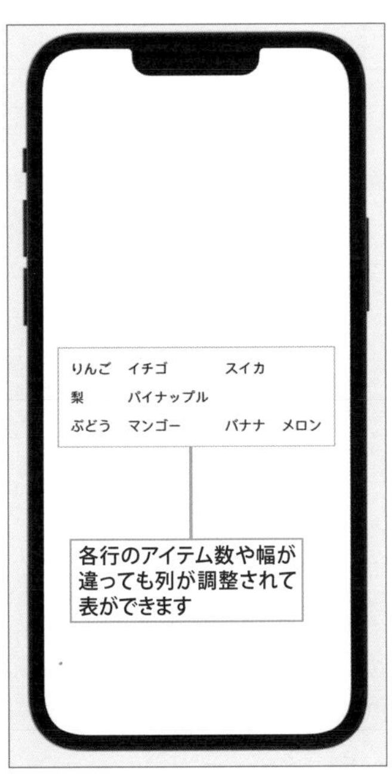

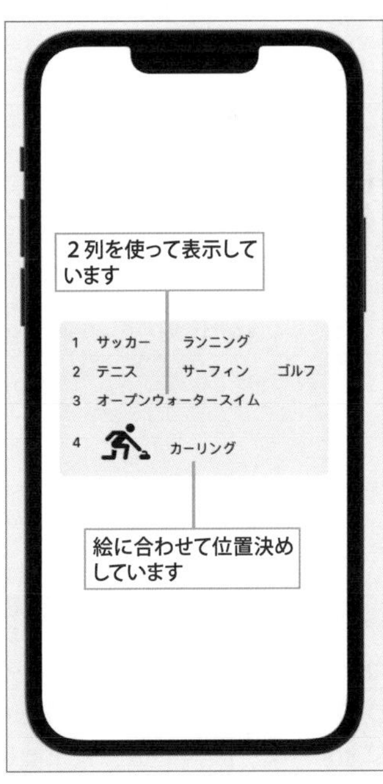

STEP コンテンツをグリッドで並べる

表を作るように複数のコンテンツをグリッド状に並べたいとき、Grid と GridRow を使うと簡単です。ここではまず最初に３行の簡単な表を作ります。位置揃えと行列の間隔も指定します。

1 １行３列の表を作る

«SAMPLE» GridSample.xcodeproj

GridRow のブロックに「りんご、イチゴ、スイカ」の３個のフルーツの Text 文を書いて、全体を Grid{ } で囲みます。すると３個のフルーツが１行３列の表で表示されます。

Code １行３列の表を作る　«FILE» GridSample/ContentView.swift

```
struct ContentView: View {
    var body: some View {
        Grid {
            GridRow {
                Text("りんご")
                Text("イチゴ")   // 1行3列になります
                Text("スイカ")
            }
        }
    }
}
```

```
//

import SwiftUI

struct ContentView: View {
    var body: some View {
        Grid {
            GridRow {
                Text("りんご")
                Text("イチゴ")
                Text("スイカ")
            }
        }
    }
}

struct ContentView_Previews: PreviewProvider {
    static var previews: some View {
        ContentView()
    }
}
```

❶ １行に並べるコンテンツを書きます

りんご イチゴ スイカ

❷ １行３列で表示されます

2 行を追加し、コンテンツの位置揃え、行と列の間隔を指定する

２行目、３行目に相当する GridRow のブロックを追加します。２行目には２個のフルーツ、３行目には４個のフルーツの Text 文を書きます。全体を囲んでいる Grid に alignment、horizontalSpacing、verticalSpacing の引数を追加し、さらに最後で padding() と border(.gray) のモディファイアを追加します。

Code コンテンツをグリッドで並べる　«FILE» GridSample/ContentView.swift

```
struct ContentView: View {
    var body: some View {
        Grid(alignment: .leading, horizontalSpacing: 20, verticalSpacing: 15) {

            GridRow {
                Text("りんご")
                Text("イチゴ")
                Text("スイカ")
            }

            GridRow {
                Text("梨")
                Text("パイナップル")
            }

            GridRow {
                Text("ぶどう")
                Text("マンゴー")
                Text("バナナ")
                Text("メロン")
            }
        }
        .padding()
        .border(.gray)
    }
}
```

1行目
2行目
3行目

3 プレビューで確認する

プレビューで結果を見ると、各行でフルーツの個数や文字長が違いますが列では揃って表示されます。テキストは列の前揃えで、行と列の間隔もGridの引数での指定で見やすく開いています。

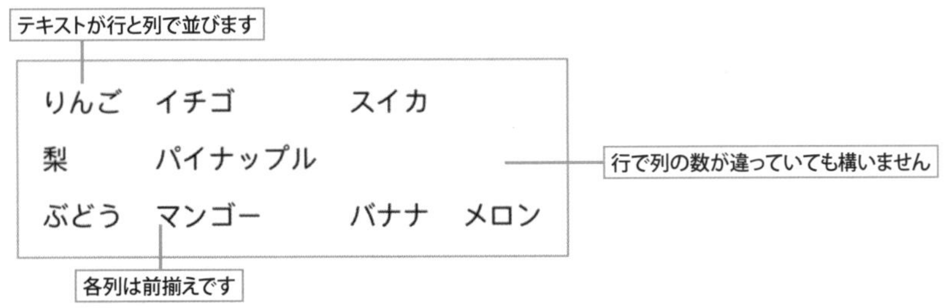

Grid と GridRow で表を作る

Grid と GridRow の関係は VStack と HStack の関係に似ています。HStack でコンテンツを横に並べるようにGridRowで行のコンテンツを作ります。HStack はコンテンツを詰めて表示するのに対し、GridRow は複数行になったときに各行の列が揃うように並びます。行によって並べる個数が違っていても構いません。

列数は一番個数が多い行に合わせた最大数になり、列幅は一番長い列に揃います。行全体が画面の横幅に入らないとき、テキストは列の中で折り返します。列での位置揃えと行間と列の間隔は Grid の引数 alignment、horizontalSpacing、verticalSpacing で指定できます。

書式 Grid と GridRow の書式

```
Grid(alignment: 位置揃え , horizontalSpacing: 列幅 , verticalSpacing: 行間 ){
  GridRow {
    1列目のコンテンツ
    2列目のコンテンツ
    3列目のコンテンツ
    ...
  }
    GridRow {
    1列目のコンテンツ
    2列目のコンテンツ
    3列目のコンテンツ
    ...
  }
  ...
}
```

空白と区切り線を列幅に合わせる

行の途中に空白のセル（カラム）を作りたい場合は簡単に Text("") を表示してもよいですが、次のように Color.clear を表示する方法があります。その場合の縦横サイズは gridCellUnsizedAxes([.horizontal, .vertical]) で他のコンテンツに合わせます。同様に Divider().gridCellUnsizedAxes(.horizontal) で表の幅に合わせて区切り線を入れることができます。また、1 行目の Text(" 距離 ") に gridColumnAlignment(.trailing) を指定したことで各行の３列目が右寄せになっています。

Code　空白、区切り線をセル幅に合わせる　«FILE» GridCellUnsizedAxes/ContentView.swift

```
struct ContentView: View {
    var body: some View {
            Grid(alignment: .leading, verticalSpacing: 20) {

                GridRow {
                    // 空白
                    Color.clear
                        .gridCellUnsizedAxes([.horizontal, .vertical])
                    Text("種目").bold()
                    Text("距離").bold()
                        .gridColumnAlignment(.trailing)
                }
                // 区切り線
                Divider()
                    .gridCellUnsizedAxes(.horizontal)

                GridRow{
                    Image(systemName: "figure.pool.swim").font(.system(size: 50))
                    Text("オープンウォータースイム")
                    Text("3.8 km")
                }

                GridRow{
                    Image(systemName: "figure.outdoor.cycle").font(.system(size: 50))
                    Text("バイク")
                    Text("180 km")
                }

                GridRow {
                    Image(systemName: "figure.run").font(.system(size: 50))
                    Text("ラン")
                    Text("42.195 km")
                }
            }
            .padding()
            .border(.gray)
        }
}
```

列で折り返さないようにテキストを表示する

列幅に納まらないテキストは折り返して表示されますが、次の例では３行目の Text(" オープンウォータースイム ") に gridCellColumns(2) を付けたことで２個のセル（列）がつながり、折り返されずに表示されています。

４行目の Text(" カーリング ").gridCellAnchor(UnitPoint(x: -1.2, y: 0.75)) は基準位置を左上にずらしています。これにより、「カーリング」が左のイメージに寄って表示されています。

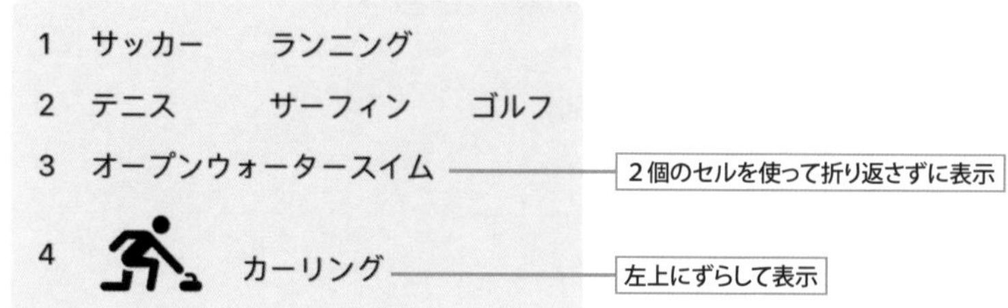

Code 複数のセルにまたがって表示する　«FILE» GridCellColumns/ContentView.swift

```
struct ContentView: View {
    var body: some View {
        GroupBox {
            Grid(alignment: .leading, horizontalSpacing: 20, verticalSpacing: 15) {

                GridRow {
                    Text("1")
                    Text(" サッカー ")
                    Text(" ランニング ")
                }

                GridRow {
                    Text("2")
                    Text(" テニス ")
                    Text(" サーフィン ")
                    Text(" ゴルフ ")
                }

                GridRow {
                    Text("3")
                    Text(" オープンウォータースイム ")
                        .gridCellColumns(2)          ２列を使って表示します
                }

                GridRow{
                    Text("4")
                    Image(systemName: "figure.curling").font(.system(size: 50))
                    Text(" カーリング ")
                        .gridCellAnchor(UnitPoint(x: -1.2, y: 0.75))
                }                                    座標をずらして表示します
            }
        }
    }
}
```

スクロールビューでグリッド表示する

スクロールしなければならないほどアイテム数が多いときや行列の幅や間隔を細かく設定したいときは LazyVGrid、LazyHGrid、GridItem を使うことでグリッド表示を効率よく行えます。

1. 大量のアイテムをスクロールビューでグリッド表示するには？
2. 列数、行数を指定してコンテンツを流し込んでいく
3. グリッドの幅や個数をデバイスサイズの違いや回転に対応させる

重要キーワードはコレだ！
LazyVGrid、LazyHGrid、GridItem、fixed、flexible、adaptive

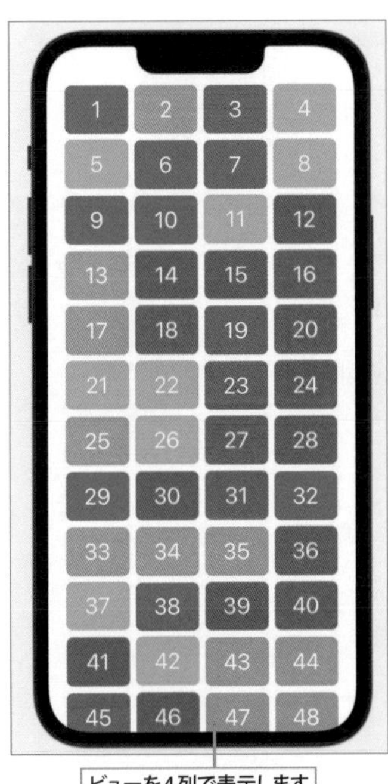

ビューを4列で表示します

可変幅のグリッド

ビューを3行で表示します

グリッド間隔固定でコンテンツを左から右へ複数行を並べていく

LazyVGridはコンテンツを左から右へ横方向に並べます。行の列数や幅を指定することで折り返してコンテンツを流し込むように並べます。

1 ScrollViewのコードを入れる

ライブラリのScroll Viewを使って、ContentViewのbodyに書いてあったコードをScrollViewのコードで置き換えます。

ContentView

LazyVGridFixed 〉 LazyVGridFixed 〉 ContentView 〉 body

```
//
//  ContentView.swift
//  LazyVGridFixed
//
//  Created by yoshiyuki oshige on 2022/08/31.
//

import SwiftUI

struct ContentView: View {
    var body: some View {
        ScrollView {
            Content
        }
    }
}

struct ContentView_Previews: PreviewProvider {
    static var previews: some View {
        ContentView()
    }
}
```

ドロップします

Views

Controls

Picker

Progress View

Scroll View

Section

Secure Field

Sign In With Apple Button

Slider

2 ScrollViewにLazyVGridのコードを入れる

ライブラリのLazy Vertical Gridをドロップして、ScrollViewのブロックにLazyVGridのコードを入れます。

LazyVGridFixed 〉 LazyVGridFixed 〉 ContentView 〉 body

```
//
//  ContentView.swift
//  LazyVGridFixed
//
//  Created by yoshiyuki oshige on 2022/08/31.
//

import SwiftUI

struct ContentView: View {
    var body: some View {
        ScrollView {
            LazyVGrid(columns: Columns) {

                Text("Placeholder")
                Text("Placeholder")
            }
        }
    }
}

struct ContentView_Previews: PreviewProvider {
    static var previews: some View {
        ContentView()
    }
```

ドロップします

Views

Layout

Lazy Horizontal Grid

Lazy Horizontal Stack

Lazy Vertical Grid

Lazy Vertical Stack

Scroll View Reader

Spacer

Vertical Stack

3 LazyVGrid のコードを完成させる

LazyVGrid の引数 colums に指定する変数 grids を let 文で定義し、LazyVGrid のブロックの中には Page ビューを 100 個作るコードを書きます。最後に前セクションでも使った Page ビューを定義する struct Page のコードを追加します。

Code LazyVGrid で Page ビューをグリッド表示する «FILE» **LazyVGridFixed/ContentView.swift**

```
struct ContentView: View {
    let grids = Array(repeating: GridItem(.fixed(80)), count:4)

    var body: some View {
        ScrollView() {
            LazyVGrid(columns: grids) {
                ForEach((1...100), id: \.self) { num in
                    Page(str: String(num))
                        .cornerRadius(8)
                        .frame(height: 60)
                }
            }
        }
    }
}

struct Page: View {
    let colors:[Color] = [.green, .blue, .pink, .orange, .purple]
    let str:String
```

- グリッドの形式を決める配列を作ります
- Page ビューを 100 個作って並べます
- 引数で受け取った番号が入ります

```
    var body: some View {
        ZStack {
            colors.randomElement()
            Text(str)
                .font(.title)
                .foregroundColor(.white)
        }
    }
}
```

ランダムに選んだ Color ビューの上に番号を表示したビューを作ります

4 ライブプレビューでグリッドレイアウトとスクロールを確認する

プレビューで見ると Page ビューが４列でグリッド表示されています。全体をスクロールビューの中で表示しているので、画面をドラッグしてスクロールできます。番号でわかるように Page ビューは１行目の左から順に並んで４列目で折り返して２行目へと続いています。

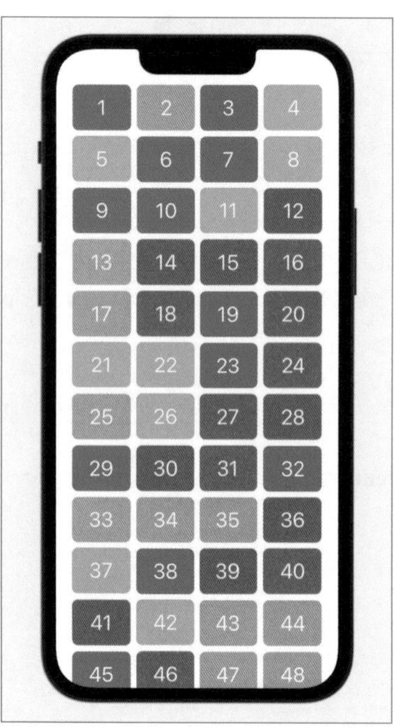

グリッドのサイズ指定の３つのモード

LazyVGrid(columns:grids) のグリッドレイアウトでコンテンツを何列で並べるか、列幅はどうするかという設定は引数 columns で指定する配列 grids で決まります。grids の要素は GridItem 型です。列幅は第 1 引数の size で指定します。size の値は fixed、flexible、adaptive の３種類です。

書式 GridItem 型

GridItem(_ size: GridItem.Size = .flexible()**, spacing:** CGFloat? = nil**,**
alignment: Alignment? = nil**)**

グリッドのサイズを固定 fixed

サンプルの grids の値は Array(repeating: GridItem(.fixed(80)), count:4) です。この式は GridItem(.fixed(80)) が４個入った配列を作ります。したがって、４列グリッドになり .fixed(80) の指定から各列は 80 の固定幅になります。高さは Page ビューに frame(height: 60) を指定しているので 60 ですが、何も指定しなければコンテンツにフィットする高さになります。

Code LazyVGrid のグリッドを GridItem の配列で指定する «FILE» **LazyVGridFixed/ContentView.swift**

```
let grids = Array(repeating: GridItem(.fixed(80)), count:4)
```

fixed は列幅と列数が固定になるので、画面が回転してもレイアウトは変化しません。回転に合うように列数を調整したい場合は後述する adaptive を使います（☞ P.348）。

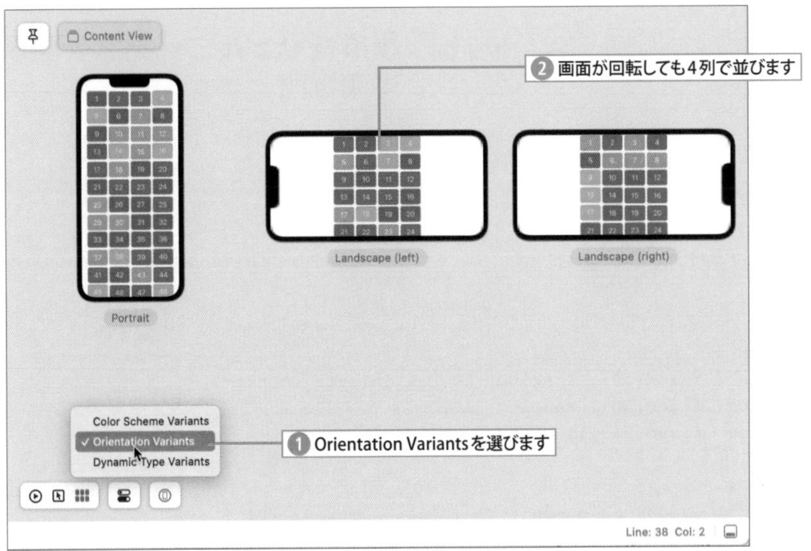

次のサンプルでは３個の GridItem を指定しているのでグリッドは３列になり、列幅が 30、50、240 になります。１番目のグリッドは GridItem(.fixed(30), spacing: 10, alignment: .center) にしているので２番目のグリッドとの列間隔が 10 になります。同様に２番目と３番目のグリッドの列間隔は 10 の指定です。

Code LazyVGrid のグリッドの幅と間隔を指定する «FILE» **LazyVGridFixed2/ContentView.swift**

```
    let grids = [GridItem(.fixed(30), spacing: 10, alignment: .center),——— 1列目
                 GridItem(.fixed(50), spacing: 10),——— 2列目
                 GridItem(.fixed(240))]——— 3列目
```

このグリッド指定を使って LazyVGrid では次のように前方揃え、行間隔 20 で配置します。alignment については 1 番目のグリッドは個別に center が指定してあるので中央揃えになります。GridItem の spacing は列の間隔になるのに対し、LazyVGrid の spacing は行の間隔です。

Code LazyVGrid の設定 «FILE» **LazyVGridFixed2/ContentView.swift**

```
        LazyVGrid(columns: grids, alignment: .leading, spacing: 20) {
```

LazyVGrid で並べるコンテンツは配列 photoArray に入れてある PhotoData の値です。表示する列数が少ないのでスクロールビューは使いません。

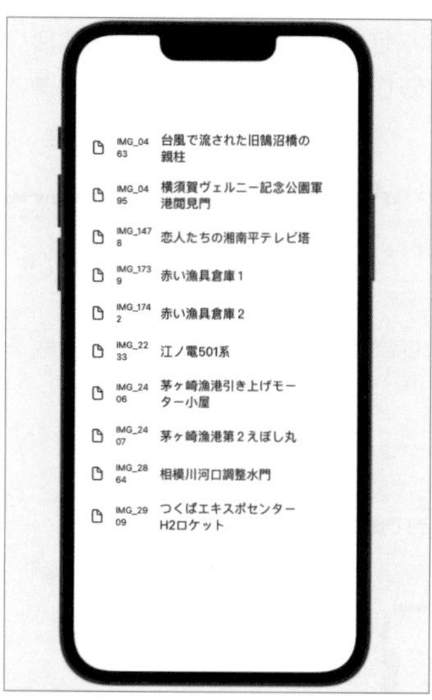

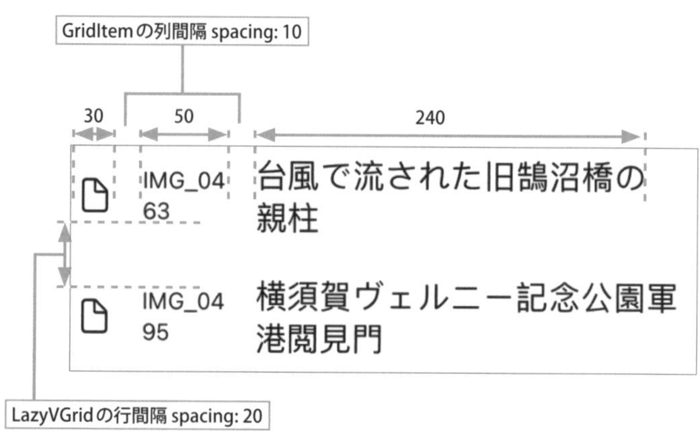

Code 配列 photoArray に入っている PhotoData の値を LazyVGrid で並べる «FILE» **LazyVGridFixed2/ContentView.swift**

```
import SwiftUI
                                          ——— LazyVGrid でレイアウトする場合は、各列の幅、
                                              列間隔、位置揃えのグリッド指定です
struct ContentView: View {
    let grids = [GridItem(.fixed(30), spacing: 10, alignment: .center),
                 GridItem(.fixed(50), spacing: 10),
                 GridItem(.fixed(240))]

    var body: some View {
        LazyVGrid(columns: grids, alignment: .leading, spacing: 20) {
                ForEach(photoArray) { item in
                    Image(systemName: "doc")——— 1列目のアイコン
                    Text(item.imageName).font(.caption)——— 2列目のイメージ名
                    Text(item.title)——— 3列目の写真タイトル
                }
```

```
            }.padding()
        }
    }

    struct PhotoData: Identifiable{
        var id = UUID()
        var imageName:String
        var title:String
    }

    var photoArray = [
        PhotoData(imageName: "IMG_0463", title: "台風で流された旧鵠沼橋の親柱"),
        PhotoData(imageName: "IMG_0495", title: "横須賀ヴェルニー記念公園軍港閲見門"),
        PhotoData(imageName: "IMG_1478", title: "恋人たちの湘南平テレビ塔"),
        PhotoData(imageName: "IMG_1739", title: "赤い漁具倉庫1"),
        PhotoData(imageName: "IMG_1742", title: "赤い漁具倉庫2"),
        PhotoData(imageName: "IMG_2233", title: "江ノ電501系"),
        PhotoData(imageName: "IMG_2406", title: "茅ヶ崎漁港引き上げモーター小屋"),
        PhotoData(imageName: "IMG_2407", title: "茅ヶ崎漁港第2えぼし丸"),
        PhotoData(imageName: "IMG_2864", title: "相模川河口調整水門"),
        PhotoData(imageName: "IMG_2909", title: "つくばエキスポセンター H2ロケット")
    ]

    struct ContentView_Previews: PreviewProvider {
        static var previews: some View {
            ContentView()
        }
    }
```

グリッドのサイズを最小値と最大値で指定する　flexible

flexible(minimum: CGFloat = 10, maximum: CGFloat = .infinity) の書式でサイズの最小値と最大値を指定します。次の例では2番目のグリッドの size が flexible() なので、初期値の flexible(minimum: 10, maximum: .infinity) が指定されていることになります。maximum を .infinity にしておけば画面サイズに合わせて表示できることになります。

Code　グリッドの size に flexible を指定して表示する　«FILE» LazyVGridFlexible/ContentView.swift

```
struct ContentView: View {
    let grids = [GridItem(.fixed(70), spacing: 10),          ← 固定幅70
                 GridItem(.flexible(), spacing: 10, alignment: .leading)]
                                        ← 最小幅10、最大幅は画面幅に合わせる（初期値の設定）
    var body: some View {
        LazyVGrid(columns: grids, alignment: .leading, spacing: 20) {
                ForEach(photoArray) { item in
                    Text(item.imageName).font(.caption)
                    Text(item.title)
                }
        }.padding()
    }
}
```

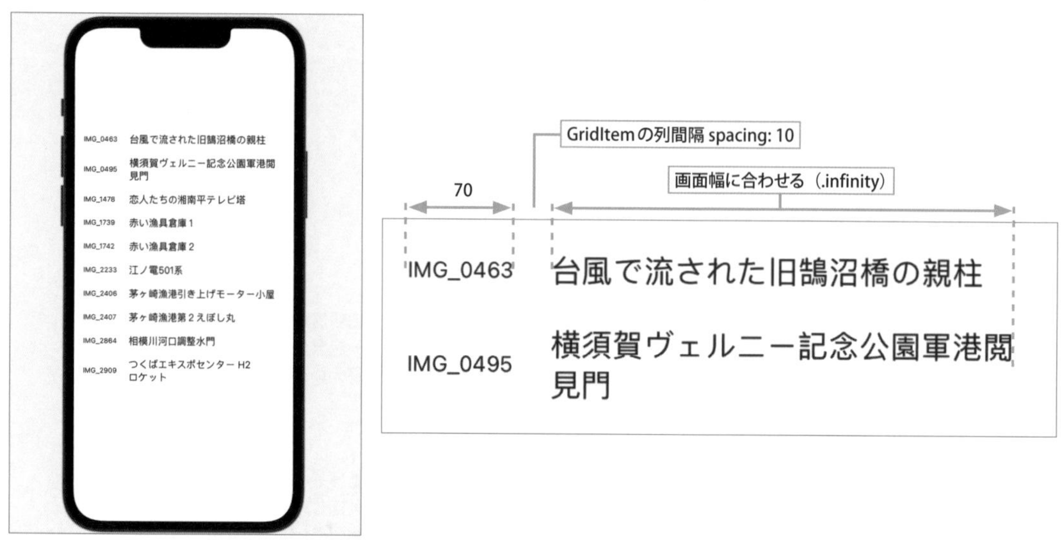

画面サイズに合わせて配置する　adaptive

adaptive(minimum: CGFloat, maximum: CGFloat = .infinity) は画面に合わせるようにグリッド間隔が自動的に決まります。具体的には adaptive の minimum 値と GridItem の spacing 値を合わせた幅で画面にもっともたくさん並ぶように余りを均等に調整します。adaptive を使うことで、画面サイズが違うデバイスや縦横回転に対応できます。なお、adaptive は列数が自動的に決まるので GridItem の指定は 1 個です。複数個指定すると不規則な間隔になります。

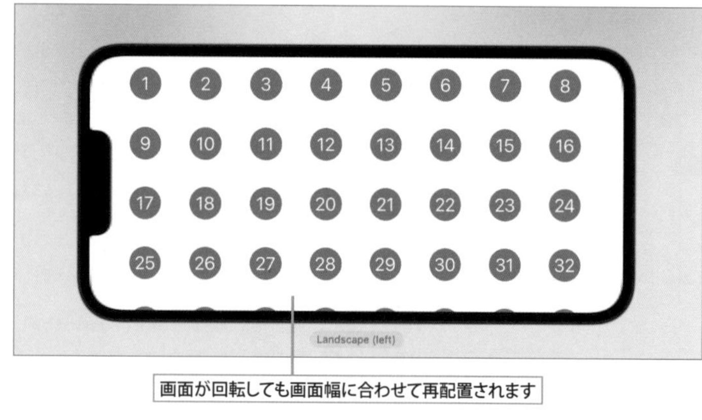

Code　グリッドの size に adaptive を指定して表示する　«FILE» LazyVGridAdaptive/ContentView.swift

```
import SwiftUI

struct ContentView: View {
    let grids = [
        GridItem(.adaptive(minimum: 80, maximum:.infinity))
    ]

    var body: some View {
        ScrollView {
            LazyVGrid(columns: grids, alignment: .leading, spacing: 10) {
                ForEach(1...100, id:\.self) { num in
                    Ball(str: String(num))
                        .frame(width: 50, height: 50)
                }
                .padding()
            }
        }
    }
}

struct Ball: View {
    let str:String

    var body: some View {
        ZStack {
            Circle()
                .fill(Color.red)
            Text(str)
                .font(.title)
                .foregroundColor(.white)
        }
    }
}

struct ContentView_Previews: PreviewProvider {
    static var previews: some View {
        ContentView()
    }
}
```

列数は自動的に決まるので1列分だけ指定します

赤い丸に数字を重ねたビューを作ります

垂直方向のグリッド

LazyVGridはコンテンツの列を指定する水平方向のグリッドなのに対して、LazyHGridは行数と高さを指定する垂直方向のグリッドです。次の例では、写真、イメージ名、タイトルの3行を並べて表示しています。

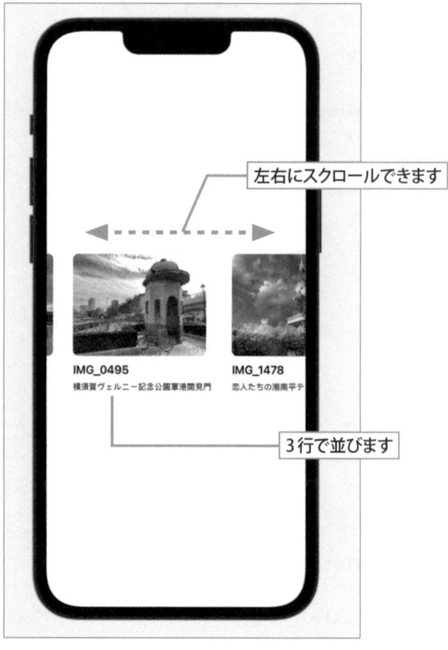

Code LazyHGridグリッドを使って行を並べて表示する «FILE» **LazyHGridFixed/ContentView.swift**

```
import SwiftUI

struct ContentView: View {
    let grids = [
        GridItem(.fixed(150), spacing: 10, alignment: .leading),
        GridItem(.fixed(20), spacing: 5, alignment: .leading),
        GridItem(.fixed(20), alignment: .leading),
    ]

    var body: some View {
        ScrollView(.horizontal) {
            LazyHGrid(rows: grids, spacing: 30) {
                ForEach(photoArray) { item in
                    Image(item.imageName) ——— 1行目（画像）
                        .resizable()
                        .aspectRatio(contentMode: .fit)
                        .cornerRadius(8)
                    Text(item.imageName).bold() ——— 2行目（イメージ名）
```

LazyHGridでレイアウトする場合は、各行の高さ、行間隔、位置揃えのグリッド指定です

```
                    Text(item.title).font(.caption)——— 3行目（タイトル）
                }
            }.padding()
        }
    }
}

struct PhotoData: Identifiable{
    var id = UUID()
    var imageName:String
    var title:String
}

var photoArray = [
    PhotoData(imageName: "IMG_0463", title: "台風で流された旧鵠沼橋の親柱"),
    PhotoData(imageName: "IMG_0495", title: "横須賀ヴェルニー記念公園軍港閲見門"),
    PhotoData(imageName: "IMG_1478", title: "恋人たちの湘南平テレビ塔"),
    PhotoData(imageName: "IMG_1739", title: "赤い漁具倉庫1"),
    PhotoData(imageName: "IMG_1742", title: "赤い漁具倉庫2"),
    PhotoData(imageName: "IMG_2233", title: "江ノ電501系"),
    PhotoData(imageName: "IMG_2406", title: "茅ヶ崎漁港引き上げモーター小屋"),
    PhotoData(imageName: "IMG_2407", title: "茅ヶ崎漁港第2えぼし丸"),
    PhotoData(imageName: "IMG_2864", title: "相模川河口調整水門"),
    PhotoData(imageName: "IMG_2909", title: "つくばエキスポセンター H2ロケット")
]

struct ContentView_Previews: PreviewProvider {
    static var previews: some View {
        ContentView()
    }
}
```

Chapter 6 アラート、シート、スクロール、グリッドレイアウト、タブを使う

タブやスワイプでビューを切り替える

タブビューではタブで複数のビューを切り替えて表示します。タブ切り替えのアプリを作るのは簡単ではなさそうですが、ライブラリパネルの Tab View でそのまま使える構文が入ります。そして、tabViewStyleの設定だけで左右のスワイプでページ送りをするようにビューを切り替えるスタイルになるという手軽さです。

1. Tab View で作ったタブビューに3つ目のタブを追加してみよう
2. タブで表示するビューを個々に定義しよう
3. 左右のスワイプでページ送りするアプリは TabView で作ることができる

重要キーワードはコレだ！

TabView、tabItem、tag、tabViewStyle、PageTabViewStyle、DefaultTabViewStyle、ページコントロール

タブでビューを切り替えます

タブアイテムをラベルで表示

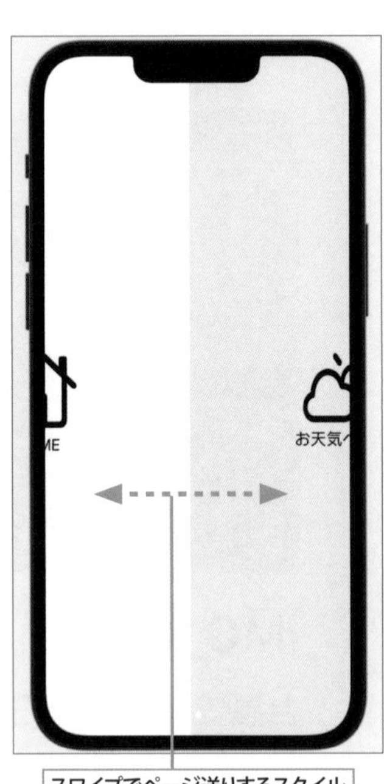

スワイプでページ送りするスタイル

STEP タブで切り替えるタブビューを作る

ライブラリパネルの Tab View を使うと２個のビューを切り替えるタブビューを作るコードが入ります。このコードを３つのビューを切り替えるコードに書き替えてみましょう。

1 Tab View のコードを入力する

«SAMPLE» TabViewSample.xcodeproj

ライブラリパネルの Views タブの Controls にある Tab View をドロップ（あるいはダブルクリック）して、body の Text("Hello, World!") のコードと置き換えます。

```
//
//  ContentView.swift
//  TabViewSample
//
//  Created by yoshiyuki oshige on 2022/09/04.
//

import SwiftUI

struct ContentView: View {
    var body: some View {
        TabView(selection: Selection) {
            Text("Tab Content 1").tabItem { Text("Tab Label 1") }.tag(1)
            Text("Tab Content 2").tabItem { Text("Tab Label 2") }.tag(2)
        }    }
}

struct ContentView_Previews: PreviewProvider {
    static var previews: some View {
        ContentView()
    }
}
```

Tab Viewsをドロップして、bodyのコードと置き換えます

2 タブビューのコードを書き替える

引数 selection の値が定まっていないので、@State を付けて変数 selectedTag を宣言し、$selectedTag を引数に指定します。さらに、最初から入っているコードを真似て、3 個目のタブを表示する 1 行を TabView{ } に追加します。コードのポイントとなるのは行末の tag(3) です。

Code　3 個のタブがあるタブビュー　«FILE» TabViewSample/ContentView.swift

```
struct ContentView: View {
    @State var selectedTag = 1
    
    var body: some View {
        TabView(selection: $selectedTag) {
            Text("Tab Content 1").tabItem { Text("Tab Label 1") }.tag(1)
            Text("Tab Content 2").tabItem { Text("Tab Label 2") }.tag(2)
            Text("Tab Content 3").tabItem { Text("Tab Label 3") }.tag(3
        }
        .font(.largeTitle)
    }
}
```

選ばれているタブのタグ番号が入る変数を宣言します

３つ目のタブのコードを追加します

3 ライブプレビューで動作を確認する

ライブプレビューでタブビューを試してみましょう。下に並ぶ「Tab Label 1」「Tab Label 2」「Tab Label 3」をクリックするとビューが切り替わることがわかります。

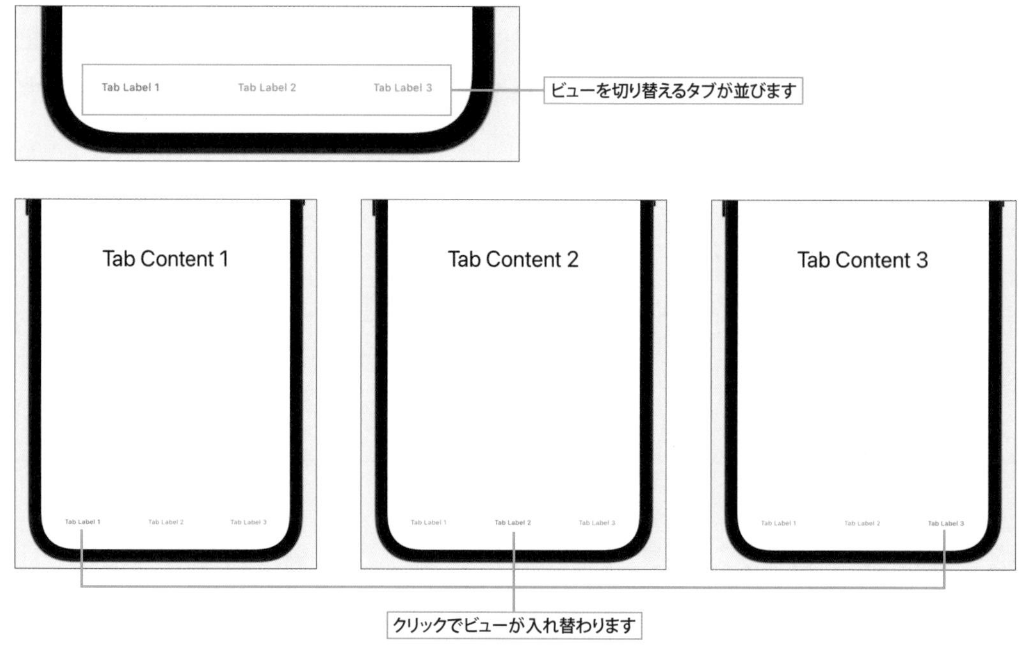

TabView でタブビューを作る

タブで複数のビューを切り替えるタブビューは TabView で作ります。ライブラリパネルの Tab View で挿入されるコードはシンプルでわかりやすいですが、いくつかのポイントがあるのでそれを押さえておきましょう。

最初に @State を付けた変数 selectedTag を宣言します。そして TabView(selection:@selectedTag) のように TabView() の引数に指定します。selectedTag には選ばれているタブのタグ番号が入ります。タグ番号は tag(1)、tag(2) のように指定する番号です。サンプルでは宣言時の selectedTag の初期値を 1 にしていますが、初期値を 2 にすれば tag(2) のタブが選ばれた状態から開始します。

続く { } の中にタブで切り替えるビューを書きます。そして、ビューに tabItem モディファイアを追加し、tag(1) のようにタグ番号を振ります。tabItem で指定したビュー（ここでは Text）はタブのボタンとして表示されます。

タブアイテムのラベル表示とバッジ

タブアイテムに表示する名前を Label で作るとイメージの下にラベル名が並んで表示されます。また、各ビューに badge("New") や badge(2) のように指定することでバッジが付きます。

タブで切り替えて表示するビューは、サンプルではテキストを 1 行表示するだけの単純なものですが、実際にはもっと複雑なコンテンツになります。次の例ではタブで表示する 3 つのビューを HomeTabView ビュー、WeatherTabView ビュー、NewsTabView ビューに分けて定義しています。ここではすべて ContentView.swift に書いていますが、それぞれ個別の swift ファイルに作ることもできます。

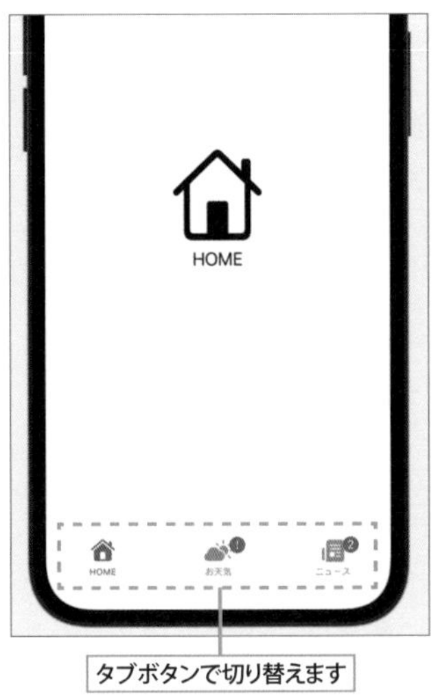

Code　ビューが個別に宣言してあるタブビュー　«FILE» TabViewSample2/ContentView.swift

```
struct ContentView: View {
    @State var selectedTag = 1

    var body: some View {
        TabView(selection: $selectedTag) {
            HomeTabView()
                .tabItem {
                    Label("HOME", systemImage: "house")
                }.tag(1)

            WeatherTabView()
                .tabItem {
                    Label(" お天気 ", systemImage: "cloud.sun")
                }
                .tag(2)
                .badge("!")

            NewsTabView()
                .tabItem {
                    Label(" ニュース ", systemImage: "newspaper")
                }.tag(3)
                .badge(2)
        }
    }
}

struct HomeTabView: View {
    var body: some View {
        VStack {
            Image(systemName: "house")
                .resizable()
                .frame(width: 100, height: 100)
            Text("HOME").font(.system(size: 20))
```

タブビューに３個のビューを追加します

「HOME」のビュー

```
        }
    }
}
```

```
struct WeatherTabView: View {
    var body: some View {
        VStack {
            Image(systemName: "cloud.sun")
                .resizable()
                .frame(width: 100, height: 100)
            Text("お天気ページ").font(.system(size: 20))
        }
        .frame(maxWidth: .infinity, maxHeight: .infinity)
        .background(Color.mint.opacity(0.2))
        .ignoresSafeArea()
    }
}
```

「お天気ページ」のビュー

```
struct NewsTabView: View {
    var body: some View {
        VStack {
            Image(systemName: "newspaper")
                .resizable()
                .frame(width: 100, height: 100)
            Text("ニュースと解説").font(.system(size: 20))
        }
    }
}
```

「ニュースと解説」のビュー

```
struct ContentView_Previews: PreviewProvider {
    static var previews: some View {
        ContentView()
    }
}

struct HomeTabView_Previews: PreviewProvider {
    static var previews: some View {
        HomeTabView()
    }
}

struct WeatherTabView_Previews: PreviewProvider {
    static var previews: some View {
        WeatherTabView()
    }
}

struct NewsTabView_Previews: PreviewProvider {
    static var previews: some View {
        NewsTabView()
    }
}
```

4つのビューのプレビューを個別に作ります

左右のスワイプでページ送りできるタブビュースタイル

TabView に tabViewStyle(PageTabViewStyle()) のモディファイアを付けるとビューを左右のスワイプでページ送りできるスタイルになります。このスタイルではページコントロールが表示されて、現在開いているページがハイライト表示されます。これに対して、分かれているタブのタップでビューを切り替える初期値のスタイルは、tabViewStyle(DefaultTabViewStyle()) です。

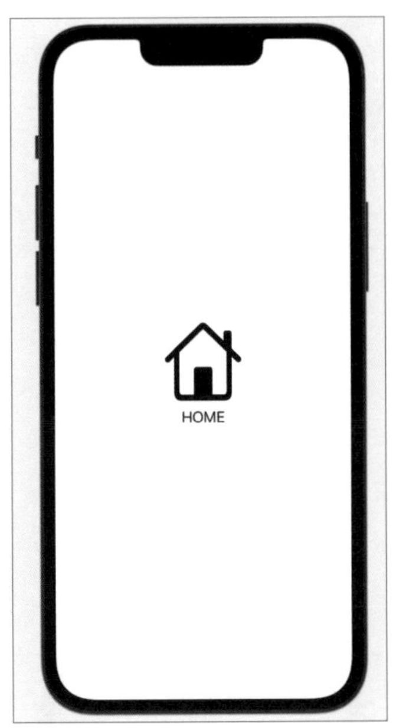

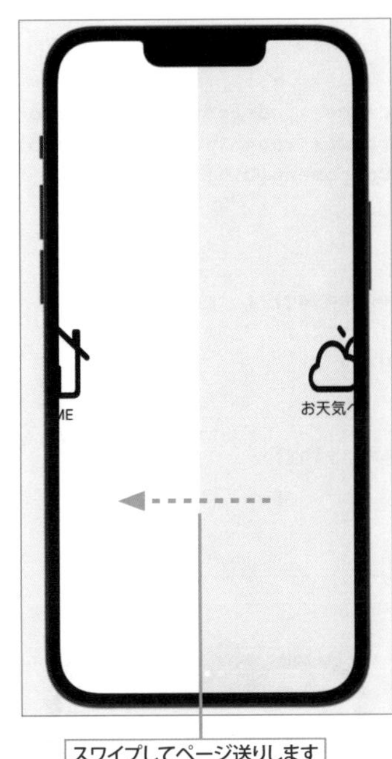

スワイプしてページ送りします

ページコントロールが表示されます

Code　PageTabViewStyle のタブビュー　«FILE» **PageTabViewStyleSample/ContentView.swift**

```
struct ContentView: View {
    @State var selectedTag = 1

    var body: some View {
        TabView(selection: $selectedTag) {
            HomeTabView().tag(1) ——— tabItem は指定しません
            WeatherTabView().tag(2)
            NewsTabView().tag(3)
        }
        .tabViewStyle(PageTabViewStyle()) ——— スタイルを指定します
        .ignoresSafeArea()
    }
}
```

ページコントロールの色指定

背景色が白だとページコントロールがよく見えませんが、UIPageControl.appearance() で色指定することで見やすくなります。カレントページの色は currentPageIndicatorTintColor、基本の色は pageIndicatorTintColor で指定します。この設定をビューのイニシャライザで実行します。

Code ページコントロールの色を指定する　«FILE» **PageTabViewStylePagecontrol/ContentView.swift**

```
struct ContentView: View {
    @State var selectedTag = 1

    init() {
            UIPageControl.appearance().currentPageIndicatorTintColor = .black
            UIPageControl.appearance().pageIndicatorTintColor =
                .gray.withAlphaComponent(0.5)
        }

    var body: some View {
        TabView(selection: $selectedTag) {
            HomeTabView().tag(1)
            WeatherTabView().tag(2)
            NewsTabView().tag(3)
        }
        .tabViewStyle(PageTabViewStyle())
        .ignoresSafeArea()
    }
}
```

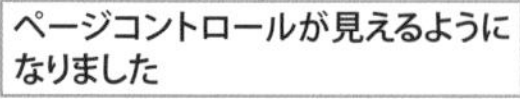

バインディングとオブジェクトの共有

@Binding、@Published、@ObservedObject、@StateObject、@EnvironmentObject といったキーワードが登場します。これらを使ってビュー間での変数のバインディング、オブジェクトの共有を行います。この機能を利用したリストのスワイプアクションの処理も取り上げます。少しばかり入り組んだ内容になりますが、アプリ開発で欠かせないテクニックになるでしょう。

@Binding変数を別のビューの変数とひも付けて使う

Toggle や Slider のように別のビューから変数を参照して使えるようにするには、@Bindingを付けて変数を宣言します。この仕組みを使ってオリジナルのスイッチボタンを作ってみましょう。

1. チェック状態を別のビューから調べることができるチェックボタンを作ろう
2. タップでイメージがトグルするチェックボタンにしよう
3. 部品化したチェックボタンをビューに配置して使ってみよう
4. 2つのボタンのチェック状態を組み合わせて判定しよう

重要キーワードはコレだ！

@Binding、toggle()、onTapGesture、$変数、&&

STEP ひも付けて使う変数を @Binding で宣言する

Toggle で作るスイッチのように未チェック／チェック済みが切り替わるチェックボタンを作り、このチェックボタンを使って担当者 1 と担当者 2 がチェック済みかどうかを判定します。そのためには、チェックボタンを配置するビューの変数とチェック済みかどうかの状態を保存する変数とをバインディング（ひも付け、関連付け）できるように作ります。

1 PersonCheckMark ビューを定義する

«SAMPLE» BindingIsChecked.xcodeproj

タップすると未チェック／チェック済みのイメージと色が切り替わる PersonCheckMark ビューを定義します。タップイベントは Image に onTapGesture モディファイアを付けて処理しています。

Code　タップでイメージが入れ替わるボタンを作る PersonCheckMark ビューを定義する　«FILE» BindingIsChecked/ContentView.swift

```
struct ContentView: View { ... }

struct PersonCheckMark: View {
    // ContentView ビューの変数とバインディングする変数
    @Binding var isChecked: Bool ――― ビューを作る際にバインディングして使います

    var body: some View {
        // isChecked が true か falsed かでイメージと色を選ぶ
        Image(systemName: isChecked ? "person.fill.checkmark" : "person")
            .foregroundColor(isChecked ? .blue : .gray)
            .onTapGesture {
                isChecked.toggle() // タップで true/false を反転する
            }
    }
}
```

2 担当者 1 のチェックボタンを表示する

ContentView ビューに担当者 1 のチェックボタンを作って表示します。チェックボタンは PersonCheckMark ビューで作成し、チェックの状態を @State を付けた変数 isChecked_person1 に保存します。$isChecked_person1 のように $ を付けた変数の参照を渡して PersonCheckMark の @BInding 付き変数 isChecked とバインディング（ひも付け、関連付け）します。

Code 担当者１のチェックボタンを作って表示する　«FILE» BindingIsChecked/ContentView.swift

```
struct ContentView: View {
    // チェック状態を保存（PersonCheckMark ビューの isChecked とバインディングする）
    @State var isChecked_person1: Bool = false

    var body: some View {
        Grid{
            GridRow {
                Text("担当者１").font(.title2)
                PersonCheckMark(isChecked: $isChecked_person1)
                    .scaleEffect(2)
                    .padding(10)
            }.frame(width: 120)
        }
    }
}
```

PersonCheckMark の変数 isChecked とバインディングします

3 ライブプレビューで確認する

それではここまでをライブプレビューで確認してみましょう。「担当者 1」の右に表示されているアイコンをクリックするとチェック状態のオン／オフが切り替わります。

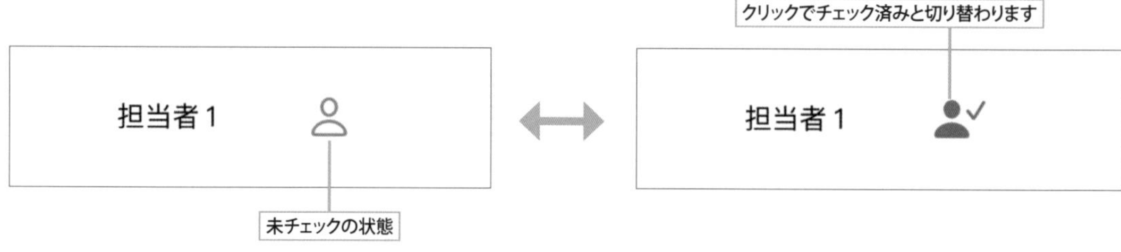

4 チェック担当者を２人にする

PersonCheckMark ビューを作ったので、担当者を何人でも作ることができます。担当者を２人にするには、チェック状態を保存する @State 変数を isChecked_person1、isChecked_person2 のように２個用意して、それぞれ PersonCheckMark(isChecked: $isChecked_person1)、PersonCheckMark(isChecked: $isChecked_person2) のように参照を渡して PersonCheckMark の変数 isChecked とバインドします。

isChecked_person1 && isChecked_person2 の論理積（☞ P.232）の結果を if 文で評価して、担当者の２人ともにチェック済みの場合に「全員チェック済み」、どちらか片方でも未チェックだと「チェック待ち」と表示されるようにします。

Code チェック担当者を２人に増やす　«FILE» BindingIsChecked2/ContentView.swift

```
struct ContentView: View {
    // チェック状態を保存（PersonCheckMark ビューの isChecked とバインディングする）
    @State var isChecked_person1: Bool = false
    @State var isChecked_person2: Bool = false ——— 担当者２の変数を追加します

    var body: some View {
        VStack {
```

```
            GroupBox {
                Grid(alignment: .leading, horizontalSpacing: 20, verticalSpacing: 10){
                    GridRow {
                        Text("担当者1").font(.title2)
                        PersonCheckMark(isChecked: $isChecked_person1)
                            .scaleEffect(2)
                            .padding(10)
                    }.frame(width: 120)
                    GridRow {
                        Text("担当者2").font(.title2)
                        PersonCheckMark(isChecked: $isChecked_person2)
                            .scaleEffect(2)
                            .padding(10)
                    }.frame(width: 120)
                }
            }
            // 全チェックの判定
            Group {
                if isChecked_person1 && isChecked_person2 {
                    Text("全員チェック済み").foregroundColor(.blue)
                } else {
                    Text("チェック待ち").foregroundColor(.red)
                }
            }
            .font(.title)
            .padding(.top)
           }
        }
    }
}
```

$を付けて変数の参照を渡してひも付けます

担当者2のチェック処理を追加します

論理積

5 ライブプレビューで確認する

ライブプレビューで確認すると、担当者チェックが2人になっています。下には赤文字で「チェック待ち」と表示されていて、2人の担当者が両方ともチェック済みになったときに青色の「全員チェック済み」に変わります。

担当者2のチェック項目が追加されます

担当者が2人ともにチェック済みのときに「全員チェック済み」の表示になります

バインディングする変数に @Binding を付けて宣言する

PersonCheckMark ビューではイメージのタップで isChecked.toggle() を実行して、変数 isChecked の値を true / false で反転させています。そして、isChecked が true ならばチェック有りのイメージ、false ならばチェック無しのイメージを表示します。これまでのセクションでは、ボタンやスイッチなどで使う変数は、その値を保持するために @State を付けて宣言していました。しかし、PersonCheckMark では @State ではなく @Binding を付けて宣言します。

Code 変数 isChecked に @Binding を付けて宣言する «FILE» BindingIsChecked/ContentView.swift

```
struct PersonCheckMark: View {
    // ContentView ビューの変数とバインディングする変数
    @Binding var isChecked: Bool ———— isChecked をバインディングできる変数にするために
                                      @Binding を付ける

    var body: some View {
        // isChecked が true か falsed かでイメージと色を選ぶ
        Image(systemName: isChecked ? "person.fill.checkmark" : "person")
            .foregroundColor(isChecked ? .blue : .gray)
            .onTapGesture {
                isChecked.toggle() // タップで true/false を反転する
            }
    }
}
```

@State ではなく @Binding を付ける理由

PersonCheckMark の変数 isChecked を @State で宣言してもタップでイメージが切り替わるチェックボタンになります。それにも関わらず @State ではなく @Binding を付ける理由は、ContentView ビューで全チェック判定を行うためにチェックボタンの isChecked の値を知りたいからです。

ContentView ビューからは PersonCheckMark ビューの isChecked の値の変化を知ることができません。そこで、ContentView ビューで作った変数 isChecked_person1、isChecked_person2 を PersonCheckMark ビューの変数 isChecked にバインディングすることで、isChecked の最新の値を調べることができるようにします。それによって isChecked の値の変化が即座にチェック判定に反映されるようになります。

そのためには、PersonCheckMark ビューの変数 isChecked がほかのビューの変数とバインディングされることを示すために isChecked に @Binding を付けて宣言します。

Code 全チェック判定のために担当２人のチェック状態を知りたい «FILE» BindingIsChecked2/ContentView.swift

```
            HStack {
                Text("担当者 1 のチェック")       ┌── $ を付けて変数の参照を渡してひも付けます
                PersonCheckMark(isChecked: $isChecked_person1)
            }
            HStack {
                Text("担当者 2 のチェック")
                PersonCheckMark(isChecked: $isChecked_person2)
            }
            // 全チェック判定
            if isChecked_person1 && isChecked_person2 { ── バインディングしている isChecked
                                                          の現在値で評価します
```

@Bindingを使って ビューを閉じるボタンを作る

sheetモディファイアを使って現在のビューに重ねて表示したシートは下向きにスワイプして閉じることができますが、@Bindingを利用するとシートを閉じるボタンを作ることができます。同じようにfullScreenCoverモディファイアで表示するビューを閉じるボタンも作ってみましょう。

このセクションのトピック

1. sheetモディファイアのビューをボタンで閉じるには？
2. fullScreenCoverモディファイアのビューを閉じるボタンを作る
3. バインディングした変数をもったビューをプレビューしたい

重要キーワードはコレだ！
@Binding、sheet、fullScreenCover、Binding.constant()

@Bindingの機能を使って閉じるボタンを作る

sheetモディファイアで表示したビューを@Bindingの機能を使って閉じるボタンを作ります。バインディングしている変数があるビューをプレビューする方法も取り上げます。

1 「閉じる」ボタンがあるSomeViewビューを定義する «SAMPLE» SheetDismissButton.xcodeproj

ContentViewビューに重ねて表示するSomeViewビューを定義します。シートに表示するVStackにtoolbarモディファイアを追加し、ツールバーに「閉じる」ボタンを作ります。「閉じる」ボタンでは、タップされたならば変数isPresentedをfalseに設定します。このisPresentedは、@Stateではなく@Bindingを付けて宣言しておきます。

Code 「閉じる」ボタンがあるSomeViewビュー «FILE» SheetDismissButton/ContentView.swift

```
struct SomeView: View {
    // ContentViewビューの変数isShowとバインディングする
    @Binding var isPresented: Bool

    var body: some View {
        NavigationView {
            VStack {
                Image(systemName: "ladybug").scaleEffect(2.0)
                Text("ハロー").font(.title2).padding()
            }
            .frame(maxWidth: .infinity, maxHeight: .infinity) ——— 画面全体に広がります
            .background(Color(red: 0.9, green: 0.9, blue: 0.8))
            .toolbar {
                ToolbarItem(placement: .navigationBarTrailing) {
                    // 閉じるボタン
                    Button {
                        isPresented = false
                    } label: {
                        Image(systemName: "xmark.circle")
                            .resizable()
                            .frame(width:30, height:30)
                    }
                    .tint(.black)
                }
            }
        }
    }
}
```

2 SomeView ビューをボタンで表示する ContentView ビューを定義する

ContentView ビューにボタンを配置し、sheet モディファイアを追加して SomeView ビューを重ねて表示する「シートを表示」ボタンを作ります。ボタンで true にする変数 isShow は @State を付けて宣言しておきます。sheet(isPresented: $isShow) だけでなく、シート表示する SomeView ビューを作る SomeView(isPresented: $isShow) にも $isShow を引数で渡します。

Code SomeView ビューをシート表示する ContentView ビュー «FILE» **SheetDismissButton/ContentView.swift**

```
struct ContentView: View {
    @State var isShow: Bool = false

    var body: some View {
        Button(action: {
            isShow = true ──── true にするので SomeView ビューが表示されます
        }) {
            Text(" シートを表示 ")
        }
        .sheet(isPresented: $isShow){
            SomeView(isPresented: $isShow)  // SomeView ビューを表示する
        }                  └──── クローズボタンで false にするために渡します
    }
}
```

3 SomeView ビューもプレビューされるようにする

ContentView ビューだけでなく SomeView ビューもプレビューされるようにするには、ContentView_Previews を複製して ShowView_Previews を作り、SomeView ビューを作るコードを追加します。struct SomeView にはバインディングで値を指定する isPresented があるので、SomeView(isPresented: Binding.constant(false)) のように初期値を指定してプレビューを作ります。

Code SomeView ビューもプレビューされるようにする «FILE» **SheetDismissButton/ContentView.swift**

```
struct SomeView_Previews: PreviewProvider {
    static var previews: some View {
        SomeView(isPresented: Binding.constant(false))
    }
}
```

```
struct SomeView: View {
    // ContentViewビューの変数isShowとバインディングする
    @Binding var isPresented: Bool

    var body: some View {
        NavigationView {
            VStack {
                Image(systemName: "ladybug").scaleEffect(2.0)
                Text("ハロー").font(.title2).padding()
            }
            .frame(maxWidth: .infinity, maxHeight: .infinity)
            .background(Color(red: 0.9, green: 0.9, blue: 0.8))
            .toolbar {
                ToolbarItem(placement: .navigationBarTrailing) {
                    // 閉じるボタン
                    Button {
                        isPresented = false
                    } label: {
                        Image(systemName: "xmark.circle")
                            .scaleEffect(1.5)
                    }
                    .tint(.black)
                }
            }
        }
    }
}

struct ContentView_Previews: PreviewProvider {
    static var previews: some View {
        ContentView()
    }
}

// SomeViewビューもプレビューする
struct SomeView_Previews: PreviewProvider {
    static var previews: some View {
        SomeView(isPresented: Binding.constant(false))
    }
}
```


4 ライブプレビューで試してみる

それではライブプレビューで動作チェックしてみましょう。「シートを表示」をクリックしてSomeViewビューがシートとして表示されたならば、ツールバーのクローズボタンをクリックします。シートが閉じたら成功です。

sheetモディファイアで表示したビューを閉じるには？

シートを表示するボタンのコードを見るとわかるように、sheetモディファイアの引数isPresentedにtrueを与えるとシートが表示されます。つまり、次のコードならば変数isShowがtrueのときにシートが表示されます。逆に言えば、isShowをfalseにすれば表示されているシートが閉じることが予想されます。

Code sheetモディファイアの引数isPresentedをtrueにするとシートが表示される «FILE» SheetDismissButton/ContentView.swift

```
        Button(action: {
            isShow = true
        }) {
            Text(" シートを表示 ")
        }
        .sheet(isPresented: $isShow){
            // ここで作るビューがシートとして表示される
        }
```

「閉じる」ボタンでisShowをfalseにする

そこで、SomeViewの「閉じる」ボタンでContentViewの変数isShowの値をfalseにできるように、ContentViewのisShowをSomeViewの変数isPresentedとをバインディングします。

そのためには、まずSomeViewを定義する際に@Bindingを付けて変数isPresentedを宣言します。

Code SomeViewビューでは@Bindingを付けて変数isPresentedを宣言 «FILE» SheetDismissButton/ContentView.swift

```
    @Binding var isPresented: Bool
```

そして、「閉じる」ボタンにはisPresentedの値をfalseにするコードを書きます。

Code isShowとバインディングしているisPresentedをfalseにしてシートを閉じる «FILE» SheetDismissButton/ContentView.swift

```
    Button {
        isPresented = false
    } label: {
        Text(" 閉じる ")
    }
```

最後にSomeViewビューを表示する際に引数isPresentedに$isShowを指定して、SomeViewの変数isPresentedとContentViewの変数isShowをバインディングします。

Code ContentViewのisShowをSomeViewのisPresentedにバインディングする «FILE» SheetDismissButton/ContentView.swift

```
        .sheet(isPresented: $isShow){
            SomeView(isPresented: $isShow)  // SomeView ビューを表示する
        }
```

fullScreenCover モディファイアのビューを閉じるボタンを作る

sheet モディファイアの代わりに fullScreenCover モディファイアを使うと、もとのビューを完全に覆い隠すビューが表示されます。このビューは sheet モディファイアで表示するビューと違って下向きにスワイプしても閉じることができません。つまり、「閉じる」ボタンを用意しなければユーザーが閉じることができないビューになってしまいます。

fullScreenCover モディファイアを閉じる仕組みは sheet モディファイアのビューを閉じるボタンとまったく同じで、先のサンプルのコードで sheet を fullScreenCover に書き替えるだけで試すことができます。

Code　fullScreenCover モディファイアで「閉じるボタン」付きのビューを表示する　«FILE» fullScreenCoverSample/ContentView.swift

```
Button(action: {
    isShow = true
}) {
    Text(" ビューを表示 ")
}
.fullScreenCover(isPresented: $isShow){
    SomeView(isPresented: $isShow)  // SomeView ビューを表示する
}
```

（注：.fullScreenCover ― sheet を fullScreenCover に書き替えます）

オブジェクトを見張って ビュー表示を更新する

ユーザー定義クラスから作ったオブジェクトのプロパティの値をビューで表示しているとき、プロパティの値が変化してもビュー表示は更新されません。プロパティの値とビュー表示を同期するには、プロパティをパブリッシュし、ビュー側ではオブジェクトを見張って同期します。これを行うには、ObservableObject プロトコル、@Published、@ObservedObject の 3 つのキーワードを利用します。

1. 更新されるオブジェクトのプロパティ値を表示するには？
2. @ObservedObject オブジェクトは ObservableObject プロトコル準拠でクラス定義しよう
3. 値を観測するプロパティには @Published を付けて変化をパブリッシュしよう
4. 0.5 秒間隔で乱数を発生するオブジェクトを観測し、数値の更新をグラフ表示する

重要キーワードはコレだ！

class、ObservableObject プロトコル、@Published、@ObservedObject、isEmpty、Timer、Timer.scheduledTimer()、onAppear()、scaleEffect()

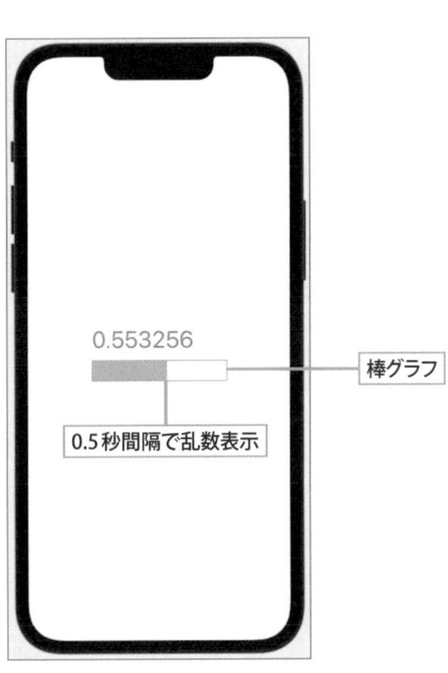

Chapter 7 バインディングとオブジェクトの共有

STEP オブジェクトのクラス定義とプロパティを使った処理

名前（name）、身長（tall）の２個のプロパティをもつ User クラスを定義します。２つのプロパティの値は ContentView に表示するフィールドに入力して設定し、その値を使って名前とサイズを表示します。サイズは tall の値で「S、M、L,、サイズなし」を振り分ける fitSize() を定義して求めます。なお、クラス定義については本章最後の「Swift シンタックスの基礎知識」で詳しく解説しています。そちらも参照してください（☞ P.410）。

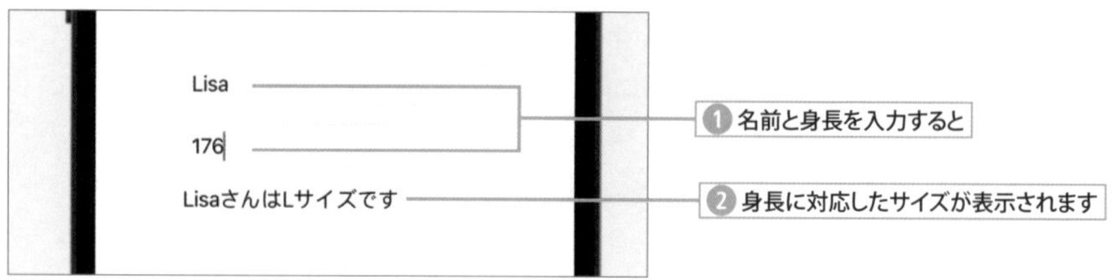

1 観測するプロパティがある User クラスを定義する «SAMPLE» ObservedObjectSample.xcodeproj

値の更新を観測したい name プロパティと tall プロパティがある User クラスを ObservableObject プロトコル準拠で定義します。新規にクラスファイルを作ってもよいですが、このサンプルでは ContentView.swift に書いています。

Code User クラスを定義する «FILE» ObservedObjectSample/ContentView.swift

```
class User: ObservableObject {
    // 変更をパブリッシュするプロパティ
    @Published var name = ""
    @Published var tall = ""
}
```

2 身長からサイズを求める関数 fitSize() を定義する

引数 tall で身長を受け取り、該当するサイズを返す関数 fitSize() を定義します。身長は switch 文を使ってサイズに振り分けますが、注意点としては引数 tall が String 型で送られてくる点です。
このままでは大きさを判断できないので Double(tall) で数値に変換していますが、tall の値を数値化できない可能性もあるので、guard let-else を使って数値にできる場合は変数 height に代入して switch 文で処理します（switch 文 ☞ P.258、guard let-else ☞ P.285）。

Code tall からサイズを選んで返す関数 «FILE» ObservedObjectSample/ContentView.swift

```
func fitSize(tall:String) -> String {
    // tall を数値に変換できない場合は "???" を返して中断
    guard let height = Double(tall) else { ——— tall を数値化して height に代入します
        return "???"
    }
    // tall を数値化した値 height で場合分けする
    switch height { ——— height でサイズを振り分けます
    case 145..<155 :
        return "S サイズです"
    case 155..<176 :
        return "M サイズです"
    case 176..<185 :
```

```
            return "L サイズです "
        default:
            return " 適したサイズがありません "
        }
    }
```

3 ContentView ビューに入力フィールドと結果を表示する

名前と身長を代入する2個のテキストフィールドを作り、入力された値はそれぞれUserクラスで作ったインスタンスuserのプロパティに設定します。そして、あらためて名前とサイズを参照してビューにテキスト表示します。

Code ContentView ビューに名前と身長を入力するフィールドを作りサイズを求める «FILE» ObservedObjectSample/ContentView.swift

```
struct ContentView: View {
    // 観測するオブジェクト
    @ObservedObject var user = User()    // インスタンスを生成
                                         // 観測対象のオブジェクトであることを示します
    var body: some View {
        VStack(alignment:.leading, spacing:15) {
            // インスタンスのプロパティを変更する
            Group {
                TextField(" 名前 ", text: $user.name)
                TextField(" 身長 ", text: $user.tall)   // 入力を受け付けます
                    .keyboardType(.numberPad)
            }.textFieldStyle(RoundedBorderTextFieldStyle())

            // プロパティを参照してサイズを表示する
            if !(user.name).isEmpty && !(user.tall).isEmpty {
                Text("\(user.name) さんは \(fitSize(tall: user.tall))")
            }                                            // 結果を表示します
        } .frame(width: 250)

    }
}
```

4 シミュレータで名前と身長を入力して確かめる

ライブプレビューでも動作チェックはできますが、シミュレータのキーボード入力で動作チェックしてみましょう。フィールドに名前と身長を入力すると、身長に対応したサイズが名前とともに表示されます。身長、名前のどちらかが空の状態ではテキスト表示がありません。

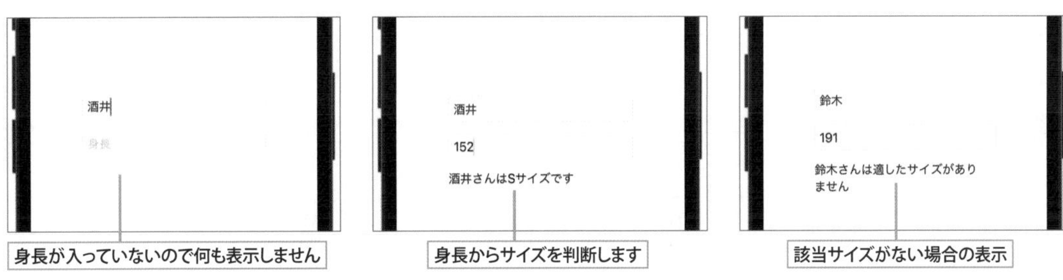

身長が入っていないので何も表示しません　身長からサイズを判断します　該当サイズがない場合の表示

Chapter 7 バインディングとオブジェクトの共有

観測するオブジェクトのクラス定義とプロパティの設定

観測対象の ObservedObject オブジェクトを作るためのクラスには、ObservableObject プロトコルを指定します。プロパティは変数で宣言し、値の変化を観測するプロパティの変数には @Published を付けて宣言します。

Code ObservableObject プロトコルを指定した User クラス定義 «FILE» ObservedObjectSample/ContentView.swift

```
class User: ObservableObject {   ――― ObservedObject オブジェクトを作るためのプロトコル
    // 変更をパブリッシュするプロパティ
    @Published var name = ""  ┐
    @Published var tall = ""  ┘――― 値の変化をパブリッシュするプロパティ
}
```

観測するオブジェクトの変数に @ObservedObject を付ける

User クラスのインスタンスを User() で作り、変数 user に代入します。user が観測対象のオブジェクトであることを示すために @ObservedObject を付けて変数を宣言します。

Code @ObservedObject を付けた変数にクラスのインスタンスを保存する «FILE» ObservedObjectSample/ContentView.swift

```
struct ContentView: View {
    // 観測するオブジェクト
    @ObservedObject var user = User()  // インスタンスを生成
```

プロパティの値を設定するテキストフィールドを作る

インスタンスは変数 user に入っているので、name プロパティには user.name、tall プロパティには user.tall で参照できます。TextField の引数 text には、$user.name、$user.tall のように $ を付けてプロパティの参照を渡します。これでテキストフィールドに入力した値は、インスタンス user の 2 つのプロパティの値としてそれぞれ設定されます。

Code テキストフィールドの入力で名前と身長を設定する «FILE» ObservedObjectSample/ContentView.swift

```
                TextField("名前", text: $user.name)
                TextField("身長", text: $user.tall)
```

プロパティの現在の値を調べる

名前は user.name、身長は user.tall で取り出すことができるので、値を isEmpty を使ってチェックしてそのどちらも空でないときに Text() の式を実行して名前とサイズを表示します。サイズは fitSize() に user.tall を引数で渡して調べます。

Code プロパティが空でないとき名前とサイズを表示する «FILE» ObservedObjectSample/ContentView.swift

```
            // プロパティを参照してサイズを表示する
            if !(user.name).isEmpty && !(user.tall).isEmpty {
                Text("\(user.name) さんは \(fitSize(tall: user.tall))")
            }
```

観測しているプロパティの値が更新したら再描画する

これまでの内容を整理してみましょう。テキストフィールドで名前と身長を更新すると user.name と user.tall の値が更新されます。しかし、そのままでは ContentView ビューには user のプロパティの値が変化したことが伝わらないために、ContentView ビューでの名前とサイズの表示は更新されません。

そこで user を観測対象の @ObservedObject オブジェクトとして作ります。すると @Published が付いた name と tall のプロパティの値の変化を ContentView ビューで受け取ることができるようになり、即座に更新後の値で名前とサイズを再描画できるようになります。

以上をまとめると、オブジェクトの更新を観測する際にポイントとなるのは次の３つです。

1. **オブジェクトを作るクラスに ObservableObject プロトコルを指定する**
2. **更新を観測するプロパティに @Published を付ける**
3. **@ObservedObject を付けた変数に観測するオブジェクトを保存する**

刻々と変わるオブジェクトの値を表示する

オブジェクトのプロパティの更新を @ObservedObject で観測するようすを別の例で見てみましょう。

ObservedObjectSample の例ではテキストフィールドへの入力操作がオブジェクトのプロパティの値を更新するタイミングでしたが、今回作る ValueMaker クラスのオブジェクトではユーザーの操作とは関係なく、0.5 秒間隔でプロパティの値が変わります。刻々と変化する値を表示するために @ObservedObject を利用します。

0.5 秒間隔で値が変化する ValueMaker クラス

今回は ValueMaker クラスを定義するクラスファイル ValueMaker.swift を新規に作っています。クラスファイルは、File メニューの New > File... を選択し、テンプレートのダイアログから Swift File を選んで作ります。

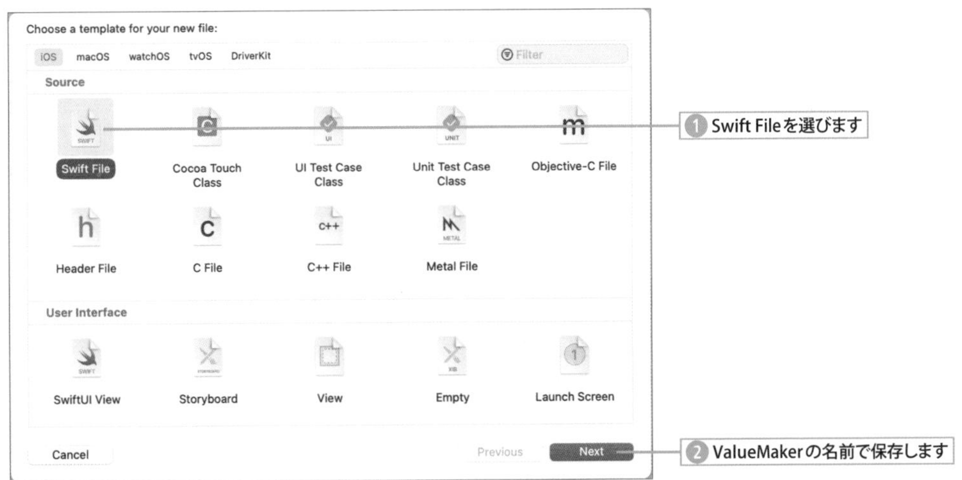

ValueMaker クラスでは、Timer クラスを利用して刻々と乱数を発生するオブジェクトを作ります。value には @Published を付けて宣言してあるので、値の更新の状況がパブリッシュされます。

Code 0.5 秒間隔で乱数を作るクラス «FILE» ObservedObjectValueMaker/ValueMaker.swift

```
import Foundation

class ValueMaker: ObservableObject {
    // 値の更新をパブリッシュする変数にする
    @Published var value: Double = 0.0
    private var timer = Timer() // タイマーを作る
    // タイマーをスタート
    func start() {
        timer = Timer.scheduledTimer(withTimeInterval: 0.5, repeats: true) { _ in
            // value に乱数をセットする
            self.value = Double.random(in: 0 ... 1)
        }
    }
}
```

0.5 秒間隔で処理を繰り返すタイマーになります

タイマーで実行する処理

変化する value を数値と棒グラフで表示する

ContentView では、@ObservedObject を付けた変数 maker に ValueMaker() でインスタンスを作って代入します。これで maker インスタンスの value プロパティの値の更新を maker.value で見張れるようになります。刻々と変化する値は Text("\(maker.value)") で表示し、値が 0.8 より大きい場合は背景を赤、文字色を白にします。さらに、数値が 1.0 のときに 100% になる棒グラフ（パーセントを示すバー）を描きます。棒グラフは Rectangle で作って scaleEffect で伸縮して長さを決めます。伸縮は X 軸方向だけにし、anchor: .leading にすることで左端を基準点にして右方向へ伸びる棒グラフになります。

なお、乱数を発生させるタイマーをスタートするには、ValueMaker クラスで定義してあるインスタンスメソッド maker.start() を実行する必要があります。そこで、ContentView ビューの VStack が表示される際に実行される onAppear(perform:) で実行しています。

Code ValueMaker のインスタンスを作って見張り、変化する value を表示する «FILE» ObservedObjectValueMaker/ContentView.swift

```
struct ContentView: View {
    // ValueMaker のインスタンスを作り観測する
    @ObservedObject var maker = ValueMaker()

    var body: some View {
        VStack (alignment: .leading, spacing: 10){
            Text("\(maker.value)")
                .font(.largeTitle)
                .foregroundColor((maker.value > 0.8) ? .white : .gray)
                .background((maker.value > 0.8) ? Color.red : Color.white)
            // 棒グラフ
            ZStack {
                Rectangle().stroke(.gray)
                Rectangle()
                    .foregroundColor(.green)
                    .scaleEffect(x:maker.value, y:1.0, anchor: .leading)
            }
        }
```

値が変わると更新され、ビューも再描画されます

0.8 以上になると白文字、赤背景になります

X 軸方向に伸縮する棒グラフになります

```
        .frame(width: 200, height: 80)
        .onAppear(perform: {
            maker.start() // スタート
        })
    }
}
```

ビューが表示される際に実行され、タイマーがスタートします

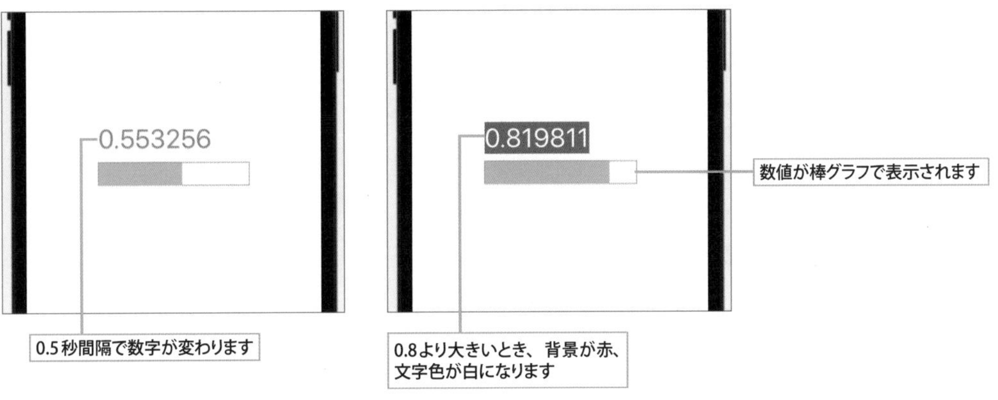

NOTE

start() を ValueMaker クラスのイニシャライザで実行する

タイマーをスタートさせるstart()は、ContentViewビューを表示する際に実行されるonAppear()ではなく、ValueMakerクラスのイニシャライザで実行することもできます。そうすれば、ValueMakerクラスのインスタンスmakerを生成した直後からタイマーが開始し、乱数が発生し始めます。

Code 0.5秒間隔で乱数を作るクラス «FILE» ObservedObjectValueMaker2/ValueMaker.swift

```
import Foundation

class ValueMaker: ObservableObject {
    // 値の更新をパブリッシュする変数にする
    @Published var value: Double
    private var timer: Timer
    // イニシャライザ
    init() {
        value = 0.0
        timer = Timer() // タイマーを作る
        start() // スタート
    }
    // タイマーをスタート
    func start() {
        timer = Timer.scheduledTimer(withTimeInterval: 0.5, repeats: true) { _ in
            // valueに乱数をセットする
            self.value = Double.random(in: 0 ... 1)
        }
    }
}
```

インスタンスが作られる際に実行されます

リストのスワイプアクションを処理する

swipeActionsを利用してリストの行を左右にスワイプすることで、ボタン表示や実行ができるスワイプアクションを手軽に組み込めるようになりました。ただ、アクションを活用するにはObservableObjectなどの理解が必要になります。前節の解説と併せて進めてください。行のドラッグや削除ができる編集モードについても取り上げます。

1. リストにスワイプアクションを付けよう
2. 左右のスワイプアクションに対応しよう
3. スワイプアクションで配列の値を変更するには？
4. リストの行をドラッグで並べ替えられるようにしたい

重要キーワードはコレだ！

swipeActions 、ObservableObject 、Equatable、@Published 、@ObservedObject、@ViewBuilder、firstIndex()、toggle()、EditButton、onMove()、onDelete()

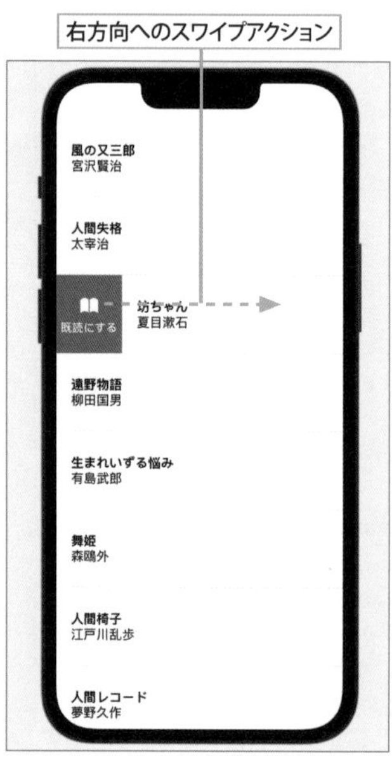

STEP リストに既読／未読のスワイプアクションを追加する

まず最初にスワイプアクションで既読と未読を切り替えて表示できる図書リストを作ります。リストには書名と著者名を表示し、既読はグレイで表示されるようにします。Book 構造体が Identifiable プロトコルだけでなく Equatable プロトコルも採用している理由、Books クラスでわざわざ isRead の true/false の値を反転させる toggleIsRead() 関数を作る理由は後ほど説明します。

1 リストに表示する本を Book 構造体と Books クラスで定義する «SAMPLE» ListSwipeActions1.xcodeproj

まず、Swift ファイルの BookData.swift をプロジェクトに追加します。そして id、書名、著者、既読がどうかの属性をもつ Book 構造体とその配列を booksData としてもつ Books クラスを定義します。Books クラスには既読／未読を示す isRead の値を反転させる toggleIsRead() 関数も定義します。

Code Book 構造体と Books クラスを定義する «FILE» ListSwipeActions1/BookData.swift

```
import Foundation

struct Book: Identifiable, Equatable {
    var id = UUID()
    var title:String  // 書名
    var author:String  // 著者
    var isRead = false // 既読のとき true
}

class Books: ObservableObject {
    @Published var booksData = [
        Book(title: "風の又三郎", author:"宮沢賢治"),
        Book(title: "人間失格", author:"太宰治"),
        Book(title: "坊ちゃん", author:"夏目漱石"),
        Book(title: "遠野物語", author:"柳田国男"),
        Book(title: "生まれいずる悩み", author:"有島武郎"),
        Book(title: "舞姫", author:"森鴎外"),
        Book(title: "人間椅子", author:"江戸川乱歩"),
        Book(title: "人間レコード", author:"夢野久作"),
        Book(title: "山月記", author:"中島敦")
    ]

    // 既読と未読の反転
    func toggleIsRead(_ item: Book) {
        guard let index = booksData.firstIndex(of: item) else { return }
        booksData[index].isRead.toggle()
    }
}
```

本 1 冊分のデータの構造を struct で定義します。Identifiable, Equatable の 2 つのプロトコルを指定します

ObservableObject を継承した Books クラスを定義します。配列 booksData には @Published を付けます

2 BookView ビューを定義してリスト表示する

ContentView ビューに @ObservedObject を付けて Books クラスのインスタンス books を作るコードを追加します。body は books の配列 booksData から本のデータを取り出して BookView ビューとしてリスト表示するコードを書きます。BookView ビューは @ViewBuilder を付けて関数定義し、引数で渡された各本のデータ item から書名と著者名を取り出して VStack でレイアウトします（@ViewBuilder ☞ P.188）。

Chapter 7 バインディングとオブジェクトの共有

Code　BookView ビューをリスト表示する　«FILE» ListSwipeActions1/ContentView.swift

```
struct ContentView: View {
    @ObservedObject var books = Books()

    var body: some View {
        List(books.booksData) { item in
            BookView(item)
        }.listStyle(.plain)
    }
}

// リストの行に表示するビュー
@ViewBuilder
func BookView(_ item:Book) -> some View {
    VStack(alignment: .leading){
        Text(item.title).bold() // 書名
        Text(item.author) // 著者
    }
    .foregroundColor(item.isRead ? .gray : .black) // 既読のときグレイ
    .frame(height:80)
}
```

配列 booksData から Book データを取り出してリスト表示します

行に表示するビューを定義します

3 BookView ビューに未読／既読のスワイプアクションを付ける

リスト表示している BookView ビューに swipeActions モディファイアを追加します。swipeActions にはスワイプアクションで表示するボタンを Button で作ります。ボタンでは books.toggleIsRead(item) を実行するようにし、item.isRead が true の場合、すなわち既読ならば「未読にする」、false の場合は「既読にする」のラベルを表示するコードを書きます。

Code　BookView ビューにスワイプアクションを付ける　«FILE» ListSwipeActions1/ContentView.swift

```
struct ContentView: View {
    @ObservedObject var books = Books()

    var body: some View {
        List(books.booksData) { item in
            BookView(item)
                .swipeActions(edge: .leading){
                    Button {
                        books.toggleIsRead(item)
                    } label: {
                        if item.isRead {
                            Label(" 未読にする ", systemImage: "book.closed")
                        } else {
                            Label(" 既読にする ", systemImage: "book.fill")
                        }
                    }.tint(.blue)
                }
        }.listStyle(.plain)
    }
}
```

swipeActions を追加します

4 ライブプレビューで既読／未読のスワイプアクションを試す

ライブプレビューでリスト表示の内容とスワイプアクションを確認してみましょう。行を右にスワイプすると「既読にする」ボタンが出てきます。ボタンをクリックすると行の書籍名と著者名の表示がグレイになり「既読」の状態になります。もう一度右にスワイプすると「未読にする」ボタンに変わっていて、ボタンをクリックすると書籍名と著者名の表示が元の「未読」の状態に戻ります。

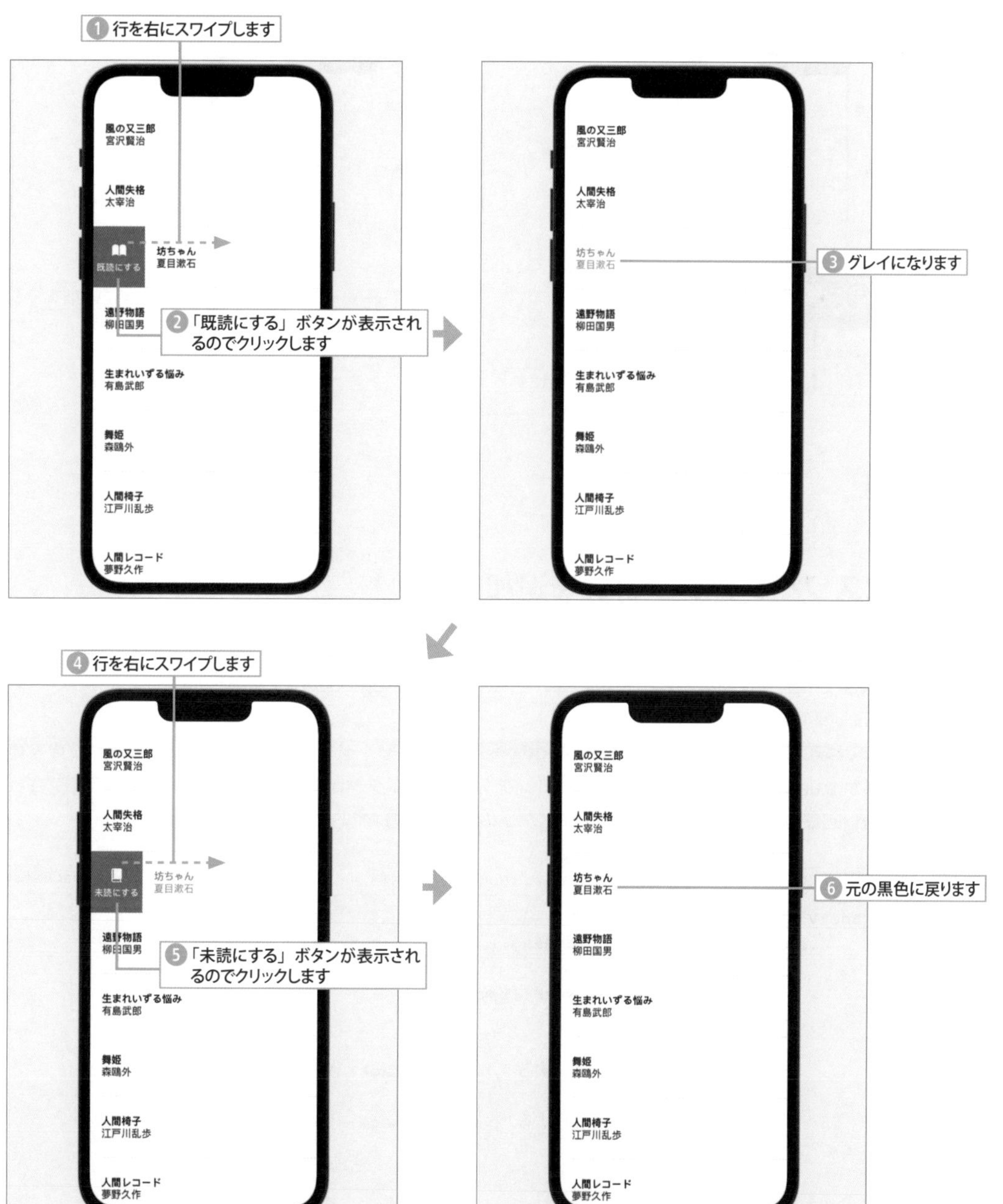

5 ライブプレビューでフルスワイプを試してみる

右端まで引っ張るように長くスワイプして放します。引っ張った反動で閉じて元の状態に戻り、ボタンをクリックしたときと同じように書籍名と著者名の表示がグレイつまり「既読」の状態になります。この操作をフルスワイプと呼びます。

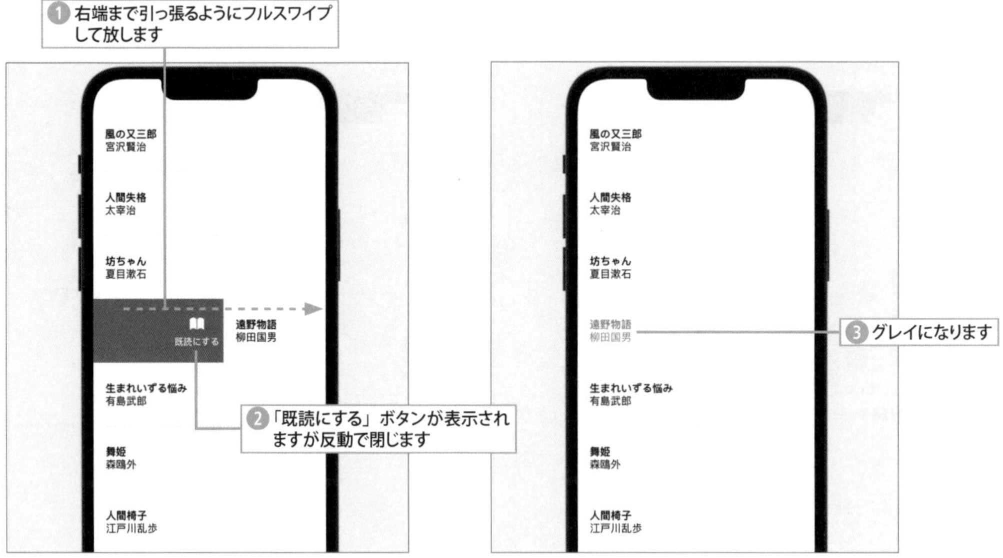

リストにスワイプアクションを追加する

リストにスワイプアクションを追加するには、リストの行のコンテンツに swipeActions モディファイアを設定します。右方向へのスワイプで行の左端にボタンを表示するには swipeActions(edge: .leading) のように引数 edge に .leading を指定します。

swipeActions ではスワイプで表示するボタンを Button で作ります。ボタンでは item に取り出した対象の本のプロパティ isRead が true か false かでボタンのアイコンを切り替え、ボタンがクリックされるかフルスワイプされたならば books.toggleIsRead(item) を実行します。ボタンの色は tint() で設定します。

Code 既読／未読のスワイプアクションを追加する swipeActions モディファイア «FILE» ListSwipeActions1/ContentView.swift

```
BookView(item)
    .swipeActions(edge: .leading){      ──右方向へのスワイプアクション(ボタンを左端に表示する)
        Button {
            books.toggleIsRead(item)
        } label: {
            if item.isRead {
                Label("未読にする", systemImage: "book.closed")
            } else {                                              ──ボタンのイメージ
                Label("既読にする", systemImage: "book.fill")
            }
        }.tint(.blue) ──ボタンの色
    }
```

STEP 左方向へのスワイプアクションを追加する

続いて、リストを右から左へとスワイプすることで、フラグを付ける／外す、リストからの削除の２つのボタンを表示するスワイプアクションを追加します。

6 フラグと削除のスワイプアクションのための準備

スワイプアクションによってフラグを付けられるようにBook構造体にisFlagプロパティを追加し、Booksクラスにtoggleと removeBook()を追加します。

Code Book構造体にisFlag、BooksクラスにtoggleIsFlag()、removeBook()を追加する «FILE» ListSwipeActions2/BookData.swift

```
import Foundation

struct Book: Identifiable, Equatable {
    var id = UUID()
    var title:String  // 書名
    var author:String  // 著者
    var isRead = false // 既読のとき true
    var isFlag = false // フラグ有りのとのき true
}

class Books: ObservableObject {
    @Published var booksData = [
        . . .
    ]

    // 既読と未読の反転
    func toggleIsRead(_ item: Book) {
        guard let index = booksData.firstIndex(of: item) else { return }
        booksData[index].isRead.toggle()
    }

    // フラグの反転
    func toggleIsFlag(_ item: Book) {
        guard let index = booksData.firstIndex(of: item) else { return }
        booksData[index].isFlag.toggle()
    }

    // 配列からの削除
    func removeBook(_ item: Book) {
        guard let index = booksData.firstIndex(of: item) else { return }
        booksData.remove(at: index)
    }
}
```

追加します

スワイプしたアイテムのインデックス番号を調べます

配列内のデータのプロパティを操作します

7 BookViewビューにフラグ、削除のスワイプアクションを追加する

BookViewビューに左方向へスワイプするスワイプアクションを追加します。左へのスワイプでは、フラグを付ける／外すのボタンとリストからの削除ボタンの2個のボタンを表示します。右から左へスワイプするスワイプアクションにするには、swipeActionsの引数edgeを.trailingにします。allowsFullSwipe: falseの引数を追加することでフルスワイプの操作をしても途中でスワイプが止まります。
なお、複数のボタンがあるときにフルスワイプをすると最初に書いたButtonのコード、この例では削除ボタンを選択したことになります。

Code BookViewビューフラグ、削除のスワイプアクションを追加する «FILE» **ListSwipeActions2/ContentView.swift**

```
struct ContentView: View {
    @ObservedObject var books = Books()

    var body: some View {
        List(books.booksData) { item in
            BookView(item)
                .swipeActions(edge: .leading){
                    ...
                }
                .swipeActions(edge: .trailing, allowsFullSwipe: false) {
                    Button(role: .destructive) {
                        withAnimation(.linear(duration: 0.4)){
                            books.removeBook(item)}
                    } label: {
                        Label(削除", systemImage: "trash")
                    }

                    Button {
                        books.toggleIsFlag(item)
                    } label: {
                        if item.isFlag {
                            Label("フラグを外す", systemImage: "flag.slash")
                        } else {
                            Label("フラグ", systemImage: "flag")
                        }
                    }.tint(item.isFlag ? .gray : .blue)
                }
        }.listStyle(.plain)
    }
}
```

右から左へのスワイプアクションを追加します

削除ボタン

フラグを付ける／外すボタン

8 BookView ビューにフラグを表示する機能を追加する

フラグを付けるボタンで isFlag が true になったならば、BookView ビューにフラグアイコンを表示するコードを追加します。フラグは行の右上に表示したいので、HStack(alignment: .top) と Spacer() の組み合わせを使って右上にレイアウトします。

Code　BookView ビューの右上にフラグを表示するコードを追加する　«FILE» ListSwipeActions2/ContentView.swift

```
// リストの行に表示するビュー
@ViewBuilder
func BookView(_ item:Book) -> some View {
    HStack(alignment: .top){
        VStack(alignment: .leading){
            Text(item.title).bold() // 書名
            Text(item.author) // 著者
        }
        if item.isFlag {
            Spacer() // 右寄せにする
            Image(systemName: "flag")
        }
    }
    .foregroundColor(item.isRead ? .gray : .black)
    .frame(height:80) // 行の高さ
}
```

フラグを表示するコードを追加します

9 ライブプレビューでフラグのスワイプアクションを試す

行を右から左へスワイプするとフラグと削除の2個のボタンが表示されます。まず、フラグボタンを試してみましょう。「フラグ」ボタンをクリックすると行の右上にフラグが表示されます。フラグが付いた状態からスワイプすると「フラグを外す」ボタンでフラグが消えます。先のコードの左から右へのスワイプアクションと違って、左端までフルスワイプしてもボタンが表示されている状態で停止します。

❶ 左へスワイプします

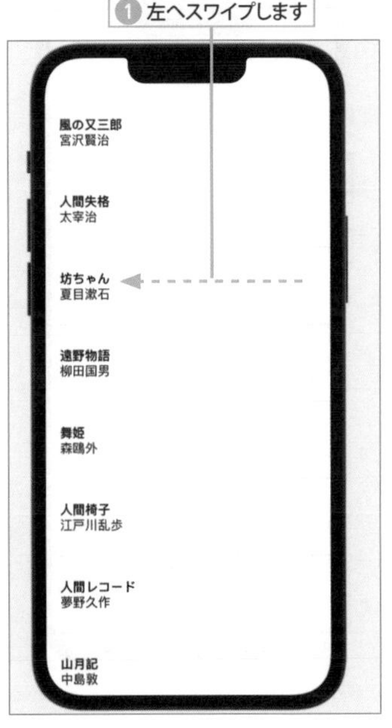

❷「フラグ」をクリックします

❸ フラグが表示されます

10 ライブプレビューで削除のスワイプアクションを試す

行を右から左へスワイプすると表示される削除ボタンをクリックすると行が削除されます。この例では「生まれいずる悩み／有島武郎」の行が削除されました。

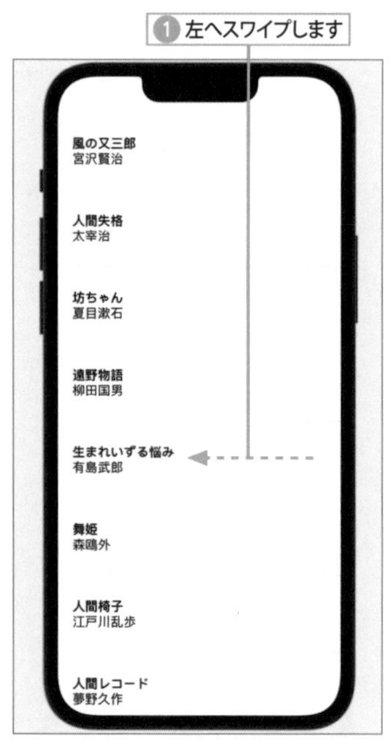

削除ボタンの色と削除のアニメーション

削除ボタンには tint(.red) の色の指定がありませんが赤色で表示されます。これは Button(role: .destructive) が指定してあるからです。削除の books.removeBook(item) は withAnimation(.linear(duration: 0.4) の指定で実行することで、行がパッと消えずに下の行が詰まるアニメーションになります。また、削除を実行する前に確認ダイアログを表示するコードを付け加えるとさらによいでしょう（☞ P.304）。

Code 削除ボタンでは結果をアニメーションで表示する «FILE» ListSwipeActions2/ContentView.swift

```
Button(role: .destructive) {
    withAnimation(.linear(duration: 0.4)){
        books.removeBook(item)}
} label: {
    Label(削除", systemImage: "trash")
}
```

行の削除がアニメーションになります

なぜ配列から取り出した item に直接アクセスしないのか？

ところで、item.isRead で未読かどうか、item.isFlag でフラグが付いているかどうかを判断しているにも関わらず、item.isRead.toggle() や item.isFlag.toggle() とせずに、わざわざ toggleIsRead() や toggleIsFlag() を定義して実行しているのはなぜでしょうか？

この関数を見ると引数で受け取った item のプロパティを直接操作せずに booksData.firstIndex(of: item) で item の配列でのインデックス番号を調べています。そして改めて booksData[index].isRead.toggle() のようにして配列の本データにアクセスしてプロパティの値を反転させています。Book クラスが Identifiable プロトコルだけでなく、Equatable プロトコルを採用している理由は firstIndex() を使うためです。

Code Books クラスの toggleIsRead() と toggleIsFlag() «FILE» ListSwipeActions2/BookData.swift

```
// 既読と未読の反転
func toggleIsRead(_ item: Book) {
    guard let index = booksData.firstIndex(of: item) else { return }
    booksData[index].isRead.toggle()
}

// フラグの反転
func toggleIsFlag(_ item: Book) {
    guard let index = booksData.firstIndex(of: item) else { return }
    booksData[index].isFlag.toggle()
}
```

配列を item の値で検索します

見つかった位置のインデックス番号でオブジェクトのプロパティにアクセスします

このように回りくどい方法で該当する本データの isRead や isFlag の値を変更している理由は、リスト表示する際に配列 booksData から item に取り出されるデータは、booksData に入っているオブジェクトの複製が代入されるからです。複製されたオブジェクトのプロパティを変更しても意味がないので、toggleIsRead() や toggleIsFlag() では対象のオブジェクトを配列 booksData で検索してインデックス番号を調べ、そのインデックス番号で配列内の本物のオブジェクトのプロパティにアクセスしています。

Code 配列 booksData からオブジェクトを取り出す «FILE» **ListSwipeActions2/ContentView.swift**

```
        List(books.booksData) { item in
            BookView(item)
                  . . .
```
item には取り出したオブジェクトの複製が代入されます

これは削除ボタンの操作で実行する removeBook() でも同様です。削除対象となるオブジェクトのインデックス番号を求め、そのインデックス番号の位置にあるオブジェクトを削除しています。

Code Books クラスの removeBook() «FILE» **ListSwipeActions2/BookData.swift**

```
    // 配列からの削除
    func removeBook(_ item: Book) {
        guard let index = booksData.firstIndex(of: item) else { return }
        booksData.remove(at: index)
    }
```
配列を item の値で検索します

インデックス番号が指すオブジェクトを配列から取り除きます

行の入れ替えや削除ボタンを表示する Edit ボタンの追加

行の入れ替えをドラッグ操作で行えたり、削除ボタン●を行の左に表示したりする編集モードについて追加で説明しておきましょう。次で示すように右上の Edit ボタンをクリックするとリストの編集モードになります。Done ボタンをクリックすると編集モードが終了します。

ドラッグでリストの行を入れ替える

編集モードでは、右に表示されたバーをドラッグすることで行を入れ替えることができます。

行の左に削除ボタンを表示する

行の左に表示された削除ボタン⊖をクリックすると行を左へスワイプした状態になります。ここであらためて削除ボタンをクリックすれば行を削除できます。

編集モードを追加するためのコード

Edit ボタンは EditButton() を実行するだけで作ることができます。Edit ボタンをクリックするとそれだけで編集モードになりますが、ドラッグで行を入れ替えられるようにするには onMove モディファイア、削除ボタンを表示するには onDelete モディファイアを ForEach に追加してそれぞれに処理を行うコードを書き込みます。また、List {ForEach(books.booksData) { item in … }} のように ForEach を使って booksData から本データを item に取り出すように変える必要があるので、その点にも注意してください。

Code ツールバーに Edit ボタンを追加する　«FILE» ListSwipeActionsEditButton/ContentView.swift

```
struct ContentView: View {
    @ObservedObject var books = Books()

    var body: some View {
        NavigationView {
            List {
                ForEach(books.booksData) { item in
                    BookView(item)
                            . . .
                        }
                }
                .onMove{ indexSet, index in
                    books.booksData.move(fromOffsets: indexSet, toOffset: index)}
                .onDelete { indexSet in
                    books.booksData.remove(at: indexSet.first!)
                }
            }
            .navigationBarTitle(Text(" 図書リスト "))
            .listStyle(.plain)
            .toolbar {
                ToolbarItem(placement: .navigationBarTrailing) {
                    EditButton()
                }
            }
        }
    }
}
```

ドラッグと削除の処理を定義します（.onMove 〜 .onDelete の部分）

編集ボタンをツールバーに作ります（EditButton()）

Edit ／ Done ボタンを日本語にローカライズする

EditButton() で表示される編集ボタンは「Edit」、「Done」の英語ですが日本語表記へのローカライズは次のように行います。

Info 設定に Localizations を追加する

«SAMPLE» **ListSwipeActionsEditButtonJ.xcodeproj**

ナビゲータエリアの1番上のプロジェクト名を選択し、TARGETS > Info > Custom iOS Target Properties の設定を表示します。設定行の⊕ボタンをクリックすると設定項目のリストが表示されるので Localizations を選んで追加します。

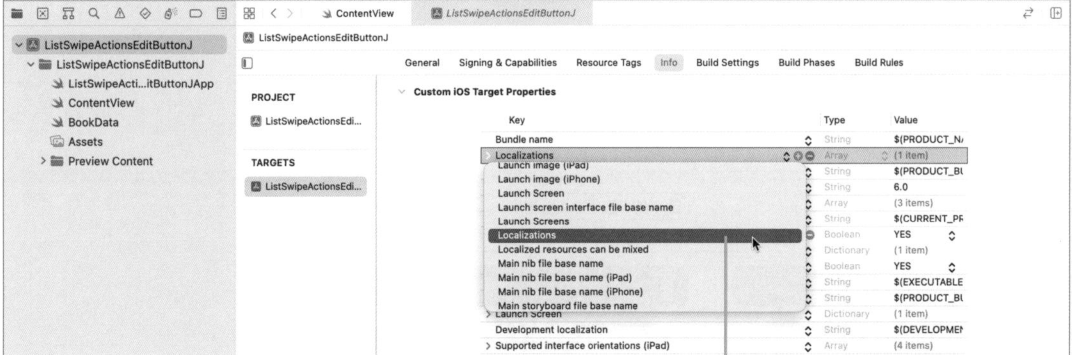

Localizationsの設定をJapaneseに変更する

追加されたLocalizations行の先頭 > をクリックするとitem 0の設定行が表示されるので、行の右端のValueの値をEnglishからJapaneseに変更します。するとナビゲータエリアにもInfo設定が追加され、追加したLocalizationsの設定項目を確認変更ができるようになります。

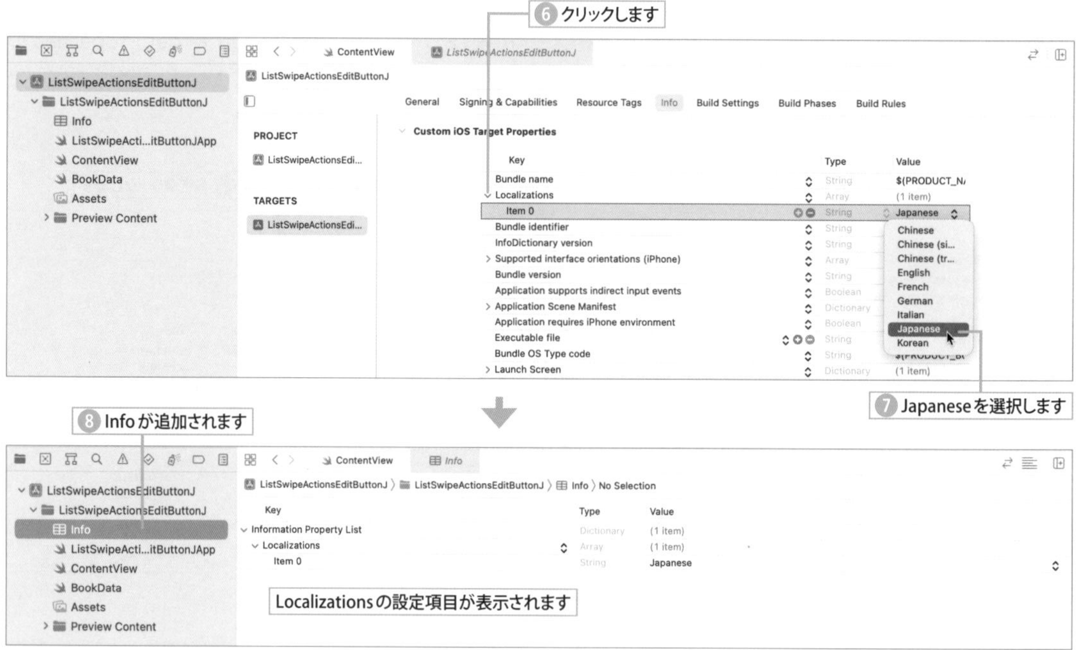

シミュレータで確かめる

ローカライズの結果はプレビュー表示では反映されませんが、シミュレータでは確かめることができます。「Edit」が「編集」、「Done」が「完了」になっています。

@StateObject オブジェクトと @ObservedObject オブジェクト

オブジェクトのプロパティの更新に合わせてビューを再描画する目的で @Published と @ObservedObject を利用する方法を説明してきましたが、同じようにプロパティの更新を見張るものに @Published と @StateObject の組み合わせがあります。@StateObject を利用することで親ビューが再描画しても子ビューで利用中のオブジェクトが初期化されなくなります。

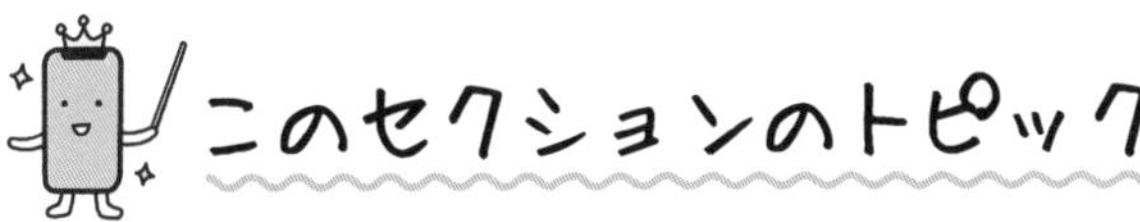

1. 更新されるオブジェクトのプロパティを @StateObject オブジェクトで監視しよう
2. @ObservedObject オブジェクトと @StateObject オブジェクトとの違いを確かめる
3. 親ビューと子ビューの関係を意識しよう
4. 親ビューの再描画が子ビューに影響することがある

重要キーワードはコレだ！

ObservableObject プロトコル、@Published、@StateObject、@ObservedObject

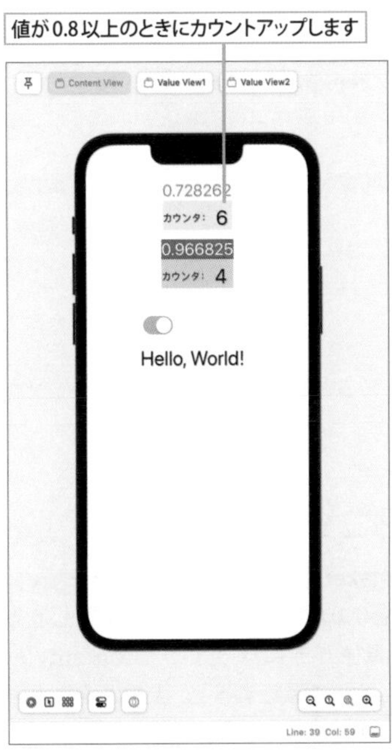

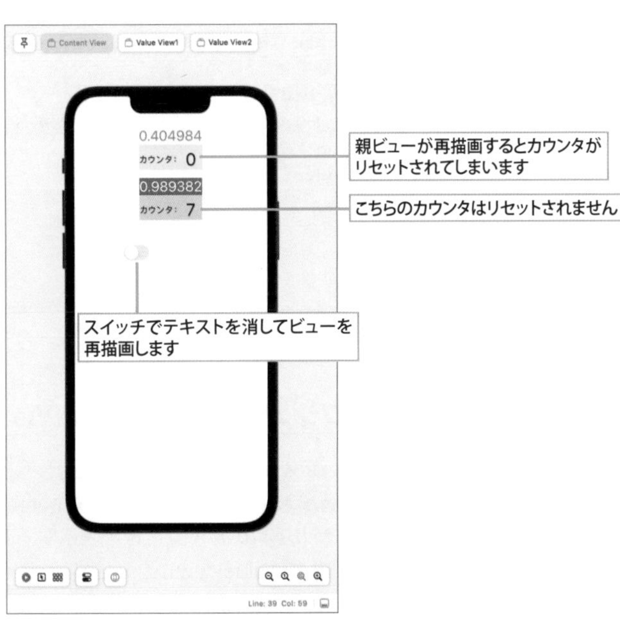

@ObservedObject と @StateObject を利用した２種類のビュー

ValueMaker クラスでパブリッシュしているプロパティの値を表示する ValueView1 ビューと ValueView2 ビューの２種類のビューを作り、その２つを子ビューとして ContentView ビューに表示します。ValueMaker クラスのインスタンスを ValueView1 ビューは @ObservedObject で作り、ValueView2 ビューでは @StateObject で作ります。どちらも同じように動作しますが、親ビューである ContentView ビューが再描画すると２つの結果が違ってきます。

1 プロパティをパブリッシュする ValueMaker クラスを定義する

ObservableObject プロトコルに準拠した ValueMaker クラスを作ります。ここでは新規に ValueMaker.swift ファイルを作っていますが、ContentView.swift にコードを追加しても構いません。Timer クラスを利用して定期的に乱数を発生してプロパティ value に納め、value が 0.8 より大きかった場合にプロパティ counter をカウントアップします。value と counter は値の更新を観察できるように @Published を付けてパブリッシュします。

Code プロパティをパブリッシュする ValueMaker クラス定義　«FILE» **StateObjectSample/ValueMaker.swift**

```
class ValueMaker: ObservableObject {
    // 値の更新をパブリッシュする変数にする
    @Published var value: Double
    @Published var counter: Int = 0
    private var timer: Timer
    // イニシャライザ
    init() {
        value = 0.0
        timer = Timer() // タイマーを作る
        start() // スタート
    }
    // タイマーをスタート
    func start() {
        timer = Timer.scheduledTimer(withTimeInterval: 0.5, repeats: true) { _ in
            // value に乱数をセットする
            self.value = Double.random(in: 0 ... 1)
            // value が 0.8 より大きかった場合にカウントする
            if self.value > 0.8 {
                self.counter += 1
            }
        }
    }
}
```

2 ObservedObject オブジェクトを使う ValueView1 ビューを定義する

ValueMaker クラスのインスタンスを @ObservedObject オブジェクト maker で保持し、その値を表示する ValueView1 ビューを作ります。maker.value で乱数、maker.counter で value が 0.8 以上だった回数を取得してそれぞれ表示します。maker.value が 0.8 より大きいときは表示する乱数の背景色が赤になります。ContentView_Previews に ValueView1() を追加して ValueView1 ビューだけをライブプレビューで確認すると、乱数が次々と表示され、0.8 より大きい数値は背景色が赤になりカウントアップされます。

Code @ObservedObject オブジェクトを使う ValueView1 ビュー «FILE» **StateObjectSample/ValueMaker.swift**

```
struct ValueView1: View {
    // ValueMaker のインスタンスを作り観測する
    @ObservedObject var maker = ValueMaker()

    var body: some View {
        VStack (alignment: .leading, spacing: 10){
            Text("\(maker.value)")
                .font(.title)
                .foregroundColor((maker.value > 0.8) ? .white : .gray)
                .background((maker.value > 0.8) ? Color.red : Color.white)
            // カウンタを表示する
            HStack{
                Text(" カウンタ：")
                Text("\(maker.counter)").font(.largeTitle)
            }
        }
        .background(Color.yellow.opacity(0.3))
        .frame(width: 200, height: 80)
    }
}

struct ValueView1_Previews: PreviewProvider {
    static var previews: some View {
        ValueView1()
    }
}
```

3 @StateObject オブジェクトを使う ValueView2 ビューを定義する

ValueView2 ビューでは ValueMaker クラスのインスタンスを @StateObject オブジェクト maker で保持します。カウンタ表示の背景色を yellow から blue に変えていますが、そのほかのコードはまったく同じです。ContentView_Previews に ValueView2() を追加して、ValueView2 ビューだけをライブプレビューで確認すると ValueView1 ビューと同じように乱数が表示されて 0.8 より大きかった回数がカウント表示されます。

Code @StateObject オブジェクトを使う ValueView2 ビュー «FILE» **StateObjectSample/ContentView.swift**

```
struct ValueView2: View {
    // ValueMaker のインスタンスを作り観測する
    @StateObject var maker = ValueMaker() ——— ValueView1 との違いはここだけです

    var body: some View {
        VStack (alignment: .leading, spacing: 10){
            Text("\(maker.value)")
                .font(.title)
                .foregroundColor((maker.value > 0.8) ? .white : .gray)
                .background((maker.value > 0.8) ? Color.red : Color.white)
            // カウンタを表示する
            HStack{
                Text(" カウンタ：")
                Text("\(maker.counter)").font(.largeTitle)
            }
        }
        .background(Color.blue.opacity(0.3)) ——— ValueView1 と区別するために背景色を blue にします
        .frame(width: 200, height: 80)
    }
}

struct ValueView2_Previews: PreviewProvider {
    static var previews: some View {
        ValueView2()
    }
}
```

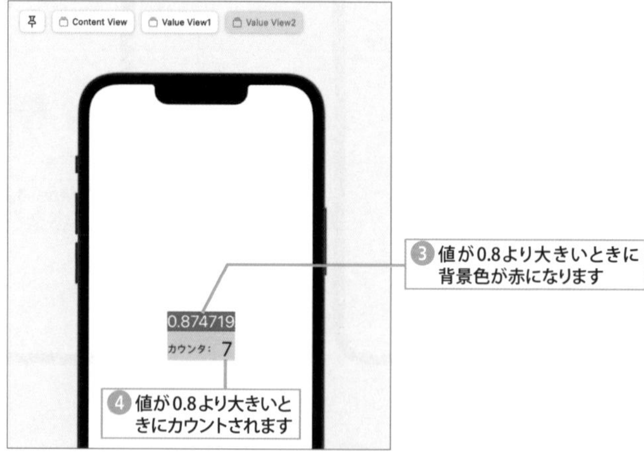

4 ContentView ビューに ValueView1 ビューと ValueView2 ビューを表示する

ContentView ビューに ValueView1 ビューと ValueView2 ビューを上下に並べて表示します。さらにトグルスイッチを置いて、スイッチのオン／オフで「Hello, World!」のテキストが表示／非表示されるようにします。

Code 2つのビューとトグルスイッチ、「Hello, World!」のテキストを ContentView ビューに並べる «FILE» StateObjectSample/ContentView.swift

```
struct ContentView: View {
    @State var isShow = true

    var body: some View {
        VStack (alignment: .leading, spacing: 20){
            // 子ビューの表示
            ValueView1()
            ValueView2()          ―― 2つのビューを配置します
            // 親ビューにあるテキストの表示／非表示の切り替え
            Toggle(isOn: $isShow) {
            }.frame(width: 50).padding(.top, 30)
            if isShow {
                Text("Hello, World!").font(.largeTitle)
            }                     ―― トグルスイッチで表示／非表示することで、
            Spacer()                 ContentView ビューが再描画されます
        }
        .padding()
    }
}

struct ContentView_Previews: PreviewProvider {
    static var previews: some View {
        ContentView()
    }
}
```

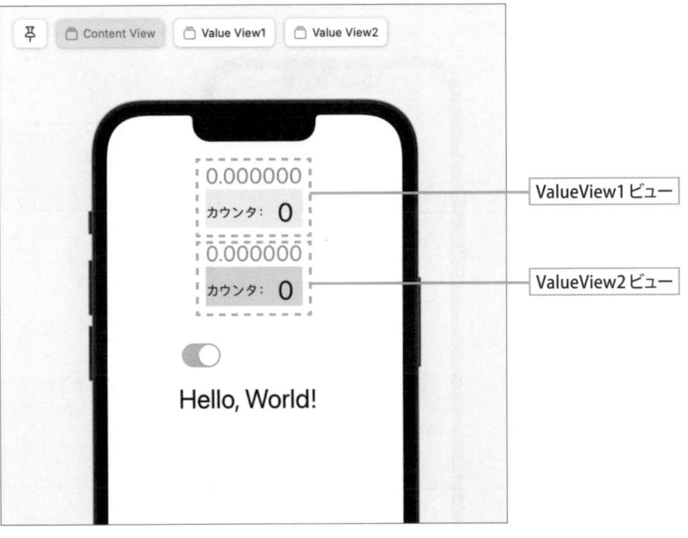

5 ContentView ビューをライブプレビューで確かめる

ContentView ビューをライブプレビューで確認します。上下に並んだ ValueView1 ビュー、ValueView2 ビューの乱数が刻々と変化し、0.8 より大きい数値のときに赤色背景になり、それぞれのカウントが 1 カウントアップされていきます。２個のビューの下にはトグルスイッチと「Hello, World!」のテキストがあり、スイッチをオフにすると「Hello, World!」が消え、オンにすると表示されます。

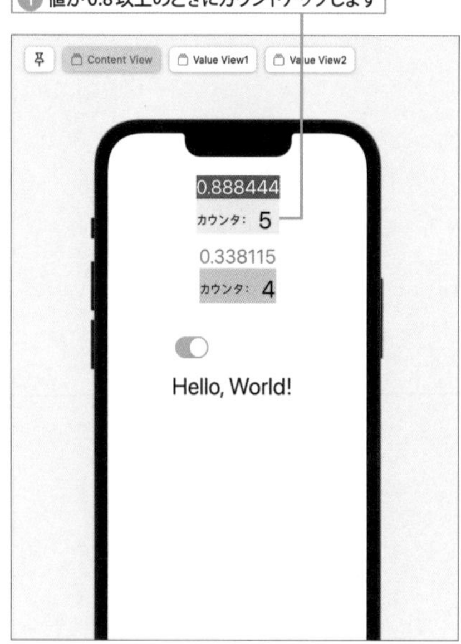

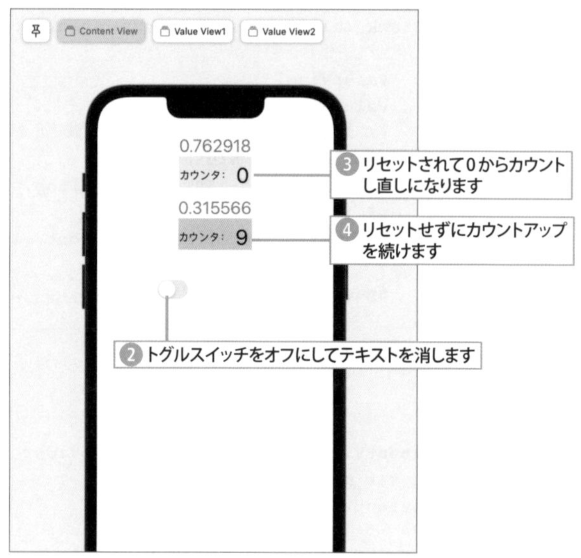

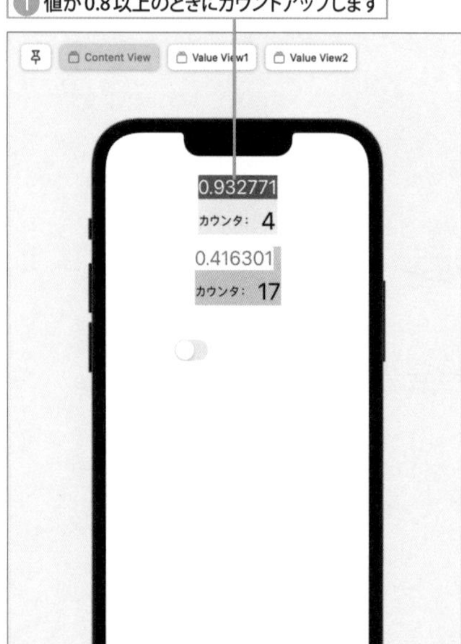

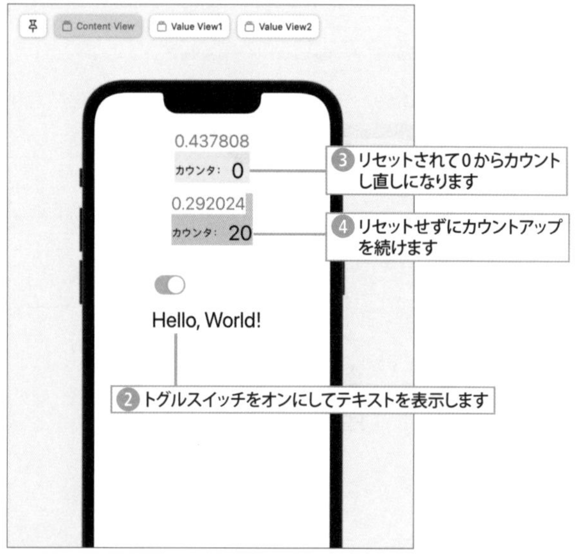

親ビューの再描画で子ビューがリセットしてしまう

動作をよく確認してみると、スイッチをオン／オフするどちらのタイミングでも ValueView1 ビューで数えていたカウンタの数値が 0 に戻ってしまいます。コードを確認してみてもスイッチのオン／オフでカウンタの値、つまり、maker.value を 0 にする指示はありません。ValueView1 ビューのカウンタを 0 に戻してしまうのは、「Hello, World!」のテキストが消えたり、表示されたりすることによって ContentView ビューが再描画されるのが原因です。

ここでカウンタが 0 になるのは ValueView1 ビューのカウンタだけで、ValueView2 ビューのカウンタはスイッチのオン／オフに影響されずにカウントアップを続けている点に注目してください。

親ビューが再描画しても @StateObject オブジェクトはリセットしない

ValueView1 ビューと ValueView2 ビューの違いは、ValueMaker クラスのインスタンス maker が ValueView1 ビューは @ObservedObject オブジェクトであり、ValueView2 ビューは @StateObject オブジェクトである点です。

２つのビューを表示している親ビューの ContentView ビューが再描画されると、子ビュー ValueView1 の @ObservedObject オブジェクトも作り直されるのに対して、子ビュー ValueView2 の @StateObject オブジェクトは親ビューが再描画されてもインスタンスの値が保持されていることがわかります。

どこからでも共有できる @EnvironmentObject

複数のビューで共有したいデータをContentViewの共有オブジェクトにする方法があります。ここで登場するキーワードは@EnvironmentObjectです。本セクション最後の「Swiftシンタックスの基礎知識」では本章で利用しているクラス定義を詳しく解説します。クラス、メンバー、プロトコル、継承、クラス拡張などについて知りましょう。

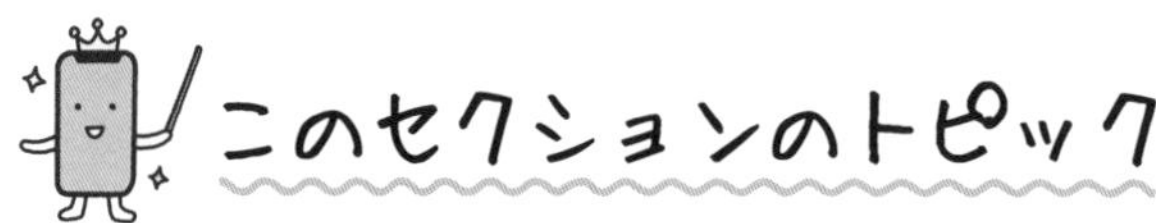

1. どこからでも利用できる共有オブジェクトを作るクラスを定義しよう
2. 共有する変数を@Publishedでパブリッシュしよう
3. 共有オブジェクトはいつどこで作ればいい？
4. ビューで使う共有オブジェクトを@EnvironmentObjectで呼びだそう

重要キーワードはコレだ！

class、ObservableObjectプロトコル、@Published、@EnvironmentObject、@main、environmentObject()、extension、継承、スーパークラスとサブクラス、クラス拡張

STEP EnvironmentObjectを使って2つのビューでデータを共有する

EnvironmentObject を使って、カスタムクラスのプロパティ変数の値を２つのビュー間で共有する方法を説明します。共有するデータを ShareData.swift で定義し、ContentView ビューで表示する値をシート表示する SettingView ビューのスイッチとステッパーで設定します。共有オブジェクトは @main が付いたメインプログラムで初期化します。

1 ShareData クラス定義ファイルを作る

«SAMPLE» EnvironmentObjectSample.xcodeproj

あらかじめSwiftUIのプロジェクトを作成しておき、ShareData クラスを定義する ShareData.swift ファイルをプロジェクトに追加します。ShareData.swift は Swift File テンプレートで作ります。

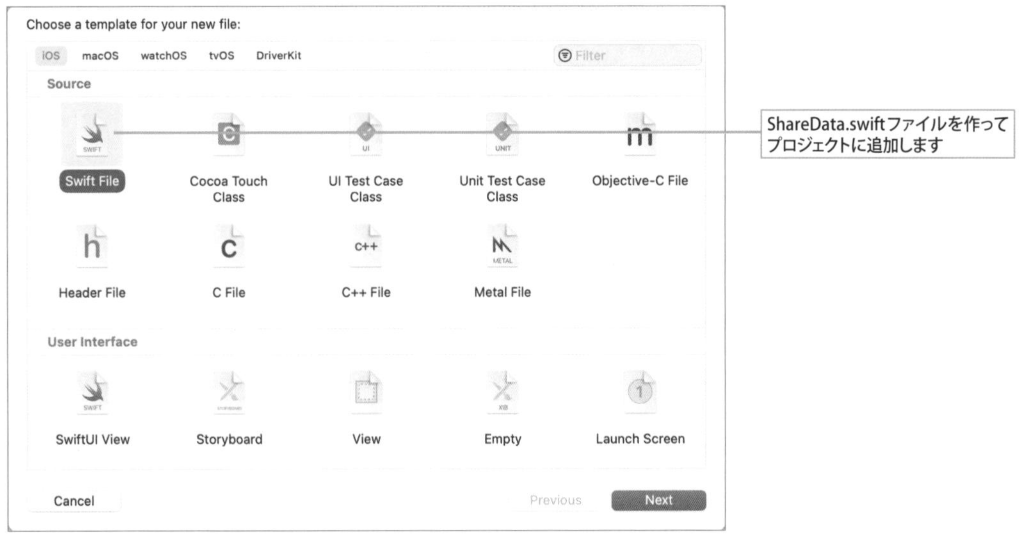

2 ShareDataクラスを定義して共有する変数をパブリッシュする

ナビゲータエリアでShareData.swiftを選択して、ObservableObjectプロトコルを採用したShareDataクラスを定義します。ShareDataクラスでは、isOnとnumのプロパティ変数に@Publishedを付けてパブリッシュします。なお、専用ファイルを作らずにこのクラス定義のコードをContentView.swiftに追加して書いても構いません。

Code ShareDataクラス定義 «FILE» **EnvironmentObjectSample/ShareData.swift**

```
import Foundation

// 共有するデータ
class ShareData: ObservableObject {     ← プロトコルを指定します
    @Published var isOn = false
    @Published var num = 1
}
```

3 ContentView.swift のコードを書き替える

ナビゲータエリアで ContentView.swift を選択して、ContentView と ContentView_Previews のコードを書き替えます。ContentView では @EnvironmentObject 属性を付けた setData と @State 属性を付けた isShow 変数を宣言します。body では共有している setData の isOn と num の現在値を表示するテキストと設定値を変更するシートを表示するボタンを作ります。プレビューを作る ContentView_Previews も初期化のためにコードを変更します。シート表示する SettingView ビューを定義していないので、まだプレビューはできません。

Code　ContentView と ContentView_Previews　«FILE» **EnvironmentObjectSample/ContentView.swift**

```
import SwiftUI

struct ContentView: View {
    // 共有オブジェクトを指定する
    @EnvironmentObject var setData: ShareData ――― 共有オブジェクト
    // シートが開いている状態
    @State var isShow: Bool = false

    var body: some View {
        VStack{                          GroupBox を使うとパネルのように表示されます
            // 現在の設定
            GroupBox(label: Label("設定", systemImage: "gearshape")){
                Text("\(setData.isOn ? "ON" : "OFF")")
                if setData.isOn {
                    Text(String(repeating: "★", count: setData.num))
                }
            }.frame(width:300)
            // シートを表示するボタン
            Button (action:{
                isShow = true
            }){
                Label("設定を変える", systemImage: "ellipsis.circle")
            }
            .padding()
            .sheet(isPresented: $isShow){
                // シートを作る
                SettingView(isPresented: $isShow) ―― ボタンで設定シートを表示します
            }
        }                                閉じるボタンで使うために渡します
    }

struct ContentView_Previews: PreviewProvider {
    static var previews: some View {
        ContentView()
            .environmentObject(ShareData()) // プレビュー用
    }                                共有オブジェクトを作るコードを追加します
}
```

4 SettingView構造体を定義するswiftファイルを作る

SettingView構造体を定義するSettingView.swiftファイルをプロジェクトに追加します。SettingView.swiftはSwiftUI Viewテンプレートで作ります。

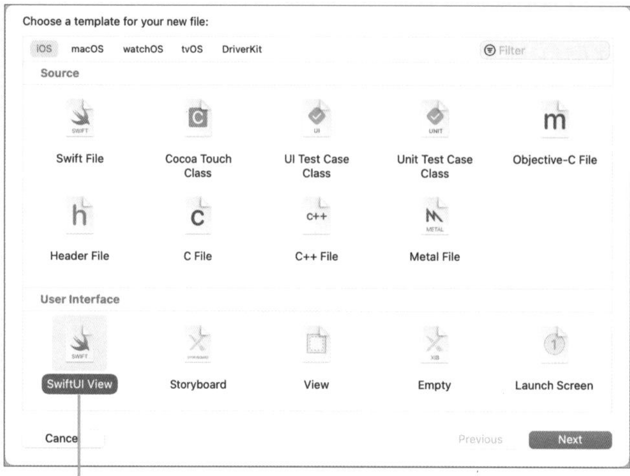

SettingView.swiftはSwiftUI Viewテンプレートで作ります

5 SettingView.swiftのコードを書き替える

ナビゲータエリアでSettingView.swiftを選択して、スイッチとステッパーを表示するコードに書き替えます。「閉じる」ボタンはNavigationViewを利用してツールバーに追加します（スイッチ ☞ P.222、ステッパー ☞ P.234、シートを閉じる ☞ P.369）。

Code SettingView.swift «FILE» EnvironmentObjectSample/SettingView.swift

```
import SwiftUI

struct SettingView: View {
    // 共有オブジェクトを指定する
    @EnvironmentObject var setData: ShareData  ―― 共有オブジェクト
    // シートが開いている状態
    @Binding var isPresented: Bool  ―― シートを閉じるために利用します

    var body: some View {
        NavigationView {
            VStack {
                // スイッチ
                Toggle(isOn: $setData.isOn) {
                    Text("設定 : \(setData.isOn ? "ON" : "OFF")")
                }.frame(width:250)
                // ステッパー（★の個数）
                Stepper(value: $setData.num, in: 1...5) {
                    Text("★ :\(setData.num)")
                }
                .frame(width:250)
            }
```

共有オブジェクトのプロパティの値を設定します

```
                .font(.title2)
                .frame(maxWidth: .infinity, maxHeight: .infinity)
                .background(Color(red: 0.9, green: 0.9, blue: 0.5))
                .toolbar {
                    ToolbarItem(placement: .navigationBarTrailing) {
                        // 閉じるボタン
                        Button("閉じる"){
                            isPresented = false
                        }
                    }
                }
            }
        }
}

struct SettingView_Previews: PreviewProvider {
    static var previews: some View {
        SettingView(isPresented: Binding.constant(false)) ——— プレビュー用にバインディングします
            .environmentObject(ShareData()) // プレビュー用
    }                                  └── 共有オブジェクトを作るコードを追加します
}
```


6 EnvironmentObjectSampleApp.swift のコードを書き替える

ナビゲーションエリアで EnvironmentObjectSampleApp.swift を選択すると @main に続いて struct の App の定義があります。この中に ContentView() が書いてあるので、ContentView().environmentObject(ShareData()) のように共有オブジェクトを作るコードを追加します。

Code EnvironmentObjectSampleApp.swift «FILE» EnvironmentObjectSample/EnvironmentObjectSampleApp.swift

```
import SwiftUI

@main ——— アプリ起動時に最初に実行するコードが指定してあります
struct EnvironmentObjectSampleApp: App {
    var body: some Scene {
        WindowGroup {
            // 共有オブジェクトを作る
            ContentView().environmentObject(ShareData())
        }                          └── 共有オブジェクトを作るコードを追加します
    }
}
```

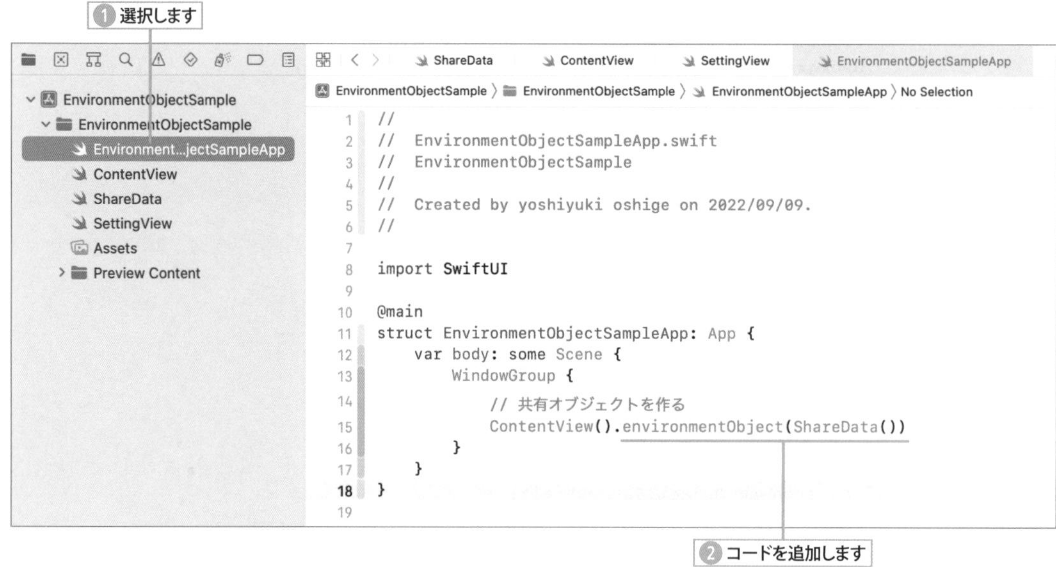

7 ライブプレビューで動作チェックする

ライブプレビューで動作チェックをしてみましょう。ContentView を表示し、ライブプレビューにします。［設定を変える］をクリックして SettingView ビューを表示します。

8 SettingView の設定値を変更して閉じ、ContentView の現在値を確認する

SettingView ビューの設定値を変更し、「閉じる」ボタンを使うか、ビューを下向きにスワイプしてビューを閉じます。ContentView ビューに表示されている現在値が SettingView ビューの設定値と同じになっていれば値の共有が成功です。設定 ON で閉じると設定 OFF では表示されていなかった★が指定した個数だけ並びます。

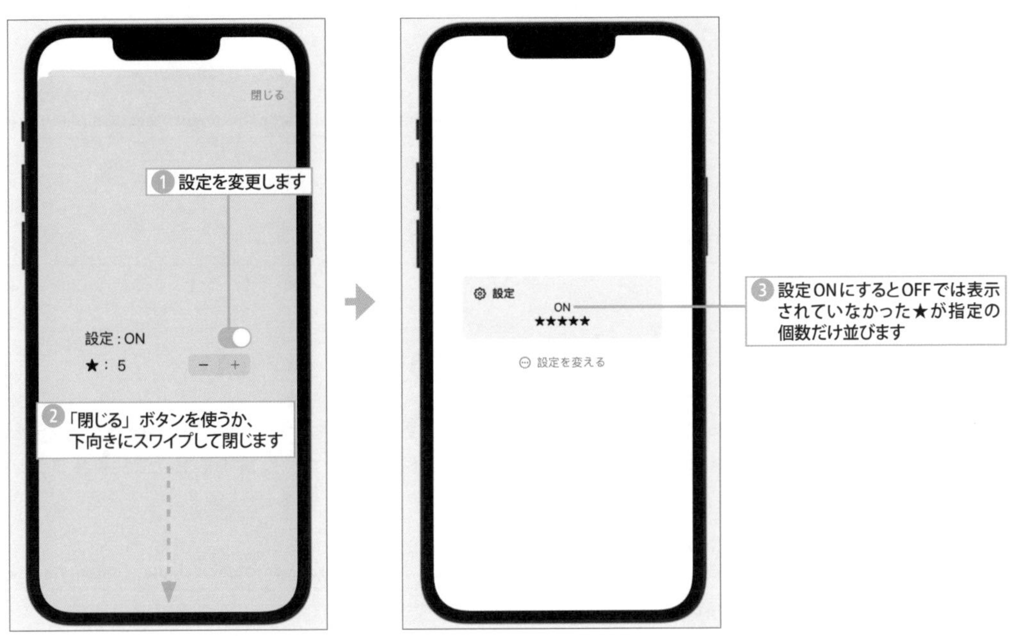

共有する ObservableObject を定義する

このサンプルでは ContentView と SettingView の２つのビューで ShareData クラスのオブジェクトを共有しています。ShareData クラスは前節の Stopwatch クラスと同じように ObservableObject プロトコルを指定したクラスで、共有するプロパティには @Published 属性を付けています。

Code ObservableObject オブジェクトを作る ShareData クラス定義 «FILE» **EnvironmentObjectSample/ShareData.swift**

```
import Foundation

// 共有するデータ
class ShareData: ObservableObject {
    @Published var isOn = false
    @Published var num = 1
}
```

プロトコルを指定します

共有する変数（プロパティ）をパブリッシュします

起動時に共有オブジェクトを作って ContentView に登録する

共有オブジェクトは、プロジェクトに自動的に追加された EnvironmentObjectSampleApp.swift で作成します。コードを見ると @main が付いた struct EnvironmentObjectSampleApp の定義文があります。@main はアプリが起動したときに最初に実行されるコードを指定しています。つまり、アプリが起動するタイミングで environmentObject(ShareData()) を実行し、ShareData() で作った ObservableObject オブジェクトを ContentView ビューの共有オブジェクトとして登録します。

Code 起動時に共有オブジェクトを作る «FILE» EnvironmentObjectSample/EnvironmentObjectSampleApp.swift

```
@main
struct EnvironmentObjectSampleApp: App {
        ...
                ContentView().environmentObject(ShareData())
```

ContentView ビューで共有データを使う

ContentView ビューでは、ShareData() で作ったオブジェクトを参照できるように @EnvironmentObject を付けて変数 setData を宣言します。setData にオブジェクトを代入する必要はなく、宣言するだけで共有オブジェクトを参照できるようになります。

Code 共有オブジェクトを指し示す変数 setData を作る «FILE» EnvironmentObjectSample /ContentView.swift

```
 @EnvironmentObject var setData: ShareData ——— 宣言するだけでよく、値を代入する必要はありません
```

これでパブリッシュされたプロパティの値は setData.isOn や setData.num で取り出すことができます。次のコードによって setData.isOn が true のときだけ setData.num の数だけ★が表示されます。図に示すように GroupBox で囲まれた範囲は領域に背景が付きます。

Code パブリッシュされたプロパティ変数の値を調べる «FILE» EnvironmentObjectSample /ContentView.swift

```
            GroupBox(label: Label("設定", systemImage: "gearshape")){
                Text("\(setData.isOn ? "ON" : "OFF")")
                if setData.isOn {
                    Text(String(repeating: "★", count: setData.num))
                }                                └── 指定の個数だけ★を繰り返します
            }.frame(width:300)
```

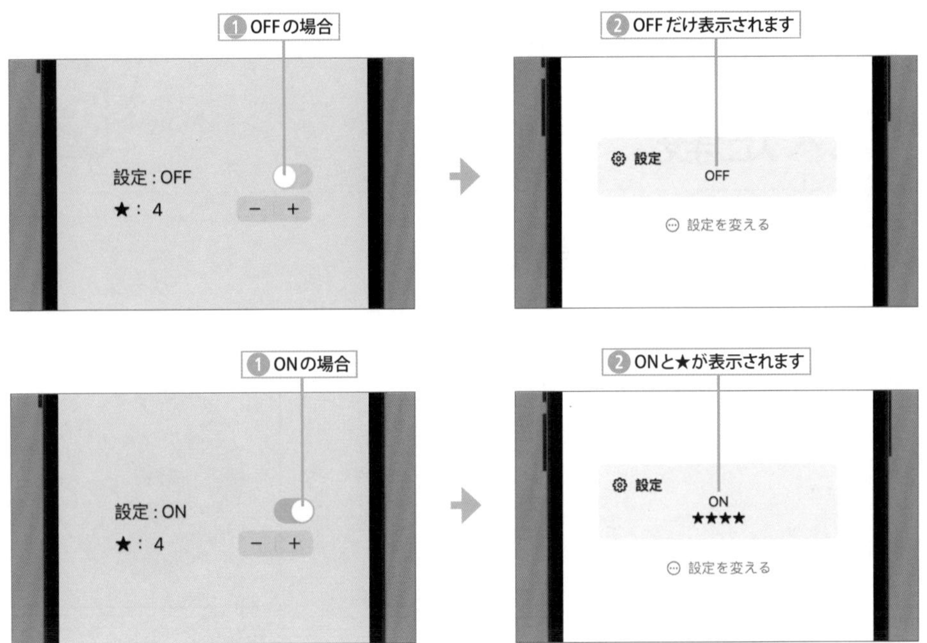

SettingView ビューで共有オブジェクトを使う

ContentView ビューと SettingView ビューとが同じ共有データを指し示すようにするには、SettingView ビューでも ContentView ビューと同じように共有オブジェクトを @EnvironmentObject 属性を付けた変数 setData で参照します。

Code SettingView ビューで共有オブジェクトの setData を利用する «FILE» EnvironmentObjectSample/SettingView.swift

```
struct SettingView: View {
    // 共有オブジェクトを指定する
    @EnvironmentObject var setData: ShareData  ——— 共有データを参照します
  ...
```

そして、ON ／ OFF の設定値や評価の★数は、それぞれ setData.isOn、setData.num で参照できます。

Code 共有オブジェクトの setData のプロパティを参照する «FILE» EnvironmentObjectSample/SettingView.swift

```
            // スイッチ
            Toggle(isOn: $setData.isOn) {
                Text("設定 : \(setData.isOn ? "ON" : "OFF")")
            }.frame(width:250)
            // ステッパー（★の個数）
            Stepper(value: $setData.num, in: 1...5) {
                Text("★ :\(setData.num)")
            }.frame(width:250)
```

Swift シンタックスの基礎知識

クラス定義

クラスはオブジェクトの仕様を定義したもの

「オブジェクト」とは物体という意味をもつ言葉ですが、プログラミング用語的にはもう少し具体的に「属性と機能を持ち合わせた物」を指します。そして、どんな属性と機能を持ち合わせたオブジェクトを作るのかを定義した設計書が「クラス」です。

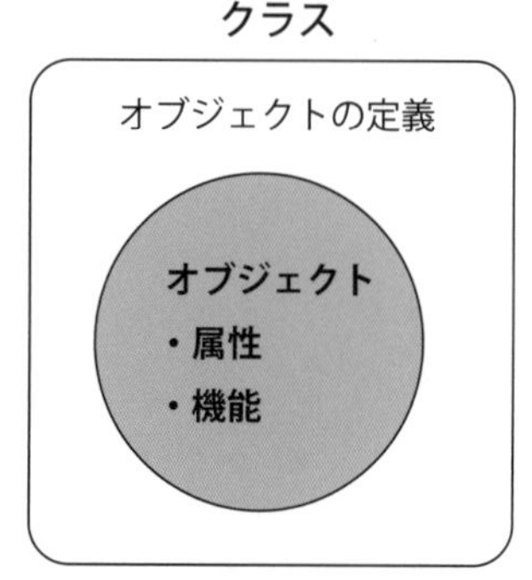

クラスのインスタンス

クラスの定義にもとづいて作ったオブジェクトのことを「インスタンス」と言います。MyClass クラスで作ったオブジェクトならば、「MyClass のインスタンス」です。設計図があれば同じ物を何個でも作ることができるように、1つのクラスから何個でもインスタンスを作ることができます。

同じクラスのインスタンスであっても属性の値は個々のインスタンスによって個別に設定されて保持されます。これは同じ人間であっても、人間の属性である名前、身長、体重などの値が人それぞれでまちまちなのと同じです。クラスで定義された機能もインスタンスがそれぞれの機能として内部にもちます。したがって、インスタンスに命令すれば定義されている機能を実行できます。

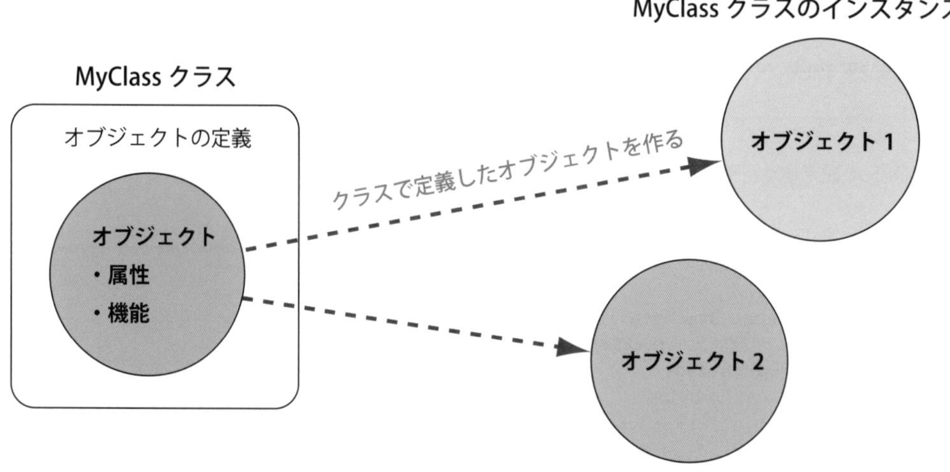

クラスを定義する

クラスではオブジェクトの属性と機能を定義します。具体的には、属性は変数で宣言して値を管理し、機能は関数を使って処理内容を定義します。オブジェクトの属性は「プロパティ」、機能は「メソッド」という呼び方もします。そして、これらを合わせて「メンバー」とも言います。

次に示すのがクラス定義のもっとも基本的な書式です。小文字のclassから始めて、class クラス名 { ... }のように定義します。プロパティとメソッドの個数は何個でもよく、実際のところclass MyClass { }のように中身が空でも構いません。イニシャライザはオブジェクトを初期化する目的で使います。特にプロパティ変数に初期値がない場合は必要です。逆に言えば、プロパティ変数に初期値が設定されていれば、イニシャライザは必ずしも必要ではありません。

書式 クラス定義の書式

```
class クラス名 {
    // プロパティ
    var 変数 : 型 = 初期値

    // イニシャライザ
    init( 引数 : 型 ){
        self. 変数 = 引数
        ・・・
    }

    // メソッド
    func 関数名 ( 引数 : 型 ) -> 戻り値の型 {
        ・・・
        return 戻り値
    }
}
```

MyFriendクラスを定義する

では、Playgroundを使って簡単なクラスを定義してみましょう。作るのはMyFriendクラスです。MyFriendクラスで作るオブジェクトには、name、ageのプロパティとhello()メソッドがあります。

イニシャライザではプロパティ変数のnameとageの初期値を設定します。init(name:String, age:Int)のように引数名とプロパティ変数名が同じなので、プロパティ変数にはインスタンス自身を指すselfを付けてself.name、self.ageで参照します。

Playground MyFriendクラスを定義する «FILE» classSample.playground

```
class MyFriend {

    // プロパティ
    var name:String
    var age:Int

```

```
    // イニシャライザ
    init(name:String, age:Int){
        self.name = name
        self.age = age
    }

    // メソッド
    func hello() -> String {
        let message = "ハロー！ \(name)です。\(age)歳です。"
        return message
    }
}
```

プロパティに初期値がないのでイニシャライザで設定します

クラスのインスタンスを作る

クラスのインスタンスはクラス名にカッコを付けて作ります。このときにイニシャライザに引数が渡されるので、MyFriendクラスのインスタンスを作るならばMyFriend(name: "植木", age: 31)のようにnameとageの初期値を同時に指定します。次のコードはMyFriendクラスからfriend1とfriend2の2個のインスタンスを作っています。

Playground　MyFriendクラスから2個のインスタンスを作る　«FILE» classSample.playground

```
// MyFriendクラスのインスタンスを作る
let friend1 = MyFriend(name: "植木", age: 31)
let friend2 = MyFriend(name: "さくら", age: 26)
```

それぞれの初期値を指定してインスタンスを作ります

プロパティを参照する

インスタンスのプロパティを参照するには、「インスタンス.変数名」のようにドットを使ってアクセスします。プロパティ変数がvarで宣言してあれば値を更新することもできます。

次のコードでは、friend1.name、friend2.nameでそれぞれの名前を取り出し、friend1.age、friend2.ageで年齢を参照しています。friend2.age += 1ではfriend2のageに1を加算しています。

Playground　インスタンスのプロパティを使う　«FILE» classSample.playground

```
// プロパティの値を調べる
let str1 = friend1.name + "と" + friend2.name + "は、ともだちです。"
let str2 = friend1.name + "は" + String(friend1.age) + "歳です。"
// プロパティの値を更新する
friend2.age += 1
let str3 = friend2.name + "は、誕生日で" + String(friend2.age) + "歳になりました。"
// 結果を出力して確認
print(str1)
print(str2)
print(str3)
```

個々のインスタンスにアクセスします

friend2のname

friend2のage

結果

```
植木とさくらは、ともだちです。
植木は31歳です。
さくらは、誕生日で27歳になりました。
```

メソッドを実行する

同じようにインスタンスのメソッドの実行も「インスタンス.メソッド()」のように実行します。

friend1.hello()、friend2.hello() のように同じメソッドを実行していますが、それぞれのメソッドが実行されるので返ってくる結果が違っています。

Playground インスタンスのメソッドを実行する　«FILE» classSample.playground

```
// メソッドを実行する
let str4 = friend1.hello() ――― friend1 に hello() を命令します
let str5 = friend2.hello() ――― friend2 に hello() を命令します
// 結果を出力して確認
print(str4)
print(str5)
```

結果

```
ハロー！ 植木です。31 歳です。
ハロー！ さくらです。27 歳です。
```

スーパークラスを継承しているクラス

すでに存在するクラスがあるとき、それを少しだけ拡張して使いたいということがあります。そのような場合に拡張したいクラスを継承する方法で新しいクラスを定義することができます。ほかのクラスを継承して作った新しいクラスをサブクラスと呼び、元にしたクラスをスーパークラスと呼びます。

継承を使ったクラス定義の書式は次のようになります。スーパークラスを指定する点が違うだけで、そのほかは基本的には通常のクラス定義と同じです。継承できるスーパークラスは 1 個だけです。

書式 クラス定義の書式（ほかのクラスを継承している場合）

```
class クラス名: スーパークラス {
    ・・・
}
```

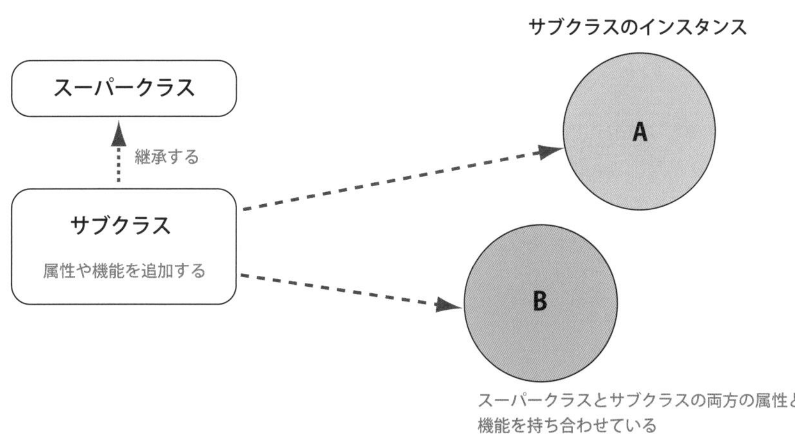

それでは、先ほど定義したMyFriendクラスを継承したGoodFriendクラスを定義してみましょう。GoodFriendクラスには、スーパークラスとしてMyFriendが指定してあり、GoodFriendクラスのプロパティ配列fortuneとメソッドのuranai()とwho()が定義してあります。who()ではMyFriendのプロパティnameを使っているところに注目してください。

Playground　MyFriendクラスを継承したGoodFriendクラスを定義する　«FILE» superclassSubclass.playground

```
// MyFriendクラスを継承したGoodFriendクラス
class GoodFriend: MyFriend {  ——— MyFriendクラスを継承します
    let fortune = ["大吉", "吉", "小吉", "凶"]
    // 占いができる
    func uranai() -> String {
        let index = Int.random(in: 0 ..< fortune.count)
        let result = "今日の運勢は" + fortune[index] + "です！"
        return result
    }
    // スーパークラスのプロパティを使う
    func who() -> String {
        return name + "です。よろしく！"
    }
}
```

（name ——— スーパークラスMyFriendで定義してあるプロパティを使っています）

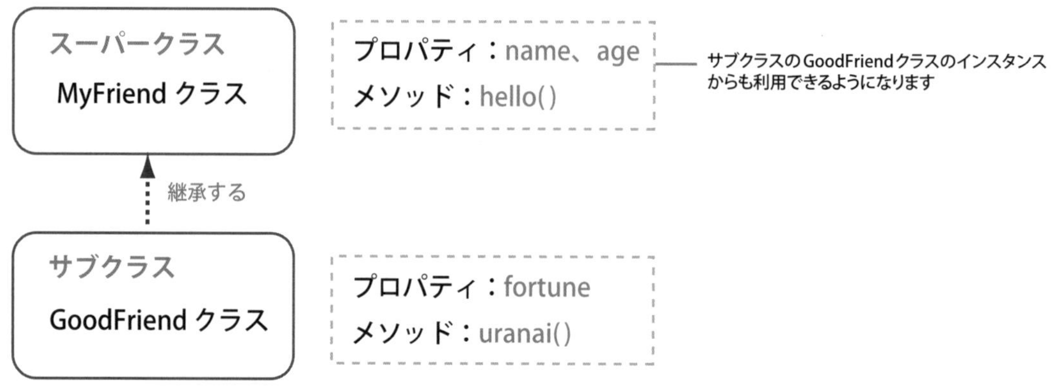

それではGoodFriendクラスのインスタンスfriend3を作ってみましょう。GoodFriendクラスにはname、ageのプロパティもイニシャライザもありませんが、GoodFriend(name: "のん", age: 12)のようにMyFriendクラスのイニシャライザを使って初期化します。

GoodFriendクラスで定義したメソッドはfriend3.uranai()のように当然使うことができ、MyFriendクラスのhello()もfriend3.hello()のように使うことができています。

Playground MyFriend クラスを継承した GoodFriend クラスを定義する «FILE» superclassSubclass.playground

```
// GoodFriend のインスタンスを作る
let friend3 = GoodFriend(name: "のん", age: 12) ―― スーパークラスのプロパティの初期値を指定する必要があります
let unsei = friend3.uranai()  // サブクラスのメソッドを実行する
let iam = friend3.who()
let msg = friend3.hello()   // スーパークラスのメソッドを実行する
// 結果
print(unsei)
print(iam)
print(msg)
```

結果

```
今日の運勢は小吉です！
のんです。よろしく！
ハロー！ のんです。12 歳です。
```

スーパークラスの初期化

サブクラスにイニシャライザがある場合は、スーパークラスのイニシャライザを super.init(引数 : 値) のように呼び出してスーパークラスも初期化する必要があります。たとえば、GoodFriend に初期値が設定されていない nickname プロパティがあるとすれば、スーパークラスの MyFriend クラスとサブクラスの GoodFriend クラスの両方を初期化する必要が出てきます。

そこで GoodFriend クラスに init(name: String, age: Int, nickname:String) のように両クラスで必要となる初期値を受けるイニシャライザを書き、GoodFriend クラスでは nickname の初期値を設定し、スーパークラスの MyFriend クラスには super.init(name: name, age: age) を実行することで MyFriend クラスのイニシャライザに初期値を渡します。

Playground サブクラスの GoodFriend クラスにイニシャライザがある場合 «FILE» subclassInit.playground

```
// MyFriend クラスを継承した GoodFriend クラス
class GoodFriend: MyFriend {
    let fortune = ["大吉", "吉", "小吉", "凶"]
    var nickname:String ―― 初期値がないのでイニシャライザで設定する必要があります
    // イニシャライザ
    init(name: String, age: Int, nickname: String) {
        self.nickname = nickname ―― 初期値を設定します
        // スーパークラスのイニシャライザに渡す
        super.init(name: name, age: age) ―― スーパークラスの初期化のために実行します
    }
                        サブクラスのイニシャライザ
    ...
}
                        この２つの引数はスーパークラス MyFriend に渡されます
// GoodFriend のインスタンスを作る
let friend4 = GoodFriend(name: "片貝鯛造", age: 56, nickname: "イタサン")
print("\(friend4.name) \(friend4.age) 歳")
print("ニックネームは \(friend4.nickname) です。")
```

結果

```
片貝鯛造 56 歳
ニックネームはイタサンです。
```

プロトコルが指定されているクラス

プロトコルとはクラスを作る上での規格のようなものです。プロトコルを指定したならば、プロトコルで規定されているメソッドを必ず実装しなければなりません。逆に言えば、プロトコルが指定してあるクラスにはプロトコルに従って必ず実装されているメソッドがあるので、利用する際には安心して使うことができます。

プロトコルが指定してあるクラスの書式は次のようになります。スーパークラスに続いてプロトコルを指定しますが、スーパークラスは指定しなくても構いません。プロトコルは何個でも指定することができます。

書式 クラス定義の書式（プロトコルが指定されている場合）

```
class クラス名: スーパークラス, プロトコル, プロトコル {
    . . .
    // プロトコルで実装を指定されているメソッド
    func 関数名(引数: 型) -> 戻り値の型 {
        . . .
        return 戻り値
    }
}
```

extensionを使ってクラス拡張する

extensionを使うことで既存のクラスを手軽に拡張することができます。extensionではget / setを使ったComputedプロパティとメソッドを追加できます（Computedプロパティ☞P.65）。

書式 エクステンション

```
extension 既存のクラス名 {
    拡張ステートメント
}
```

インスタンスメンバーを拡張する

次のPlayerクラスにはnameプロパティとhello()メソッドが定義してあります。

Playground Playerクラス定義 «FILE» extensionPlayer.playground

```
class Player {
    var name: String = ""
    func hello() {
        print("やあ！" + name)
    }
}
```

このPlayerクラスにextensionを使って、whoプロパティとbye()メソッドを追加します。whoはnameをゲット／セットするだけですが、これによって他のクラスからはnameでもwhoでもどちらでも区別せずに使えるようになります。

Playground Playerクラスを拡張する «FILE» extensionPlayer.playground

```
extension Player { ―――――――Playerクラスを拡張します
    // nameをwhoでもアクセスできるようにする
    var who: String {
        get {
            return name        ――― Computedプロパティで拡張します
        }
        set(value){
            name = value
        }
    }

    // 新しいメソッドを追加する
    func bye() {
        print("またね！" + name)
    }
}
```

では、拡張済みのPlayクラスを試してみましょう。元のPlayクラスにはないwhoとbye()が使えるのがわかります。

Playground 拡張済みのPlayerクラスを使う «FILE» extensionPlayer.playground

```
let user = Player()
user.who = "健治"――――拡張して使えるようになったプロパティ
user.hello()
user.bye() ――――拡張して使えるようになったメソッド
```

結果

```
やあ！健治 ――――hello()の結果
またね！健治 ――――bye()の結果
```

NOTE

SwiftUI の Color を拡張する

SwiftUI の Color は文字色や図形の色を .blue や .red のように代表的な色を指定できますが、extension を使えば好きな色を同じように登録できます。ここで登録しているのは「萩色」です。Color.hagiiro になるので、.hagiiro だけで指定することができます。static var はインスタンス変数ではなく、構造体やクラス自身のプロパティを宣言します。

Code SwiftUI の Color を拡張して独自の色を登録する «FILE» **ExtensionColor/ContentView.swift**

```
import SwiftUI
                        Color クラスを拡張します
extension Color {
    static var hagiiro: Color {  ―― Color に hagiiro という名前の色を追加します
        return Color(red: 223/255, green: 87/255, blue: 143/255, opacity: 1.0)
    }                                      萩色を作ります
}

struct ContentView: View {
    var body: some View {
        ZStack {
            Circle()
                .foregroundColor(.hagiiro) ―― .hagiiro で塗り色を指定します
                .frame(width: 200, height: 200)
            Text("萩 色")
                .foregroundColor(.white)
                .font(.title)
        }
    }
}

struct ContentView_Previews: PreviewProvider {
    static var previews: some View {
        ContentView()
    }
}
```

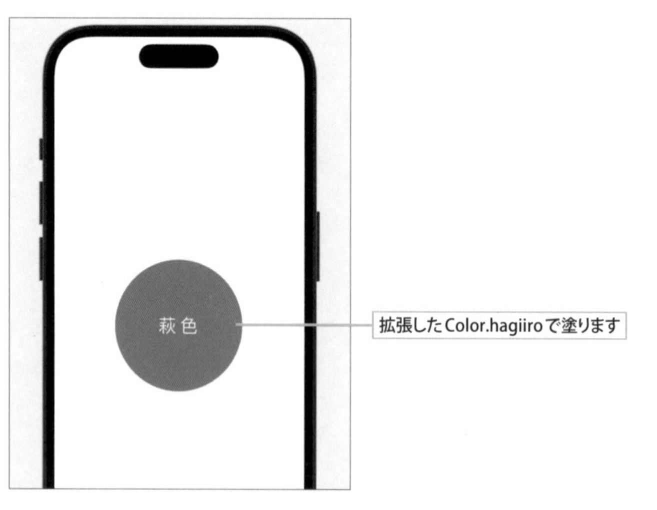

SwiftUIのMap()で地図表示

SwiftUIに対応したMapKitフレームワークを使って地図を表示する方法を解説します。アノテーションの追加や現在地の表示、現在地のフォローについても解説します。SwiftUIのMap()の使い方を研究してみましょう。

Map() で地図を作る

地図は MapKit フレームワークの Map で作ります。Map で作る地図にはいろいろな機能がありますが、このセクションでは地図に表示する地点や領域の指定方法などの基本的なコードを試してみましょう。

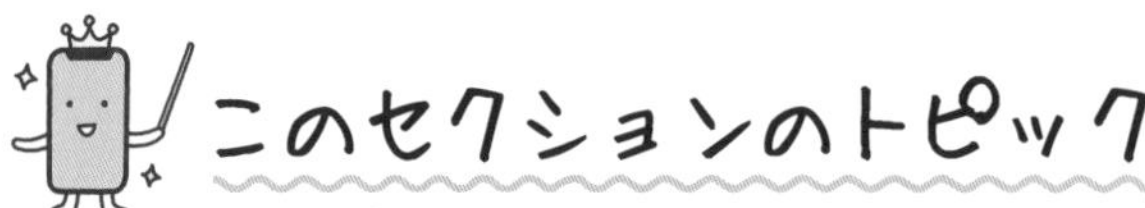

1. SwiftUI の Map() で地図を表示するための基本を学ぼう
2. MapKit フレームワークを使えるようにするには？
3. 地図の領域や座標のデータを作ろう
4. 地図を円形にクリッピングして表示する

重要キーワードはコレだ！

MapKit、Map、MKCoordinateRegion、CLLocationCoordinate2D、latitudinalMeters、longitudinalMeters

Map()で地図を表示

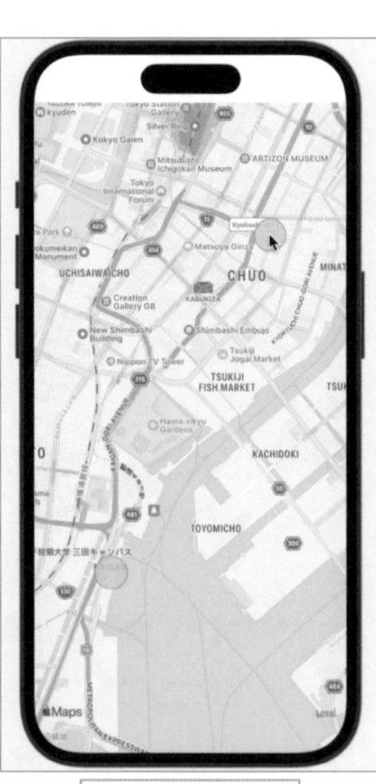

ピンチ操作で拡大縮小

地図をクリッピングして表示

STEP Map() で地図を作る

MapKit フレームワークをインポートし、Map() を使って地図を作ります。表示するエリアをバインディングした引数で指定するので、@State 指定の変数 region を宣言して領域を指定します。

1 ContentView にコードを入力する

«SAMPLE» MapSample.xcodeproj

地図を表示するコードでは MapKit フレームワークを利用します。そこでまず、import MapKit を追加します。body には地図を表示するためのメソッド Map(coordinateRegion:) を書きます。引数で指定する $region は地図で表示する領域を指しています。@State を付けた変数 region を宣言し、MKCoordinateRegion() で表示領域を指定します。このサンプルでは東京駅の周辺を指定しています。

Code　東京駅の周辺を地図で表示する　«FILE» MapSample/ContentView.swift

```
import SwiftUI
import MapKit ――― MapKit フレームワークを利用します

struct ContentView: View {
    // 座標と領域を指定する
    @State var region = MKCoordinateRegion(
        center: CLLocationCoordinate2D(
            latitude: 35.6805702,   // 緯度
            longitude: 139.7676359  // 経度
        ),                                  ――― 地図で表示する地点と範囲を決めます
        latitudinalMeters: 1000.0, // 南北距離
        longitudinalMeters: 1000.0  // 東西距離
    )

    var body: some View {
        // 地図を表示する
        Map(coordinateRegion: $region) ――― 地図を表示します
            .edgesIgnoringSafeArea(.bottom) ――― 下のセーフティエリアは無視して表示します
    }
}

struct ContentView_Previews: PreviewProvider {
    static var previews: some View {
        ContentView()
    }
}
```

2 ライブプレビューとシミュレータで試してみる

ライブプレビューすると東京駅周辺の地図が表示されます。地図は実機での操作と同じようにドラッグ（スワイプ）で移動でき、ダブルクリック（ダブルタップ）で拡大表示できます。また、シミュレータで表示することで日本語環境での地図を試すことができます。

NOTE

ライブプレビューやシミュレータでピンチ操作するには？

地図をダブルクリックすれば拡大表示されますが、縮小表示するには２本の指のピンチ操作が必要です。ライブプレビューやシミュレータでは、optionキーを押すとグレーの○が２個表示されます。○が指で押さえている箇所を示すので、option キーを押したままでドラッグすることで擬似的にピンチイン、ピンチアウトになり地図の拡大縮小ができます。

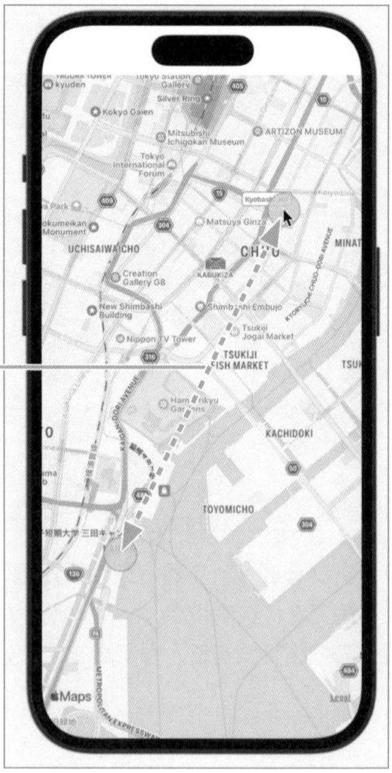

optionキーを押したままでドラッグ
すればピンチアウト、ピンチインが
できます

地図を表示する

先にも書いたように、地図は MapKit フレームワークを使って表示します。MapKit は標準で組み込まれているので、General パネルでの読み込み設定は必要はありませんが、利用するには Import MapKit を実行する必要があります。

Code　MapKit フレームワークを利用できるようにする　«FILE» MapSample/ContentView.swift

```
import MapKit
```

Map() を使って地図を作る

地図を表示するには Map() を実行します。Map() は MapKit のメソッドではなく、SwiftUI で定義してあるビューの 1 つです。Map() にはいくつかの書式がありますが、ここで使ったのはもっともシンプルなもので、引数 coordinateRegion に表示する領域を指定するものです。edgesIgnoringSafeArea(.bottom) は、画面下部のセーフティエリアを無視して地図を広げる設定です。画面の上部の電池やバッテリーの状態を表示するセーフティエリアには地図が表示されません。

Code　Map() を使って地図を表示する　«FILE» MapSample/ContentView.swift

```
    var body: some View {
        // 地図を表示する
        Map(coordinateRegion: $region)
            .edgesIgnoringSafeArea(.bottom)———— 画面下部のセーフティエリアまで地図を広げます
    }
```

地図に表示する領域を作る

表示領域 region は MKCoordinateRegion(center:latitudinalMeters:longitudinalMeters:) で作ることができます。$region のようにバインディングする変数で指定するので、region には @State を付けて宣言します。第 1 引数の center は座標を示し、CLLocationCoordinate2D(latitude:longitude:) で緯度（latitude）と経度（longitude）を指定します。

サンプルの座標は東京駅で、地図の中心は東京駅になります。第 2 引数と第 3 引数の latitudinalMeters と longitudinalMeters は南北、東西の距離（メートル単位）です。サンプルはどちらも 1000.0 なので、東京駅を中心として東西南北に 1km 四方の領域が表示される縮尺で表示されます。

Code　地図で表示する領域を指定する　«FILE» MapSample/ContentView.swift

```
    @State var region = MKCoordinateRegion(
        center: CLLocationCoordinate2D(
            latitude: 35.6805702,    // 緯度
            longitude: 139.7676359   // 経度
        ),
        latitudinalMeters: 1000.0, // 南北距離
        longitudinalMeters: 1000.0  // 東西距離
    )
```

Map ビューを図形でクリッピングして表示する

イメージと同じように clipShape() モディファイアを適用すると Map ビューもクリッピングすることができます。

Code Map ビューを円形にクリッピングする «FILE» **MapViewClip/ContentView.swift**

```
        Map(coordinateRegion: $region)
            .clipShape(Circle()) ———— 円形でクリッピング
            .overlay(Circle().stroke(Color.white, lineWidth: 4)) ———— 白枠をオーバーレイ
            .shadow(radius: 10) ———— 影の表示
            .padding(40)
```

地図にアノテーションを表示する

Map() には複数の書式が用意されています。指定座標を指し示すアノテーションを表示する書式を使って、前セクションで作った地図にマーカーを追加してみましょう。イメージやテキストなどをアノテーションとして使う書式も試してみましょう。

このセクションのトピック

1. 位置情報を構造体で定義しよう
2. 地図にマーカーを表示する書式を使ってみよう
3. 自分だけのアノテーションを作ろう

重要キーワードはコレだ！

Map、MapMarker、MapAnnotation

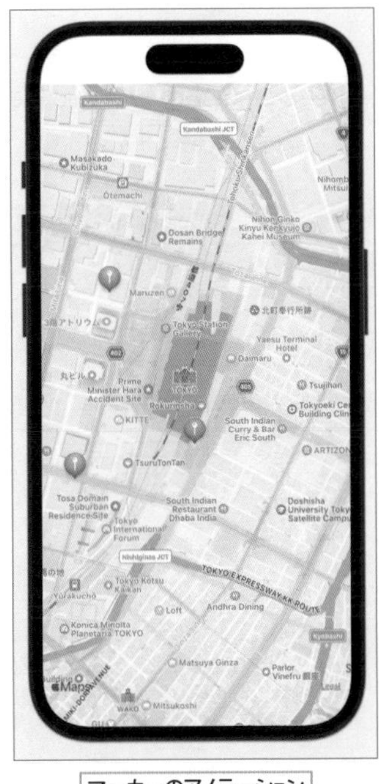

マーカーのアノテーション

カスタムアノテーション

 3地点にアノテーション（マーカー）を置く

追加するアノテーションの位置情報を構造体 Spot で定義して3箇所の spot データの配列を作っておき、Map( ) の引数でアノテーションのリストとして指定します。スポットに表示するアノテーションには MapMarker() で作る吹き出しの形状のマーカーを使います。地図の確認はライブプレビューで行うことができます。

1 マーカーを配置する位置情報を Spot として定義する «SAMPLE» MapMarkerSample.xcodeproj

座標を使うので MapKit フレームワークをインポートする式を追加します。次に位置情報を Identifiable プロトコルを採用した構造体の Spot として定義します。座標 coordinate は CLLocationCoordinate2D(latitude:longitude:) で作るので、latitude と longitude をインスタンス作成時に引数で指定できるように変数 lat と long で定義しておきます。

Code 位置情報を作る構造体 Spot «FILE» MapMarkerSample/ContentView.swift

```
import SwiftUI
import MapKit

// スポットの構造体
struct Spot: Identifiable {
    let id = UUID()
    let lat: Double
    let long: Double
    var coordinate: CLLocationCoordinate2D {
        CLLocationCoordinate2D(latitude: lat longitude: long)
    }
}
```

2 位置情報の作成と地図の表示

ContentView では最初に3個の位置情報を入れた配列 spotlist を用意し、地図の領域を @State を付けた region に指定します。最後に body に Map() を使って地図とアノテーションを表示します。

Code 3個のマーカーを配置した地図を表示する ContentView のコード «FILE» MapMarkerSample/ContentView.swift

```
struct ContentView: View {
    // 指す座標の配列
    let spotlist = [
        Spot(lat: 35.6834843, long: 139.7644207),
        Spot(lat: 35.6790079, long: 139.7675881),
        Spot(lat: 35.6780057, long: 139.7631035)
    ]

    // 領域を指定する
    @State var region = MKCoordinateRegion(
        center: CLLocationCoordinate2D(
            latitude: 35.6805702,   // 緯度
            longitude: 139.7676359  // 経度
        ),
        latitudinalMeters: 1000.0, // 南北距離
        longitudinalMeters: 1000.0  // 東西距離
```

3箇所の位置情報

```
    )

    var body: some View {
        // 地図を表示する
        Map(coordinateRegion: $region,
            annotationItems: spotlist,——— マーカーを配置する座標
            annotationContent: { spot in MapMarker(coordinate: spot.coordinate, tint: .orange)})
            .edgesIgnoringSafeArea(.bottom)
    }                                        マーカーを置く座標の指示
}
```

3 ライブプレビューで確認する

ライブプレビューにして地図を確認してみましょう。東京駅の地図にオレンジ色の３つのマーカーが追加されていれば成功です。

地図の指定座標をマーカーで指す

地図の指定座標をピンやマーカーで指し示したい場合は Map() の書式はアノテーション（ピンやマーカーのこと）を指定する引数が増え、コードが少し複雑になります。ポイントとなるのは座標データの作り方とピンの種類の指定です。

マーカーで指す座標情報を作る

まず、指し示す地点を Identifiable プロトコルを指定した struct Spot で定義するコードを追加します。Identifiable プロトコルでは id プロパティが必須で、初期値として UUID() を指定しておくことができます。マーカー表示のために必要となるプロパティは座標を示す coordinate ですが、座標は CLLocationCoordinate2D(latitude:longitude:) で作るので、次のコードで示すように latitude と longitude をプロパティとして保持し、coordinate は計算で求める Computed プロパティにします（Computed プロパティ☞ P.65）。

Code　マーカーで指し示す地点データの struct Spot を定義する　«FILE» MapMarkerSample/ContentView.swift

```
// スポットの構造体
struct Spot: Identifiable {
    let id = UUID() ――― ユニークな番号になります
    let lat: Double
    let long: Double
    var coordinate: CLLocationCoordinate2D {
        CLLocationCoordinate2D(latitude: lat, longitude: long) ― 座標を指定する Computed プロパティ
    }
}
```

次に指し示す地点の座標を指定して Spot のオブジェクトの配列を作り変数 spotlist に代入します。

Code　Spot データを配列にした spotlist を作る　«FILE» MapMarkerSample/ContentView.swift

```
struct ContentView: View {
    // 指す座標の配列
    let spotlist = [
        Spot(lat: 35.6834843, long: 139.7644207),
        Spot(lat: 35.6790079, long: 139.7675881),
        Spot(lat: 35.6780057, long: 139.7631035)
    ]
        Spot 構造体の座標データを作り、配列にします
   ...

}
```

MapMarker() でマーカーを表示する

アノテーションを表示する書式 Map(coordinateRegion:annotationItems:annotationContent:) を使って地図を作ります。この書式を使うと引数 annotationItems に指定した spotlist から順に位置情報が取り出され、引数 annotationContent で指定した spot に代入されます。そして MapMarker(coordinate: spot.coordinate, tint: .orange) が実行されてマーカーが作られます。引数 coordinate がマーカーの表示座標で、spot.coordinate で spot から取り出します。tint はマーカーの色を決めます。

Code　マーカーが配置されている地図を表示する　«FILE» **MapMarkerSample/ContentView.swift**

```
var body: some View {
    // 地図を表示する
    Map(coordinateRegion: $region,          ―― 地図の範囲
        annotationItems: spotlist,          ―― マーカー座標の配列
        annotationContent: { spot in MapMarker(coordinate: spot.coordinate, tint: .orange)})
        .edgesIgnoringSafeArea(.bottom)
}
```

spotlist から順に取り出します
マーカーのアノテーションを作ります

カスタマイズしたアノテーションを使る

マーカーの既存のデザインではなく、自由なデザインのアノテーションを使うこともできます。次の例では、スポットにイメージとテキストを表示しています。

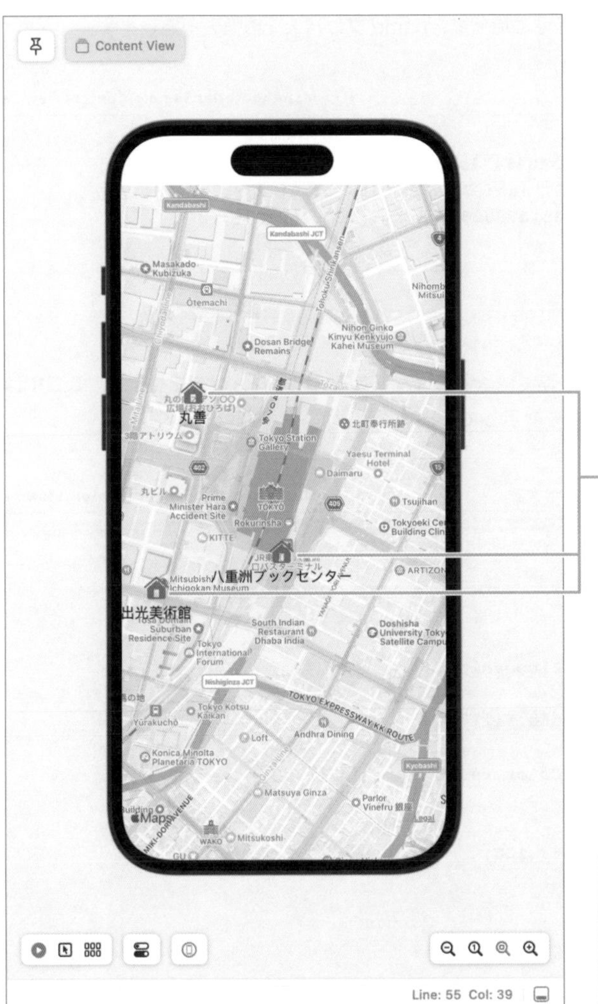

イメージとテキストのアノテーションを表示します

> **NOTE**
>
> **MapPin(coordinate: tint:) は非推奨に**
>
> MapPin(coordinate: tint:) でピンを表示する書式はiOS16 から deprecated（非推奨）になりました。

アノテーションで表示する情報を地点データに追加する

スポット名の情報は Spot に name プロパティとして追加します。

Code 地点データに Spot に name プロパティを追加する «FILE» **MapAnnotationSample/ContentView.swift**

```
// スポットの構造体
struct Spot: Identifiable {
    let id = UUID()
    let name: String ——— spot 名の name プロパティを追加します
    let lat: Double
    let long: Double
    var coordinate: CLLocationCoordinate2D {
        CLLocationCoordinate2D(latitude: lat longitude: long)
    }
}
```

指し示す地点データの配列 spotlist を作る際に座標軸に加えて、name プロパティの値を指定します。

Code Spot データを配列にした spotlist を作る «FILE» **MapAnnotationSample/ContentView.swift**

```
    let spotlist = [
            Spot(name: "丸善", lat: 35.6834843, long: 139.7644207),
            Spot(name: "八重洲ブックセンター", lat: 35.6790079, long: 139.7675881),
            Spot(name: "出光美術館", lat: 35.6780057, long: 139.7631035)
    ]
```

MapAnnotation() でカスタマイズしたアノテーションを表示する

カスタマイズしたアノテーションを表示するには、MapAnnotation() でアノテーションを作ります。ここでは家のイメージの下に spot.name で参照したスポット名を表示しています。

Code 地図の指定座標に家のイメージとスポット名を表示する «FILE» **MapAnnotationSample/ContentView.swift**

```
    var body: some View {
        // 地図を表示する
        Map(coordinateRegion: $region,
            annotationItems: spotlist)
        { spot in
            MapAnnotation(coordinate: spot.coordinate) {
                VStack{
                    Image(systemName: "house.fill")
                        .scaleEffect(1.5)
                        .foregroundColor(Color.red)   ——— 表示するイメージやテキストを作ります
                        .padding(1)
                    Text(spot.name)
                }.frame(width: 200, height: 100)
            }
        }
        .edgesIgnoringSafeArea(.bottom)
    }
```

現在地を表示して移動をフォロー

地図に現在地を表示してみましょう。現在地が移動すると現在地が追従するようにもします。現在地を得るために CLLocationManager クラスを利用し、デリゲートという手法も活用します。また、現在地を利用する場合はプライバシープロパティの設定が必要です。

1. 地図に現在地を表示するには？
2. 現在地をフォローして地図を追従させたい
3. ターゲットに位置情報のプライバシー設定を追加する
4. シミュレータやライブプレビューでも現在地の情報を得られる？

重要キーワードはコレだ！

Map(coordinateRegion: showsUserLocation: userTrackingMode:)、CLLocationManagerDelegate、CLLocationManager、delegate、requestWhenInUseAuthorization()、override

現在地を利用する許可を取ります

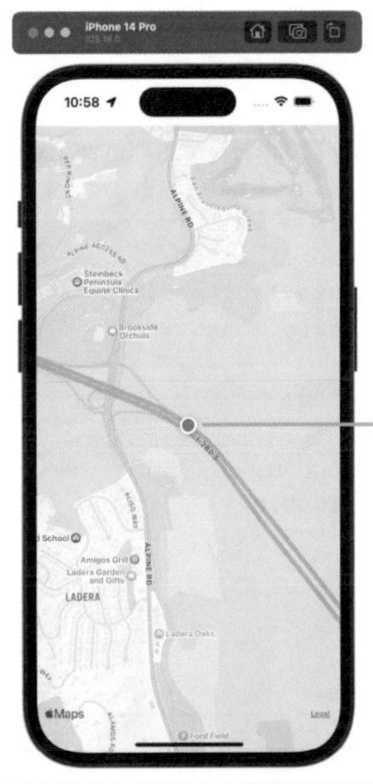

シミュレータで現在地を追従するテスト

Chapter 8 SwiftUI の Map() で地図表示

CLLocationManagerで現在地をフォローし追従する地図を表示する

現在地を取得して更新するためにCLLocationManagerクラスを活用するLocationManagerクラスを定義します。ContentViewではLocationManagerクラスのインスタンスを観測対象にし、バインディングした表示領域を使って地図を更新します。位置情報のプライバシー設定も行います。

1 LocationManagerクラスを定義する

«SAMPLE» MapLocationManager.xcodeproj

SwiftファイルのLocationManager.swiftを新規に追加し、1行目にimport MapKitを書きます。次にNSObjectを継承し、観測のためのObservableObjectプロトコル、領域の更新のためのCLLocationManagerDelegateデリゲートを採用したLocationManagerクラスを定義します。LocationManagerクラスには、regionとmanagerのプロパティ、イニシャライザ、locationManager()メソッドを定義します。regionは観測対象のプロパティなので@Publishedを付けます。

Code LocationManagerクラスを定義する «FILE» MapLocationManager/LocationManager.swift

```
import MapKit

// 現在地を取得するためのクラス
class LocationManager: NSObject, ObservableObject, CLLocationManagerDelegate {
    // ロケーションマネージャを作る
    let manager = CLLocationManager()
    // 領域の更新をパブリッシュする
    @Published var region =  MKCoordinateRegion()

    override init() {
        super.init()
        manager.delegate = self // デリゲートの設定
        manager.requestWhenInUseAuthorization() // プライバシー設定の確認
        manager.desiredAccuracy = kCLLocationAccuracyBest
        manager.distanceFilter = 2 // 更新距離（m）
        manager.startUpdatingLocation()
    }

    // 領域の更新（デリゲートメソッド）
    func locationManager(_ manager: CLLocationManager, didUpdateLocations locations: [CLLocation]) {
        // loacationsの最後の要素に対して実行する
        locations.last.map {
            let center = CLLocationCoordinate2D(
                latitude: $0.coordinate.latitude,
                longitude: $0.coordinate.longitude)
            // 領域の更新
            region = MKCoordinateRegion(
                center: center,
                latitudinalMeters: 1000.0,
                longitudinalMeters: 1000.0
            )
        }
    }
}
```

注釈：
- NSObject, ObservableObject：現在地の観測
- CLLocationManagerDelegate：位置追従のデリゲート
- super.init()：先にスーパークラスのイニシャライザを実行します
- manager.startUpdatingLocation()：追従を開始します
- let center = …：現在地を取得
- region = …：表示する領域の更新

2 ContentView に現在地を表示する地図を表示する

ContentView.swift でも import MapKit を最初に追加します。struct ContentView では LocationManager クラスのインスタンス manager を作り @ObservedObject を付けて観測します。トラッキングモードはバインディングできる変数 @State trackingMode を宣言し、追従する設定の MapUserTrackingMode.follow を代入しておきます。この 2 つの値は、トラッキングモードを指定できる書式の Map(coordinateRegion:showsUserLocation:userTrackingMode:) の引数に指定します。

Code 現在地を追従する地図を表示する «FILE» MapLocationManager/ContentView.swift

```
import SwiftUI
import MapKit

struct ContentView: View {
    // manager の更新を観測する
    @ObservedObject var manager = LocationManager()
    // ユーザートラッキングモード（追従モード）
    @State var trackingMode = MapUserTrackingMode.follow  ——— 現在地を追従するモード

    var body: some View {
        // 現在地を追従する地図を表示する
        Map(coordinateRegion: $manager.region,
            showsUserLocation: true,
            userTrackingMode: $trackingMode)
            .edgesIgnoringSafeArea(.bottom)
    }
}

struct ContentView_Previews: PreviewProvider {
    static var previews: some View {
        ContentView()
    }
}
```

3 プロジェクトのターゲットの Info パネルを開く

ナビゲーションエリアで 1 行目のプロジェクト名を選択して TARGETS からプロジェクトを選び、Info パネルを開きます。そして最初の Custom iOS Target Properties をクリックしてプロパティの設定リストを開きます。
Key の 1 行目にある⊕をクリックすると 1 行追加されてメニューが表示されます。

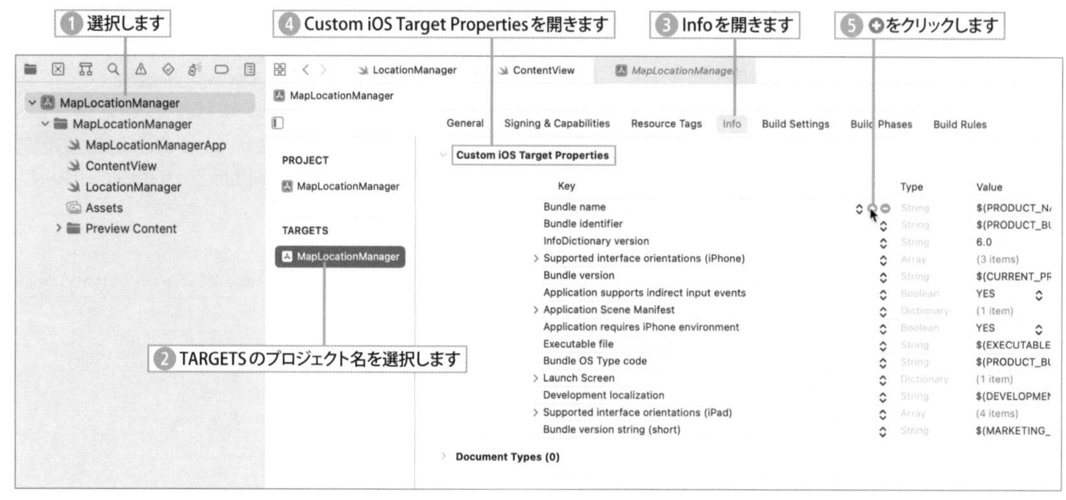

4 位置情報のプライバシープロパティを追加する

表示されたメニューから「Privacy - Location When In Use Usage Description」を選択します。追加された行のValueの欄に「現在地を表示するために使います」といった位置情報を利用する理由を入力します。この文言はアプリを初めて起動したときに表示されるダイアログで使われます。

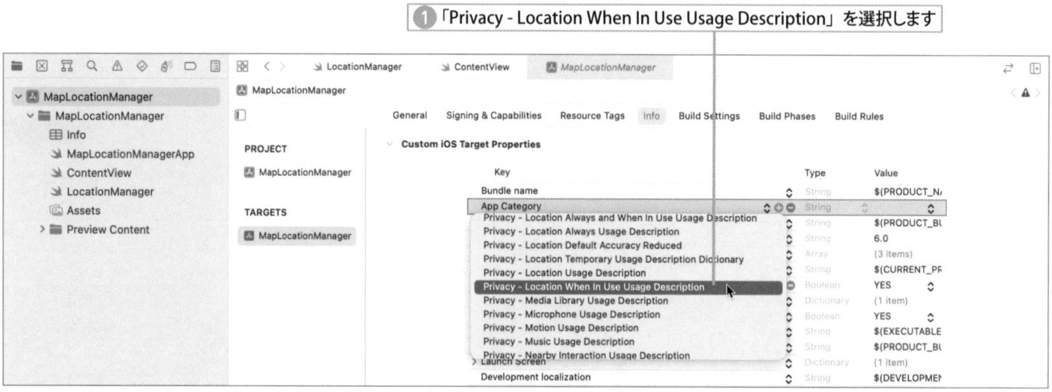

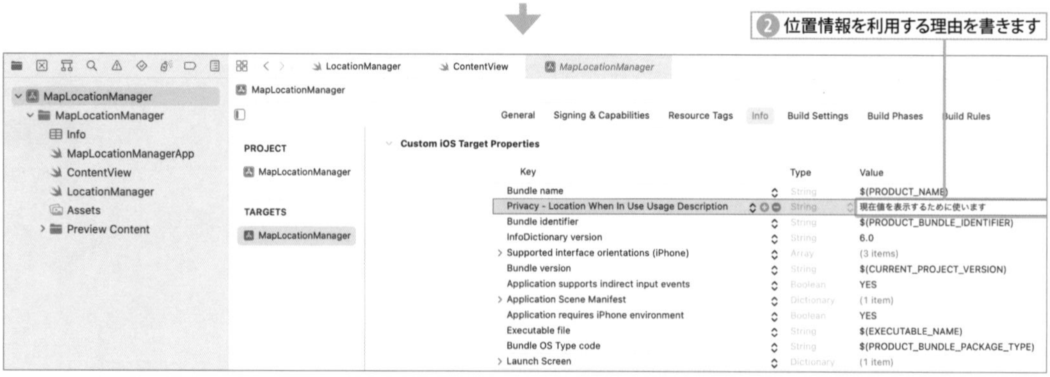

1 「Privacy - Location When In Use Usage Description」を選択します

2 位置情報を利用する理由を書きます

5 位置情報の利用を許可する

現在地の表示はプレビューやライブプレビューでは確かめられませんが、シミュレータを使えば確かめることができます。アプリがインストールされて起動すると、位置情報の利用の許可を得るためのダイアログが表示されます。TARGETS の Info パネルで設定した利用理由がここで表示されます。このダイアログは、アプリをインストール後に初めて起動したときだけ表示されます。

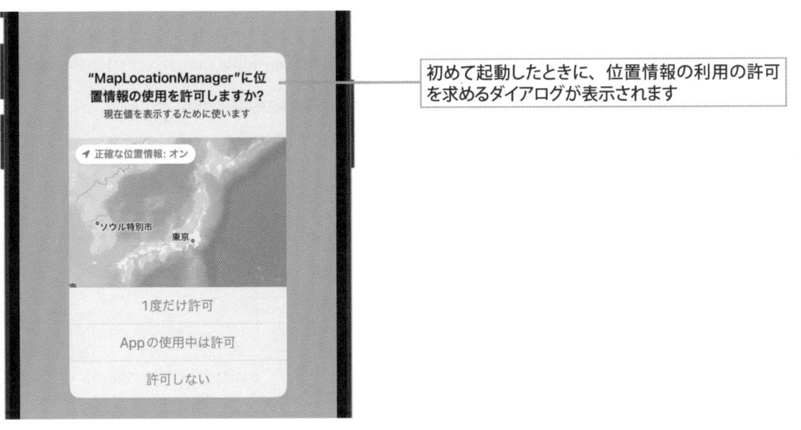

6 シミュレータで現在地を追従する

位置情報の利用を許可すると現在地が表示され、位置移動の追従が開始します。シミュレータでの現在地は、Features メニューの Location から選ぶことができます。City Run、City Bicycle Ride、Freeway Drive を選んだ場合は、走って移動、自転車で移動、高速道路を車で移動の追従をシミュレーションできます。

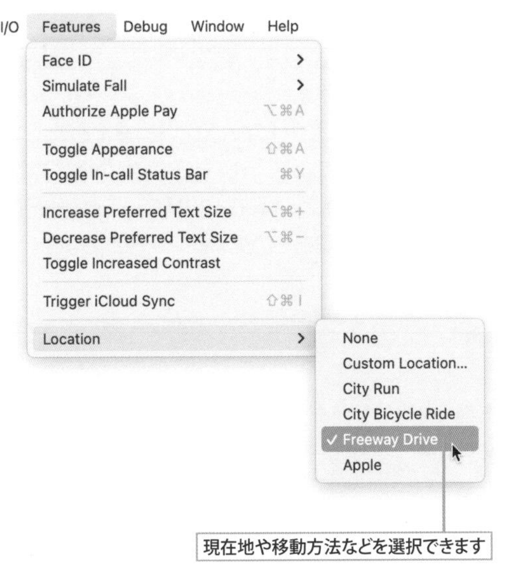

ロケーションマネージャを作る LocationManager クラス

現在地の表示と追従には CLLocationManager クラスを使います。この処理を行う LocationManager クラスを定義し、CLLocationManager() を実行してロケーションマネージャ manager を作ります。この LocationManager クラスを定義する際に重要となるのは、NSObject クラスの継承、ObservableObject プロトコル、そして次のページで説明する CLLocationManagerDelegate プロトコルの採用です（継承 ☞ P.413、プロトコル ☞ P.416）。

Code　ロケーションマネージャ manager を作る　«FILE» MapLocationManager/LocationManager.swift

```
class LocationManager: NSObject, ObservableObject, CLLocationManagerDelegate {
    // ロケーションマネージャを作る
    let manager = CLLocationManager()
   ...
}
```

デリゲートを採用します

ロケーションマネージャ manager の初期化

CLLocationManager() で作ったロケーションマネージャ manager の初期化は、LocationManager クラスのイニシャライザ override init() で行います。

Code　LocationManager クラスのイニシャライザで初期化する　«FILE» MapLocationManager/LocationManager.swift

```
    override init() {
        super.init()
        manager.delegate = self // デリゲートの設定
        manager.requestWhenInUseAuthorization() // プライバシー設定の確認
        manager.desiredAccuracy = kCLLocationAccuracyBest
        manager.distanceFilter = 2 // 更新距離 (m)
        manager.startUpdatingLocation()
    }
```

あとで改めて説明しますが、まず、managerのdelegateプロパティにselfつまりインスタンス自身を指定します。managerにrequestWhenInUseAuthorization()を実行するとInfoパネルで設定したプライバシー設定が確認され、アプリが初めて起動された際には設定ダイアログが表示されます。desiredAccuracyは現在地の精度、distanceFilterは現在地の更新距離を指定します。最後にstartUpdatingLocation()を実行すると現在地の更新がスタートします。

NOTE

オーバーライドと super.init()

override が付いたメソッドは、継承しているスーパークラスにもある同名のメソッドを上書きしています。override init() は NSObject クラスにあるイニシャライザ init() を上書きしていて、super.init() を 1 行目に入れることで、先に NSObject クラスのイニシャライザを先に実行しています。override が付いたメソッドは、継承しているスーパークラスにもある同名のメソッドを上書きしています。override init() は NSObject クラスにあるイニシャライザ init() を上書きしていて、super.init() を 1 行目に入れることで、先に NSObject クラスのイニシャライザを先に実行しています。

delegate プロパティとデリゲートメソッド

移動で変化する位置情報を取得するには、位置が移動する度に最新の位置情報を取得する必要があります。そのために欠かせないのがデリゲートという手法です。イニシャライザではロケーションマネージャ manager の delegate プロパティに self を登録します。delegate の値として設定された manager には、CLLocationManagerDelegate デリゲートで定義してあるさまざまなメッセージが届きます。このメッセージで実行されるメソッドをデリゲートメソッドと言います。デリゲートメソッドは関数名、引数、戻り値の型などが指定されている書式ですが、メソッドで実行する処理は定義されていません。そこで、ロケーションマネージャがデリゲートからのメッセージを受け取ったタイミングで実行したい処理を、この書式に従って関数定義します。

そのひとつが locationManager(_ manager:didUpdateLocations locations:) です。didUpdateLocations とあるとおり、現在地が更新したならばこのメソッドが実行されます。引数 locations に現在地の情報が入っているので、これを使って更新後の表示領域の region を取得します。region は @Published が付いている観測対象のプロパティです。

Code　位置の更新で実行されるデリゲートメソッドで観測対象の region を更新する　«FILE» **MapLocationManager/LocationManager.swift**

```
// 現在地を取得するためのクラス
class LocationManager: NSObject, ObservableObject, CLLocationManagerDelegate {
    // ロケーションマネージャを作る
    let manager = CLLocationManager()                採用するデリゲートを指定

    // 領域の更新をパブリッシュする
    @Published var region =  MKCoordinateRegion()

    override init() {
        super.init()
        manager.delegate = self // デリゲートの設定
      ...
    }


    // 領域の更新（デリゲートメソッド）
    func
      locationManager(_ manager: CLLocationManager,
        didUpdateLocations locations: [CLLocation]) {
        // loacations の最後の要素に対して実行する
        locations.last.map { ———— 引数 locations で受け取った配列の最後の値を使います
            let center = CLLocationCoordinate2D(
                latitude: $0.coordinate.latitude,
                longitude: $0.coordinate.longitude)
            // 領域の更新
            region = MKCoordinateRegion( ———— 現在地を含む領域 region が移動で更新されます
                center: center,
                latitudinalMeters: 1000.0,
                longitudinalMeters: 1000.0
            )
        }
    }
```

NOTE

map() 関数

locations.last.map の map は map() 関数です。これは地図を作る Map() ではなく、配列から順に取り出した要素に同じ処理を行うための特殊な関数です。$0.coordinate の $0 は map() で取り出した要素を指す書き方です。

ContentView ビューに現在地を表示し移動を追従する地図を表示する

現在地を表示し、追従する地図は Map(coordinateRegion:showsUserLocation:userTrackingMode:) の書式で作ります。第 1 引数の coordinateRegion に観測している manager オブジェクトの region プロパティを指定することで、地図には常に最新の領域が表示されます。LocationManager クラス側では region プロパティを @Publish に設定している点も確認しておきましょう。

Code «FILE» MapLocationManager/ContentView.swift

```
var body: some View {
    // 現在地を追従する地図を表示する
    Map(coordinateRegion: $manager.region,  ——— 観測対象なので移動で更新されます
        showsUserLocation: true,  ——— 現在地を表示します
        userTrackingMode: $trackingMode)  ——— トラッキングモード
        .edgesIgnoringSafeArea(.bottom)
}
```

showsUserLocation を true にすると現在地を示す青いマーカーが表示されます。userTrackingMode はバインディングした値を指定するようになっているので、@State を付けた trackingMode 変数でモードを指定します。MapUserTrackingMode.follow を指定すると移動がフォローされます。

Code ユーザートラッキングモード（追従モード） «FILE» MapLocationManager/ContentView.swift

```
@State var trackingMode = MapUserTrackingMode.follow
```

async/await を使った非同期処理

非同期処理を使いこなすには経験と知識が必要となりますが、この章では非同期処理の入門として簡単な例を試してみましょう。最初に試すのは、手軽に利用できる AsyncImage を使った画像データのダウンロード表示です。

画像データを非同期処理で表示する

複数の画像ファイルをダウンロードして並べて表示する処理では、必要となる画像を一気にリクエストし、早くダウンロードできた画像から順次表示していくことで待ち時間を節約できます。Swift 5.5 ではこの非同期処理（並行処理）を手軽に行えるように AsyncImage が追加されました。

1. 複数の画像をダウンロードできたものから表示したい
2. ダウンロードできるまでプレースホルダを表示するには？
3. ダウンロード表示できた画像はクリックで別ページに表示したい
4. ダウンロード中の表示やエラー表示をしたい

重要キーワードはコレだ！

AsyncImage、placeholder、List、LazyVGrid、ProgressView、NavigationLink

ダウンロードされた画像から表示します

クリックで大きな表示になります

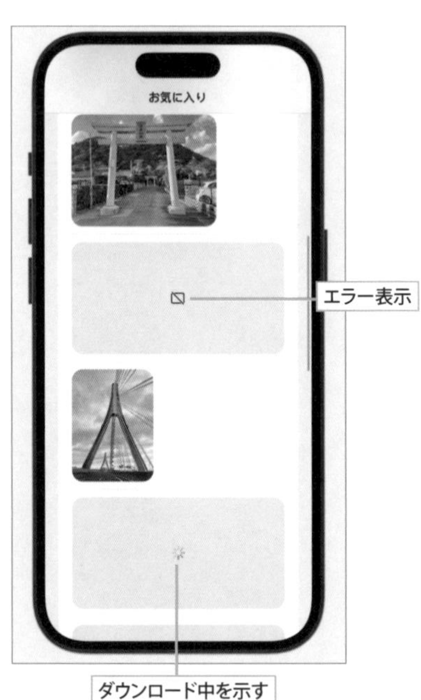

ダウンロード中を示すアニメーション

 非同期処理で画像データをダウンロードしてリスト表示

Web サーバーに置いてある複数の画像ファイルを非同期処理（並行処理）でダウンロードし、ダウンロードできた画像からリストに表示していきます。ダウンロードが終わるまではプレースホルダを表示しておきます。

1 画像データの型と URL の配列を作る PhotoSource クラスを定義する

まず最初にダウンロードする画像データの Photo 型を定義します。Photo 型は List 表示することを考えて、Identifiable プロトコルに準拠した struct で定義します。Photo 型のプロパティは id と url の 2 つだけです。そして、画像データの配列 photos をプロパティとしてもつ PhotoSource クラスを定義します。

Code　PhotoSource クラスと画像のデータ型 Photo を定義する　«FILE» AsyncImageSample/ContentView.swift

```
// 画像データの型
struct Photo: Identifiable {
    var id = UUID()
    var url: URL
}

// 画像データの配列を作る PhotoSource クラス
class PhotoSource {
    var photos: [Photo] = []
    init (){
        photos = makePhotos()
    }
}
```

2 画像データの配列を作る makePhotos() を定義する

実際に配列を作る makePhotos() メソッドは PhotoSource クラスを extension で拡張して追加します（extension ☞ P.416）。makePhotos() では画像ファイルの URL を作って配列に入れて戻します。makePhotos() は PhotoSource クラスのイニシャライザで実行され、作られた URL の配列はプロパティ photos に代入されます。

Code　PhotoSource クラスに makePhotos() メソッドを拡張する　«FILE» AsyncImageSample/ContentView.swift

```
// URL の配列を作るメソッドを拡張
extension PhotoSource {
    func makePhotos() -> [Photo] {
        let path = "https://oshige.xsrv.jp/samples/photos/" —— 画像ファイルが保存されているパス
        let photoNames: [String] = [
            "IMG_1159.jpg", "IMG_1326.jpg", "IMG_1384.jpg","IMG_1475.jpg",
            "IMG_1476.jpg", "IMG_1478.jpg", "IMG_1635.jpg", "IMG_1643.jpg",
            "IMG_1739.jpg", "IMG_1840.jpg", "IMG_1889.jpg", "IMG_2233.jpg",
            "IMG_2325.jpg", "IMG_2406.jpg", "IMG_2408.jpg", "IMG_4008.jpg"
        ]
        // URL の配列を作る
        var photos: [Photo] = []
        for name in photoNames {
            photos.append(Photo(url: URL(string:path + name)!))
        }
        return photos
    }
}
```

3 画像データをダウンロードしてリスト表示する

PhotoSource クラスのインスタンス myPhotoSource を作ります。List の機能を使って myPhotoSource のプロパティ photos から画像データのオブジェクトを順に取り出し、AsyncImage(url: photo.url) で URL の画像データを非同期処理でダウンロードします。

Code 画像データの URL を非同期処理でダウンロードしてリスト表示する «FILE» **AsyncImageSample/ContentView.swift**

```
struct ContentView: View {
    private var myPhotoSource = PhotoSource()

    var body: some View {
        NavigationView {
            List(myPhotoSource.photos) { photo in
                // イメージの読み込みと表示
                AsyncImage(url:  photo.url) { image in
                    image.resizable()
                        .aspectRatio(contentMode: .fit)
                } placeholder: {
                    Color.orange
                        .overlay(Image(systemName: "photo").scaleEffect(2.0))
                }
                .cornerRadius(16)
                .frame(height: 160)
            }
            .navigationTitle(" お気に入り ")
        }
    }
}
```

画像データを非同期処理でダウンロードして表示する

AsyncImage(url:) を使うことで、URL を指定するだけで画像データのダウンロードと表示を非同期処理で行えます。複数の画像データを連続して指定すれば、ダウンロードが完了したものから順に表示されます。List や ScrollView に組み込まれている場合は、ビューが画面の範囲内にスクロールされてからダウンロードが実施されるので、表示していない範囲のダウンロードが先に進むことはありません。

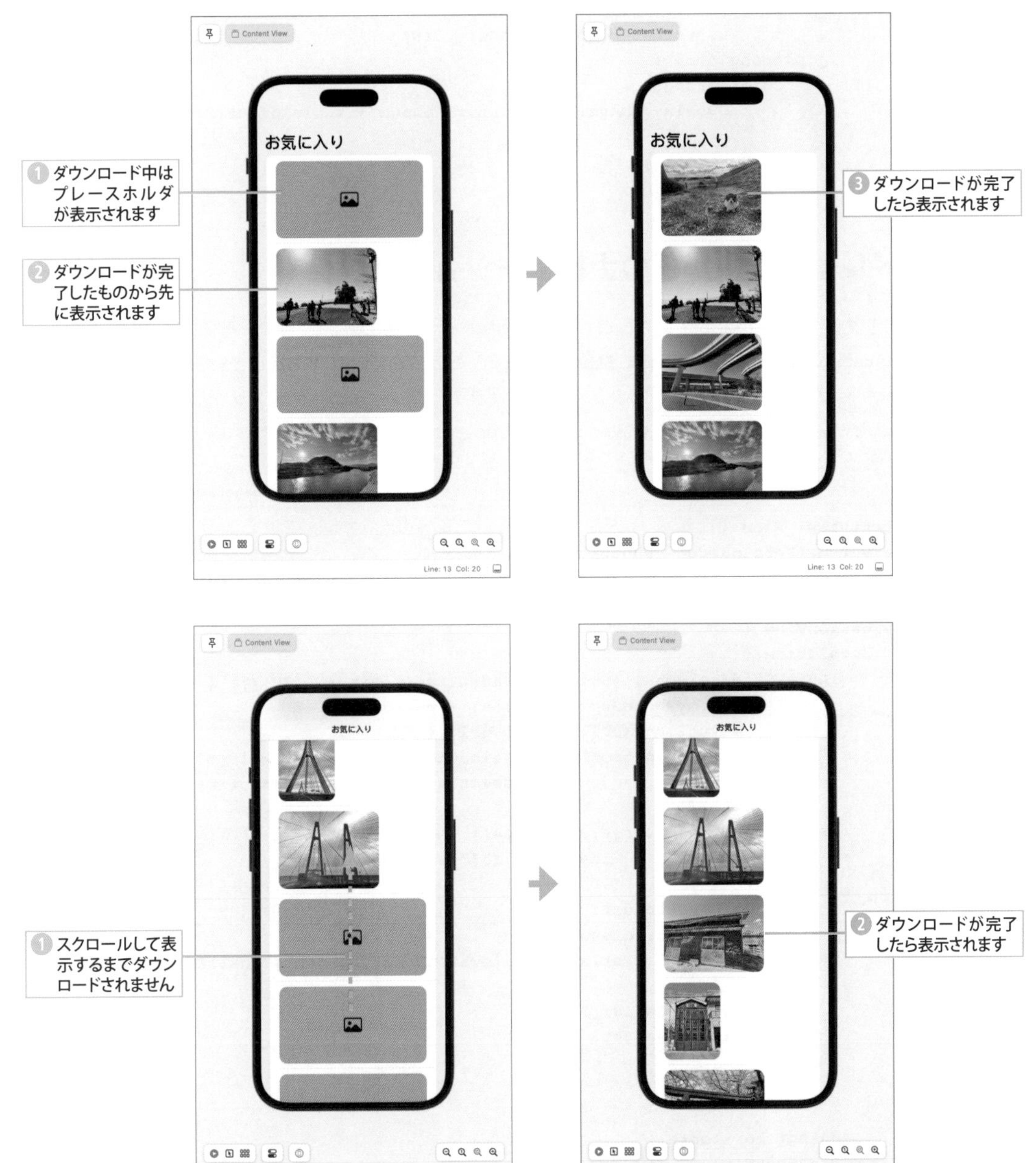

表示待ちのプレースホルダ

placeholderには画像データがダウンロードされて準備ができるまで仮に表示しておくビューを指定します。ここではオレンジ色のColorビューにオーバーレイを使ってSF Symbolsにあるアイコンを重ねて表示しています。ビューの形はcornerRadius()を使って角丸四角形にしています。

Code 画像データを非同期処理でダウンロードして表示する «FILE» AsyncImageSample/ContentView.swift

```
            AsyncImage(url:  photo.url) { image in
                image.resizable()
                    .aspectRatio(contentMode: .fit)
            } placeholder: {
                Color.orange
                    .overlay(Image(systemName: "photo").scaleEffect(2.0))
            }
            .cornerRadius(16)
            .frame(height: 160)
```

画像データがダウンロードされるまで表示しておきます

グリッドレイアウトからのナビゲーションリンク

LazyVGridを使えばAsyncImageでダウンロードした画像をグリッドレイアウトで表示できます(☞ P.343)。次のコードではAsyncImageで表示する写真をNavigationLinkのdestinationで指定しているので、表示された写真をタップするとページが遷移して別ページで大きく表示されます。プレースホルダをクリックしても遷移しません。struct ContentView以外のコードは先のAsyncImageSampleと同じです。

Code グリッドレイアウトのナビゲーションリンクで画像を表示する «FILE» AsyncImageLasyVGrid/ContentView.swift

```
struct ContentView: View {
    private var myPhotoSource = PhotoSource()

    var body: some View {
        NavigationView {
            ScrollView {
                LazyVGrid(columns: [GridItem(.adaptive(minimum: 120))]) {
                    ForEach(myPhotoSource.photos) { photo in
                        AsyncImage(url:  photo.url) { image in
                            NavigationLink(destination: image.resizable()
                                           .aspectRatio(contentMode: .fit))
                            {
                                image.resizable()
                                    .aspectRatio(contentMode: .fit)
                            }
                        } placeholder: {
                            Color.orange
                                .overlay(Image(systemName: "photo").scaleEffect(2.0))
                        }
                        .cornerRadius(16)
                        .frame(height: 200)
                    }
                }
            }
            .padding(.horizontal)
            .navigationTitle("お気に入り")
```

画像をクリックするとページが遷移して大きな画像で表示されます

```
        }
        .navigationViewStyle(.stack)
    }
}
```

フェーズをチェックしてプログレスビューやエラー表示をする

AsyncImage() はダウンロード中のフェーズを得て処理を振り分けることができます。フェーズを処理する場合は、先の例のコードと違って引数 placeholder を指定しません。すると AsyncImage(url: photo.url) { phase in ... } とした場合に phase にはイメージ（View）ではなく AsyncImagePhase 型の値（empty、success、failure）が入ります。

この値を switch-case 文を使って振り分けることもできますが、ダウンロードが成功している場合は phase.image でイメージを取り出すことができ、エラーの場合は phase.error にエラーを示す値が入っていることから、次のように if-let 文で処理を分岐することができます。イメージを取得できた場合はリサイズして表示し、エラーの場合はエラー画像を表示します。そして、どちらでもない場合は ProgressView() を実行してダウンロード中を示すアニメーションを表示します。

先のサンプル AsyncImageSample の ContentView を次のように書き替えます。

Code ダウンロードのフェーズに対応する　«FILE» AsyncImagePhase/ContentView.swift

```
struct ContentView: View {
    private var myPhotoSource = PhotoSource()

    var body: some View {
        NavigationView {
            List(myPhotoSource.photos) { photo in
                // イメージの読み込みと表示
                AsyncImage(url:  photo.url) { phase in
                    // フェーズのチェック
                    if let image = phase.image {———— イメージを取得できた
                        image.resizable()———— イメージを表示します
                            .aspectRatio(contentMode: .fit)
                    } else if phase.error != nil {———— エラーがあった
                        Color.gray.opacity(0.2)———— グレーのプレースホルダ
                            .overlay(Image(systemName: "rectangle.slash"))
                                                        ———— エラーアイコンを重ねて表示
                    } else {
                        ZStack{
                            Color.gray.opacity(0.2)———— グレーのプレースホルダ
                            ProgressView()
                        }       ———— ダウンロード中のアニメーションを重ねて表示します
                    }
                }
                .cornerRadius(16)
                .frame(height: 160)
            }
            .navigationTitle(" お気に入り ")
        }
    }
}
```

エラー表示を試すために一部のファイル名をIMG_xxxx.jpgにする

エラー表示を試すには、URLの配列を作るmakePhotos()の画像ファイル名を"IMG_xxxx.jpg"にします。

Code 配列photoNamesの一部のファイル名をIMG_xxxx.jpgにする　«FILE» AsyncImagePhase/ContentView.swift

```
        let photoNames: [String] = [
            "IMG_1159.jpg", "IMG_xxxx.jpg", "IMG_1384.jpg","IMG_1475.jpg",
            "IMG_1476.jpg", "IMG_xxxx.jpg", "IMG_1635.jpg", "IMG_1643.jpg",
            "IMG_1739.jpg", "IMG_1840.jpg", "IMG_1889.jpg", "IMG_2233.jpg",
            "IMG_2325.jpg", "IMG_2406.jpg", "IMG_2408.jpg", "IMG_4008.jpg"
        ]
```

Content View
お気に入り
プレースホルダとして表示します
エラーのときに重ねて表示します
ダウンロード中はプログレスビューの
アニメーションを重ねて表示します
Line: 52 Col: 41

非同期処理の並行処理

async ／ awaitの組合せで非同期処理を行えます。このセクションでは複数の非同期処理を並行して実行し、その結果がそろったところで結果を表示する場合の例を示します。非同期処理のコードを試すために時間がかかる処理を定義する方法も取り上げます。

このセクションのトピック

1. 非同期処理はどう定義する？
2. 複数の非同期処理を並行して実行したい
3. 複数の非同期処理の結果がそろうのを待ちたい
4. 指定秒数をスリープして待つには？
5. 処理にかかった秒数を計測するには？

重要キーワードはコレだ！

async、await、try? await、Task、Task.sleep()

 非同期処理を並行して行い結果を待つ

非同期処理を並行して行うことで、すべての処理にかかる時間はもっとも長くかかる処理を待つ時間と限りなく近くなります。次のサンプルでは５秒かかかる getWho() と３秒かかかる getMessage() を並行して実行し、両方の結果がそろったところで２つの結果を合わせた文字列を表示しています。

経過時間を計るタイマーを使って計測結果を表示したところ、２つの処理の結果を待っての出力は約５秒で完了します。つまり、ボトルネックとなる getWho() の処理が完了すれば全体の処理が完了することを確かめることができます。

1 時間がかかる処理を擬似的に作る

非同期処理で実行する getWho() と getMessage() を async と await を使って定義します。非同期処理の機能を試すために、時間がかかる処理は Task.sleep() で擬似的に作ります。

Code 非同期で実行する getWho() と getMessage() を定義する «FILE» AsyncSequences/ContentView.swift

```
// 非同期で実行したい処理
func getWho() async -> String {
    try? await Task.sleep(nanoseconds: 5 * 1000 * 1000 * 1000) // 5 秒待ち
    return "山本さん"  ―― 5 秒後に実行されます
}

// 非同期で実行したい処理
func getMessage() async -> String {
    try? await Task.sleep(nanoseconds: 3 * 1000 * 1000 * 1000) // 3 秒待ち
    return "ハロー"  ―― 3 秒後に実行されます
}
```

2 経過時間を計るためのタイマーを作る

経過秒数を計測するためのタイマー StopWatch クラスを定義します。タイマーをスタートする start() とタイマーを止める stop() も実装します。

Code 経過秒数を計測する StopWatch クラスを定義する «FILE» AsyncSequences/StopWatch.swift

```
class StopWatch: ObservableObject {
    // 経過秒数
    @Published var elapsedTime: Double = 0.0
    private var timer = Timer() // タイマーを作る

    // タイマースタート
    func start() {
        guard !timer.isValid else { return } // timer 実行中はキャンセル
        self.elapsedTime = 0.0
        timer = Timer.scheduledTimer(withTimeInterval: 0.01, repeats: true) { _ in
            self.elapsedTime += 0.01
        }
    }

    // タイマーストップ
    func stop() {
        timer.invalidate()
    }
}
```

3 スタートボタン、読み込みメッセージ、経過秒数の表示

タスク実行のスタートボタン、読み込みメッセージ、経過秒数を表示します。読み込みメッセージは、非同期処理のgetWho() と getMessage() の両方の結果がそろったならば連結した結果を message に代入して表示します。

Code スタートボタン、読み込みメッセージ、経過秒数の表示 «FILE» **AsyncConcurrent/ContentView.swift**

```
struct ContentView: View {
    @State var message:String = ""
    @ObservedObject var watch = StopWatch()

    var body: some View {
        VStack{
            Button(action: {
                // タスクの実行
                Task {
                    watch.start() ──── スタート
                    message = "- - -"
                    // 並行処理
                    async let who = getWho()        ──── 非同期処理を並行して行います
                    async let msg = getMessage()
                    // who と msg がそろうまで待つ
                    message = await who + "、" + msg + " ! " ──── 結果がそろうまで message への代入を待ちます
                    watch.stop() ──── タスクが完了したのでストップ
                }
            }) {
                Label("async TEST", systemImage: "testtube.2")
                    .background(
                        Capsule()
                            .stroke(lineWidth:1)
                            .frame(width: 180, height: 40))
            }.padding(30)
            Text("\(message)").font(.title2)──── 実行結果を表示します
            // 経過秒数
            let milliSeconds = Int((watch.elapsedTime) * 100)%100
            let seconds = Int(watch.elapsedTime)
            Text("\(seconds).\(milliSeconds)").padding()──── 経過時間の表示
            Spacer()
        }
    }
}
```

4 ライブプレビューで動作を確認する

ライブプレビューにして「async TEST」ボタンをクリックして処理をスタートします。経過秒数がカウントアップされ、約5秒後に「山本さん、ハロー！」と表示されてタイマーも止まります。

非同期処理の関数を定義する

非同期処理を行う関数は次のように async を付けて定義します。そして、実際に処理を待ちたい命令を try? await で実行します。ここでは Task.sleep() で擬似的に待ち時間を作っています。つまり、getWho() を実行すると 5 秒間の待ち時間が経過したところで次のステートメントに進み、return " 山本さん " を実行して値を戻します。

Code 非同期で実行する getWho() を定義する «FILE» **AsyncConcurrent/ContentView.swift**

```
func getWho() async -> String {
    try? await Task.sleep(nanoseconds: 5 * 1000 * 1000 * 1000) // 5 秒待ち
    return " 山本さん "
}
```

（この処理が完了するまで待ちます）

非同期処理を実行する

非同期処理を実行するには async を付けて呼び出します。このとき、変数への代入式では、let who = async getWho() とするのではなく、async let who = getWho() のように書きます。次のように2つの非同期処理を続けて実行した場合、getWho() の戻り値が who に代入されるのを待たずに、つまり、5秒間を待たずに getMessage() の式が実行されます。

Code 非同期処理を並行して実行する «FILE» **AsyncConcurrent/ContentView.swift**

```
    async let who = getWho()
    async let msg = getMessage()
```

（getWho() の完了を待たずに並行して実行されます）

並行処理している非同期処理の結果がそろうまで待つ

getWho() と getMessage() の２つの非同期処理の結果がそろうまで待つには await を付けます。次の message への代入式は、who と msg の２つの値が決まるまで待ってからストリングを連結して代入します。

このときの待ち時間は、getWho() と getMessage() の処理時間を合わせた約８秒ではなく、待ち時間が長い getWho() の約５秒です。getMessage() の待ち時間は３秒なので、getWho() の結果を待っている間に getMessage() の処理は終わってしまいます。

Code　who と msg がそろうまで待ってから連結と代入を行う　«FILE» **AsyncConcurrent/ContentView.swift**

```
// who と msg がそろうまで待つ
message = await who + "、" + msg + "！"  ——— await を入れる位置に注意してください
```

タスク全体を実行する

ボタンでは一連の操作を Task{ } で囲み１つのタスクとして実行します。タスクでは最初の２行の watch.start() と message = "- - -" に続いて async の並行処理が実行され、先に書いたように並行処理の結果がそろうまで待って message に代入し、最後に watch.stop() を実行してタイマーを止めます。

Code　タスク全体を実行するボタン　«FILE» **AsyncConcurrent/ContentView.swift**

```
Button(action: {
    // タスクの実行
    Task {
        watch.start()
        message = "- - -"
        // 並行処理
        async let who = getWho()                    ——— 一連の作業として実行します
        async let msg = getMessage()
        // who と msg がそろうまで待つ
        message = await who + "、" + msg + "！"
        watch.stop()
    }
}) {
    Label("async TEST", systemImage: "testtube.2")
        .background(
            Capsule()
                .stroke(lineWidth:1)
                .frame(width: 180, height: 40))
}.padding(30)
```

経過秒数を計る StopWatch クラス

処理の経過秒数は StopWatch クラスで計っているので、これについても説明しておきましょう。経過時間は Timer.scheduledTimer() で 0.01 秒ごとにプロパティ elapsedTime に 0.01 秒を加算するタイマーを作って計測しています。elapsedTime の値は ContentView に表示するので、経過秒数が更新されていくことを知らせるために StopWatch クラスは ObservableObject プロトコルを指定し、elapsedTime には @Published を付けて宣言します（@Published ☞ P.374）。

タイマーをスタートするstart()では、タイマーが重複して作られないようにtimer.isValidでタイマーが実行中かどうかを確認するのを忘れないようにします。timer.isValidがtrueのときは実行をキャンセルします。if-elseではなくguardを使う場合は否定の!timer.isValidがtrueの場合にelse文で抜けるように書きます。このようにguard-elseを使うことでキャンセル処理があることをハッキリと示すことができます。タイマーはtimer.invalidate()で止めることができます。

Code 経過秒数を計測するStopWatchクラス定義 «FILE» AsyncConcurrent/StopWatch.swift

```
class StopWatch: ObservableObject {
    // 経過秒数
    @Published var elapsedTime: Double = 0.0
    private var timer = Timer() // タイマーを作る

    // タイマースタート
    func start() {
        guard !timer.isValid else { return } // timer実行中はキャンセル
        self.elapsedTime = 0.0
        timer = Timer.scheduledTimer(withTimeInterval: 0.01, repeats: true) { _ in
            self.elapsedTime += 0.01 ——— 経過時間を加算していきます
        }
    }

    // タイマーストップ
    func stop() {
        timer.invalidate()
    }
}
```


経過秒数を表示する

経過秒数を表示するContentViewでは@ObservedObjectを付けた変数watchにStopWatchクラスのインスタンスを作ります。

Code StopWatchクラスのインスタンスwatchを作る «FILE» AsyncConcurrent/ContentView.swift

```
@ObservedObject var watch = StopWatch()
```

経過秒数はwatch.elapsedTimeで得ることができますが、Int()と余りを求める%演算子を利用して小数点以下2桁までの表示にしています。なお、次のセクションではNumberFormatterを使って小数点以下の桁数を指定しているので、そちらも参考にしてください（☞ P.458）。

Code 経過秒数を表示する «FILE» AsyncConcurrent/ContentView.swift

```
        let milliSeconds = Int((watch.elapsedTime) * 100)%100 ——— 1/100秒の数値
        let seconds = Int(watch.elapsedTime)
        Text("\(seconds).\(milliSeconds)").padding()
```

非同期処理の逐次処理

非同期処理を行うと結果を待たずに次に進んでしまいます。しかし、非同期処理で戻った結果を待って次を実行したい場合もあります。このセクションでは、非同期処理の完了を待ちならが順に実行していく逐次処理を試します。

1. 非同期処理を順番通り実行するには？
2. 非同期処理の結果を待って次に進みたい
3. 非同期処理ごとの経過秒数を記録しよう
4. 小数点以下の桁数を指定するスマートな方法がある

重要キーワードはコレだ！

async、await、try? await、Task、Task.sleep()、NumberFormatter、maximumFractionDigits

非同期処理の結果を待って順に実行していく

前セクションでは非同期処理の getWho() と getMessage() を並行して実行し、両方の結果がそろったところで２つの結果を合わせた文字列を表示しましたが、ここでは getWho() を実行したらその戻りを待って結果を表示し、続いて getMessage() を実行するというように非同期処理の逐次処理を行います。前セクションと同じように async と await を使いますが、非同期処理の呼び出し方が違っています。

1 時間がかかる処理を擬似的に作る

非同期処理で実行する getWho() と getMessage() を定義します。前セクションと同じコードで非同期処理の機能を試すために、時間がかかる処理を擬似的に作ります。これは前セクションと同じコードです。

Code 非同期で実行する getWho() と getMessage() を定義する «FILE» AsyncSequences/ContentView.swift

```
// 非同期で実行したい処理
func getWho() async -> String {
    try? await Task.sleep(nanoseconds: 5 * 1000 * 1000 * 1000) // 5 秒待ち
    return " 山本さん "
}

// 非同期で実行したい処理
func getMessage() async -> String {
    try? await Task.sleep(nanoseconds: 3 * 1000 * 1000 * 1000) // 3 秒待ち
    return " ハロー "
}
```

2 経過秒数を返す getElapsedTime() を StopWatch クラスに拡張する

extension を利用して前セクションで定義した StopWatch クラス（☞ P.453）に現在の経過秒数をストリングで返す関数 getElapsedTime() を拡張します。StopWatch クラスのコードは同じままで構いませんが、ContentView から elapsedTime の更新を直接参照しないので、elapsedTime の宣言に @Published がなくても構いません。

Code StopWatch クラスに拡張して getElapsedTime() を追加する «FILE» AsyncSequences/StopWatch.swift

```
extension StopWatch {
    func getElapsedTime() -> String {
        // 経過秒数
        let formatter = NumberFormatter()
        formatter.maximumFractionDigits = 2 ——— 小数点以下の桁数を指定します
        let seconds = formatter.string(from: NSNumber(floatLiteral: self.elapsedTime)) ?? "0:00"
        return seconds
    }
}
```

3 スタートボタン、読み込みメッセージ、経過秒数の表示

タスク実行のスタートボタンと結果、途中経過の経過秒数を表示します。今回は getWho() と getMessage() の処理結果が順に表示されるので、それぞれの処理が完了した時点の経過秒数を経過秒数として表示します。

Code スタートボタン、読み込みメッセージ、経過秒数の表示 «FILE» **AsyncSequences/ContentView.swift**

```
struct ContentView: View {
    @State var message:String = ""
    @State var logTime:String = ""
    @ObservedObject var watch = StopWatch()

    var body: some View {
        VStack{
            Button(action: {
                // タスクの実行
                Task {
                    logTime = ""
                    watch.start()
                    // 逐次処理 1
                    message = "- - -"
                    message = await getWho() // この処理が終わるのを待つ
                    message += "、"
                    logTime = watch.getElapsedTime() // 経過時間の記録
                    // 逐次処理 2
                    message += await getMessage() // この処理が終わるのを待つ
                    message += " ! "
                    logTime += "\n" + watch.getElapsedTime() // 経過時間の記録
                    watch.stop()
                }
            }) {
                Label("await TEST", systemImage: "testtube.2")
                    .background(
                        Capsule()
                            .stroke(lineWidth:1)
                            .frame(width: 180, height: 40))
            }.padding(30)
            Text("\(message)").font(.title2)
            Text("\(logTime)").padding()
            Spacer()
        }
    }
}
```

非同期処理の結果を待って順に進めていきます

実行結果と経過秒数のログを表示します

4 ライブプレビューで動作を確認する

ライブプレビューにして「await TEST」ボタンをクリックして処理をスタートします。「---」の表示の後しばらく待って「山本さん、」と表示され、その下に経過秒数も表示されます。さらに待つと「山本さん、ハロー！」になり、2番目の経過秒数が追加されます。

非同期処理の結果を待って次に進む（逐次処理）

非同期処理の結果を待って次のステップへと進みたい場合はawaitを付けて実行します。次のように実行することで非同期処理のgetWho()の値が戻ってmessageに代入されるまで待ちます。値が代入されたならば経過秒数が計測され、続いてmessageに"、"が文字列として後ろに連結されます。続く行で非同期処理のgetMessage()が実行されてこの結果を待ってmessageに連結します。「ハロー」を返すgetMessage()のほうがgetWho()より処理時間が短いですが、順に実行されるので「、ハロー！山本さん」のように連結の順番が逆になるといったことはありません。

Code 非同期処理の結果を待って次へ進む　«FILE» AsyncSequences/ContentView.swift

```
// 逐次処理 1
message = "- - -"
message = await getWho() ——— getWho()の完了を待って代入します
message += "、"
logTime = watch.getElapsedTime() // 経過時間の記録
// 逐次処理 2
message += await getMessage() ——— getMessage()の完了を待って連結します
message += "！"
logTime += "\n" + watch.getElapsedTime() // 経過時間の記録
```

NumberFormatter を使って小数点以下 2 桁までの表示にする

前セクションでは経過秒数の表示が小数点以下 2 桁になるように Int() と % を利用していましたが（☞ P.453）、NumberFormatter を利用して小数点以下 2 桁のストリングになるように変換することができます。まず、NumberFormatter のインスタンス formatter を作り、小数点以下の桁数を指定したいならば formatter.maximumFractionDigits で桁数を設定します。設定したらば formatter.string(from:) で変換したい数値を引数で指定します。引数の数値は NSNumber 型にキャストして渡します。ただし、数値をフォーマットできない場合は値が nil になるので、?? 演算子を使って代替ストリングを指定しておきます。NumberFormatter にはこのほかにも通貨記号の付加や 3 桁区切りなどのフォーマットがあります。

Code　NumberFormatter を使って小数点以下 2 桁のストリングにする　«FILE» **AsyncSequences/ContentView.swift**

```
        let formatter = NumberFormatter()
        formatter.maximumFractionDigits = 2 ———— 小数点以下の桁数を指定します
        let seconds = formatter.string(from: NSNumber(floatLiteral: self.elapsedTime)) ?? "0:00"
```

フォーマットに失敗したときは "0:00" にします

INDEX

著者紹介

大重美幸（おおしげよしゆき）

日立情報システムズ、コミュニケーションシステム研究所を経て独立。商品開発、コンピュータ専門誌への寄稿、CD-ROM ゲーム、Web コンテンツ、システム開発、教材開発、講師を行う。HyperCard、ファイルメーカー、Excel、Director、ActionScript、Objective-C、Swift、PHP、Python など著書多数。趣味はジョギング、トレイルランニング、サーフィン、サイクリング、ビーチコーミング、珈琲焙煎、ドラム、ギター、読書、レコード鑑賞。

https://oshige.com/

主な著作

詳細！ SwiftUI iPhone アプリ開発入門ノート／ソーテック社
詳細！ Python 3 入門ノート／ソーテック社
詳細！ PHP 8 + MySQL 入門ノート／ソーテック社
詳細！ Swift iPhone アプリ開発入門ノート／ソーテック社
詳細！ Apple Watch アプリ開発入門ノート／ソーテック社
詳細！ Objective-C iPhone アプリ開発入門ノート／ソーテック社
詳細！ ActionScript 3.0 入門ノート／ソーテック社
Flash ActionScript スーパーサンプル集／ソーテック社
Lingo スーパーマニュアル、Director スーパーマニュアル／オーム社
NeXT ファーストブック／ソフトバンク
HyperTalk ハンドブック／ BNN
ファイルメーカー Pro 入門／ BNN　　ほか多数（合計 78 冊）

詳細！ SwiftUI iPhone アプリ開発入門ノート [2022]

iOS 16 + Xcode 14 対応

2022 年 11 月 30 日　初版　第 1 刷発行

著者　大重美幸
装丁　INCREMENT-D 廣鉄夫
発行人　柳澤淳一
編集人　久保田賢二
発行所　株式会社　ソーテック社
〒 102-0072　東京都千代田区飯田橋 4-9-5　スギタビル 4F
電話（注文専用）03-3262-5320　FAX03-3262-5326
印刷所　大日本印刷株式会社

ISBN978-4-8007-1312-4

本書のご感想・ご意見・ご指摘は
http://www.sotechsha.co.jp/dokusha/
にて受け付けております。Web サイトでは質問は一切受け付けておりません。